U0067779

新觀念

2010　程式設計

感謝您購買旗標書，記得到旗標網站

www.flag.com.tw

更多的加值內容等著您…

1. 建議您訂閱「旗標電子報」：精選書摘、實用電腦知識搶鮮讀；第一手新書資訊、優惠情報自動報到。

2. 「補充下載」與「更正啟事」專區：提供您本書補充資料的下載服務，以及最新的勘誤資訊。

3. 「線上購書」專區：提供優惠購書服務，您不用出門就可選購旗標書！

買書也可以擁有售後服務，您不用道聽塗說，可以直接和我們連絡喔！

我們所提供的售後服務範圍僅限於書籍本身或內容表達不清楚的地方，至於軟硬體的問題，請直接連絡廠商。

● 如您對本書內容有不明瞭或建議改進之處，請連上旗標網站 www.flag.com.tw，點選首頁的 讀者服務 ，然後再按左側 讀者留言版 ，依格式留言，我們得到您的資料後，將由專家為您解答。註明書名 (或書號) 及頁次的讀者，我們將優先為您解答。

旗標網站：www.flag.com.tw

學生團體 訂購專線：(02)2396-3257 轉 361, 362
傳真專線：(02)2321-1205

經銷商服務專線：(02)2396-3257 轉 314, 331
　　　　　　　　將派專人拜訪
傳真專線：(02)2321-2545

國家圖書館出版品預行編目資料

新觀念 Microsoft Visual Basic 2010 程式設計 /
施威銘研究室作. -- 臺北市：旗標, 西元 2010.09 面；公分

ISBN 978-957-442-859-5 (平裝附光碟)

1. BASIC (電腦程式語言)

312.32B3　　　　　　　　　　　　99011166

作　　者/施威銘研究室

發 行 人/施威銘

發 行 所/旗標出版股份有限公司
　　　　　台北市杭州南路一段15-1號19樓

電　　話/(02)2396-3257(代表號)

傳　　真/(02)2321-2545

劃撥帳號/1332727-9

帳　　戶/旗標出版股份有限公司

總 監 製/施威銘

行銷企劃/陳威吉

監　　督/孫立德

執行企劃/張清徽

執行編輯/張清徽・邱裕雄

美術編輯/薛榮貴

封面設計/古鴻杰

校　　對/張清徽・邱裕雄

校對次數/7次

新台幣售價：550 元

西元 2016 年 9 月出版

行政院新聞局核准登記-局版台業字第 4512 號

ISBN 978-957-442-859-5

版權所有・翻印必究

Copyright © 2010 Flag Publishing Co., Ltd.
All rights reserved.

本著作未經授權不得將全部或局部內容以任何形式重製、轉載、變更、散佈或以其他任何形式、基於任何目的加以利用。

本書內容中所提及的公司名稱及產品名稱及引用之商標或網頁，均為其所屬公司所有，特此聲明。

旗標出版股份有限公司聘任本律師為常年法律顧問，如有侵害其信用名譽權利及其它一切法益者，本律師當依法保障之。

牛湄湄　律師

程式設計
學習地圖

書名：新觀念 Microsoft Visual Basic 2010 程式設計

想用 Visual Basic 來開發超強的網頁應用程式嗎？

書名：新觀念 ASP.NET 3.5 網頁程式設計 - 使用 Microsoft Visual Basic

由入門開始，在短時間內輕鬆成為 ASP.NET 的設計高手！

- 真正善用視覺化設計工具來快速產生網頁。
- 以淺顯易懂的圖例解說各種動態網頁運作流程。
- 傳授您最省時省力的資料庫解決方案。
- 使用最新的 AJAX 技術來設計最夯的動態網頁。
- 提供聊天室、網路相簿等實用範例。

想進一步瞭解 SQL Server 資料庫的設計與管理嗎？

書名：Microsoft SQL Server 2008 設計實務

書名：Microsoft SQL Server 2008 管理實務

易學易用的寫作風格，一看就懂！理論與實務並重的豐富內容，值得您放在案頭隨時參閱。

►► 序

在 Windows 的程式設計領域中, 微軟的 .NET Framework 架構是目前的主流。而在 .NET Framework 架構下, 最平易近人的程式語言應該非 Visual Basic 莫屬了。

Visual Basic 從發展至今, 仍維持其易學易用、視覺化設計的特色。加上在 .NET Framework 架構下, 用任何語言所寫的程式都是先編譯成 MSIL 中介語言, 等到要執行時再即時編譯成二元檔來執行, 使得 Visual Basic 的執行效率, 也能與 C#、C++ 語言平起平坐!

閱讀本書不需具備任何程式語言的基礎, 只要以一顆輕鬆的心, 依循各章主題, 一步步『上機』實習, 再輔以各段落中的練習及章末習題印證所學, 相信很快就能學會以 Visual Basic 設計 Windows 應用程式。

本書主要針對初學者設計, 偏重於基礎 Visual Basic 語法、程式設計的技巧、及 .NET Framework 類別入門, 在應用方面則涵蓋了繪圖、多媒體、檔案存取、資料庫應用等主題。希望本書的內容能幫讀者奠定紮實的程式設計基礎, 以期日後能依個人興趣, 繼續探索 Visual Basic 與 .NET Framework 的進階技術。

施威銘研究室

2010 年秋

關於光碟

本書所附光碟, 共包含下列兩部分:

● **書中所有的範例專案及相關檔案**:各章範例專案、專案所用到的附屬檔案 (圖檔、資料庫等) 都存放在光碟中的 \VB2010 資料夾下、以該章為名的資料夾中, 例如第 1 章的範例專案及相關檔案, 存放在 \VB2010\Ch01 資料夾中。而每個專案都存於其同名的子資料夾中, 例如專案 Ch01-01, 就存於 \VB2010\Ch01\Ch01-01 子資料夾。

讀者使用時, 請先將光碟的 \VB2010 資料夾複製到硬碟中 (C:\ VB2010), 再從硬碟中開啟專案來使用。

● **電子書**:為了讓讀者對資料庫能有更進一步的認識, 本書特別提供額外的資料庫補充教材, 並以電子書的形式附於光碟的**電子書**資料夾中, 其中包括第 15 章 (建立資料庫、資料表、與關聯)、與第 16 章 (使用 T-SQL 查詢資料庫), 詳細內容參見目錄。

電子書均為 PDF 格式, 讀者電腦若無閱讀 PDF 檔案格式的軟體, 可至http://get.adobe.com/tw/reader/ 免費下載。

提醒您, 書附光碟中不含本書所用到的 Microsoft Visual Basic 2010 Express 軟體, 讀者可依**附錄 A** 的介紹, 至微軟網站免費下載及安裝。

本著作含書附光碟之內容 (不含 GPL 軟體), 僅授權合法持有本書之讀者 (包含個人及法人) 非商業用途之使用, 切勿置放在網路上播放或供人下載, 除此之外, 未經授權不得將全部或局部內容以任何形式重製、轉載、散佈或以其他任何形式、基於任何目的加以利用。

目錄

目錄

目錄

目錄

目錄

下頁還有
目錄喔！

目錄

01

認識
Visual Basic

本章閱讀建議

1-1 **Visual Basic 的精神：**本節先從 Basic 語言開始，介紹 Visual Basic 語言的發展，讓大家瞭解 Visual Basic 的三大特色：所見即所得的 Visual 效果、在 .NET 上的全新意涵、以及好學好用的物件導向能力！

1-2 **進入 Visual Basic：**學習 Visual Basic，開發工具的使用佔相當重要的份量，因此我們必須認識 Visual Basic的操作環境，及智慧型的程式輸入法。

1-3 **建立主控台應用程式：**我們先從最簡單的文字模式開始建立簡單的程式，這樣，對於如何寫程式，就能有個基本的概念。

1-1 Visual Basic 的精神

從 Basic 到 Visual Basic

在西元 1960 年代, 電腦還沒有套裝軟體的概念, 使用電腦前必須自行撰寫程式, 所以當時只有科學家與數學家等專業人士才懂得如何使用電腦。

1964 年, 美國 Dartmouth 大學教授 John Kemeny 和 Thomas Kurtz 為了讓學生更容易學習使用電腦, 便以 FORTRAN 和 ALGOL 程式語言為基礎, 加入一些新的特性, 創造了 **BASIC** (**B**eginner's **A**ll-purpose **S**ymbolic **I**nstruction **C**ode) 語言, 意思是『適用於初學者的多用途語言』。BASIC 的語法與人類的自然語言相似, 具備簡單、易學的特性, 所以一般人也能以 BASIC 編寫電腦程式來使用電腦。

Basic：輸入指令馬上看到結果

Kemeny 和 Kurtz 提出 『交談式學習程式語言』 的概念。換句話說, 在 Basic 環境中, 學生只要輸入一個指令或簡單的程式, 就能馬上看到執行結果, 這樣子學生才會勇於嘗試新的指令。

1975 年, 微軟公司的兩位創辦人比爾蓋茲 (Bill Gates) 與保羅愛倫 (Paul Allen) 開發出供個人電腦使用的 BASIC 軟體。

隨著電腦科技的發展, 圖形化操作介面 (**G**UI, **G**raphic **U**ser **I**nterface) 逐漸成為主流, Windows 取代了文字指令介面的 DOS, 成為個人電腦最常見的作業系統。為了順應圖形介面的潮流, 微軟公司於 1991 年推出結合 BASIC 語言及 Windows 圖形介面功能的 Visual Basic (簡稱 VB) 1.0 版, 讓 BASIC 語言的使用者也能夠設計圖形介面的程式。

Visual Basic：執行結果設計時就看到

Visual 在字義上是 『看得見的、視覺的…』的意思，為什麼要用『看得見的』來形容 Basic 呢？因為 Visual Basic 提供許多視覺化的工具給程式設計人員使用，而且在設計程式時就可以看到程式的長相，我們在設計時所看到的和程式執行時的畫面是相同的，就**好像未來執行的結果在設計階段就看得見**一樣。

 Visual Basic 的 Visual 意思是指？

(1) 使用者可以看到原始程式

(2) 我們可以看到程式執行步驟

(3) 在設計階段即可看到程式執行時的外觀

參考解答

(3)，Visual 在字義上是『看得見的、視覺的…』的意思，由於 Visual Basic 提供了許多視覺化的工具，供程式設計師設計視窗程式，使得許多原本需要撰寫程式碼的工作 (Coding) 現在只要拉曳物件和設定屬性就可完成，因此程式設計的工作變得更為簡單。

進化的 Visual Basic.NET

在 2002 年，微軟公司推出名為 .NET Framework 的程式開發與執行架構，並將 Visual Basic 與 C++、C#，都改成在 .NET Framework 環境執行。

 到 2005 年，新版的 Visual Basic 改用西元年份取代版本編號，也就是 Visual Basic 2005 (即 VB 8.0)；而目前最新版本則是 Visual Basic 2010 (亦即 VB 10.0)。這些版本都是在 .NET 上執行的。

傳統的編譯與直譯式語言

傳統上, 用高階語言寫好的程式 (稱為原始程式), 需經過『編譯』(Compile) 或『直譯』 (Interpret) 的方式, 轉成電腦認得的機器碼後, 才能執行。

● 『編譯』是一次將『整個』原始程式轉譯為機器碼, 並儲存成執行檔供日後使用, 日後執行時並不需要再編譯, 所以執行速度快。雖然執行速度較快, 但每種微處理器的機器碼不盡相同, 因此要讓同一個原始程式在不同機器上執行, 就必須重新編譯:

圖-1

● 『直譯』則是每次需要執行程式時, 才將原始程式轉譯為機器碼, 並加以執行。其缺點是每次執行時都要經過一次直譯過程, 因此速度較慢, 但因為每次執行時才產生機器碼, 所以只要直譯器相容 (能直譯我們的程式), 在不同的機器上都能順利執行。

圖-2

.NET Framework 的優點

前面提到程式語言需經『編譯』或『直譯』才能在電腦上執行, 兩者的主要優缺點如下:

	優點	缺點
編譯	程式一旦編譯成執行檔,日後要執行時可直接使用, 執行效能較佳	程式拿到不同類型的電腦上,需重新編譯才能執行, 較不方便,『可攜性』較差
直譯	寫好的程式可拿到不同類型的電腦上執行, 不必重新改寫,『可攜性』較佳	每次執行都要重新做一遍直譯的處理,執行效能較差

而 .NET Framework 則取兩者之長, 在.NET 的環境下, 我們用 Visual Basic/C#/C++ 等語言撰寫的程式, 都需先編譯成中間碼 (MSIL, Microsoft Intermediate Language Code)。當使用者要執行此程式時, .NET Framework 的執行環境 (CLR, Common Language Runtime) 再將中間碼編譯為機器碼執行:

圖-3

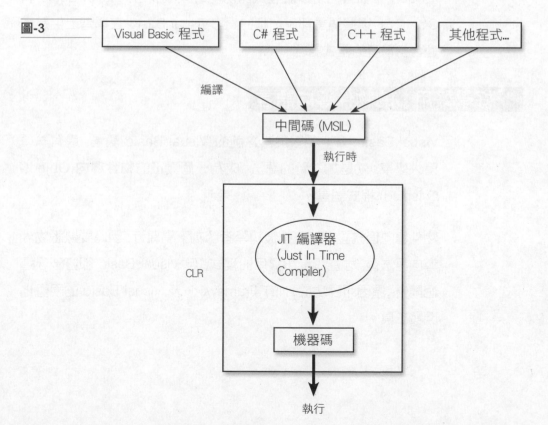

因此編譯成中間碼的程式, 在任一台安裝有 .NET Framework 環境的電腦上, 都能順利執行, 不需程式開發人員重新編譯程式。

目前在網際網路應用較廣的 Java 應用程式, 其實也是採用類似的設計理念, 所以在任一台有安裝 Java 執行環境的電腦, 瀏覽含 Java 元件的網頁時, Java 程式都能正常執行。

Visual Basic 和 C#、C++ 一樣快

以往直譯式的 Basic 語言, 因為效率差, 所以被認為不具實用價值。現在, 由於在 .NET Framework 環境下, 不管用 Visual Basic、C#、C++ 等語言所寫的程式, 都是先編譯成同一種中間碼, 再於 CLR 中執行。所以就程式的功能、效率而言, Visual Basic 和 C#、C++ 這些語言都是一樣的, 但 Visual Basic 在學習上仍是最適合初學者的程式語言。

『好學好用』的物件導向語言

Visual Basic.NET 相較於其之前的 Visual Basic 語言, 還有一項重大變革, 就是加入新的語法, 成為一個真正的**物件導向**(Object-Oriented) 程式語言。

物件導向程式設計以往都被初學者認為不易親近, 因為要熟悉物件導向語法後, 才能設計出實用的程式, 但 Visual Basic 卻打破了這個障礙, 原因可歸功於 .NET Framework 及 Visual Basic 的視覺化開發工具。

.NET Framework 提供了功能十分豐富的類別庫 (Class Library), 我們可以把類別庫視為寫程式時所用的工具箱和現成類別庫, 它能幫助我們以較簡易的方式, 撰寫出功能強大的程式。本書各章, 會陸續介紹 .NET Framework 類別庫所提供的各種實用工具和類別。

因此學習 Visual Basic 時, 物件導向程式設計的第一課不再是令人頭痛的類別設計, 而是直接使用現成的類別與物件。初學者只要能應用 .NET Framework 類別庫, 即能設計出功能完整的 Visual Basic 應用程式。

而在使用 Visual Basic 的視覺化開發工具 (稱為 Visual Studio) 時, 其內含的精靈會適時自動產生 Visual Basic 程式碼, 因此連代表主程式之類別, 都由精靈替我們設計好、並進行必要的初始化, 我們只要動動滑鼠, 就能完成一個物件導向的 Visual Basic 程式。

| 打破沙鍋 | 『類別』、『物件』是什麼啊？ |

世界上的許多東西都可以分類, 例如生物可以分成：人類、鳥類、魚類...等等**類別**, 這些類別都具有不同的特性, 例如人類生活在陸地上, 鳥類可以飛翔, 魚類生活在水中。

而人類中的每一個人、鳥類中的每一隻鳥都是該類別的一個**物件**, 例如：隔壁的小明就是一個人類的實體, 叫做物件；而樹上的那隻小鳥則是鳥類的實體, 也是一個物件。

在物件導向的程式語言中, 『**類別**』(Class) 就是具備某類功能的一組資料與程式, 例如『表單類別』具備有視窗的功能 (在 Visual Basic 中, 將視窗稱為**表單 - Form**)。有了表單類別, 我們在寫程式時就輕鬆多了, 因為我們可以經由表單類別直接產生視窗, 而不需要撰寫原本很複雜的程式碼來做一個視窗。

接下頁

用類別產生的實體稱為『**物件**』（**Object**）。例如使用『表單類別』產生的視窗，就是一個實體的『表單物件』（也就是『屬於表單類別的物件』）。只要改變表單物件的屬性，例如大小、位置、背景顏色等，就能讓每個物件呈現不同的樣貌。

這些都是利用『表單類別』所產生的『表單物件』，而且都自動具備了移動、縮放大小、關閉視窗等功能，我們完全不用再為這些功能寫任何程式

讀者目前只需對『類別』與『物件』有個初步的認識，以後使用多了，自然會有更深入的了解。

 請列出 Visual Basic 的三大特色。

參考解答

- 在設計時就能看到執行時的外貌。
- 使用 .NET Framework 架構，執行效能與 C#、C++ 平起平坐。
- 物件導向。

1-2 進入 Visual Basic

如果您尚未裝妥 Visual Basic 2010 Express (以下簡稱 **VB**)，可依附錄 A 的說明安裝。從本節開始，我們就要進入 VB 的世界，學習使用它來開發 Visual Basic 程式。

VB 的內容

安裝好 VB 後，可在**開始**功能表的**所有程式**中看到 VB 所安裝的項目：

圖-4

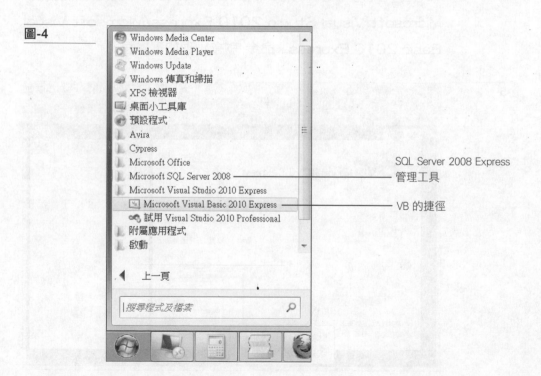

SQL Server 2008 Express
管理工具

VB 的捷徑

● **Microsoft Visual Basic 2010 Express**：執行此項就會啟動 VB, 稍後我們就會介紹如何用 VB 建立程式專案。

● **Microsoft SQL Server 2008**：如果安裝時有選擇安裝 **SQL Server 2008 Express Service Pack 1**, 就會看到這個項目, 其下包含數個 SQL Server 2008 Express 管理工具的捷徑。

建立應用程式專案

VB 提供一個整合的應用程式開發環境, 初次執行『**開始/所有程式/Microsoft Visual Studio 2010 Express/Microsoft Visual Basic 2010 Express**』命令, 就會出現如下畫面：

圖-5

此處會列出最近開啟過的專案名稱

 建立 VB 專案。微軟公司(Microsoft) 把 Visual Basic 的程式開發稱為專案(Project), 因此, 要開發 Visual Basic 程式, 首先要建立一個專案。

step 1 按**起始頁**左側的**新增專案**項目、或按工具列上的 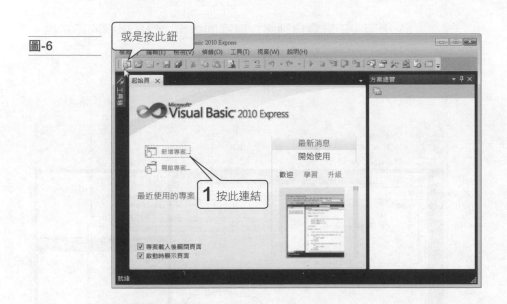 鈕、或執行功能表中的『**檔案 / 新增專案**』命令, 都可開啟**新增專案**交談窗。

圖-6

step 2 接著要選擇**主控台應用程式**, 並輸入專案名稱 (本書均以 ChXX-XX 的格式為專案命名), 再按 [確定] 鈕:

圖-7

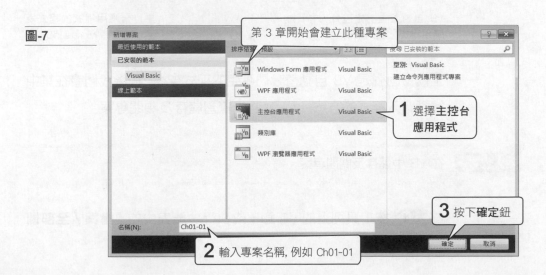

VB 有五種不同類型的專案，其中**主控台應用程式** (也就是在文字模式中執行的程式) 較能專注於語法學習，因此初學 Visual Basic，我們先建立一個主控台應用程式。

step 3 接著 VB 就會自動建立專案的內容，包括專案的設定檔、原始程式檔，並自動進入原始程式的編輯畫面：

圖-8

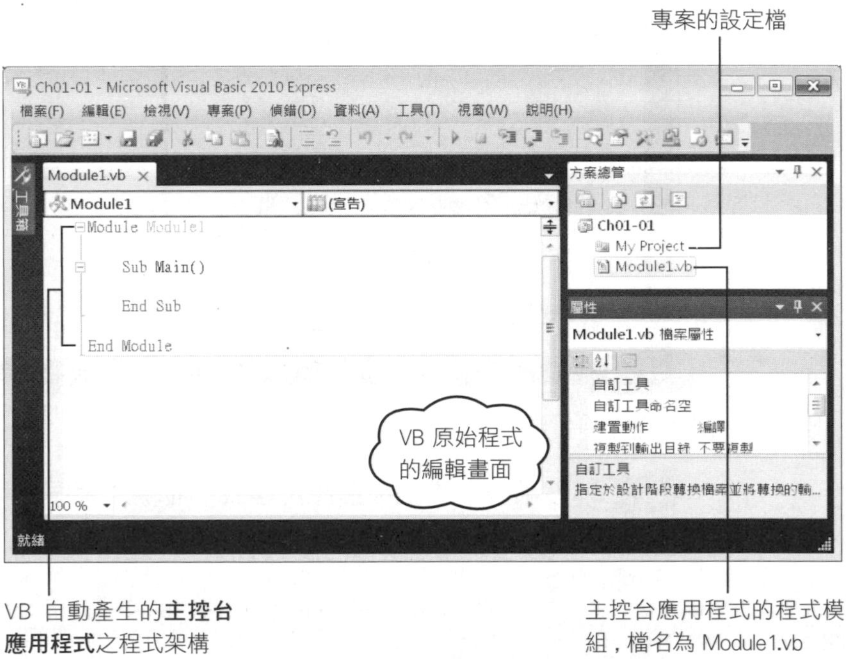

專案的設定檔

VB 自動產生的**主控台應用程式**之程式架構

主控台應用程式的程式模組，檔名為 Module1.vb

上圖畫面就是 VB 自動替我們產生的程式架構，稍後我們會在其中練習輸入程式的方法，以下我們先練習儲存及關閉專案。

 在 VB 中儲存及關閉專案。

step 1 按工具列上的 🖫 鈕 (或執行功能表中的『**檔案 / 全部儲存**』命令)。

1-12

step 2 接著可設定儲存的路徑，預設會存到目前使用者的文件資料夾 (例如：C:\Users\ 登入名稱 \Documents) 下的 Visual Studio 2010\Projects 子資料夾中，本書範例則一律存於 C:\VB2010 資料夾下，以章節編號 "Ch01" 為名的子資料夾中，並取消**為方案建立目錄**的選項：

若想變更專案名稱, 可在此修改 　　**1** 輸入儲存路徑

圖-9

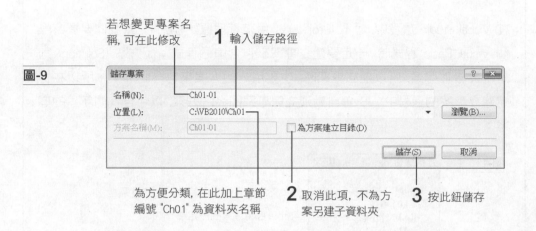

為方便分類, 在此加上章節編號 "Ch01" 為資料夾名稱　**2** 取消此項, 不為方案另建子資料夾　**3** 按此鈕儲存

step 3 儲存完畢後，執行『**檔案 / 關閉專案**』命令，就會關閉 Ch01-01 專案，此時請執行功能表中的『**檢視 / 啟始頁**』，即可回到剛啟動的狀態：

圖-10

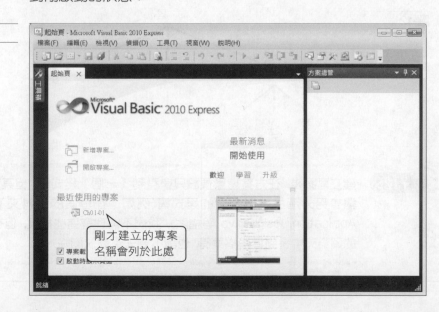

剛才建立的專案名稱會列於此處

補充說明　　　　　　　　**關於專案與方案**

雖然剛才我們建立了 VB 的『**專案**』(Project)，但在 VB 畫面右窗格看到的是**方案總管**(Solution Explorer，用途類似於 Windows 的**檔案總管**)，而在儲存專案時也會看到**方案名稱**選項。究竟**專案**與**方案**有何不同呢？

在 Visual Studio 環境中，專案 (Project) 是用來管理原始程式檔，當我們要撰寫一個 Visual Basic 程式時，一定要建立專案來包含這個程式；而方案 (Solution) 則是用於管理專案，所以建立專案時，也要用一個方案來包含此專案。所以在上述建立專案的過程中，VB 會自動建立與專案同名的方案，以包含我們新建的專案：

圖-11
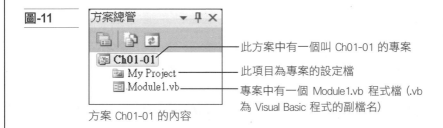

方案 Ch01-01 的內容

在方案中可包含多個專案，在專案中可包含多個程式檔或其它檔案。

圖-12

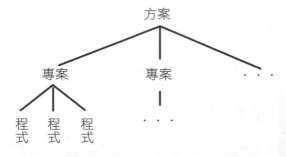

TIPS 建立專案後，在**方案總管**預設只會看到『一個』程式檔，但其實 VB 還會另外產生幾個必要的程式檔(例如：在專案的資料夾下會有 Application.Designer.vb 等檔案)，我們不需理會這些檔案，但在專案的資料夾中看到這些檔案時，也請不要去更動、刪除。

開啟舊專案

在**起始頁**會列出最近開啟過的專案名稱, 按一下即可立即開啟專案。不過日後當我們建立的專案較多時, 在**起始頁**可能會找不到我們要用的專案, 此時就需改用以下的方式進行。

 透過**開啟專案**交談窗開啟舊專案。

step **1** 在**起始頁**中按**開啟專案**項目, 或執行功能表中的『**檔案 / 開啟專案**』命令:

圖-13

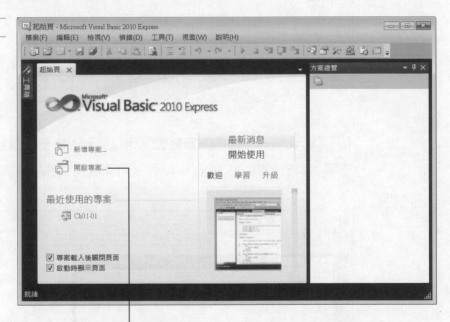

按此項目 (或執行功能表中
的『**檔案/開啟專案**』命令)

step **2** 在**開啟專案**交談窗中瀏覽到專案所在的資料夾, 並雙按要開啟的專案檔:

這是方案檔 (雙按此項亦可)

圖-14

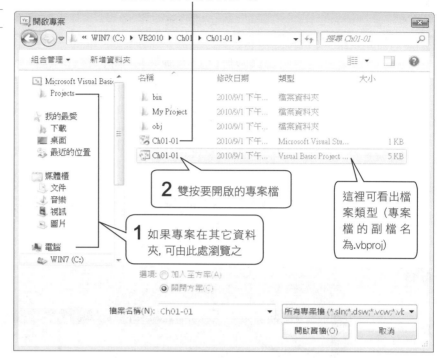

2 雙按要開啟的專案檔

這裡可看出檔案類型 (專案檔的副檔名為.vbproj)

1 如果專案在其它資料夾,可由此處瀏覽之

step 3 此時在右邊的**方案總管**就可以看到 VB 已開啟我們所選的專案,再雙按其中的 Module1.vb 就可開啟程式碼視窗編寫程式了:

圖-15

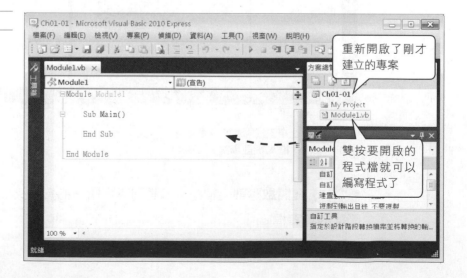

重新開啟了剛才建立的專案

雙按要開啟的程式檔就可以編寫程式了

要儲存專案內容, 在 VB 中可採下列何種操作？

(1) 按 ![按鈕] 鈕

(2) 按 ![按鈕] 鈕

(3) 執行功能表中的『**檔案/全部儲存**』命令

參考解答

(1)、(3)。![按鈕] 鈕的功能是建立新專案。

1-3 建立主控台應用程式

主控台應用程式(Console Application) 就是在『文字模式』中執行的應用程式, 也是最簡單的程式形式, 所以在本章及下一章都會利用此種方式來做練習, 以便能快速熟悉 Visual Basic 的語法。

打破沙鍋　　　　　**為什麼稱為『主控台』？**

早期要將程式輸入到電腦, 需以打孔機『打』出程式給電腦讀取, 通常會有一位負責操作電腦 (包括將卡片放到讀卡機等動作) 的操作員 (Operator), 而操作員操作電腦時的控制檯面就稱為**主控台**(Console)。

之後隨著電腦的演進, 主控台 (Console) 這個名詞仍延用至今, 在個人電腦上, 主控台指的就是螢幕和鍵盤, 我們可以由鍵盤下命令給電腦、可以由螢幕看到電腦輸出的文字結果。在 Windows 作業系統中, 則把文字模式的執行環境稱為主控台, 以便和 Windows 的圖形介面環境做區隔。因而在 VB 中, 就將在**文字模式**下執行的程式稱為**主控台**應用程式。

在本章稍後也會看到，在 .NET Framework 類別庫中，**文字模式**的鍵盤輸入與螢幕輸出類別，其名稱也是 Console。

在 VB 中撰寫程式

VB 的程式編輯器基本用法類似於一般文字編輯器，但它還提供一些附加功能輔助我們撰寫程式，最常用到的就屬 Intellisense 智慧輸入功能，以下我們就來輸入一個簡單的程式，同時來熟悉 Intellisense 的用法。

 撰寫使用訊息窗 (Message Box) 顯示文字訊息的程式。

step ❶ 請依上一節最後介紹的方式開啟 Ch01-01 專案，並開啟 Module01.vb 程式。

step ❷ 將游標移到原有的 Sub Main() 和 End Sub 這兩行程式間，並輸入『ms』：

圖-16

輸入『ms』—

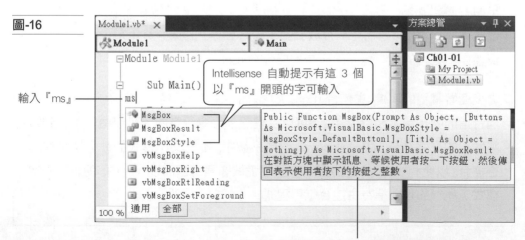

VB 也會提示反白游標所在項目的簡要說明

1-18

step ③ 如圖所示，當我們在輸入程式時，VB 的 Intellisense 功能就會依我們輸入的內容，自動提示可使用的文字，以幫助我們**自動完成**所要輸入的程式片段。由於我們要輸入的恰好是提示中的第 1 個項目 **MsgBox**，此時只要輸入左括弧 "("，VB 就會自動輸入後續『gBox』內容：

輸入左括弧『(』，VB 就會自動輸入『gBox』內容

此時 VB 會提示 MsgBox 的用法（讀者目前可能看不太懂，但沒關係）

圖-17

字首 M 也會自動變成大寫

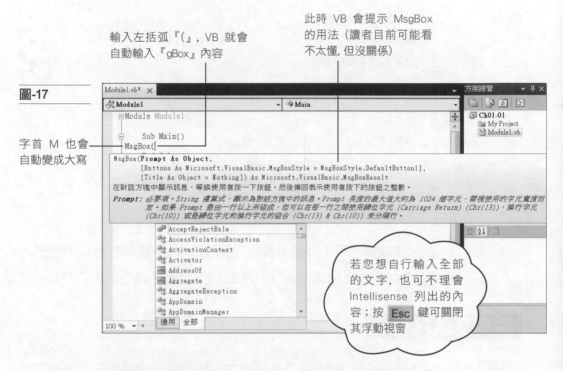

若您想自行輸入全部的文字，也可不理會 Intellisense 列出的內容；按 Esc 鍵可關閉其浮動視窗

step ④ 繼續輸入這一串文字『"第一個 Visual Basic 程式")』：

圖-18

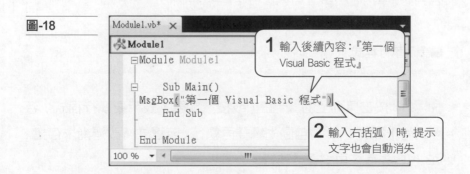

1 輸入後續內容：『第一個 Visual Basic 程式』

2 輸入右括弧）時，提示文字也會自動消失

step**5** 接著只要用方向鍵或滑鼠將游標 (插入點) 移到別行程式,
VB 就會自動調整程式的編排, 例如自動縮排、在字間加入適當的
空白:

檔案名稱旁出現 * 符號, 表示
『程式已被修改, 但尚未存檔』

圖-19

2 VB 會自動將這
一行向右內縮

1 用方向鍵或滑鼠
將游標移到此處

在程式編寫過程中, 隨時可按工具列上的 🖫 鈕儲存目前的程式內
容, 例如完成上述輸入後, 按 🖫 鈕即可將剛才輸入的內容存檔。

編譯及執行程式

輸入好程式後, 即可編譯並執行之。雖然編譯和執行算是兩個獨立
的動作, 但我們只要一個操作即可同時完成。

 編譯及執行程式

step**1** 按工具列上的 ▶ 鈕 (或按 F5 鍵) 表示要執行程式, 若
程式尚未編譯, VB 會自動先編譯再執行; 若程式修改過尚未存檔,
VB 也會先存檔再編譯並執行。

step **2** 由於我們的專案類型是**主控台應用程式**, 所以程式需在**文字模式**下執行, 因此執行時會出現**文字模式**視窗 (也可稱為**命令提示字元**視窗), 用以顯示程式的執行結果 :

圖-20

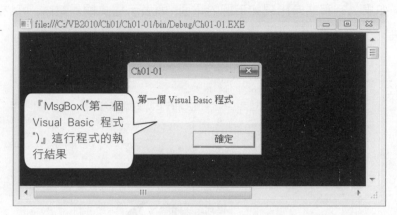

文字模式視窗

step **3** 按下訊息窗中的 [確定] 鈕, 就會結束程式, 並返回 VB 視窗 :

自動關閉**文字模式**
視窗, 回到 VB

圖-21

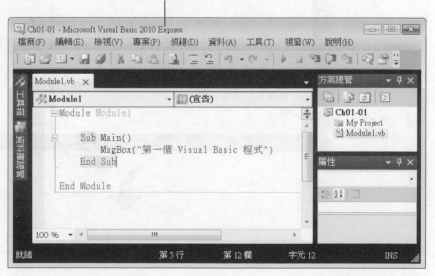

當我們輸入的程式有問題時, VB 就無法順利編譯程式, 當然也就無法執行程式了。如果執行程式時出現如下圖的畫面, 即表示程式輸入錯誤, 可依以下步驟解決:

圖-22

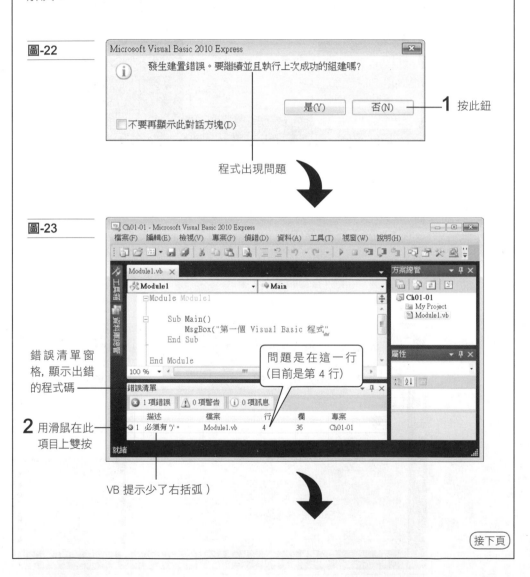

程式出現問題

圖-23

錯誤清單窗格, 顯示出錯的程式碼

2 用滑鼠在此項目上雙按

問題是在這一行 (目前是第 4 行)

1 按此鈕

VB 提示少了右括弧)

接下頁

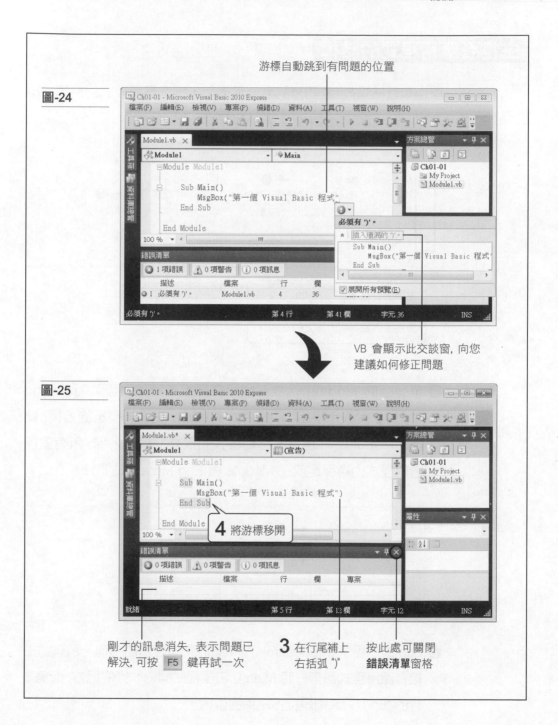

游標自動跳到有問題的位置

圖-24

VB 會顯示此交談窗, 向您
建議如何修正問題

圖-25

4 將游標移開

剛才的訊息消失, 表示問題已
解決, 可按 F5 鍵再試一次

3 在行尾補上
右括弧 ")"

按此處可關閉
錯誤清單窗格

1-23

主控台應用程式的結構

看過執行結果後, 我們來認識一下這個主控台應用程式的結構:

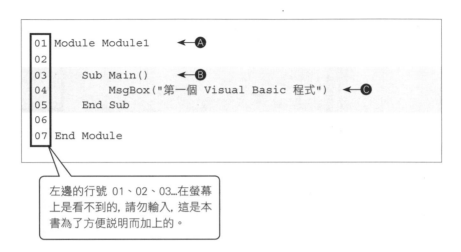

左邊的行號 01、02、03…在螢幕上是看不到的, 請勿輸入, 這是本書為了方便說明而加上的。

Ⓐ 第一行的 Module 代表一個程式模組的開始, 第 7 行的 End Module 則表示模組到此結束。Module 之後是模組的名稱, 此處 "Module1" 是 VB 自動替我們建立的模組名稱, 所有主控台的程式內容都是放在 Module 與 End Module 之間:

Ⓑ Sub 表示程序 (Procedure), 而 Main() 則是程序的名稱。所有的主控台應用程式都有一個 Main(), 它是程式開始執行的地方, 而第 5 行的 "End Sub" 則是程序結束的位置。

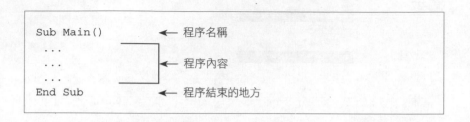

```
Sub Main()        ◄── 程序名稱
  ...
  ...             ◄── 程序內容
  ...
End Sub           ◄── 程序結束的地方
```

C 這是我們輸入的程式內容, 它只有一行敘述:『MsgBox(...)』。

MsgBox() 是 Visual Basic 內建的函式 (Function), 它的功能就
是顯示一個訊息窗, 並將 ( ) 中的『字串』顯示在訊息窗中:

圖-26

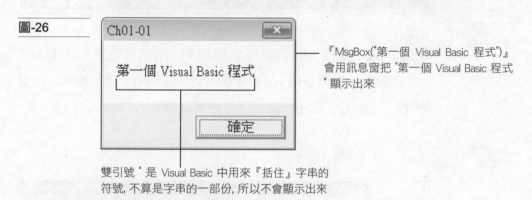

『MsgBox("第一個 Visual Basic 程式")』
會用訊息窗把 "第一個 Visual Basic 程式
" 顯示出來

雙引號 " 是 Visual Basic 中用來『括住』字串的
符號, 不算是字串的一部份, 所以不會顯示出來

在文字模式中輸出訊息

剛才的主控台應用程式是用訊息窗輸出文字, 現在我們再練習建立
一個新專案, 不用訊息視窗而直接在**文字模式**視窗中輸出文字, 同
時也再熟悉 Intellisense 的輔助輸入功能。

上機　用 Visual Basic 程式在文字模式中輸出訊息。

step 1 請執行『**檔案 / 關閉專案**』命令關閉 Ch01-01 專案, 並
用 1-2 節介紹的方式建立另一個新的**主控台應用程式**專案, 並命
名為 Ch01-02:

圖-27

在專案的 Moudule1.vb 窗格中，將游標移到 Sub Main()
中的空白處。我們要輸入『Console.WriteLine()』這段程式，所以
先輸入『cons』，並用方向鍵將反白游標移到『Console』這一項：

圖-28

自動顯示候選項目

step 3 再按 ● 鍵（小數點），VB 就會替我們輸入『Console』這
個字，同時列出接下來可輸入的內容：

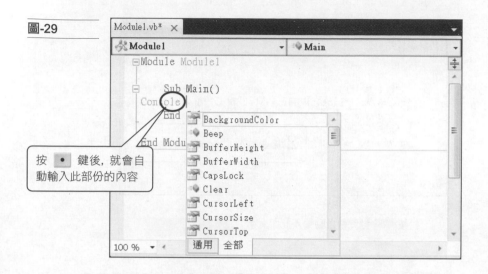

圖-29

按 ● 鍵後，就會自動輸入此部份的內容

step **4** 接著輸入『wr』，再用方向鍵選 WriteLine：

圖-30

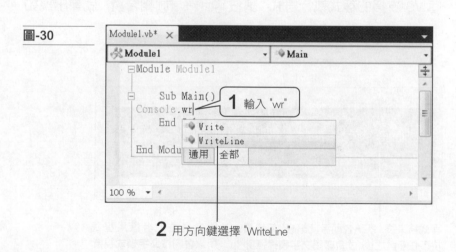

1 輸入 "wr"

2 用方向鍵選擇 "WriteLine"

step **5** 再 按 **(** 鍵 輸 入 左 括 弧，VB 就 會 替 我 們 輸 入
『WriteLine(』，請在括弧後緊接著輸入『"Hello Visual Basic")』(注
意，最後面要加上右括弧)：

1-27

圖-31

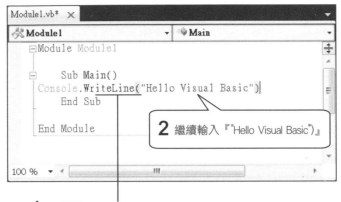

1 按 `(` 鍵就會自動輸入此處文字

step ⑥ 編寫好程式後，即可編譯、執行之。但讀者若按 `F5` 鍵，會發現螢幕上有個視窗閃一下就不見了！因此這次我們要換另一個 VB 支援的程式執行方式，請按 `Ctrl` + `F5` 組合鍵，就會出現如下的畫面：

程式輸出的訊息

圖-32

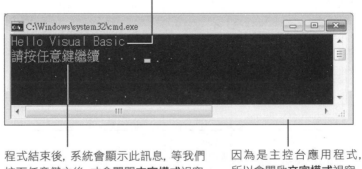

程式結束後，系統會顯示此訊息，等我們按下任意鍵之後，才會關閉**文字模式**視窗

因為是主控台應用程式，所以會開啟**文字模式**視窗

 在 VB 中 `Ctrl` + `F5` 代表啟動但不偵錯(Start Without Debugging) 的功能，也就是不使用 VB 的除錯工具（參見附錄 C）來執行程式，此時**文字模式**視窗就不會在程式結束時立即關閉，而會如上圖所示，等待我們按任意鍵才會關閉。

程式說明

這次我們在 Sub Main() 輸入的程式是：

```
Console.WriteLine("Hello Visual Basic")
```

● Console 是 .Net Framework 中的**類別**(Class), 讀者可將類別想
成是一組事先設計好的程式集合。Console 類別代表輸出入裝
置的角色 (螢幕、鍵盤)。

● 小數點 (.) 表示要『取用』類別的成員, 此處取用的就是
WriteLine() 方法(在物件導向程式設計中, 將類別中的程序稱為
方法-Method)。

● WriteLine() 的功能就是輸出雙引號中指定的訊息, 所以這行程
式會在**螢幕**輸出 "Hello Visual Basic" 這串文字內容。

補充說明　**就地弄懂：『類別、物件』與『屬性、方法』、『成員』**

Viaual Basic 是一個物件導向的語言, 物件導向程式設計, 是為模擬真實世界事物
所發展出來的, 所以我們可用真實世界的事物, 來說明物件導向程式設計中的
名詞與概念。

在真實世界中, 常會將事物依其特性歸類為不同的類別, 例如我們可以歸類出
人、汽車、狗...等『**類別**』。而類別的實體, 則可稱為『**物件**』, 例如你、我、
老王、大雄、小美等, 都是屬於『人』類別的『物件』；至於老王的載卡多、
大雄的賓士車、小美的保時捷等, 則是『汽車』類別的『物件』。也就是說類
別是一種分類, 有其特定的性質, 例如人和車就是不同的兩個類別, 而老王和小
美則是『人』這個類別的實體。

接下頁

在 Visual Basic 中,『類別』的概念也是相同的, 我們可先定義類別的資料屬性 (稱為**屬性**) 與程式功能 (稱為**方法**), 當我們要用到相似的需求時, 即可由已設計好的類別產生一個物件來完成我們的需求。例如前面我們曾介紹過的『表單類別』, 當我們需要表單時, 就不用再重新設計, 而可以由『表單類別』產生一個個的『表單(視窗)物件』來使用。

接著再來看一個比較有趣的例子：假設我們想要模擬小狗, 那麼就可建立一個名為 Dog 的類別：

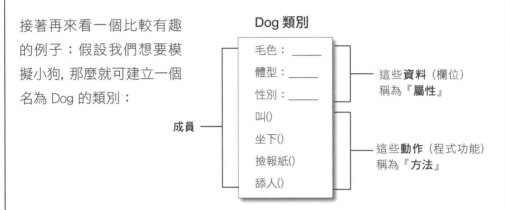

以上無論是『**屬性**』(Property) 或『**方法**』(method), 都屬於 Dog 類別組成中的一員, 因此可通稱為『**成員**』, 屬性一般是指靜態的資料, 例如：大、小、公、母, 而方法一般是動態的動作, 例如：叫、坐下、撿報紙。有了 Dog 類別之後, 就可用它來模擬實際的狗狗了, 而且每隻狗 (一隻狗就是一個物件) 還可以指定不同的特性喔：

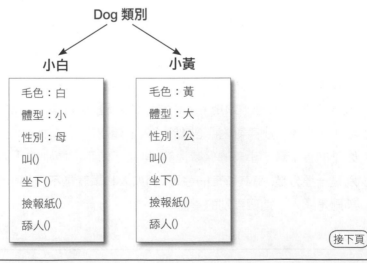

接下頁

以上的小白、小黃都是屬於『Dog 類別』的物件, 我們稱之為『Dog 物件』。
當我們要存取物件內的成員 (屬性或方法) 時, 則是使用 "." 來指定成員, 例如:

```
小黃.毛色 = 黑    ← 將小黃的毛色改為黑色
小白.舔人(老張)    ← 讓小白去舔老張
```

您可以把 "." (英文叫 dot) 想成是 "的", 因此『小黃.毛色』就是要存取小黃
『的』毛色屬性, 而『小白.舔人(老張)』則是要執行小白『的』舔人() 方法。

除了可針對『物件』來操作之外, 有時也會直接使用『類別』, 例如想要讀取
狗類的『特色』屬性, 或執行『播放簡介()』動作:

```
spc = Dog.特色    ← 讀取狗類的特色: "哺乳類、四腳走路、對人類忠心..."
Dog.播放簡介()    ← 播放一段簡介狗類的動畫
```

像狗的特色、簡介, 由於和實體的狗 (物件) 無關, 因此跳過物件而直接用類別
來存取會比較方便!像是在前文提到的 Console.WriteLine(), 就是在執行 Console
類別的 WriteLine() 方法。

 請練習修改專案 Ch01-02 程式中 Console.WriteLine() 的內容, 讓它
輸出不同的訊息, 例如輸出自己的姓名。

參考解答

在 Console.WriteLine() 的括弧之間, 輸入 "你好, 葉小雄", 按 Ctrl +
F5 鍵就會看到如下的畫面:

圖-33

本章介紹了在 VB 中建立專案, 及輸入程式的方法, 下一章開始我們
會進一步用主控台應用程式來認識 Visual Basic 程式的基本語法。

習題

1. 發明 BASIC 語言的是：

   (1) John George Kemeny 及 Thomas Eugene Kurtz

   (2) Bill Gates 與 Paul Alan

   (3) Brian Kernighan 和 Dennis Ritchie

   (4) John Warner Backus

2. 以下何者是編譯式程式語言的特點？

   (1) 執行前不需要先轉譯成機器碼

   (2) 重複執行時不需要重新編譯

   (3) 程式的執行效率低

   (4) 以上皆非

3. Visual Basic 中的 "Visual" 是指？

   (1) 觸覺化

   (2) 視覺化

   (3) 聽覺化

   (4) 氣候暖化

4. VB 所使用的整合開發環境稱為？

   (1) Visual Studio

   (2) Visual Expresso

   (3) Visual Editor

   (4) VB Compiler

5. Visual Basic 從第幾個版本開始成為物件導向程式語言？

   (1) Visual Basic 1.0

   (2) Visual Basic.NET (7.0)

   (3) Visual Basic 2005 (8.0)

   (4) Visual Basic 2008 (9.0)

6. 以下何者**不是** .NET Framework 的特點？

   (1) 提供 CLR (Common Language Runtime) 環境執行程式

   (2) 提供豐富的類別庫供程式設計者使用

   (3) .NET Framework 應用程式原始檔, 直譯成機器碼即可執行

   (4) Visual Basic、C#、C++ 程式都可使用類別庫的內容

7. Visual Basic 編譯時會先編譯成什麼語言, 執行時再於 CLR 中編輯成機器碼執行？

   (1) C##

   (2) C++

   (3) Fortran

   (4) MSIL

8. Console.WriteLine() 會做什麼動作？

   (1) 在 Windows 桌面上畫一條線

   (2) 在**文字模式**視窗中畫一條線

   (3) 在**文字模式**視窗中輸出一行文字訊息

   (4) 在 Windows 中開啟訊息窗, 並顯示一行文字訊息

9. MsgBox() 的功能是？

   (1) 傳送 MSN 聊天訊息

   (2) 送訊息到另一台電腦

   (3) 傳送電子郵件

   (4) 在訊息窗顯示一段文字訊息

10. 請建立一主控台應用程式專案, 在 Main() 中加入以下程式, 並看看執行結果為何？

```
Console.WriteLine(12 + 3 * 6)
Console.WriteLine(12 / 4 - 3)
```

02

Visual Basic 初步

本章閱讀建議

2-1 **Visual Basic 的程式組成**：本章開始正式進入 Visual Basic 的語法說明, 首先來認識 Visual Basic 程式的組成方式。

2-2 **敘述的構成要素：關鍵字、識別字、文數字與特殊符號**：Visual Basic 敘述是由『關鍵字、識別字、文數字、特殊符號』四種不同要素構成, 本節將分別說明之。

2-3 **語法錯誤與警告**：雖然 VB 提供 Intellisense 功能幫我們自動完成一部份的程式敘述, 但寫程式時難免會發生錯誤, 因此初學者務必要瞭解寫錯程式時應如何解決及修正。

2-4 **程式註解**：程式中的敘述主要是給電腦看的，但很多時候我們也需在程式中加一些給『人』看的資訊，所以接著來學習如何在 Visual Basic 程式中加入註解文字。

2-5 **使用變數**：本節是學習撰寫程式的重點，我們所撰寫的各種程式，基本上就是在處理變數，在本節要學到使用變數的基本語法。

2-6 **算術運算**：程式最主要的用途是運算，因此本節將介紹 Visual Basic 的算術運算，雖然其符號用法和我們平常用的數學符號差不多，但有些差異是要特別注意的。

2-1 Visual Basic 的程式組成

Visual Basic 程式是由一行一行的**敘述 (Statement)** 所組成的，例如前一章的範例 Ch01-02 就是由 5 行敘述和 2 行空白所組成的：

```
01 Module Module1        ← 敘述
02                       ← 敘述之間可加空白行以方便閱讀
03     Sub Main()
04         Console.WriteLine("Hello Visual Basic")
05     End Sub
06                       ← 空白行
07 End Module
```

敘述間的空白行通常是為了方便閱讀而加上的，如果刪除上列程式第 2、6 行的空行，並不會影響程式的執行結果，但程式看起來就會擠在一起，不易閱讀；同理，多加兩行空白也不會影響程式的執行結果。

敘述是以行為單位

空白行可以自由刪除和增加, 但敘述則不能任意擠在同一行或分成
好幾行, 因為 Visual Basic 的敘述是以行為單位。將兩個敘述放在
同一行, Visual Basic 編譯器就會將之視為錯誤, 例如:

2-2 敘述的構成要素:關鍵字、識別字、文數字與特殊符號

表面上看, 敘述是由一些英文字母組成的, 其實這些英文字具有個
別不同的意義, 共有以下四類:

● **關鍵字 (Keyword)**:或稱保留字 (Reserved Word), 由 Visual
Basic 所內建, 代表特定意義的單字。

● **識別字 (Identifier)**:非 Visual Basic 內建, 而是後來由程式設
計者自己所定義, 代表某項事物的單字。

● **文數字 (Literal)**:用人們可識別的方式, 來表示文字、數字、
日期、時間等資料。

● **特殊符號**:具特殊意義的符號。

以前面範例程式第 1 行的『Module Module1』為例，即是由關鍵字 Module 和識別字 Module1 所組成的一行敘述。請特別注意，『Module』和『 Module1』雖然只有一個字元的差別，但兩者的意義是完全不同的！

至於範例程式第 4 行『Console.WriteLine("Hello Visual Basic")』，這行敘述是由以下內容所組成：

● 兩個識別字：Console 和 WriteLine。

● 一個文數字："Hello Visual Basic"。

● 三個特殊符號：小數點 "." 和左右括號 "("、")"。

關鍵字

關鍵字 (Keyword) 是 Visual Basic 中預先定義好的，具有特殊意義的單字。我們可以想像 Visual Basic 自己有一本字典，關鍵字就是字典中有記載的單字，每個單字都具有特定的功能及語法，我們要使用這些關鍵字時，就要依其語法規範，不可隨意亂用。以下所列就是 3 個我們已看過的 Visual Basic 關鍵字：

```
End
Module
Sub
```

其實 Visual Basic 的關鍵字多達 154 個，但我們目前不需急於去認識它們。隨著本書各章的腳步，讀者就會慢慢熟悉關鍵字的用法。

識別字

識別字 (Identifier) 是由程式撰寫者自行定義, 以代表某項事物的單字。定義識別字時可使用任何中英文字元, 但習慣上一般較少使用中文字元, 因為輸入、編輯較不方便, 識別字的命名規則如下:

● 可使用中、英字元、底線字元 (_)、和數字。但數字不能放在字首。例如:

```
abc
我的名字        ─┐── 合法的識別字
_GOOD
3three    ◄──── 不合法的識別字
```

此外要注意, 識別字不分大小寫, 所以 ABC、abc 代表相同的識別字。

● 識別字中不可全部都是底線字元, 例如 __ 、_____ 都是不合法的識別字。

● 不能用 Visual Basic 關鍵字當識別字。

另外像 .NET Framework 類別庫中的類別 (Class)、方法 (Method) 名稱, 也都是識別字, 而非關鍵字。因為它們並不屬於 Visual Basic 語言本身, 而是由微軟的程式設計師們, 另外設計出來放在 .NET Framework 類別庫中, 讓使用 Visual Basic、C#、C++ 語言的程式設計者使用。例如在第 1 章練習程式中所用的 Console、WriteLine, 就是 .NET Framework 類別庫中的類別與方法, 這些現成的類別和方法我們都可直接使用。至於 .NET Framework 類別庫中到底提供了哪些類別及方法, 可由 VB 的線上說明中查詢。

.NET Framework 除了提供 CLR 這個執行環境外, 還提供一個實用的**類別庫 (Class Library)**。藉由這個類別庫, 讓我們可用最簡捷的方式寫出程式。

雖然每個人要寫的程式功能各有不同, 但每個程式難免會有一些相同的部份, 舉例來說, Windows 應用程式都會有個視窗, 每個視窗的外觀、內容雖不盡相同, 但都具備基本的屬性與操作方法。例如：視窗有外框和標題欄、有按鈕可以讓使用者放大或縮小視窗…等。如果程式開發者, 每次都要重複撰寫這些基本功能的程式, 那麼軟體工業的效率將大打折扣。因此如果有人能將這些基本的程式寫好, 並提供給大家使用, 如此一來, 寫起程式就輕鬆多了。

第 1 章提到過, 類別就是具備某項功能的一組程式與資料型態的集合, 而如果將常用的程式、資料分門別類寫好、放在一個個的類別中, 這群類別就是一個**類別庫**。

當我們寫程式時, 可使用類別庫所提供的類別來建立物件、有些類別還可直接呼叫其方法, 不需建立物件, 像我們用 Console.WriteLine() 在文字模式輸出文字時, 即是直接呼叫『Console』類別的『WriteLine()』方法, 並不需建立任何物件。

一般而言, 類別庫的來源包括：

● 微軟 .NET Framework 中的類別庫 (Class Library)：為了讓大家更能接受 .NET Framework 環境, 微軟也設計好大量的類別放在 .NET Framework 的基本類別庫 (Base Class Library) 中, 供程式設計者使用。往後各章, 我們就會陸續用到此類別庫中的各種類別來開發程式。

● 自行設計：經常撰寫程式的個人或開發團隊, 可將常用的功能設計成類別來使用, 以後寫起程式更能得心應手。

● Freeware 或市售商品：有些人會將寫好的類別庫, 提供給大家免費使用；也有廠商會將特定用途的類別庫公開販售。

練習　下列何者不是合法的識別字？

(A) 鹿耳門　　(B) Module　　(C) Not_Module　　(D) 3隻小豬

(E) #1/1/2011#　　(F) True　　(G) 3.14159　　(H) threeLittlePig

　　參考解答

(B)、(D)、(E)、(F)、(G)。其中 (B)、(F) 為關鍵字；(D) 首字使用
數字；(E)、(G) 為文數字。

文數字

文數字 **(Literal)** 是在程式中表示**資料**的方法, 例如我們用過的
"Hello Visual Basic" 就是一個**文數字**。在 Visual Basic 中用文數
字可表示的資料有整數、浮點數 (Floating Point)、字串 (String)、
字元、日期 (Date, 但也可表示時間)、真假資料 (稱為布林值 -
Boolean) 等 6 種, 如下表所示:

文數字 (資料) 的種類	範例	說明
布林值	True	
	False	
整數	50000	可加上正負號表示正負值
	-123	
浮點數	4.6	加上 E 表示是10 的次方值, 例如 6.1E15 相當於 6.1×10^{15}
	6.1E15	
字串	"Hello"	以雙引號括起來的多個字元就是字串
字元	"C"	以雙引號括起來的單『一個』字元
日期	# 4/23/2010 6:54:32AM #	使用『# 月/日/年 時:分:秒 #』的格式表示日期與時間, 也可以只列出日期或時間的部份
	# 2/15/1980#	
	# 1:23:45AM #	

上表所列的文數字 (資料) 種類, 都是在撰寫程式時經常會用到的, 其中數值的表示方式還有更多的變化, 在第 5 章會進一步詳述文字數的用法。

特殊符號

許多符號在 Visual Basic 中也都代表特殊的意義, 例如我們前一章就用過的 『.』 和左右括弧, 另外像是接著要介紹的 +、-、*、/ 等代表加減乘除, 還有一些符號會在後面各章適時介紹。

| 補充說明 | 將敘述分成多行與接續符號 『_』 |

由於 Visual Basic 敘述是以行為單位, 有時敘述中用到的類別名稱、變數名稱既多且長, 就會使一行敘述變得很長, 在編輯和閱讀時都不太方便。在這種情況下, 我們可以試著將同一敘述分成多行, VB 會自動判斷並且將多行合併為一個敘述。例如:

```
Dim name As String = "Tony", height As Integer = 170, weight As Integer = 60
```

```
Dim name As String = "Tony",
    height As Integer = 170,
    weight As Integer = 60
```

將敘述分成多行時, 只能從空白的地方分割, 關鍵字、識別字與文數字等皆不可分割。

有時候分成多行之後, VB 會無法自動判斷是一個還是多個敘述, 便會出現如右錯誤:

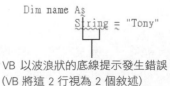

```
Dim name As
        String = "Tony"
```

VB 以波浪狀的底線提示發生錯誤
(VB 將這 2 行視為 2 個敘述)

(接下頁)

當 VB 無法自動判斷時, 我們可以用底線符號 (_) 來接續上下兩行, 讓 VB 知道應該將這兩行合併為一個敘述:

底線表示敘述尚未結束, 要和下一行連在一起

```
Dim name As |
             String = "Tony"
```

底線與該行最後一個字元之間, 一定要空一格

 請試著指出『Sub Main()』是由什麼關鍵字、識別字、特殊符號組成的。

参考解答

一個關鍵字 Sub、一個識別字 Main、兩個特殊符號:左括弧『(』及右括弧『)』。

2-3 語法錯誤與警告

不管是初學程式語言還是程式高手, 在撰寫程式時難免會出錯, 例如打錯字或漏打符號等, 造成**語法錯誤**(Syntax Error)。當我們在 VB 編寫程式, VB 會即時檢查我們輸入的內容, 若發現我們輸入的敘述有問題, 就會在有問題的地方, 以波浪狀的底線標示出來:

圖-1

出現波浪狀的底線, 即表示此處的語法有問題

此問題的原因是：忘了標示字串前後的雙引號 ("), 所以我們只要在適當的位置補上雙引號, 就能更正此問題, 波浪狀底線也會消失。

除了以波浪狀底線表示語法問題, 對某些語法錯誤, VB 也會用如下的底線表示錯誤：

圖-2

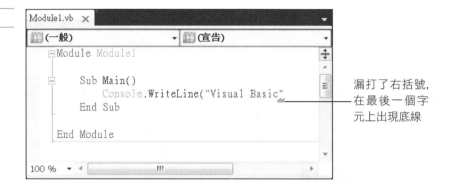

漏打了右括號, 在最後一個字元上出現底線

 上機　練習使用 VB 的錯誤提示功能, 查詢錯誤資訊。

step 1 請建立一個新的主控台應用程式專案 Ch02-01, 並將專案存至 \VB2010\Ch02 子資料夾中：

本章範例一律存於此子資料夾

往後各章範例, 均存於以該章為名的子資料夾, 書中不再提示

圖-3

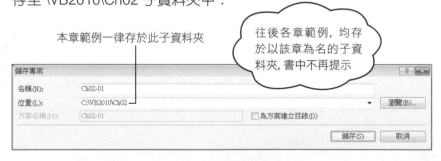

step 2 接著在 Main() 中輸入下列程式：

```
01 Sub Main()
02     Console.WriteLine(Visual Basic)
03     Console.WriteLine(7(2 + 3))
04 End Sub
```

step 3 VB 會在兩個 Console.WriteLine() 都標示代表錯誤的波浪狀底線，只要將滑鼠移到線上面，VB 就會顯示相關資訊，例如：

圖-4

往 VB 的提示訊息, 即可瞭解問題的可能原因

step 4 上述的方式適用於查看單一個錯誤。若想一次瀏覽程式中所有的錯誤資訊, 可執行『**檢視 / 其他視窗 / 錯誤清單**』命令, 在 VB 中就會出現如下的窗格：

圖-5

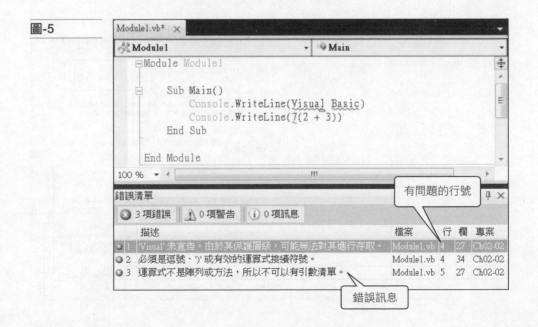

step ⑤ 如果由 VB 提示的訊息，無法解除疑惑、您仍不知應如何修改程式，此時可求助於 VB 的線上說明：

圖-6

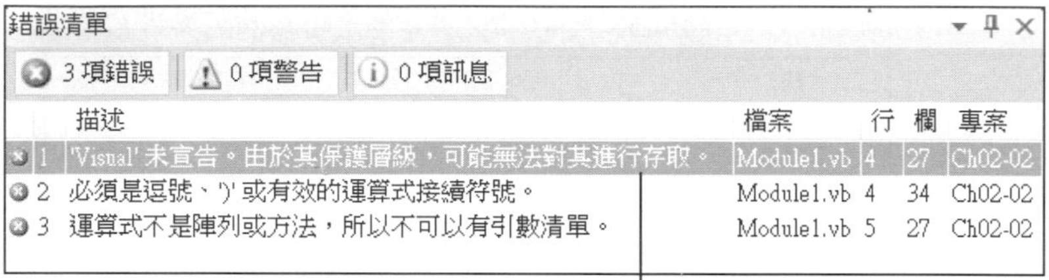

	描述	檔案	行	欄	專案
⊗ 1	'Visual' 未宣告。由於其保護層級，可能無法對其進行存取。	Module1.vb	4	27	Ch02-02
⊗ 2	必須是逗號、')' 或有效的運算式接續符號。	Module1.vb	4	34	Ch02-02
⊗ 3	運算式不是陣列或方法，所以不可以有引數清單。	Module1.vb	5	27	Ch02-02

錯誤清單　　3 項錯誤　　0 項警告　　0 項訊息

用滑鼠在錯誤訊息上
按一下，再按 F1 鍵

step ⑥ 此時會開啟 VB 的線上說明文件 (稱為 MSDN Library), 其中會提示可能的修改方式。您可依敘述的內容，選擇合適的方法，試著排除程式的錯誤。

圖-7

錯誤訊息說明

可採取的修正方式

對 Visual Basic 初學者而言，可能無法完全瞭解文件中說明文字的意義，這是正常現象。日後對 Visual Basic 的知識逐漸擴增，自然就能明白文件要表達的內容。

程式除了錯誤外，也可會出現『警告』(Warning)，出現『警告』時，表示 VB 雖然不認為語法有錯誤，但覺得該敘述的用法不恰當，可能會造成執行結果錯誤。如果確定程式內容沒有錯誤，可不理會『警告』訊息。

| 補充說明 | 程式有錯誤時亦無法執行程式 |

在程式已出現底線時，若不理會而逕按 F5 鍵或 Ctrl + F5 鍵執行程式，則會出現如下訊息：

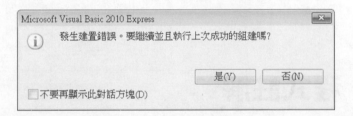

此時按**否**鈕將會返回 VB，且若先前未顯示**錯誤清單**窗格，VB 也會自動顯示之，以方便我們找出程式的問題。

在此也要提醒讀者一點，VB 的語法分析程式，雖能替我們找出語法錯誤，但有時候它所提示的訊息，並非對等於我們所犯的錯誤。例如剛才範例中的 Console.WriteLine(Visual Basic)敘述，我們是想輸出 "Visual Basic" 字串，但是忘了在字串前後加雙引號，但 VB 提示的資訊是：

圖-8

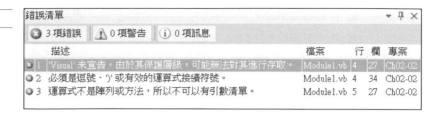

由於沒有代表字串的雙引號, 所以 VB 把原本是字串的文字當成**識別字**了, 且因程式中未定義識別字 Visual, 所以 VB 顯示的訊息是『"Visual"未宣告』, 好像在程式中宣告這個名稱就可以解決 (2-5 節會介紹如何宣告變數)。但依我們設計程式的原意, 正確的解決方式是加上雙引號, 而不是真的去宣告識別字。

不過, 儘管 VB 提示的訊息與實際的錯誤原因有時會有些出入, 但至少 VB 能告知我們的程式有問題, 在這種情況下就要自行判斷造成語法錯誤的真正原因, 並修正。

2-4 程式註解

雖然程式是給電腦看的, 但很多情況下『人』也要看程式 (例如系統的維護人員), 所以為了方便人們閱讀程式, Visual Basic 也允許我們將『給人看』的文字加在程式之中, 也就是**註解** (Comment)。

要在 Visual Basic 中加入註解, 需以單引號 (') 為開頭, 例如:

```
Sub Main()
    '這一行是註解        ←── 開頭使用單引號表示後面的文字是註解
    Console.WriteLine("Hello Visual Basic")
End Sub
```

在**單引號之後的所有文字, 都會被 Visual Basic 視為註解**, 而不會被當成程式內容。在編譯程式時, Visual Basic 編譯器會忽略註解文字, 不予編譯;而在 VB 中編寫註解時, VB 也會將以**單引號**開頭的註解文字, 自動以**綠色**顯示:

圖-9

關鍵字會以藍色表示

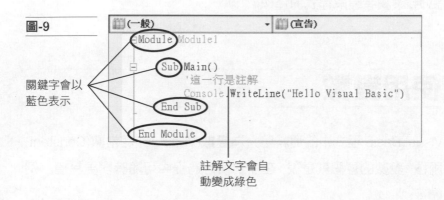

註解文字會自動變成綠色

由於註解是從**單**引號『開始』, 所以我們可將註解加在敘述後面:

加在敘述後面的註解

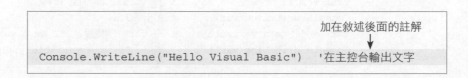

```
Console.WriteLine("Hello Visual Basic")    '在主控台輸出文字
```

但要注意不可加在敘述之前, 因為這樣會讓一整行都變成註解, 而非敘述:

這段敘述也被當成註解了

```
'在主控台輸出文字    Console.WriteLine("Hello Visual Basic")
```

不過在測試程式的過程中, 我們也可利用標示註解的方式, 將我們暫時不想執行的程式標為註解, 例如:

```
Console.WriteLine(3.14159)
'Console.WriteLine(# 4/23/2010 6:54:32AM #)
```

測試程式時，可將有疑問的敘述標示為註解，讓該行敘述暫不執行

在本書後續各章的程式範例，都會利用註解的方式加上適當的程式說明，讓讀者瞭解程式的運作。

2-5　使用變數

Visual Basic 程式中的資料可分為**變數**(Variable) 和**常數**(Constant)兩種，變數的意思就是說，在程式執行過程中可隨時變更其值。例如：

```
Dim var1                        ' 宣告變數 var1
var1 = 3.14                     ' 將 var1 的值設為 3.14
Console.WriteLine(var1)         ' 輸出『3.14』
var1 = "I am a variable"        ' 將 var1 的值設為 "I am a variable"
Console.WriteLine(var1)         ' 輸出『"I am a variable"』
```

在上列過程中，變數 var1 的值是會變動的，所以稱之為**變數**。

而**常數**則是在程式執行過程中，其值不會變動的資料。例如前面學過的文數字，當我們在程式中寫下一個文數字，其值即固定不會變化：

```
Console.WriteLine(2011)              '輸出『2011』
Console.WriteLine(#1/1/2010#)        '輸出『2010/1/1 上午 12:00:00』
```

常數中未設定時間，預設為午夜 12 點

其中『2011』、『# 1/1/2010 #』都是常數，我們也不能改變它的值，例如『2010 = var1』這樣的敘述會被視為錯誤。

宣告變數

剛才的例子中, 有一個『宣告變數』的敘述 "Dim var1", 宣告變數的目的就相當於是定義一個**識別字**, 之後 Visual Basic 才會認得這個識別字, 知道它是我們定義的變數。如果少了這行敘述, 在 VB 中就會看到上一節看過的波浪狀底線。

宣告變數的敘述很簡單, 首先是以關鍵字 **Dim** 為開頭, 後面接著就是我們自己命名的變數名稱。命名規則就是 2-1 節所提的識別字命名規則, 通常我們會用能代表變數意義的英文單字或縮寫, 來為變數取名字。以下都是合法的宣告變數敘述:

```
Dim i
Dim Weight
Dim myName
Dim book_price
```

我們也可在同一行敘述中同時宣告多個變數, 此時只要用逗號將變數名稱隔開即可:

```
Dim i, Weight, myName    ' 一次宣告 i, Weight, myName 三個變數
```

此敘述就相當於前面例子中前 3 個敘述合起來的效果。

宣告變數的型別

程式中使用的資料可以分成不同種類, 例如姓名屬於字串資料、身高屬於數值資料、生日屬於日期資料, 在 VB 中將資料的類型稱為『**資料型別**』(Data Type), 或簡稱為『**型別**』(Type)。

為了讓程式得到最正確的結果, 並且擁有最好的執行性能, 我們可以在宣告變數時指定變數的型別, 表示用來儲存哪一種資料。宣告變數型別的語法如下:

```
Dim 變數名稱 As 型別
```

請注意, 型別要用英文名稱來表示, 例如:

```
'宣告 1 個 Integer 變數 (可儲存整數)
Dim a As Integer

'宣告 3 個 Double 變數 (可儲存帶有小數的數值)
Dim b, c, d As Double

'宣告 1 個 String 變數 (可儲存字串) 與 2 個 Date 變數 (可儲存日期)
Dim e As String, f, g As Date
```

如上例所示, 我們可以對每個變數都用 As 來宣告型別, 也可以先列出一串的變數, 最後再用 As 來整批宣告型別。

上例已經說明程式中常用的整數、小數、字串、日期等型別, 至於其他各種資料與型別的詳細說明, 以及宣告變數型別的相關注意事項, 請參見第 5 章。

| 補充說明 | **Object 型別的變數** |

前面我們都是使用『Dim 變數名稱』的方式來宣告變數, 若未於宣告時設定初始值, 則這種方式所宣告的變數都會是 Object 型別 (參見 5-4 節)。Object 變數在使用上雖然非常方便, 可以儲存任意型別的資料, 但在執行程式時卻會降低效能! 因為存取資料時會多了一道『依址取值』的參考手續, 所以導致程式變慢。

雖然 Object 變數會讓程式變慢, 不過對簡單的程式影響不大, 因此為了簡化教學上的複雜度, 本書的前 4 章我們仍然會以『Dim 變數名稱』的方式來宣告變數。

變數的應用

在數學上變數常用於公式中代表可任意替代的數, 例如矩形面積公式是『長 ×寬』, 如果用 x 代表長、y 代表寬, 就可寫成:

```
Area = x × y
```

知道這樣的公式, 以後遇到任何長寬的矩形, 我們都可以算出其面積。在程式中也是如此, 我們可用變數儲存要計算的值, 再用運算式算出結果, 請做以下的練習。

 用 Visual Basic 的變數, 撰寫計算矩形面積的程式。

step **1** 請建立新專案 Ch02-02。

step **2** 我們要定義兩個變數 height、width 來代表矩形的長、寬, 然後再用它來計算矩形面積, 請輸入以下程式:

```
01  Sub Main()
02      Dim height, width              ' 宣告記錄長寬的變數
03      height = 8                     ' 將長設為 8 ┐ 將來這些值可由使用
04      width  = 6                     ' 將寬設為 6 ┘ 者輸入或由檔案讀取
05      Console.WriteLine(height * width) ' 輸出『長×寬』的計算結果
06  End Sub
```

TIPS 於 VB 中輸入『Dim height, width』這行宣告變數的敘述後, 在輸入這些變數名稱開頭的字元時, Intellisense 也會在候選清單中列出變數名稱供我們選用。

step 3 按 Ctrl + F5 鍵，就會看到如下的執行結果：

圖-10

Visual Basic 會算出 height * width 的計算結果 (8 * 6 = 48) 再輸出
C:\Windows\system32\cmd.exe
48
請按任意鍵繼續 . . .

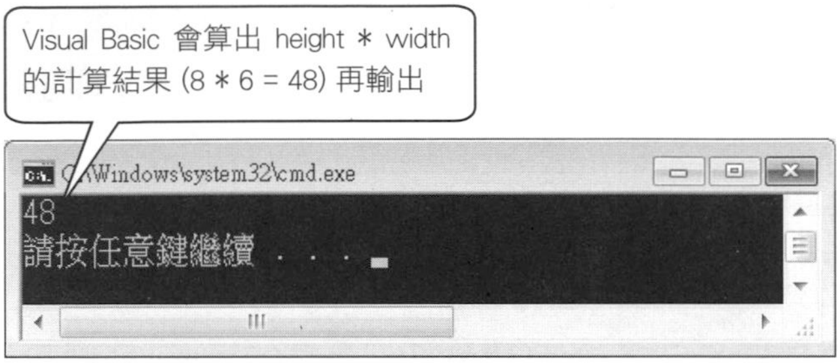

電腦程式的功能之一，就是要讓我們可重覆使用，例如計算面積的公式只寫一次就好，以後只要輸入長、寬值，程式就會替我們算出『長×寬』的結果。而變數的功能之一就是儲存使用者輸入的、或由檔案/資料庫讀取到的資料，以供程式進一步處理。不過我們還沒學到如何取得輸入、讀取檔案等，因此暫時在程式中直接指定變數值。

指定運算子

前面算術運算、變數的應用概念，和我們已熟悉的數學都相同，但『=』在 Visual Basic 中的意思，則和數學的等號大大不同。在 Visual Basic 中，= 稱為**指定**(Assign) 運算子，它意思是『將等號右邊的值，指定給等號左邊的變數』。例如範例程式 Ch02-03 第 2、3 行的敘述：

圖-11

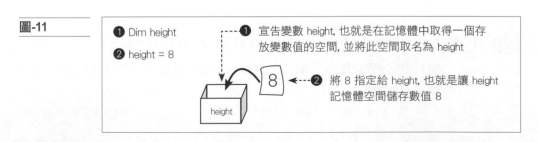

❶ Dim height
❷ height = 8
❶ 宣告變數 height，也就是在記憶體中取得一個存放變數值的空間，並將此空間取名為 height
8
❷ 將 8 指定給 height，也就是讓 height 記憶體空間儲存數值 8
height

第二個敘述並不是說『height 等於 8』, 而是將等號右邊的 8 **指定** 給等號左邊的變數 height, 說得白話一點就是:『讓 height 變成 8』。所以『=』的左邊一定要放可改變其值的變數, 而不可像普通數學算式的等號用法:

```
height = 8 * 5    '合法, Visual Basic 會先算出數值 40, 再指定給 height
height + 2 = 42   '錯誤用法
```

由底下的運算式, 可明顯看出 Visual Basic 中的『=』, 和數學的『等號』不同之處:

```
height = height + 2    '表示將 height 目前的值加 2 後,
                       '再指定給 height
```

在數學課中寫出這樣的式子是不合理的, 但在 Visual Basic 中則是合理的。它表示將 height 目前的值加 2 之後, 再指定給 height 自己; 簡單的說, 就是讓 height 變數所存的值加 2。

 熟悉指定運算子的作用。

step **1** 請建立新的**主控台應用程式**專案 Ch02-03。

step **2** 輸入如下程式內容:

```
01 Dim height, width              ' 宣告記錄長寬的變數
02 height = 8                     ' 將長設為 8
03 width = 6                      ' 將寬設為 6
04
05 Console.WriteLine(height * width)   ' 輸出『長 ×寬』的計算結果
06 height = height + 2            ' 將長增加 2 (變成 10)
07 Console.WriteLine(height * width)   ' 再次輸出計算結果
```

step 3 按 `Ctrl` + `F5` 鍵 , 就會看到如下的執行結果 :

圖-12

第 1 次 height * width 是計算 6 ×8

第 2 次 height * width 是計算 6 ×(8+2), 也就是 6 ×10

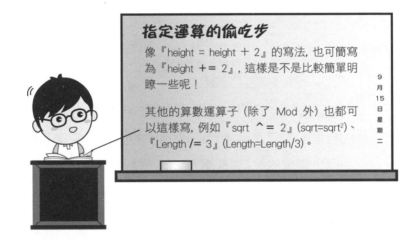

指定運算的偷吃步

像『height = height + 2』的寫法, 也可簡寫為『height += 2』, 這樣是不是比較簡單明瞭一些呢 !

其他的算數運算子 (除了 Mod 外) 也都可以這樣寫, 例如『sqrt ^= 2』(sqrt=sqrt^2)、『Length /= 3』(Length=Length/3)。

9 月 15 日 星 期 二

變數初值的設定

變數在宣告時, 可以同時指定其初值 (Initial Value), 例如 :

```
Dim height = 8      '相當於先執行 Dim height
                    '再執行 height = 8
```

當然也可以同時指定多個變數的初值 :

```
Dim height = 8, width As Integer = 6
```

2-6 算術運算

用 Visual Basic 做算術

在 Visual Basic 中可以用下列的符號來進行算術運算:

符號	範例	計算結果 (說明)
+ (加法)	3 + 5	8
- (減法)	7 - 4	3
* (乘法)	3 * 6	18
/ (除法)	18 / 4	4.5
\ (整數除法)	17 \ 4	4 (17 除以 4 的商為 4.25, 只取整數, 所以為 4)
mod (求餘數)	17 mod 4	1 (17 除以 4 的餘數)
^ (乘冪)	2 ^ 8	256 (2 的 8 次方)
	16 ^ 0.5	4 (16 的 0.5 次方, 也就是平方根)

 在程式語言中, 將這些符號稱為**運算子** (operator), 例如 + 稱為加法運算子。

 練習各種算術運算子用法, 並用程式輸出運算結果。

step **1** 請建立新的**主控台應用程式**專案 Ch02-04, 接著在 Main() 中輸入下列程式:

```
01 Sub Main()
02     Dim Four = 4
03     Console.WriteLine(3 + 5)
04     Console.WriteLine(7 - Four)
05     Console.WriteLine(3 * 6)
06     Console.WriteLine(18 / Four)
07     Console.WriteLine(17 \ Four)
08     Console.WriteLine(17 Mod Four)
09     Console.WriteLine(2 ^ 8)
10     Console.WriteLine(16 ^ 0.5)
11 End Sub
```

step❷ 按 Ctrl + F5 執行程式, 就會看到如下的執行結果 :

圖-13

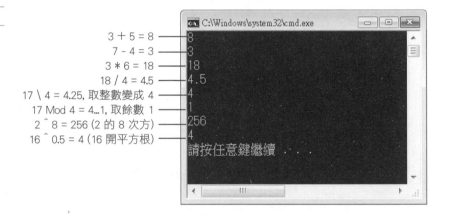

step❸ 按任意鍵結束程式。

程式說明

我們利用 Console.WriteLine() 一行一行的輸出 (即 Write Line 的意思) 各運算式的計算結果至 Console (主控台的『輸出』裝置就是螢幕), 例如 :

```
Console.WriteLine( 3+5 )
```
運算式

在括號中的 3+5 是個算術**運算式** (Expression), 而非字串, 此時
Visual Basic 就會先算出運算式 3+5 的結果, 再將結果轉成字串輸
出：

圖-14

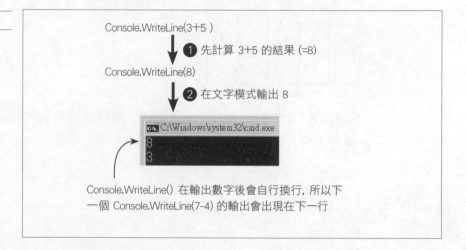

Console.WriteLine(3+5)

❶ 先計算 3+5 的結果 (=8)

Console.WriteLine(8)

❷ 在文字模式輸出 8

Console.WriteLine() 在輸出數字後會自行換行, 所以下
一個 Console.WriteLine(7-4) 的輸出會出現在下一行

 TIPS 在運算式中, 參與運算的資料稱為運算元 (Operand), 例如『3+5』中
的 3、5 就是運算元；而代表運算方式的『+』則稱為運算子。

練習 請試寫出下列運算式的計算結果, 寫完後再用 Visual Basic 程式驗證之。
(A) 12.3 + 4.56　(B) 9-99　(C) 3^3　(D) 66\5　(E) 12.3 Mod 4

參考解答

(A) 16.86 (B) -90 (C) 27 (D) 13 (E) 0.3

運算的優先順序

我們學的數學運算是先乘除、後加減, Visual Basic 也依循此規則, 所以『3 + 4 * 5』的結果是 23 而非 35。不過 Visual Basic 還有 \、Mod、^ 這幾個運算子, 當它們與加減乘除一同出現時, 其優先順序如下:

圖-15

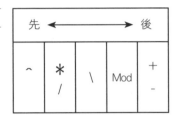

例如『4 * 3 ^ 2』, 由於 ^ 比 * 優先, 所以會先計算 3 的平方 9, 再乘上 4 得到 36。

```
  4 * 3 ^ 2
= 4 * 9
= 36
```

如果是優先順序相同, 則是依由左到右的順序計算, 例如:

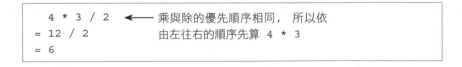

用括弧改變優先順序

如果要改變運算的優先順序, 也可以和一般算術運算式一樣, 在要優先計算的式子前後加上括弧, 例如:

```
   (4 * 3) ^ 2  ←── 括弧內的乘法會優先計算
= 12 ^ 2
= 144
```

使用負號

大家都知道在數字前可用減號代表負數, 在 Visual Basic 中, 負號 (-) 先優先順序僅次於 ^, 但優先於其它所有算術運算, 例如:

```
-3 ^ 2   ←── 先計算 (3 ^ 2), 再做負號運算, 所以結果是 -9
-3 * -2  ←── 兩負數相乘, 結果為 6
```

所以如果將負號加入前面所列的優先順序表, 則結果如下:

圖-16

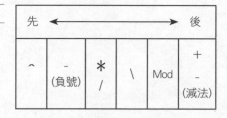

先 ←─────────────────→ 後					
^	- (負號)	* /	\	Mod	+ - (減法)

請試寫出下列運算式的計算結果, 寫完後再用 Visual Basic 程式驗證 之。

(A) 100 Mod 30 \ 4

(B) -12 / (2 * 6) / 3

(C) (-3) ^ 3

(D) 4 ^ (3-1) / (8 * (3+1))

参考解答

(A) 2 (B) -0.333333333 (C) -27 (D) 0.5

練習 請練習將下列數學算式改用 Visual Basic 的語法來表示：

(A) $2x + 1 x + 2$

(B) $\dfrac{x + 2}{x - 3}$

(C) $x^2 + 2x + 1$

(D) $\sqrt{x^2 - 2xy}$

參考解答

(A) 2 * x + 1

(B) (x + 2) / (x - 3)

(C) x ^ 2 + 2 * x + 1

(D) (x ^ 2 - 2 * x * y) ^ 0.5

習題

1. 在 Visual Basic 中, 如果敘述太長需要折行, 可以在行的最後面加上哪一個符號？

   (1) +

   (2) \

   (3) _

   (4) $

2. 以下哪一個變數名稱是合法的？ (複選)

   (1) Module

   (2) _Module

   (3) Module!

   (4) Module2

3. 在同一算式中, 下列運算符號何者最優先？

   (1) +

   (2) /

   (3) Mod

   (4) \

4. 在同一算式中, 下列運算符號何者最優先？

   (1) +

   (2) /

   (3) ^

   (4) Mod

5. 在同一算式中，下列運算符號何者最優先？

   (1) - (負號)

   (2) +

   (3) *

   (4) \

6. 請寫出下列各敘述執行後 X、Y、Z 三個變數的值。

```
Dim X=0, Y=0, Z=0
X = 5 + 8          ' X = __   Y = __   Z = __
X = X + 7          ' X = __   Y = __   Z = __
Y = -X             ' X = __   Y = __   Z = __
Y = Y\3            ' X = __   Y = __   Z = __
Y = (X - 5) * 2    ' X = __   Y = __   Z = __
Z = Y Mod X        ' X = __   Y = __   Z = __
X = Y + 3 * Z      ' X = __   Y = __   Z = __
Y = (X-Y) ^ 2      ' X = __   Y = __   Z = __
Z = Y Mod X + Z    ' X = __   Y = __   Z = __
```

7. 請寫出下列運算式的結果：

   (1) 4 * 2 + 4 / 2 + 3 = _____

   (2) -6 ^ 2 + 6 = _____

   (3) 5 + -4 * 3 = _____

   (4) 27 / 3 Mod 55 \ 8 = _____

8. 請試將下列數學式改用 Visual Basic 運算式表達。

   (1) 7Y+6 _____

   (2) $4X^2 \div 9$ _____

   (3) (5X-10)(2Y+1) _____

   (4) $\sqrt{B^2 - 4AC}$ _____

9. 請撰寫一主控台應用程式, 程式會計算並輸出半徑 3 的圓之面積。

10. 請撰寫一主控台應用程式, 程式會計算並輸出下圖直角三角形之斜邊長。

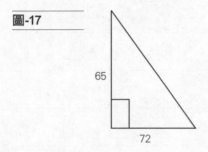

圖-17

65

72

MEMO

03 視窗程式設計 ——
使用表單

本章閱讀建議

本章，我們就要開始設計圖形介面的 Windows 應用程式。首先我們會用最基本的按鈕、標籤、輸入欄位等控制項來設計，在往後各章，會陸續介紹其它控制項，以豐富程式的介面。

3-1　**建立視窗應用程式**：要設計圖形介面的 Windows 程式，必須建立 **Windows Form 應用程式**專案，而非前兩章使用的**主控台應用程式**專案，所以要先來認識這個新的環境。

3-2　**在表單上配置控制項**：本節讓讀者實際體驗 Visual Basic 的視覺化程式設計方法，練習將現成的控制項加到表單之中。

3-3　**以屬性窗格調整控制項**：在設計表單時，有大半時間是在控制項的屬性上打轉，初學者務必要熟悉控制項與**屬性**窗格間的關係。

3-4 **設定按鈕及標籤的屬性**：接著進入屬性設定的重點，我們要實際設定一下屬性，並觀察其效果。這也是『視覺化』設計的進一步體驗：各項屬性設定都會立即反應在 VB 的設計畫面中，不必等程式執行，就能立即看到效果。

3-5 **認識各種屬性設定方式**：本節將介紹各種不同的控制項屬性設定方式，雖然不同性質的屬性，其設定方式不太相同，但原則並不困難，多多練習就能熟悉。

3-1 建立視窗應用程式

前兩章我們建立的是**主控台應用程式**專案，也就是『文字模式』應用程式。如果要建立圖形介面的視窗應用程式，則需建立 **Windows Form 應用程式**專案。在此專案環境下，VB 即可展露它視覺化 (Visual) 的特性：在設計階段即可『看到』程式執行時的外觀。

建立 Windows Form 應用程式專案

 建立 Windows Form 應用程式專案。

step **1** 請執行 VB 然後按下 🔲 鈕，或執行『**檔案 / 新增專案**』命令，在**新增專案**交談窗中，選擇建立 **Windows Form 應用程式專案**：

圖-1

1 選此項

2 輸入專案名稱　　　　　　　　　　**3** 按此鈕

step 2 VB 將視窗稱為**表單** (Windows Form, 簡稱 Form), 新增專案時, VB 會自動產生一個空白的表單:

圖-2

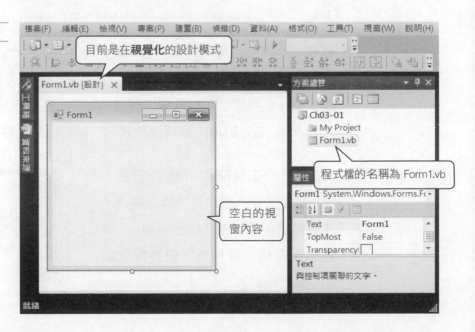

在建立 Windows Form 應用程式專案時, 預設會進入圖形介面的設計模式, 此時我們可透過三個窗格來設計表單的內容:

圖-3

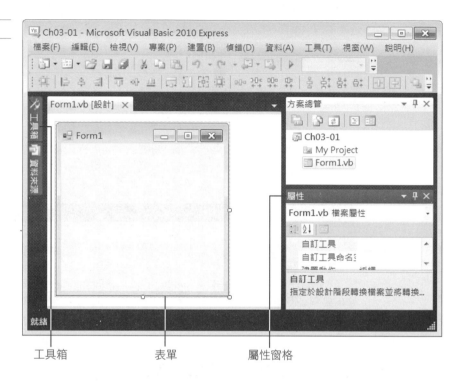

工具箱　　　　　表單　　　　　屬性窗格

● **表單**：表單物件是用 .NET Framework 中的 Form 類別建立的。在 VB 中所看到的表單畫面, 就是程式的視窗外觀, 我們可將按鈕、文字標籤、輸入欄位等物件 (在 VB 中統稱為**控制項** - Control) 加入表單中, 建構出程式執行時的視窗外觀。

● **工具箱**：在**工具箱**窗格會列出按鈕、文字標籤、輸入欄位等物件控制項。**工具箱**窗格預設是『自動隱藏』, 要顯示此窗格、甚至將它設為固定顯示, 可如下操作:

1 將滑鼠移到此處

圖-4

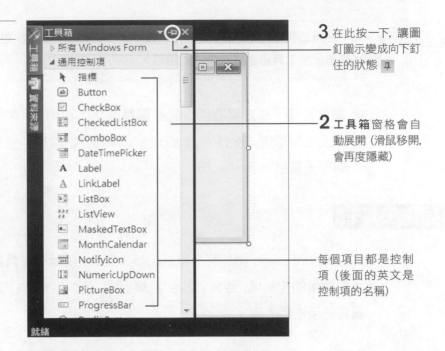

3 在此按一下, 讓圖
釘圖示變成向下釘
住的狀態

2 **工具箱**窗格會自
動展開 (滑鼠移開,
會再度隱藏)

每個項目都是控制
項 (後面的英文是
控制項的名稱)

4 **工具箱**窗格變成固定顯示於
此 (滑鼠移開也不會隱藏)

TIPS 如不要讓工具箱窗格固定顯示, 可再按一下 📌 圖案, 讓它恢復為 ➡ , 移開滑鼠時工具箱窗格就會自動隱藏。

● **屬性窗格**：在**方案總管**下面的**屬性**窗格, 可用以瀏覽及修改表單及控制項的『屬性』(Property), 舉凡外觀樣式、控制項名稱等都是屬性。

認識工具箱

建立 Visual Basic 視窗應用程式的基本工作, 就是從**工具箱**中找出所要使用的控制項, 並將它放到表單上面, 所以我們先認識一下**工具箱**的用法與內容。

.NET Framework 提供的控制項相當多, 為方便我們取用, **工具箱**將控制項略分為數類, 並以索引標籤區隔：

圖-5

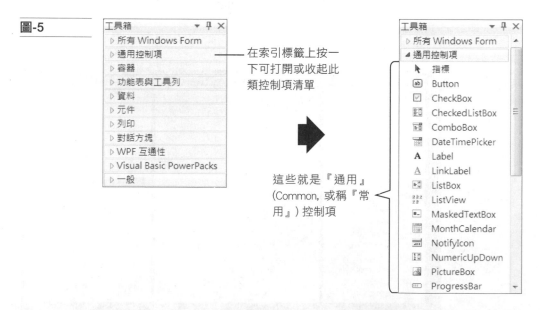

在基本的表單設計中, 最常用到的就是**通用控制項**這一類。在往後章節會適時介紹**通用控制項**及其它分類的重要控制項。

3-2　在表單上配置控制項

表單就像一張畫布，我們可將控制項隨意放到表單上的任何位置，並調整其大小，只要不超過表單的範圍即可。以下說明 3 種將控制項放到表單的方式。

將控制項拉曳到表單

要將控制項放到表單中，最直覺的方法就是直接由**工具箱**將控制項拉曳到表單中，以下就來實際練習看看。

 在表單中加入一個 ⓐⓑ Button （按鈕）控制項。

step ① 開啟先前建立的 Ch03-01 專案，用滑鼠在工具箱中按住 ⓐⓑ Button 不放。

圖-6

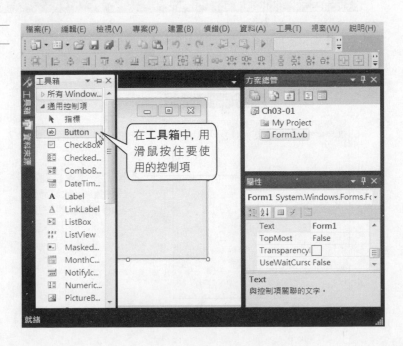

圖-7

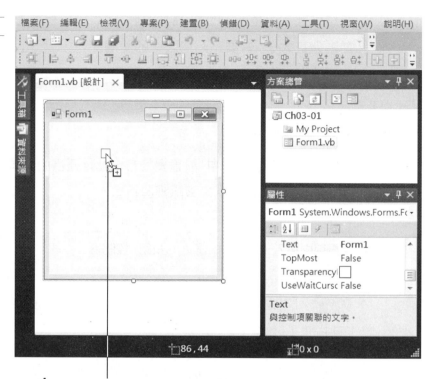

1 將滑鼠拉曳到表單中(此時仍需按住滑鼠左鈕不放)

2 移到要放置控制項的位置後,放開滑鼠左鈕,就會出現按鈕

step **3** 如果要變更控制項的位置，可用滑鼠按住後拉曳之。

圖-8

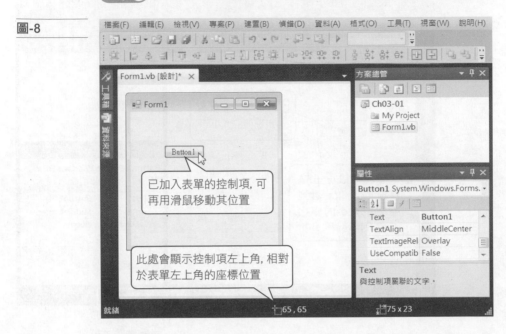

已加入表單的控制項，可再用滑鼠移動其位置

此處會顯示控制項左上角，相對於表單左上角的座標位置

step **4** 如果要調整控制項大小，則可將滑鼠指標移到其 4 周的白點上，按住滑鼠左鈕拉曳即可調整：

圖-9

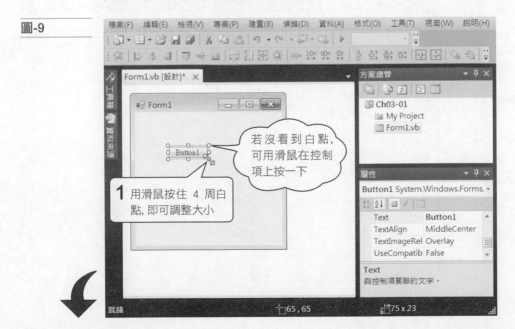

若沒看到白點，可用滑鼠在控制項上按一下

1 用滑鼠按住 4 周白點，即可調整大小

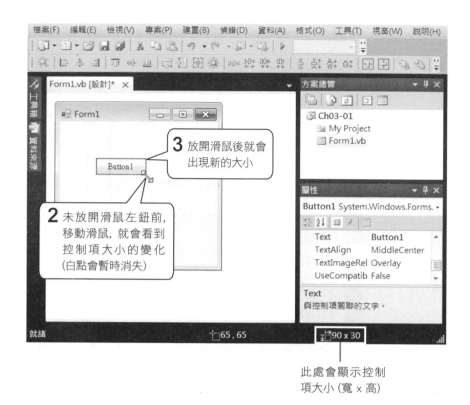

檔案(F) 編輯(E) 檢視(V) 專案(P) 建置(B) 偵錯(D) 資料(A) 格式(O) 工具(T) 視窗(W) 說明(H)

Form1.vb [設計]* ×

Form1

3 放開滑鼠後就會
出現新的大小

2 未放開滑鼠左鈕前,
移動滑鼠, 就會看到
控制項大小的變化
(白點會暫時消失)

方案總管

Ch03-01
  My Project
  Form1.vb

屬性

Button1 System.Windows.Forms.

Text	Button1
TextAlign	MiddleCenter
TextImageRel	Overlay
UseCompatib	False

Text
與控制項關聯的文字

就緒   65 , 65   90 x 30

此處會顯示控制
項大小 (寬 x 高)

step **5** 表單中看到的畫面, 也就是程式執行時的畫面。請按 F5
鍵編譯、執行程式, 就會看到程式執行時的表單, 和在 VB 中看到
的相同:

圖-10

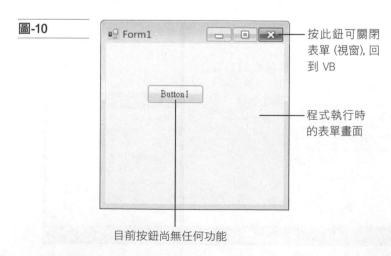

按此鈕可關閉
表單 (視窗), 回
到 VB

程式執行時
的表單畫面

目前按鈕尚無任何功能

雙按加入法

除了直接拉曳外, 我們也可在**工具箱**中『雙按』要使用的控制項, 如此亦會將控制項加入表單：

圖-11

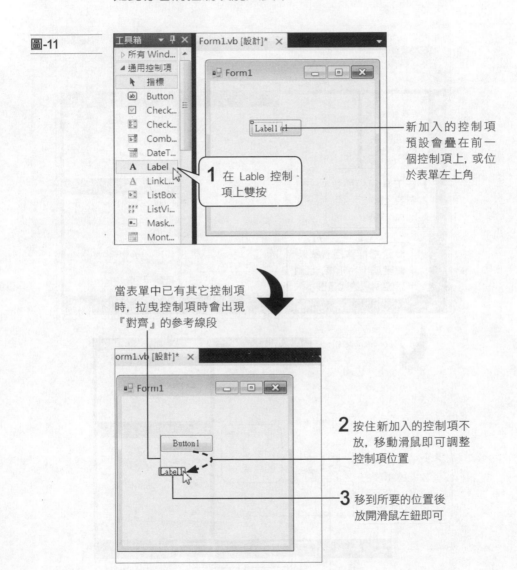

新加入的控制項預設會疊在前一個控制項上, 或位於表單左上角

1 在 Lable 控制項上雙按

當表單中已有其它控制項時, 拉曳控制項時會出現『對齊』的參考線段

2 按住新加入的控制項不放, 移動滑鼠即可調整控制項位置

3 移到所要的位置後放開滑鼠左鈕即可

加入並設定大小法

第 3 種加入控制項的方法, 可在加入控制項時, 同時設定其位置及大小:

圖-12

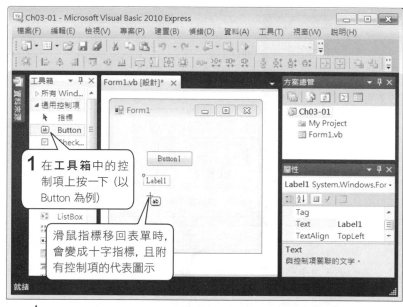

1 在**工具箱**中的控制項上按一下 (以 Button 為例)

滑鼠指標移回表單時, 會變成十字指標, 且附有控制項的代表圖示

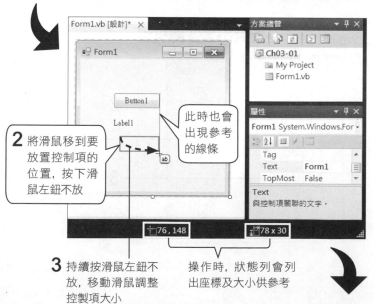

此時也會出現參考的線條

2 將滑鼠移到要放置控制項的位置, 按下滑鼠左鈕不放

3 持續按滑鼠左鈕不放, 移動滑鼠調整控制項大小

操作時, 狀態列會列出座標及大小供參考

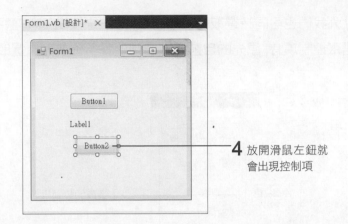

4 放開滑鼠左鈕就
會出現控制項

如果在**工具箱**中選了控制項後, 要取消選擇, 可按 Esc 鍵, 滑鼠指標就會回復原來的箭頭形狀。

選取表單中的控制項

當表單中有多個控制項時, 只要用滑鼠點按某個控制項, 該控制項四週便會出現白點, 代表它是**目前選取**的控制項, 此時我們就可以調整其位置、大小、屬性, 如 3-9 頁圖 9 的示範。

不過某些控制項預設具有**自動調整大小**的屬性, 表示該控制項會依其內容 (例如內含的文字、資料等) 自動調整長寬, 所以選取這類控制項時, 不會出現調整大小的白點。

圖-13

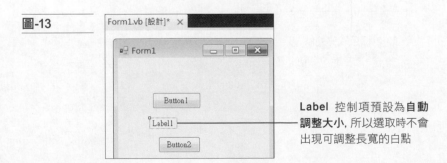

Label 控制項預設為**自動調整大小**, 所以選取時不會出現可調整長寬的白點

此外我們也可同時選取多個控制項, 方法是按住 Ctrl 鍵不放, 接著選取控制項時, 原先的**目前選取**控制項就不會被取消選取:

圖-14

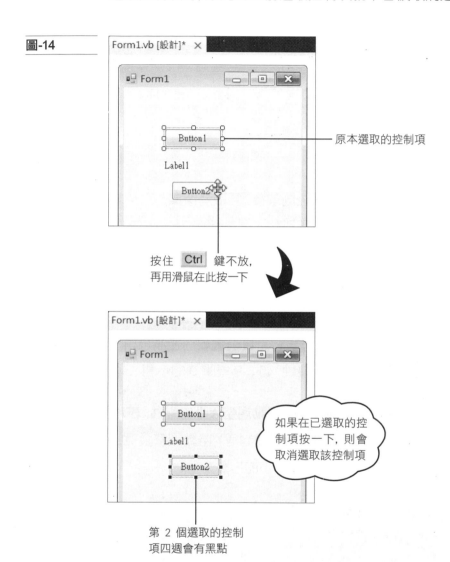

原本選取的控制項

按住 Ctrl 鍵不放,
再用滑鼠在此按一下

如果在已選取的控制項按一下, 則會取消選取該控制項

第 2 個選取的控制項四週會有黑點

選取多個控制項後, 調整控制項位置、大小時, 所有選取的控制項
都會一起調整, 例如:

圖-15

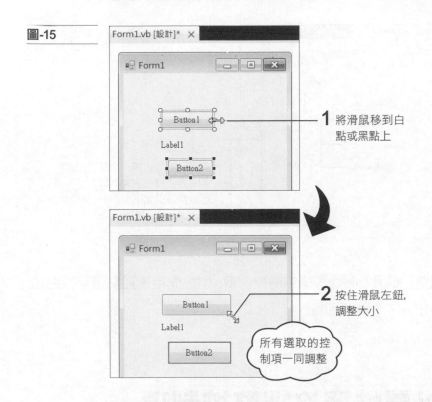

1 將滑鼠移到白
點或黑點上

2 按住滑鼠左鈕,
調整大小

所有選取的控
制項一同調整

此外, 選取多個控制項時, 在工具列會自動出現如下的工具鈕, 可
用以調整目前選取控制項的位置或大小, 例如:

按此鈕讓選取的控制項向左對齊 (以標示白點的控制項為基準)

圖-16

要取消控制項的選取, 可按 Esc 鍵或在表單空白處按一下, 此時表
單會變成**目前選取**的狀態：

圖-17

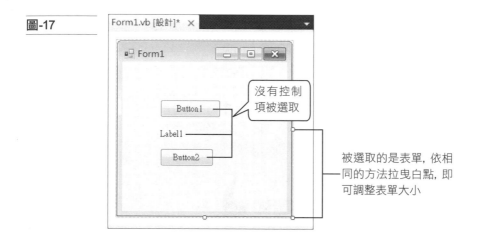

沒有控制
項被選取

被選取的是表單, 依相
同的方法拉曳白點, 即
可調整表單大小

最後, 如果要刪除表單中的控制項, 則需先用滑鼠點選該控制項,
再按一下 Delete 鍵即可。

3-3 以屬性窗格調整控制項

表單及控制項具有許多特性, 例如名稱、外觀樣式、位置...等, 這
些特性通稱為**屬性**(Property)。表單及其內控制項 (統稱為**物件**) 的
屬性, 都會列在 VB 的**屬性**窗格中, 在表單設計畫面中, 用滑鼠選取
要查看的物件, 即可在**屬性**窗格看到它的屬性。例如選取 Ch03-01
專案中的表單時, 就會看到如下的屬性內容：

圖-18

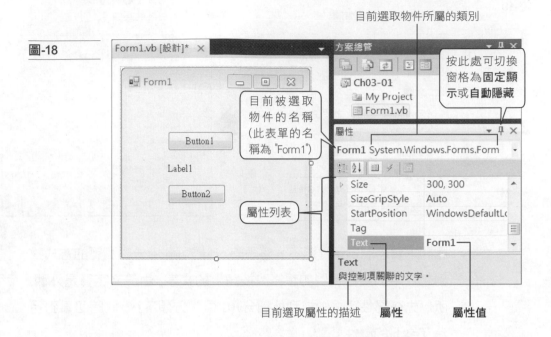

目前選取物件所屬的類別

按此處可切換窗格為**固定顯示**或**自動隱藏**

目前被選取物件的名稱 (此表單的名稱為 "Form1")

屬性列表

目前選取屬性的描述　**屬性**　　**屬性值**

在**屬性**窗格中列出的屬性, 會隨所選的控制項不同, 而略有不同。在屬性列表中可瀏覽及設定屬性, 以下先介紹如何以各種方式瀏覽屬性, 稍後再說明設定屬性的方式。

瀏覽屬性

為方便瀏覽, 屬性列表預設是『依字母排列』, 若按下**屬性**窗格中的 鈕則可改成『依分類』排列:

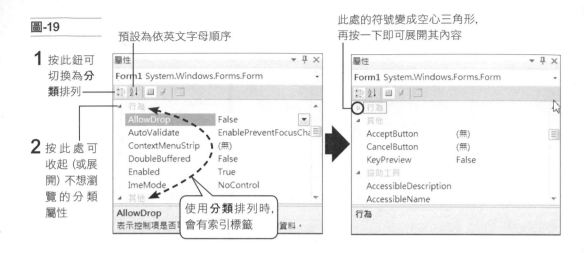

圖-19

此處的符號變成空心三角形，再按一下即可展開其內容

預設為依英文字母順序

1 按此鈕可切換為**分類**排列

2 按此處可收起 (或展開) 不想瀏覽的分類屬性

使用**分類**排列時，會有索引標籤

剛開始對控制項屬性還不太熟悉時, 我們可利用分類瀏覽的方式找到想使用的屬性。例如想修改按鈕上的文字, 由於文字算是外觀, 所以先在**屬性**窗格中找到**外觀**分類, 再往分類下找, 此時可看到名為 **Text** 的屬性:

圖-20

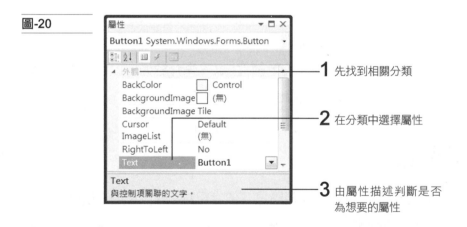

1 先找到相關分類

2 在分類中選擇屬性

3 由屬性描述判斷是否為想要的屬性

設定屬性

在**屬性**窗格中, 可直接修改屬性值。如果該屬性與物件的外觀有關, 輸入新屬性值後, 就會立即反應在 VB 的表單設計畫面中。

 練習修改表單的 Text 屬性 (視窗標題欄的文字)。

step 1 請建立新的 **Windows Form 應用程式**專案 Ch03-02。

step 2 表單標題欄文字預設是 "Form1", 要將它修改成其它文字, 需修改表單的 **Text** 屬性。所以先用滑鼠在表單的標題欄或空白處按一下, 使它成為『作用中』。

圖-21

step 3 在**屬性**窗格中找到 Text 屬性 (若以**分類**方式瀏覽, 此屬性是在**外觀**分類下), 先用滑鼠按一下, 再直接用鍵盤輸入 "Hello VB", 輸入的內容會立即出現在屬性值欄位 :

1 在 **Text** 屬性上按一下　　**2** 在鍵盤輸入的文字會顯示於此

圖-22

step 4 按 Enter 鍵確認輸入, 剛才輸入的文字就會出現在表單標題欄了。

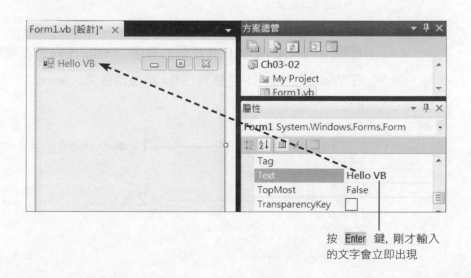

按 Enter 鍵, 剛才輸入的文字會立即出現

表單和表單中的控制項一樣, 當它被選取時, 可用滑鼠透過其 4 周的白點來調整表單大小。但如果想將大小設成某個特定的值, 則由屬性來設定比較方便。

 從屬性設定表單大小。

step 1 開啟剛才的專案 Ch03-02 (也可建新專案來練習)。

step 2 用滑鼠選取表單後, 在**屬性**窗格中找出 Size 屬性 (在**外觀**分類下), 並用滑鼠在其前面的三角形按一下, 展開其內容:

圖-23

找到 **Size** 屬性, 按
三角形展開其內容

出現兩個屬性

step 3 **Width** 屬性代表表單的寬度, **Height** 則是表單高度。先在 **Width** 上按一下並輸入 320 (單位為像素 - pixel):

圖-24

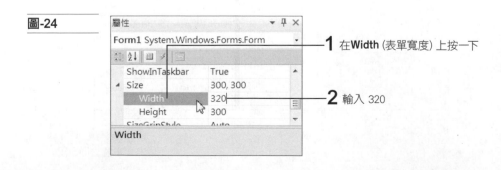

1 在**Width** (表單寬度) 上按一下

2 輸入 320

step 4 接著在 **Height** 上按一下，輸入 240：

圖-25

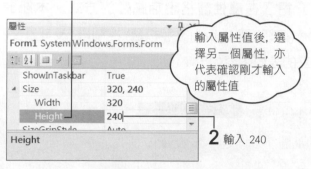

1 在**Height**(表單高度) 上按一下

輸入屬性值後，選擇另一個屬性，亦代表確認剛才輸入的屬性值

2 輸入 240

3 按 Enter 鍵確認輸入

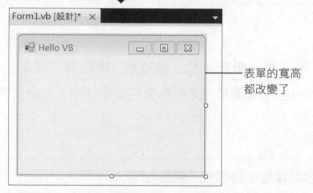

表單的寬高都改變了

剛才我們修改表單大小時，是分兩次各別設定 Width 和 Height 屬性值，其實我們也可在 **Size** 屬性中一次輸入 "320,240" (前者代表 Width、後者代表 Height，中間以逗點分隔)。所以若要將表單『寬 × 高』設為『640 × 480』，應在 **Size** 屬性欄輸入什麼內容？

參考解答

應輸入 "640,480"，前者代表 Width 屬性值為 640、後者代表 Height 屬性值為 480。

3-4 設定按鈕及標籤的屬性

剛才介紹了在**屬性**窗格設定屬性的方式。本節進一步要介紹 Button (按鈕) 和 Label (文字標籤) 控制項, 及其重要的屬性。我們要建立的表單內容如下:

圖-26

在表單中有一串文字及一個按鈕, 按鈕當然是用前面介紹過的 Button 控制項, 至於表單中的文字則是使用 Label (文字標籤) 控制項。

 設定控制項屬性 (以按鈕及標籤為例)。

step 1 建立 **Windows Form 應用程式**專案 Ch03-03。

step 2 在表單中加入一個 ⓐⓑ Button 控制項及一個 A Label 控制項:

圖-27

1 加入這兩個控制項

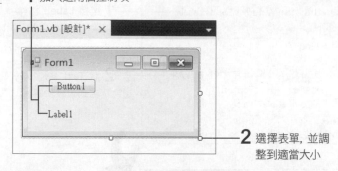

2 選擇表單, 並調
整到適當大小

step 3 新加入的按鈕、文字標籤等控制項, 其上的文字預設都是
用控制項的英文名稱 (例如 Button、Label 等) 再加上 1、2、3... 等
序號 (每種控制項獨立編號, 例如 Button1、Button2... ; Label1、
Label2... 等, 物件的名稱預設也使用相同文字)。若想修改這些文
字, 需透過其 **Text** 屬性來設定:

圖-28

1 選擇 Button1 物件

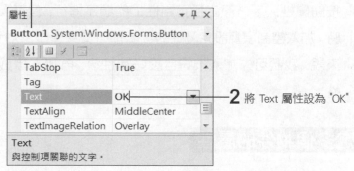

2 將 Text 屬性設為 "OK"

在**屬性**窗格的下拉式選單中選取物件時, 該物件也會成為**目前選取**的物
件。

step 4 Label 控制項也可用同樣的方式來設定, 先選取表單中的
Label1 控制項, 再修改其 **Text** 屬性來設定:

圖-29

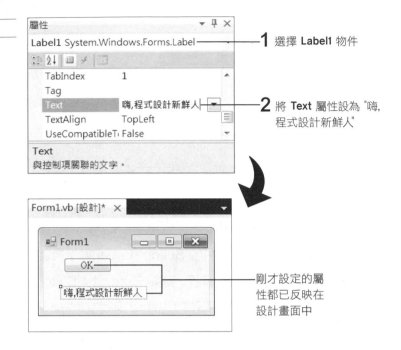

1 選擇 **Label1** 物件

2 將 **Text** 屬性設為 "嗨,程式設計新鮮人"

剛才設定的屬性都已反映在設計畫面中

雖然剛才是依『加入全部控制項』、『調整表單大小』、『設定按鈕屬性』、『設定標籤屬性』的順序進行, 但其實在設計表單時, 加入控制項及設定屬性的步驟都可交叉運作, 自行調整。舉例來說, 我們可先加入按鈕且設好屬性後, 再加入標籤並設定其屬性。

同時設定多個物件的屬性

在表單設計畫面中同時選取多個物件時, 在**屬性**窗格中可同時將這些物件之屬性設為相同的值, 例如設定 **Font** 屬性把所有控制項字型設為相同。 但有些屬性值, 是不能設為相同的 (例如 **Name** 屬性代表控制項物件的名稱, 因為物件不可同名所以每個控制項的 **Name** 屬性其值都必須不同), 此時這種屬性就不會列在**屬性**窗格內。

上機 練習同時設定多個控制項的相同屬性。

step **1** 開啟剛才的專案 Ch03-03。

step **2** 按 Ctrl 鍵不放, 並選取表單、按鈕、標籤這三個物件:

圖-30

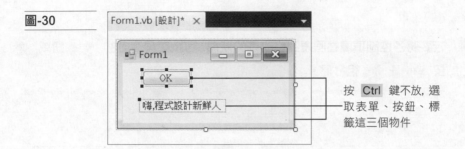

按 Ctrl 鍵不放, 選取表單、按鈕、標籤這三個物件

step **3** 此時在**屬性**窗格的下拉式選單會變成空白, 而且只會列出 3 種控制項中, 可設為相同的屬性。此時修改任一個屬性值, 3 個控制項都會一起受影響, 例如我們若要修改 **Text** 屬性:

1 在 **Text** 上按一下

圖-31

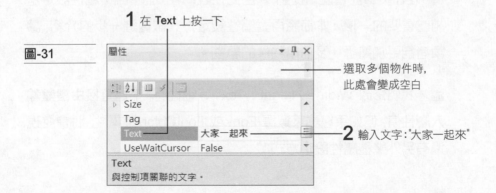

選取多個物件時, 此處會變成空白

2 輸入文字:"大家一起來"

step **4** 按 Enter 鍵後, 就會看到表單、按鈕、標籤所顯示的文字都會變成相同:

圖-32

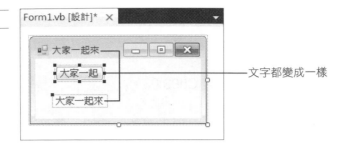

————文字都變成一樣

TIPS 若要將各控制項屬性回復到修改前的狀態, 可按工具列上的 ↩▾ 鈕或
按 Ctrl + Z 組合鍵。

3-5 認識各種屬性設定方式

在**屬性**窗格中, 可看到各種物件都有許多屬性, 而變更屬性之後,
將會影響物件的外觀, 而有些屬性還會影響物件在程式執行時的行
為 (在往後章節會陸續提到)。因此在表單程式設計中, 屬性設定是
相當重要的一環。本節將再對屬性設定方式做更進一步的介紹, 讓
讀者能更加熟悉、及活用物件的屬性。

剛才我們修改 Width、Height、Text 等屬性時, 都是直接**由鍵盤輸
入**屬性值, 但如果您試著選擇 Font 或 FontColor 等屬性, 將會發現
還有另外幾種屬性設定方式:

圖-33

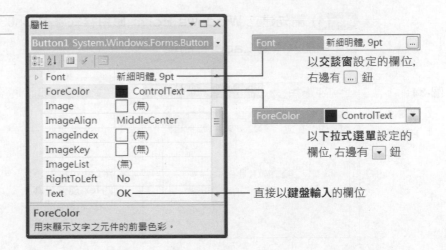

以**交談窗**設定的欄位,
右邊有 [...] 鈕

以**下拉式選單**設定的
欄位, 右邊有 [▼] 鈕

直接以**鍵盤輸入**的欄位

- 以**交談窗**設定:按下欄位右邊的 [...] 鈕, 就會出現與該屬性相關的設定交談窗, 讓我們可設定其屬性值。

- 以**下拉式選單**設定:按下欄位右邊的 [▼] 鈕, 會展開下拉式選單, 其中會列出可使用的屬性值供我們選取。

- 以**鍵盤輸入**:此類欄位原則上是讓我們直接輸入屬性值文字, 但有些欄位也會有 [▼] 鈕, 但按下後不會出現下拉式選單, 只是可擴大輸入欄位。

其中以**鍵盤輸入**的欄位可參見前 2 節的說明, 以下我們將透過修改表單的背景, 及 Label 控制項的字型, 來認識以**交談窗**、以**下拉式選單**設定屬性的方式。

以交談窗設定屬性:表單背景圖案

 上機　設定表單背景圖案, 練習使用交談窗設定屬性。

step 1 請先建立 Windows Form **應用程式**專案 Ch03-04, 並在表單中加入 1 個 **Label** 控制項:

圖-34

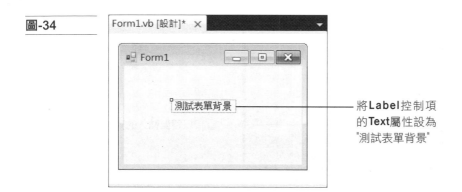

將**Label**控制項
的**Text**屬性設為
"測試表單背景"

step 2 要設定表單背景圖案, 需設定其 **BackgroundImage** 屬性, 請如下開啟其設定交談窗:

圖-35

1 選取表單

3 按此鈕

2 找到並選取 **BackgroundImage** 屬性

step 3 此時會出現如下交談窗詢問我們要從何處取得背景圖案, 例如要使用存於磁碟機中的圖檔, 就選**本機資源**:

圖-36

1 選擇**本機資源**　　**2** 按匯入鈕

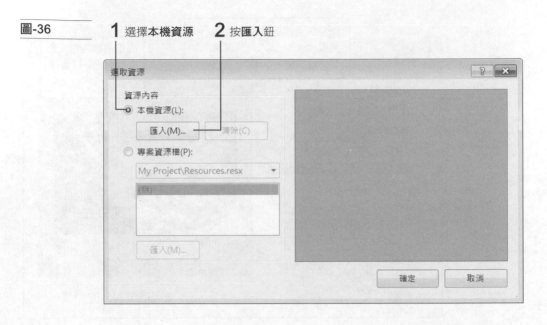

step **4** 接著會出現**開啟**交談窗，在此選擇所要使用的圖檔：

1 選擇圖檔路徑

圖-37

2 雙按要使用的圖案

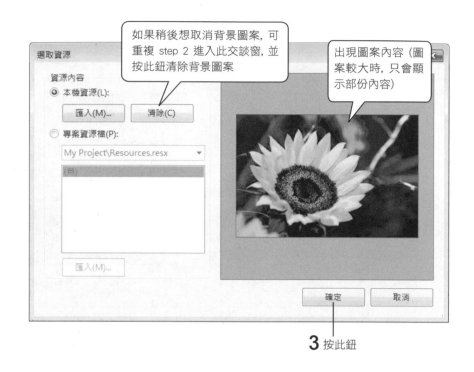

如果稍後想取消背景圖案, 可重複 step 2 進入此交談窗, 並按此鈕清除背景圖案

出現圖案內容 (圖案較大時, 只會顯示部份內容)

3 按此鈕

step 5 回到表單設計畫面, 就會看到剛才選的圖案會出現在表單的背景, 而且如下圖所示, 表單中的控制項預設是『疊』在表單之上, 因此會『蓋住』表單背景圖案。

圖-38

表單背景變成剛才選的圖案

此處也會出現縮圖

以下拉選單設定屬性：背景圖案排列方式

由上圖可發現, 我們所選的圖案是以 1:1 的方式貼到表單背景, 由
於我們選用較大張的圖案, 但表單面積很小, 所以要讓表單能顯示
整張圖案內容, 需將表單調到比圖案大才可以。若想將圖片縮小
以便顯示於表單內, 則可透過 BackgroundImageLayout 屬性設定,
在**屬性**窗格中, 會以**下拉式選單**列出其可使用的值:

圖-39

1 在 BackgroundImageLayout 屬性上按一下

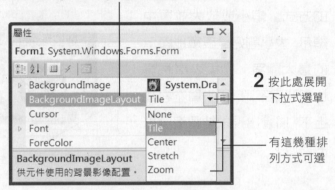

2 按此處展開
下拉式選單

有這幾種排
列方式可選

● **None**: 此為預設值, 以 1:1 貼圖方式, 將圖案貼到表單左上
角: 若表單小於圖案, 則只會顯示部份背景圖案; 若表單大於
圖案, 則圖案無法涵蓋的部份, 將仍為灰色背景。

● **Tile**: 適用於圖案『小於』表單時, 此時圖案會以類似貼磁磚
的方式, 貼滿整個表單。

● **Center**: 同樣適用於圖案『小於』表單時, 此時圖案會置於表
單正中間。

圖-40

● **Stretch**：圖案會自動縮小
或放大成剛好貼滿整個表單，
如果表單長寬比與圖案不同，
則圖案將會因寬、高的縮放
比例不同而失真。

上例選擇 **Stretch** 的情況

圖-41

● **Zoom**：圖案會以『不失真
的方式』縮小或放大並置中
顯示，大小剛好是表單能顯示
的最大圖案。如果表單長寬
比與圖案不同，則表單左右或
上下，將會出現未被圖案涵蓋
的區域。

表單長寬比與圖案不同, 左右出現留空

另外要留意一點，上述的設定都是**動態**的，意即在程式執行時，它
們會隨表單大小自動調整。例如選擇 **Zoom**, 然後按 F5 鍵執行程
式, 並調整視窗大小, 即可看到如下的效果：

圖-42

將視窗調大

背景圖案也跟著放大

原本左右留空變成上下留空了

設定字型

接著我們再練習設定 Label 控制項的字型屬性, 讓大家能更熟悉屬性欄位的用法。

 以各種不同輸入欄位設定字型屬性。

step 1 請先建立 **Windows Form 應用程式**專案 Ch03-05, 並在表單中加入 2 個 Label 控制項:

圖-43

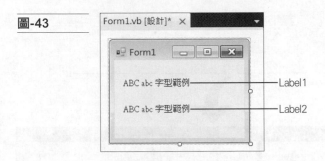

step 2 要變更 Label 控制項的字型, 需設定其 **Font** 屬性:

1 選擇**Label1**

圖-44

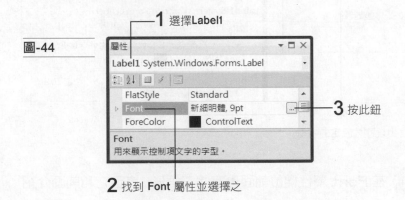

3 按此鈕

2 找到 **Font** 屬性並選擇之

step 3 此時會出現**字型**交談窗, 在此設定所要用的字型樣式, 再按**確定**鈕, 就會在表單中看到結果:

1 選擇想使用的字型樣式 (本例選擇『標楷體』、『傾斜』、字型大小為 12)

圖-45

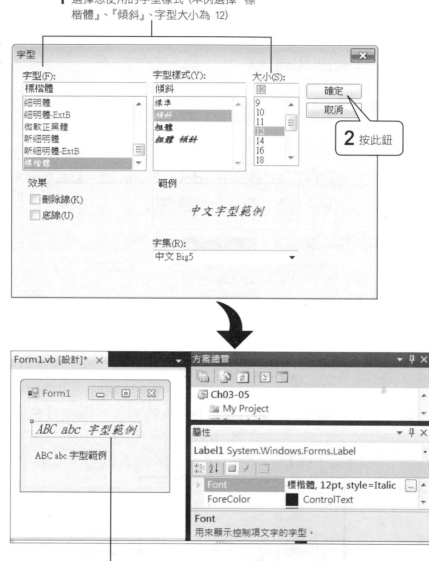

2 按此鈕

出現剛才設定的字型

step 4 在 **Font** 屬性欄位前面也有個三角形，表示它和前面介紹的 **Size** 屬性一樣，可展開個別屬性，並逐一設定其值。以下我們就用這種方式來設定 Label2 控制項的字型：

圖-46

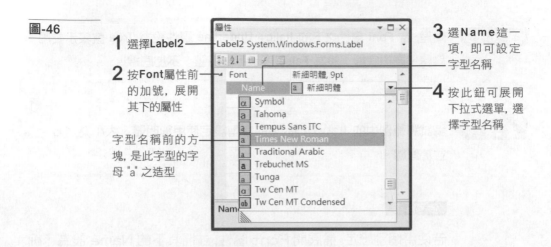

1 選擇Label2

2 按Font屬性前的加號，展開其下的屬性

字型名稱前的方塊，是此字型的字母 "a" 之造型

3 選 Name 這一項，即可設定字型名稱

4 按此鈕可展開下拉式選單, 選擇字型名稱

圖-47

step 5 在 **Size** 欄可設定字型大小：

1 選 Size 這一項

2 輸入字型大小值 (本例輸入 14)

圖-48

step 6 Blod 、Italic 、Underline 則是設定字型的樣式及效果 (粗體、斜體、加底線等)，這些屬性都可設為 True 或 Flase, 表示要加 (True) 或不加 (False) 該樣式效果。設定方式可直接輸入 , 或由下拉式選單中選擇：

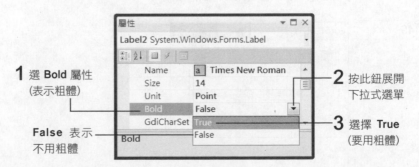

1 選 Bold 屬性 (表示粗體)

False 表示不用粗體

2 按此鈕展開下拉式選單

3 選擇 **True** (要用粗體)

同理, 在 Font 屬性之下的 Italic、Underline 屬性設為 True 就表示要用斜體、要加底線；設為 False 表示不要斜體、不加底線。

 請試將範例中的 Label 控制項的字型設定使用細明體、大小為 16、並加底線。

參考解答

若使用個別設定, 需展開 Font 屬性, 並將其下的 Name 設為『細明體』、 Size 設為 16、Underline 設為 True。

文字顏色

讀者在設定字型屬性時, 或許會覺得奇怪, 為何在字型交談窗或 Font 屬性之下, 都沒有可設定字型顏色的項目。這是因為物件的文字顏色並非歸屬於字型的設定, 而是用 ForeColor 屬性 (前景顏色；BackColor 屬性則代表背景顏色) 來設定, 此屬性欄位是比較特殊的下拉式選單式, 故在此特別介紹。

 設定控制項的文字顏色。

step 1 請建立 Windows Form 應用程式專案 Ch03-06, 並在表單中加入 1 個 Label 控制項：

圖-49

step ② 選擇控制項後，在**屬性**窗格找到 **ForeColor** 屬性，並開啟其設定面板：

圖-50

1 選擇要設定的控制項

3 按此鈕

2 選擇**ForeColor**屬性

step ③ 此設定面板有有 3 個頁次，分別以不同方式列出顏色供我們選取，其中 **Web** 頁次會列出設計網頁時所用的顏色名稱：

圖-51

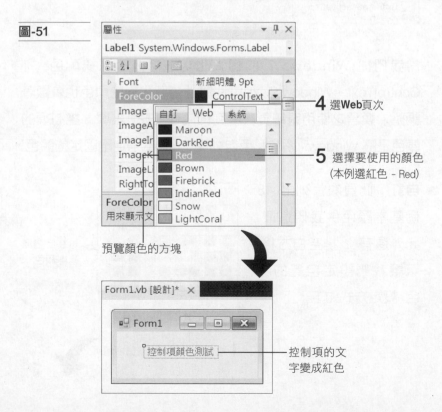

4 選**Web**頁次

5 選擇要使用的顏色
(本例選紅色 - Red)

預覽顏色的方塊

控制項的文字變成紅色

在上圖中可看到，**ForeColor** 屬性下拉式選單中有 3 個頁次，分別會列出不同的選擇項目。剛才使用的 **Web** 頁次，其中定義的顏色名稱都是 HTML 中所定義的顏色名稱。另兩個頁次說明如下：

● **系統**：此頁次所列的並非顏色名稱，而是 Windows 作業系統的配色項目名稱。在 Windows 中我們可選擇系統的『配色』，例如視窗標題欄文字用白色、視窗內的文字為黑色...等等。而在**系統**頁次可看到各種視窗元件、及其目前所用的配色：

圖-52

ControlText 表示
控制項文字

當我們從 Windows 7 的**個人化**功能修改了系統配色，則 ControlText、WindowsText 這些屬性值所代表的顏色也會跟著調整。換言之使用**系統**頁次所列的屬性值時，表單、控制項的顏色是隨 Windows 系統配色自動調整，而不一定是固定的顏色。

● **自訂**：此頁次會列出 48 個基本顏色供我們選取，此外還有 2 排空白方格，可讓我們設定自選的顏色，設定方式如下：

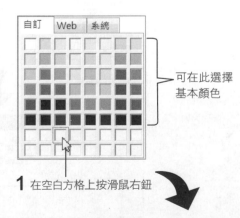

可在此選擇基本顏色

1 在空白方格上按滑鼠右鈕

圖-53

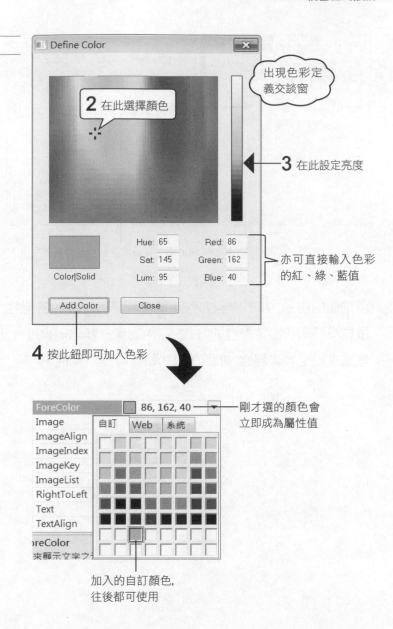

出現色彩定義交談窗

2 在此選擇顏色

3 在此設定亮度

亦可直接輸入色彩的紅、綠、藍值

4 按此鈕即可加入色彩

剛才選的顏色會立即成為屬性值

加入的自訂顏色，往後都可使用

 和 ForeColor 相對的則是 BackColor 屬性，顧名思義，BackColor 屬性是用以設定控制項的背景顏色，設定方式 ForeColor相同。

圖-54

BackColor 屬性可設定控制項的背景顏色

由前面的例子，我們學到如何在**屬性**窗格設定物件的屬性，這些都是在設計階段設定屬性的方式，在後面章節我們則會進一步學習以程式來設定物件屬性，亦即在程式執行時設定屬性。

習題

1. 是非題：

( ) 在 VB 的**工具箱**中, 所列出的項目稱為控制項。

( ) 用拉曳或雙按的方式, 都可將**工具箱**中的控制項加到表單中。

( ) 在**屬性**窗格可修改控制項的文字和字型。

( ) "Button1"、"1Button" 都是合法的控制項名稱。

( ) 表單背景圖案一定要和表單一樣大。

2. 在 VB 建立 Windows Form 應用程式專案時, 會自動建立表單, 以下關於表單的描述何者有誤？

(1) 表單相當於應用程式的視窗

(2) 表單中可放置所需用到的控制項

(3) 表單只能設定背景圖案, 不能設定背景顏色

(4) 表單物件是用 Form 類別建立的

3. 要將控制項放到表單中, 可使用何種方式？

(1) 用滑鼠從**工具箱**窗格, 將控制項拉曳到表單上

(2) 從功能表選擇控制項, 再用滑鼠在表單上畫出

(3) 從**屬性**窗格選擇要加入的控制項名稱, 再用滑鼠在表單上畫出

(4) 在**表單**窗格中雙按要加入的控制項, 該控制項就會新增到表單中

4. 關於在 VB 中選擇物件的操作, 下列敘述何者有誤？

(1) 可用滑鼠在表單設計畫面上選擇物件

(2) 按住 Ctrl 鍵不放, 可用滑鼠在表單設計畫面上選擇多個物件

(3) 可在**屬性**窗格的下拉式選單中選擇物件

(4) 按住 Ctrl 鍵不放, 可在**屬性**窗格的下拉式選單中選擇多個物件

5. 表單物件是用什麼類別建立的？

   (1) Form

   (2) Window

   (3) VisualForm

   (4) FormWindow

6. 我們可透過下列哪一個屬性, 設定表單的背景顏色？

   (1) BackColor

   (2) BackgroundColor

   (3) FormBackColor

   (4) FormBackgroundColor

7. 請建立專案, 在表單中加入 3 個 Label 控制項, 並將 3 個 Label 控制項所顯示的文字分別改成 "陽明山"、"大甲溪"、"澄清湖"。

8. 續上題, 將 3 個 Label 控制項的字型都設為不同的樣式。

9. 請修改 3-5 節的範例專案 Ch03-05, 將兩個 Label 控制項的文字分別設為綠色與藍色。

10. 續上題, 在表單中加入一個 Button 控制項, 並將按鈕上的文字字型設為右表所列樣式。

屬性	屬性值
Font/Name	Arial
Font/Italic	True
Font/Size	20
ForeColor	Gray

表單的程式設計

本章閱讀建議

上一章在介紹表單的設計，本章則是程式的設計，一個完整的
Windows 應用程式通常會涵蓋這兩個部份。以下是本章各節的閱
讀建議：

4-1　**為表單撰寫程式**：本節會先教您撰寫『當按下按鈕時即顯示一段
　　　訊息』的程式，然後再說明撰寫 Windows 程式的精神：只需針對
　　　『想要處理的事件』來撰寫程式。建議讀者務必要跟著範例實做一
　　　遍，很容易就能了解喔！

4-2　**用程式改變物件的屬性**：修改屬性即可改變表單或控制項的外觀與
　　　行為，如果想要在程式執行的過程中改變屬性，那麼就必須使用程
　　　式來修改。本節會教您許多用程式修改屬性的技巧，學會之後，未
　　　來面對各類的屬性設定就難不倒您了。

4-3 **MsgBox() 與 InputBox() 的應用**：這二個函式可分別用來『顯示訊息』與『要求使用者輸入資料』，除了基本的功能外，還有許多變化的應用喔！

4-4 **使用 TextBox 取得輸入**：在表單中加入幾個 TextBox (文字方塊)，就可讓使用者填寫一些資料。本節會設計一個腦筋急轉彎的猜謎遊戲，可讓使用者在表單中填寫答案，不過別擔心，這個程式其實相當容易上手。

4-1 為表單撰寫程式

早期，設計『圖形界面』的 Windows 應用程式需要撰寫又長又繁雜的程式。現在，用 VB 來寫 Windows 應用程式就簡單多了！舉凡『圖形界面』的程式設計，都可透過拖拉式的『表單設計』來完成。而這些表單所應具備的共同行為，例如表單的開啟、放大/縮小、關閉等，都可交給 .NET Framework 處理，我們只須針對『想要特別處理的部份』撰寫程式就好了。

針對『按下按鈕』來寫個程式

在 Windows 程式中，我們常會按下一個按鈕 (例如： 存檔(S))，然後程式就會進行一項工作 (例如：存檔)。現在我們就寫一段程式來處理『按下按鈕』這個動作。

 撰寫一段能處理『使用者按下按鈕』的程式，效果如下：

圖-1

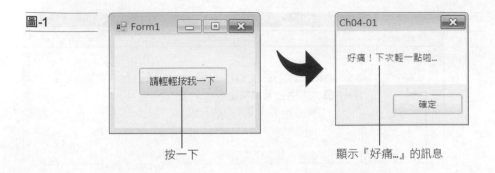

按一下   顯示『好痛…』的訊息

step 1 請建立 **Windows Form 應用程式**專案 Ch04-01。

step 2 加入一個 Button 控制項：

圖-2

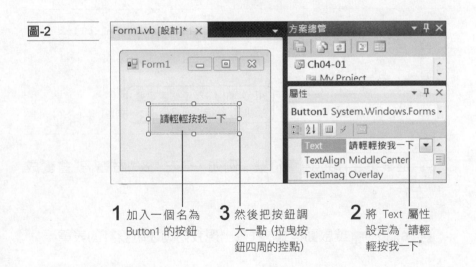

1 加入一個名為 Button1 的按鈕

3 然後把按鈕調大一點 (拉曳按鈕四周的控點)

2 將 Text 屬性設定為 "請輕輕按我一下"

step 3 在 Button1 上雙按滑鼠，即會自動開啟『程式碼視窗』，並準備好以下的程式架構，我們只要填入內容即可：

圖-3

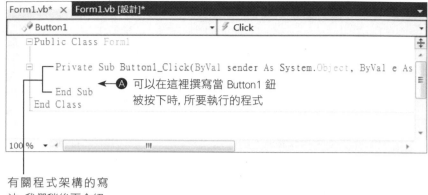

Form1.vb* ✕ Form1.vb [設計]*

Button1 ▼ Click ▼

```
Public Class Form1

    Private Sub Button1_Click(ByVal sender As System.Object, ByVal e As
    End Sub
End Class
```

◄— Ⓐ 可以在這裡撰寫當 Button1 鈕
被按下時, 所要執行的程式

有關程式架構的寫
法, 我們稍後再介紹

step ④ 請在上圖 Ⓐ 所指的地方, 輸入以下灰底區的程式碼:

```
01 Private Sub Button1_Click(...) Handles Button1.Click
02     Dim a, b
03     a = "好痛！"
04     b = "下次輕一點啦..."
05     MsgBox(a & b)
06 End Sub
```

用 & 將 a、b 二個字串連
接起來, 然後以訊息窗顯示

『&』是串接字串的運算符號, 例如:『" 左 " & " 右 "』就會變成
『" 左右 "』。

step ⑤ 按 F5 鍵啟動程式, 就會出現我們剛才所設計的表單:

圖-4

Form1

請輕輕按我一下

step **6** 一開始執行時，會先交由 .NET Framework 來處理，要等到表單開啟後，使用者按一下按鈕時，才會執行我們剛才所撰寫的程式。請按一下表單中的 請輕輕按我一下 按鈕，即會出現如下的訊息視窗：

圖-5

請按**確定**鈕關
閉訊息視窗

step **7** 最後，請按一下表單右上角的**關閉**鈕 ✕ 關閉表單，程式也就跟著結束了。

程式解說

在前面的練習中，其實我們只寫了一小段程式，而其他基本的視窗處理動作，例如開啟表單視窗、視窗的放大/縮小/移動、按 ✕ 鈕時關閉視窗...等，則是交由 .NET Framework 來處理，完全不用我們擔心。我們只須針對『想要特別處理的部份』來撰寫程式即可。因此，前面程式的執行過程如下：

圖-6

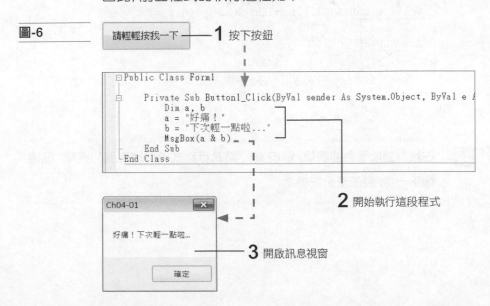

以上由 Private Sub Button1_Click(...) 到 End Sub 的程式, 我們就稱為一個『**事件程序**』。由事件程序第一行最後面的 Handles Button1.Click, 可看出該程序就是專門用來『**處理** (英文叫 Handles)』Button1 的 Click 事件。

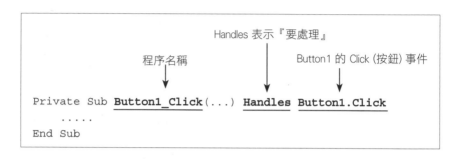

所有『事件程序』的寫法都大同小異, 只不過要處理的對象及事件有所不同而已:

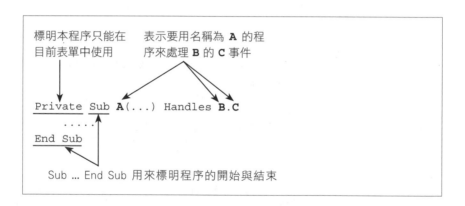

 在設計時所看到的表單, 跟按 F5 鍵執行程式時所時看到的表單, 長得幾乎一樣, 要怎麼分辨呢?

參考解答

圖-7

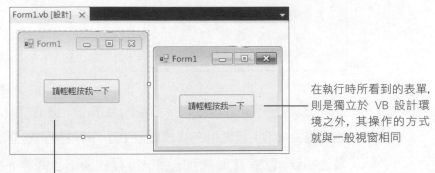

在執行時所看到的表單,
則是獨立於 VB 設計環
境之外, 其操作的方式
就與一般視窗相同

在設計時所看到的表單是位於**設計**視窗中, 它無法進行
放大/縮小/移動/關閉等視窗操作; 此外, 當我們選取表
單或表單內的控制項時, 周圍會出現虛線框及控點

偵錯模式

當我們按 F5 鍵執行專案時, 在 VB 視窗標題欄會出現『執行』的
字樣, 而工具列也會多出一排**偵錯**工具鈕:

圖-8

出現『執行』字樣

此時**程式碼**及**設計**視窗均無法更改內容, 而且如果修改**屬性**窗格中
的屬性值, 則會出現 "無效的屬性值" 錯誤訊息:

圖-9

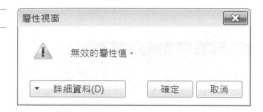

那麼, 為什麼不允許修改呢?這是因為按 F5 鍵 (或執行『**偵錯/開始偵錯**』命令) 其實是在『偵錯模式』下執行程式, 因此只要程式發生錯誤, 就會立刻顯示是哪一行程式碼出了問題。由於在偵錯時 VB 會和程式碼及表單設計緊密結合, 所以不允許更改專案的內容。

舉例來說, 假如我們在前面的範例中 (Ch04-01), 將最後一行的 "a & b" (將二字串連接起來) 寫成 "a - b" (將二字串相減), 那麼按 F5 啟動程式後, 再按表單中的按鈕, 則會自動切換到程式碼視窗並顯示錯誤之處:

圖-10

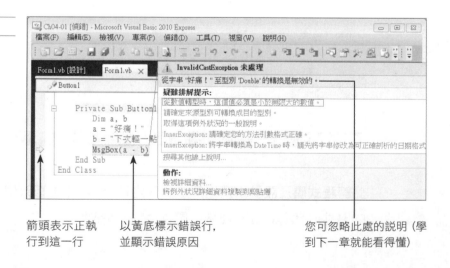

箭頭表示正執
行到這一行

以黃底標示錯誤行,
並顯示錯誤原因

您可忽略此處的說明 (學
到下一章就能看得懂)

此時 VB 允許我們直接修改程式:所以我們可將 "-" 改為 "&", 然後按 F5 鍵繼續往下執行程式。

在偵錯的過程中如果想要停止偵錯, 可採取以下任一種方法:

1. 結束程式 (關閉表單視窗)。

2. 執行『**偵錯/停止偵錯**』命令。

3. 按一下**偵錯**工具列的**停止偵錯**鈕:

圖-11

停止偵錯鈕 ┌ 停止偵錯, 然後再**重新啟動**程式

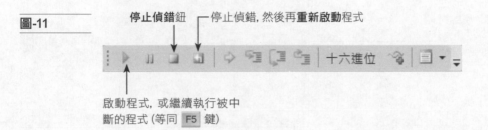

啟動程式, 或繼續執行被中
斷的程式 (等同 F5 鍵)

偵錯模式提供了許多的功能來協助我們找出程式錯誤, 這對撰寫較
大型、或較複雜的程式時相當有用。如果不想使用偵錯功能, 則可
改按 Ctrl + F5 鍵 (或執行『**偵錯/啟動但不偵錯**』命令) 來執行程
式, 此時程式會獨立執行, 因此我們可以任意修改專案中的程式碼
或表單設計。

有關偵錯功能的進一步
應用, 可參考附錄 C。

切換『設計視窗』與『程式碼視窗』

在 VB 中設計 Windows 應用程式專案時會使用到以下 2 種視窗:

圖-12

一般來說, 我們會先在設計視窗中設計表單的外觀, 然後再到程式
碼視窗撰寫表單所需的程式; 接著, 便可能依需要在二個視窗之間
來回切換, 以便交互修改表單的外觀及程式碼。以下提供幾種切換
這二種視窗的方法:

1. 每個視窗的上方都有頁籤 `Form1.vb` `Form1.vb [設計] ×` , 在頁籤上
   按一下即可切換到該視窗。

2. 在右上方的**方案總管**窗格中切換:

圖-13

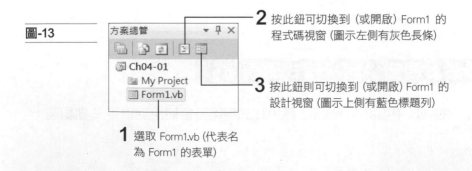

2 按此鈕可切換到 (或開啟) Form1 的
程式碼視窗 (圖示左側有灰色長條)

3 按此鈕則可切換到 (或開啟) Form1 的
設計視窗 (圖示上側有藍色標題列)

1 選取 Form1.vb (代表名
為 Form1 的表單)

3. 執行『**視窗**』功能表中的命令來切換：

圖**-14**

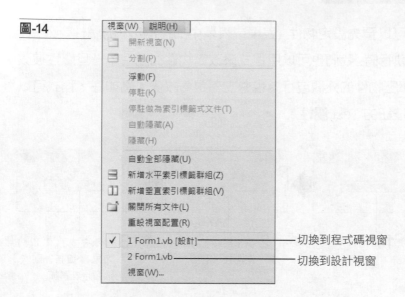

切換到程式碼視窗

切換到設計視窗

4. 在程式碼視窗或設計視窗中按右鈕，即可執行『**設計工具檢
   視**』或『**檢視程式碼**』命令來切換：

圖**-15**

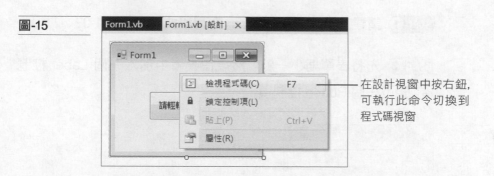

在設計視窗中按右鈕，
可執行此命令切換到
程式碼視窗

4-2　用程式改變物件的屬性

在設計視窗中，我們可以設定表單及表單中控制項 (例如 Label、
Button...) 的各種屬性；當程式一開始執行時，就會立即套用這些預先
設定好的屬性，因此所看到的表單外觀就和在設計時看到的一樣。

在執行時改變屬性值

除了可以預先設定物件 (表單或表單中的控制項) 的屬性之外, 在程式執行時, 我們也可以用程式來改變物件的屬性; 一旦屬性被改變, 那麼物件的外觀或行為也會立刻跟著改變。例如底下程式可以改變按鈕的 Text 屬性:

圖-16

1 按一下　　　　　**2** 顯示被按了 **1** 次。　　**3** 顯示被按了 **2** 次。
　　　　　　　　　　　　請再按一下　　　　　　如果繼續按, 則次
　　　　　　　　　　　　　　　　　　　　　　　數會一直累加

上機　寫一 Windows 程式, 每按一下表單中的按鈕, 就顯示一共按了幾次。

step **1** 請建立 **Windows Form 應用程式**專案 Ch04-02。

step **2** 先將表單縮小一點, 然後在表單中加入一個 Label 控制項, 以及一個 Button 控制項:

圖-17

　Label1
　Button1

物件名稱	屬性名稱	屬性值	說明
Label1	Text	0	用來記錄被按了幾次 (初值設為 0 次)
	Visible	False	設為 False 可讓物件在執行時隱藏起來
Button1	Text	請按我 ...	按鈕上顯示的文字

物件的 Visible (是否顯示) 屬性預設為 True, 表示會顯示出來；若
設為 False, 則只有在設計時看得到, 在執行時會自動隱藏起來,
因此使用者看不到。

step 3 在 Button1 上雙按滑鼠, 會自動開啟程式碼視窗, 請輸入
以下灰底區的程式：

```
01 Private Sub Button1_Click(...) Handles Button1.Click
02     Label1.Text = Label1.Text + 1       ← 將計數器加 1
03     Button1.Text = " 我被按了 " & Label1.Text & " 次 "
04 End Sub
```

在輸入程式的第一個字 "L" 時, VB 會很體貼地列出我們可能想要
輸入的名稱供我們選取：

圖-18

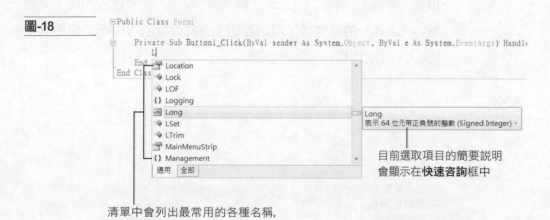

目前選取項目的簡要說明
會顯示在**快速咨詢**框中

清單中會列出最常用的各種名稱,
並選取一個自認最有可能的項目

此時可以用 ↑ 、↓ 鍵（或滑鼠）選取正確的項目，然後再按
Tab 鍵來自動輸入該項目，如此便可省去打字的時間，同時也能避
免打錯字或忘詞的困擾。但如果選項太多了，或是不想用選的，則
可繼續打字，VB 會不斷地依照我們打的字來做篩選：

圖-19

此時可按 ↓ 鍵選取 **Label1**，然後再按 Tab 鍵完成 "Label1" 的輸
入；當然，您也可以繼續打完所有的文字，並且忽略清單的存在。
另外，您也可不按 Tab 鍵而改按接下來要輸入的運算符號，例如 .
= 或 (等，則也會自動完成輸入。在本例中，我們可直接按 . 鍵，
則會自動輸入 "Label1."。

接著，由於 "." 代表 " 的 "，因此輸入 "Label1." 就代表我們接下來要
輸入 Label1 **的**屬性了；可想而知，善解人意的 VB 自然又會列出
Label1 的常用屬性供我們選取：

圖-20

以 ☞ 標示的
才是『屬性』，
其他類型的項
目可先忽略

若切到**全部**頁次，則
會顯示所有的成員
(但一般不會用到)

預設顯示**通用**(常用) 頁次

如上圖所示,預設 VB 已選到我們想使用的屬性了,所以請直接按 Tab 鍵即完成 "Label1.Text" 的輸入。

step **4** 請依照上述方法輸入剩下的程式碼。全部完成後,請按 F5 鍵測試:

圖-21

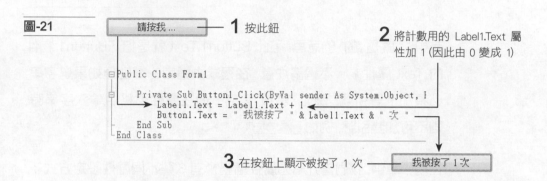

1 按此鈕

2 將計數用的 Label1.Text 屬性加 1 (因此由 0 變成 1)

```
Public Class Form1
    Private Sub Button1_Click(ByVal sender As System.Object, E
        Label1.Text = Label1.Text + 1
        Button1.Text = " 我被按了 " & Label1.Text & " 次 "
    End Sub
End Class
```

3 在按鈕上顯示被按了 1 次 ── 我被按了 1 次

每按一次按鈕,就會重複以上的流程:先將計數器 (Label1.Text) 加 1,然後在按鈕上顯示被按了幾次。請多按幾次、測試沒問題之後,按 ⊠ 結束程式。

接著再次按 F5 鍵啟動程式,此時按鈕又會回復到原始的樣子 請按我 ... ,這是因為在執行時期所設定的屬性,只會在該次執行時有效,當程式結束後則會失效;也就是說,每次啟動程式時,都是使用程式的原始屬性,也就是我們在設計視窗所設定的屬性值。

用程式設定屬性的技巧

當我們用程式來存取物件的屬性時,是使用『**物件.屬性 = 屬性值**』的寫法,例如:

圖-22

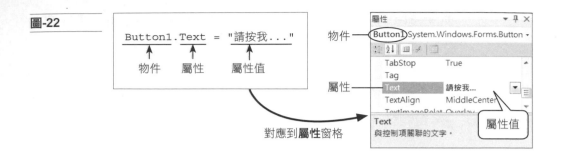

其中 "." 就是 "的" 的意思, 因此 Button1.Text 就是指『Button1 物件**的** Text 屬性』。不過請注意, 在程式中指定的屬性值如果是字串, 必須加上雙引號, 例如 "請按我..."; 但在**屬性**窗格中輸入字串時, 則不可加雙引號, 例如 Text 請按我 ... 。

在前一章中, 我們曾介紹過**屬性**窗格會有 3 種不同屬性設定方式:

以鍵盤輸入	以下拉式選單設定	以交談窗設定
直接輸入一個資料	可按 ▾ 鈕拉下選單選取	按 ... 鈕開啟交談窗來設定
Text 請按我 ...	ForeColor ■ ControlText ▾	⊞ Font 新細明體, 9pt ...

如果要在程式中更改這些屬性值, 有些比較單純的屬性可以直接指定, 例如 Text 屬性可指定為一個字串 (須加雙引號), 而 Visible 屬性則可設定為 True 或 False; 另外還有一些『物件類型』的屬性, 例如 Size (大小尺寸) 屬性, 此時就必須新增一個物件來做為其屬性值。底下我們就來看看在程式中常用的幾種屬性設定方法。

選單式的屬性設定

有些屬性值只有幾種可能性, 例如 Visible (是否顯示) 屬性只有 True、False 二種可能; 有些則具有一些常用的設定值, 例如 ForeColor (前景顏色)。要設定這類的屬性值, 無論是在**屬性**窗格或在程式碼視窗中輸入, 都會出現選單供我們選取:

圖-23

在屬性窗格中選取顏色值

在程式中輸入 = 後
也可選取顏色值

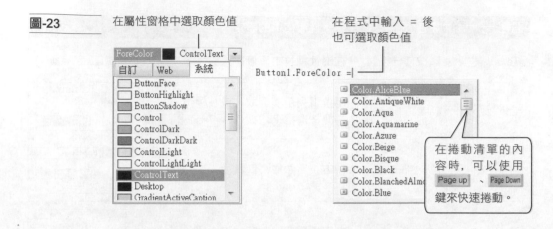

在捲動清單的內
容時, 可以使用
Page up 、 Page Down
鍵來快速捲動。

建立一個 Windows 專案, 並設計當按下不同的按鈕時, 會讓標籤
(Label) 控制項顯示不同的邊框樣式及文字, 效果如下:

圖-24

按下 Button1 鈕的效果　　按下 Button2 鈕的效果　　按下 Button3 鈕的效果

step 1 請建立 **Windows Form 應用程式**專案 Ch04-03。

step 2 先將表單縮小一點, 然後在表單中加入 1 個 Label 控制
項, 以及 3 個 Button 控制項, 並設定 Label1 的屬性:

圖-25

2 請依下表設定 Label1
的屬性, 然後用滑鼠將
尺寸調大一些

1 將 3 個按鈕並排

屬性	屬性值	在屬性窗格中的設定方式
Text	請按任一按鈕	在屬性欄位中直接輸入文字。
AutoSize	Fasle	可拉下列示欄選取、或在欄位中雙按滑鼠來切換 True/False。
BorderStyle	FixedSingle	拉下選單選取邊框樣式。
TextAlign	MiddleCenter	拉下選單選取文字對齊方式。

標籤的 **AutoSize** 屬性預設為 True, 此時標籤會依要顯示的文字自動調整大小；若改為 False, 則不會自動調整大小, 並且可拉曳控點來指定標籤的大小。**BorderStyle** 屬性是用來設定控制項的邊框樣式, 而 **TextAlign** 屬性則是用來設定控制項內文字的對齊方式。

打破沙鍋　　　**為什麼在輸入 Text 屬性時, 右邊會有一個 ⏷ 呢？**

Text 屬性只能輸入一段文字, 因此在輸入時並無下拉式選單可選, 按 ⏷ 時只是將輸入欄放大, 以方便我們輸入或檢視更多的文字, 而且還可以按 Enter 鍵換行, 如右圖所示：

此外, 如果屬性欄無法顯示所有的文字, 則當我們將滑鼠移到屬性欄上, 即會出現黃色方框來顯示完整的文字內容：

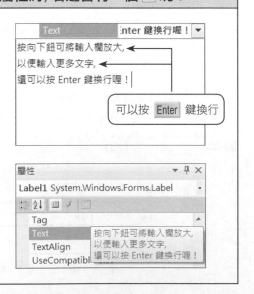

step 3 雙按 Button1 開啟程式碼視窗，然後輸入以下灰底區的程式：

```
01 Private Sub Button1_Click(...) Handles Button1.Click
02     Label1.BorderStyle = BorderStyle.Fixed3D
03     Label1.Text = "立體邊框"
04 End Sub
```

由於 BorderStyle 是屬於選單型的屬性，因此當我們輸入 = 時，即會出現選單供我們選取：

圖-26

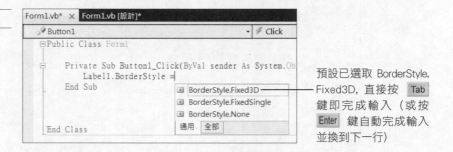

step 4 接著請按一下上方的 Form1.vb [設計] 頁籤切換到設計視窗，然後雙按 Button2 鈕來撰寫該按鈕的 Click 事件程序：

圖-27

```
01 Private Sub Button2_Click(...) Handles Button2.Click
02     Label1.BorderStyle = BorderStyle.FixedSingle
03     Label1.Text = "單線邊框"
04 End Sub
```

step 5 前面我們都是使用『在設計視窗中雙按按鈕』的方法，來建立該按鈕的事件程序。其實在程式碼視窗中也可以直接建立事件程序：

圖-28

1 選取要回應的物件：Button3　　**2** 選取要回應的事件：Click（『按下按鈕』事件）

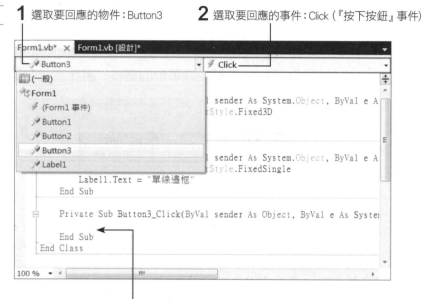

3 自動加入了事件程序的架構，
請輸入以下灰底區的程式

```
01 Private Sub Button3_Click(...) Handles Button3.Click
02     Label1.BorderStyle = BorderStyle.None
03     Label1.Text = "無邊框"
04 End Sub
```

step 6 完成後請按 F5 鍵啟動程式，然後每個按鈕都測試看看。

練習　接續上題（或開啟範例專案 Ch04-03ok），將 Label1 的背景顏色設為 Silver，然後分別在 3 個按鈕的回應程式中，增加變換背景顏色的效果。

參考解答

step 1 在**屬性**窗格中更改 Label1 的 BackColor 屬性：

圖-29

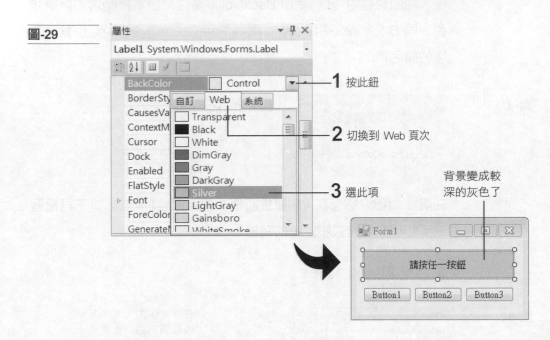

step 2 分別在 3 個按鈕的回應程式中, 各增加一行變換背景顏色的程式, 例如：

圖-30

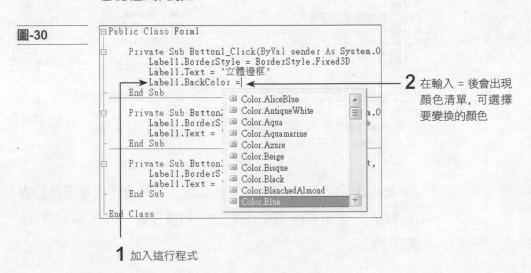

設定背景顏色與前景顏色

在前面的練習中, 我們使用 BackColor 屬性來設定控制項的背景顏色; 與 BackColor 相對應的, 則為 ForeColor (前景顏色, 也就是文字的顏色) :

圖-31

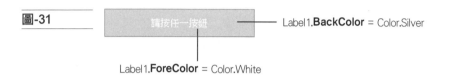

Label1.**BackColor** = Color.Silver

Label1.**ForeColor** = Color.White

在第 3 章已介紹過在 VB **屬性**窗格中設定顏色的方式, 以下再複習一下並補充以程式設定時的寫法:

● 由標準色彩中挑選:

圖-32

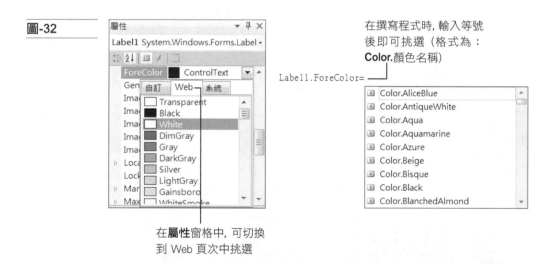

在撰寫程式時, 輸入等號後即可挑選 (格式為: **Color.**顏色名稱)

在**屬性**窗格中, 可切換到 Web 頁次中挑選

Color 是代表『色彩』的物件, 其內存放了各類常用的標準色彩值供我們選用。在撰寫程式時, 我們也可以直接輸入 "= Color." 然後再選取色彩值:

圖-33

輸入 "Color." 後, 也會出現 Color 物件的色彩及方法清單供我們選取

● 由系統配色中挑選:

圖-34

在撰寫程式時, 輸入 "= SystemColors." 後即可挑選

在**屬性**窗格中, 可切換到**系統**頁次中挑選

SystemColors (注意最後要加 s) 代表『Windows 系統配色』, 其內存放著各類系統配色的名稱, 例如 SystemColors. ActiveBorder 是指『使用中視窗的邊框』的配色, 其實際色彩會由 Windows 當時的視窗配色所決定, 因此每台電腦都可能不一樣:

圖-35

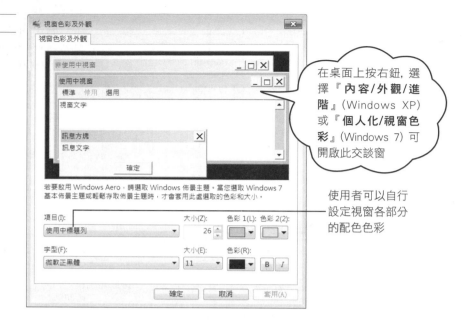

在桌面上按右鈕, 選擇『**內容/外觀/進階**』(Windows XP) 或『**個人化/視窗色彩**』(Windows 7) 可開啟此交談窗

使用者可以自行設定視窗各部分的配色色彩

TIPS　除非有特殊需要, 否則建議您使用系統配色的色彩, 以保持程式與作業系統色彩的一致性 (VB 預設也是使用系統配色的色彩)。

● 直接指定顏色值:

在**屬性**窗格中, 可切到**自訂**頁次中挑選現成的顏色值, 或在最下面 2 排直接指定顏色值

2 可自行指定顏色值, 然後按下方的 Add Color 鈕儲存

圖-36

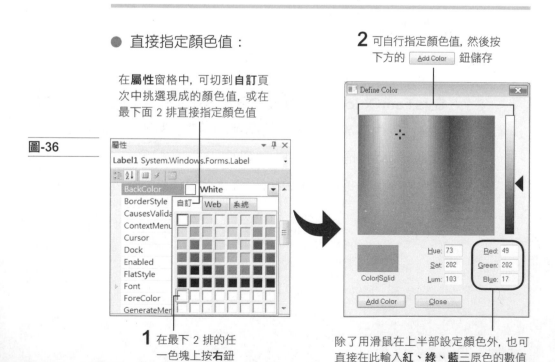

1 在最下 2 排的任一色塊上按**右鈕**

除了用滑鼠在上半部設定顏色外, 也可直接在此輸入**紅**、**綠**、**藍**三原色的數值

設定之後, 該顏色值會儲存起來, 以方便下次使用:

圖-37

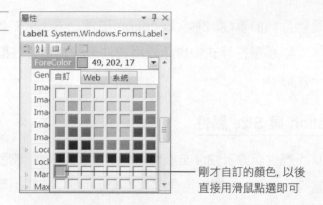

剛才自訂的顏色, 以後
直接用滑鼠點選即可

如果想要在程式中以三原色來指定色彩, 則可使用 Color 物件的
FromArgb() 方法:

```
Label.BackColor = Color.FromArgb(49, 202, 17)
```

在參數中指定 **紅**(Red)、**綠**
(Green)、**藍**(Blue) 三原色的值

每種原色的數值範圍是 0~255, 數值越小就表示成份越少
(越暗), 因此 Color.FromArgb(0,0,0) 就代表黑色, 而 Color.
FromArgb(255,255,255) 則為白色。

 請說出以下式子各代表什麼顏色:

(1) Color.FromArgb(0,255,0)

(2) Color.FromArgb(255,0,255)

(3) Color.FromArgb(255,255,0)

(4) Color.FromArgb(128,128,128)

参考解答

(1) 綠色 (2) 紫色 (3) 黃色 (4) 灰色

設定物件類的屬性

如果是物件類的屬性, 例如 Location(位置)、Size(大小)、Image (圖片) 等, 那麼在程式中也必須用物件來設定其屬性值。底下我們一一介紹:

Location 與 Size 屬性

Location 屬性記錄著物件左上角的 X、Y 座標位置, 當我們移動物件位置時, Location 屬性也會跟著改變; 此外, 我們也可在**屬性**窗格中直接修改物件的 Location 屬性:

圖-38

可在 Location 欄輸入物件的『X 座標, Y 座標』

表單內部的左上角為原點

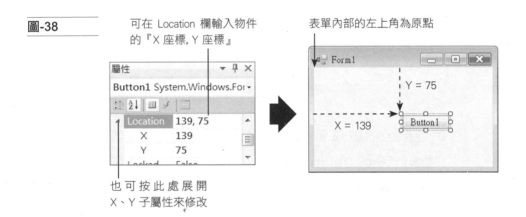

也可按此處展開 X、Y 子屬性來修改

請注意, 在 Windows 繪圖中的原點都是在左上角, 因此 Y 軸是由上往下延伸; 這與一般的數學座標 (原點在左下角, Y 軸是由下往上延伸) 不同:

圖-39

在程式中如果想讀取物件的位置, 可以直接讀取 Location 的 X、Y
子屬性, 例如：

```
Dim x, y
x = Label1.Location.X    ← Label1 的 Location 屬性的 X 座標
y = Label1.Location.Y    ← Label1 的 Location 屬性的 Y 座標
```

但如果要用程式來改變物件的位置, 則不可以直接更改 Location
的 X、Y 子屬性, 而必須使用 New 關鍵字建立一個 Point 物件來指
定, 例如：

```
                              錯誤, 因為不允許更改
Label1.Location.X = 20   ← Location 物件的子屬性

                         X 座標      Y 座標
                           |          |
Label1.Location = New Point(100, 50)
                  |            |
                新建立      位於 (100,50) 的 Point 物件
```

Size 屬性和 Location 屬性有點類似, 但 Size 屬性是儲存著物件的
大小：Width(寬) 及 Height(高)。在**屬性**窗格或在程式中存取 Size
的方法如下：

圖-40

在**屬性**窗格中可直接修改, 但
在程式中則只能讀不能改,
必須使用 New Size() 修改

```
Dim w, h
w = Label1.Size.Width     ← Label1 的 Size 屬性的寬度
h = Label1.Size.Height    ← Label1 的 Size 屬性的高度
Label1.Size = New Size(w + 20, h + 15)
              |          |
            新建立     寬、高為 w+20、
                       h+15 的 Size 物件
```

撰寫一支可用按鈕來移動、縮放 Label 控制項的程式, 如下圖所示:

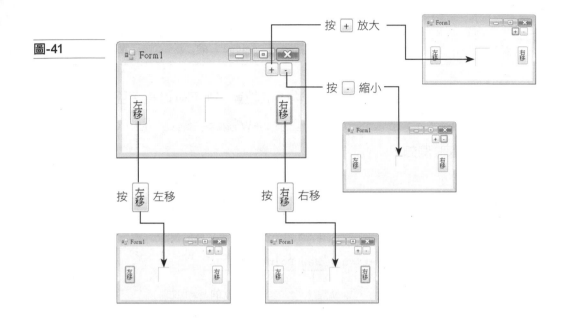

圖-41

step ① 請建立 **Windows Form 應用程式**專案 Ch04-04。

step ② 先將表單縮小一點, 然後在表單中加入 1 個 Label 控制項, 以及 4 個 Button 控制項, 並依下圖調整各控制項的位置及屬性:

圖-42

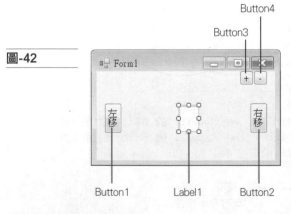

控制項	屬性	屬性值
Label1	AutoSize	False
	BackColor	LightYellow
	BorderStyle	Fixed3D
	Text	(空白)
Button1	TextAlign	MiddleCenter
	Text	左移
Button2	TextAlign	MiddleCenter
	Text	右移
Button3	TextAlign	MiddleCenter
	Text	＋
Button4	TextAlign	MiddleCenter
	Text	－

以上在設定 TextAligh 屬性時, 可先按住 Shift 鍵用滑鼠點選多個控制項, 然後在**屬性**窗格中一起設定:

圖-43

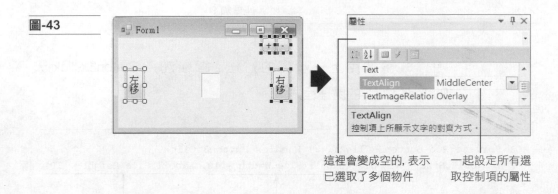

這裡會變成空的, 表示
已選取了多個物件

一起設定所有選
取控制項的屬性

step ③ 在 Button1 上雙按, 然後輸入以下程式:

```
01 Private Sub Button1_Click(...) Handles Button1.Click
02    Label1.Location = New Point(Label1.Location.X - 30, Label1.Location.Y)
03 End Sub
```

將 X 座標減 30   Y 座標不變

step ④ 在程式碼視窗的上方選取 Button2 及 Click, 然後輸入將
Label1 右移的程式:

1 選 Button2

圖-44

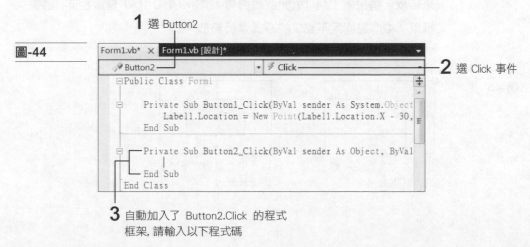

2 選 Click 事件

3 自動加入了 Button2.Click 的程式
框架, 請輸入以下程式碼

```
01 Private Sub Button2_Click(...) Handles Button2.Click
02   Label1.Location = New Point(Label1.Location.X + 30, Label1.Location.Y)
03 End Sub
```

將 X 座標**加** 30   Y 座標不變

step ⑤ 請使用上一步驟的方法, 繼續加入 Button3.Click 及 Button4.Click 的處理程式:

```
01 Private Sub Button3_Click(...) Handles Button3.Click
02   Label1.Size = New Size(Label1.Size.Width + 10, Label1.Size.Height + 10)

03 End Sub
04
05 Private Sub Button4_Click(...) Handles Button4.Click
06   Label1.Size = New Size(Label1.Size.Width - 10, Label1.Size.Height - 10)

07 End Sub
```

將 Width(寬)**加** 10   將 Height (高)**加** 10

將 Width(寬)**減** 10   將 Height (高)**減** 10

step ⑥ 輸入完成後, 即可按 F5 鍵驗收成果了。

 練習　在上面程式中按 ＋ 、 － 鈕時, 標籤會以『左上角固定不動』的方式
來縮放。請接續上題 (或開啟範例專案 Ch04-04ok) 修改程式, 讓標
籤以『中心點固定不動』的方式進行縮放。

圖-45

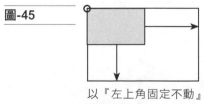

以『左上角固定不動』
的方式放大

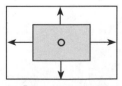

以『中心點固定不動』
的方式放大

參考解答

只要在程式中縮放標籤時, 也同時反方向移動標籤位置, 即可達到
『中心點固定不動』的效果:

將寬、高**加** 10 後, 立即將 X、Y 各**減** 5 ──────

```
01 Private Sub Button3_Click(...) Handles Button3.Click
02    Label1.Size = New Size(Label1.Size.Width + 10, Label1.Size.Height + 10)
03    Label1.Location = New Point(Label1.Location.X - 5, Label1.Location.Y - 5)
04 End Sub
05
06 Private Sub Button4_Click(...) Handles Button4.Click
07    Label1.Size = New Size(Label1.Size.Width - 10, Label1.Size.Height - 10)
08    Label1.Location = New Point(Label1.Location.X + 5, Label1.Location.Y + 5)
09 End Sub
```

將寬、高**減** 10 後, 立即將 X、Y 各**加** 5 ──────

Image 與 BackgroundImage 屬性

控制項 Image 屬性可讓物件顯示前景圖片, 而 BackgroundImage
屬性則可顯示背景圖片 (二者都顯示時, 前景圖片會顯示在上層)。
每種控制項的圖片顯示能力不盡相同, 例如表單 (Form) 只能顯示
背景圖片, 而 Button、Label 等控制項則可顯示前景及背景圖片;
但如果只是單純想在表單中顯示一張圖片, 則通常會使用專門顯示
圖片的 PictureBox 控制項:

圖-46

─── 前景圖片

─── 背景圖片

除了在**屬性**窗格中設定 Image 或 BackgroundImage 屬性外, 若要
在程式中設定, 則必須新建一個 Bitmap 物件來指定, 例如 :

```
PictureBox1.Image = New Bitmap("C:\VB2010\Ch04\bg01.jpg")
```
　　　　　　　　　　　新建立　　　從指定圖檔匯入圖片的 Bitmap 物件

Bitmap 物件可以匯入的圖檔格式有 BMP、GIF、JPG(JPEG)、
PNG、TIF(TIFF)、及 EXIF 等, 在指定時須指明圖檔的完整路徑。

 請建立一個有底圖的表單, 然後加入 4 個按鈕及 1 個 PictureBox 控
制項, 當按下按鈕時可變換表單的底圖。

圖-47

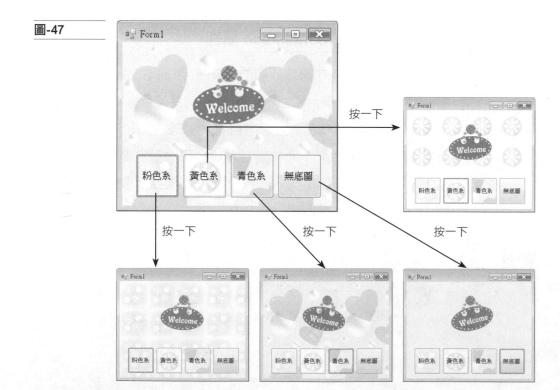

step **1** 建立 **Windows Form 應用程式**專案 Ch04-05。

step **2** 在表單中加入 4 個 Button 控制項，並依下圖調整各按鈕的大小、位置、及屬性：

圖-48

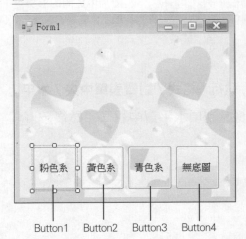

物件名稱	屬性名稱	屬性值
Button1	Image	匯入 Ch04\bg01.jpg
	Text	粉色系
Button2	Image	匯入 Ch04\bg02.jpg
	Text	粉色系
Button3	Image	匯入 Ch04\bg03.jpg
	Text	粉色系
Button4	Image	(無)
	Text	無底圖
Form1	BackgroundImage	匯入 Ch04\bg03.jpg

Button1　Button2　Button3　Button4

 TIPS 以上 Image 或 BackgroundImage 屬性在匯入圖檔時，只需按屬性欄右側的 ⋯ 鈕即可設定。詳細步驟可參見 3-29~30 頁的說明。

step **3** 加入一個 PictureBox 物件，並依下圖設定：

圖-49

物件名稱	屬性名稱	屬性值
PictureBox1	Image	匯入 Ch04\welcome.gif
	BackColor	Web/Transparent
	SizeMode	AutoSize（自動將控制項縮放為圖片的大小）

由於匯入的 welcome.gif 是一張『具有透明背景』的 GIF 動畫圖片，因此我們將 PictureBox1 的背景顏色 (BackColor) 也設為透明 (Transparent)，如此圖片中透明的部份才能顯示出表單的底圖：

圖-50

 BackColor 未設定透明時，圖片中透明的部份會顯示出 PictureBox1 的背景顏色。

 BackColor 設為透明時，圖片中透明的部份可顯示出表單的底圖

step 3 選取 PictureBox1 後，執行『**格式 / 對齊表單中央 / 水平**』命令 (或按工具列的 ⊞ 鈕) 將控制項水平置中對齊。然後按 F5 鍵來看看 GIF 動畫的效果：

圖-51

Welcome 的牌子會左右搖擺喔！

step 5 請按 ✕ 鈕結束程式。我們接著要來撰寫當按下按鈕時，要『變換表單背景圖片』的程式，請先在 Button1 上雙按滑鼠，然後輸入以下程式：

```
01 Private Sub Button1_Click(...) Handles Button1.Click
02     Me.BackgroundImage = New Bitmap("C:\VB2010\Ch04\bg01.jpg")
03 End Sub
```

Me 就是指表單本身 (Form1 物件)　　匯入 bg01.jpg 圖檔做為表單的背景圖片

由於程式是寫在 Form1 表單之中，因此必須使用 Me 關鍵字來存取『Form1 表單』，而不可直接使用 "Form1" 這個名稱。

step 6 對這個範例程式而言，還有一種簡便的寫法。因為表單要用的背景圖案已經事先設為按鈕的 Image 屬性，所以直接用 Me.BackgroundImage = Button2.Image 的方式，就能完成設定的工作，不需再用 New Bitmap() 建立物件。 因此請繼續用此方式建立、完成 Button2、Button3、Button4 的處理程序：

```
05 Private Sub Button2_Click(...) Handles Button2.Click
06     Me.BackgroundImage = Button2.Image
07 End Sub
08
09 Private Sub Button3_Click(...) Handles Button3.Click
10     Me.BackgroundImage = Button3.Image
11 End Sub
12
13 Private Sub Button4_Click(...) Handles Button4.Click
14     Me.BackgroundImage = Nothing
15 End Sub
```

Nothing 表示『沒有物件』

直接以按鈕的 Image 屬性來設定背景圖檔

在 Button4 的事件程序中，我們使用關鍵字『Nothing』來清空表單的背景圖片 (Nothing 就表示『沒有物件』的意思)。

step 7 全部完成後，請按 F5 鍵測試成果。

補充說明

善用控制項的『智慧標籤』功能

對於一些比較特別的控制項, 有時我們會不知道該設定哪些**屬性**, 或是忽然忘了屬性的名稱, 以致還要查書或找個老半天。有鑑於此, VB 特別提供了『智慧標籤』功能, 讓我們可以很方便地設定常用屬性。底下以 PictureBox 為例:

圖-52

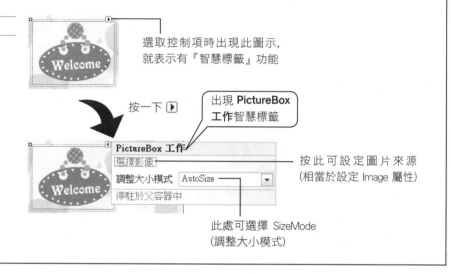

選取控制項時出現此圖示, 就表示有『智慧標籤』功能

按一下 ▶

出現 PictureBox
工作智慧標籤

按此可設定圖片來源
(相當於設定 Image 屬性)

此處可選擇 SizeMode
(調整大小模式)

接續上題 (或開啟範例專案 Ch04-05ok), 請利用 PictureBox1 的
『智慧標籤』將 SizeMode 屬性設為 CenterImage; 然後加一段程式,
當使用者按一下 welcome 圖片時, 讓該圖片換成一個小房子:

圖-53

圖檔位置:"C:\VB2010\Ch04\house.gif"

參考解答

針對 PictureBox1.Click 事件，撰寫
更換 PictureBox1 圖片的程式
↓

```
01 Private Sub PictureBox1_Click(...) Handles PictureBox1.Click
02     PictureBox1.Image = New Bitmap("C:\VB2010\Ch04\house.gif")
03 End Sub
```

打破沙鍋　　　**SizeMode 屬性可設定哪些效果？**

SizeMode 屬性是用來設定**前景圖片**的『縮放模式』，和前一章介紹過的**背景圖片**『縮放模式』BackgroundImageLayout 屬性相似。每種選項的效果如下表所示：

SizeMode	BackgroundImageLayout	效果示範
Normal	None	依原圖大小顯示在左上角
CenterImage	Center	依原圖大小顯示在正中央
StrechImage	Strech	將圖片縮放為物件的大小
Zoom	Zoom	將圖片等比例縮放為最接近物件的大小
AutoSize		將物件縮放為圖片的大小
	Tile	將圖片以拼貼方式填滿整個物件

(接下頁)

此外, Button 的前景圖片並無 SizeMode 屬性可用, 而是改用 ImageAlign 屬性來
設定對齊方式:

圖-54

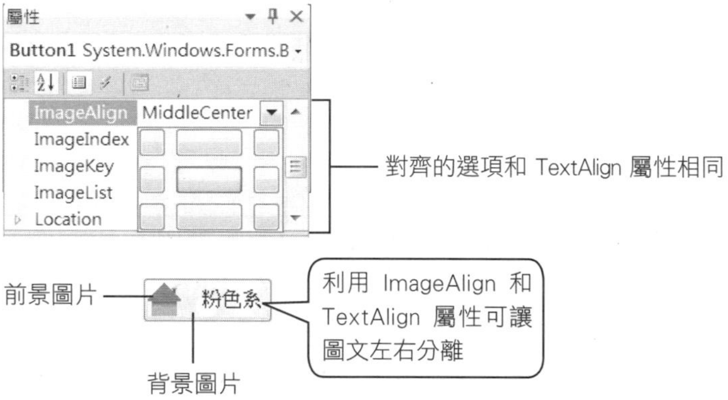

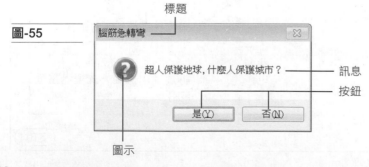

對齊的選項和 TextAlign 屬性相同

前景圖片

背景圖片

利用 ImageAlign 和
TextAlign 屬性可讓
圖文左右分離

4-3 MsgBox() 與 InputBox() 的應用

前面我們已經介紹過 MsgBox() 與 InputBox() 的用法了, 不過這二
個函式還有許多不同的用法, 本節我們就為您做進一步的說明。

用 MsgBox() 開啟不同面貌的訊息窗

MsgBox() 函式依照傳入參數的不同, 可顯示出多種不同面貌的訊
息窗, 不過其主要架構還是一樣的, 大致可分為 4 個部份:

標題

圖-55

腦筋急轉彎

超人保護地球, 什麼人保護城市? ─── 訊息

按鈕

是(Y)　　否(N)

圖示

MsgBox() 函式最多可有 3 個參數, 其中只有第 1 個參數是必要的, 其他 2 個參數若不需要可以省略 :

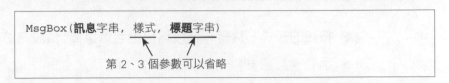

```
MsgBox(訊息字串, 樣式, 標題字串)
```
第 2、3 個參數可以省略

第 2 個參數是用來指定訊息窗的長相, 包括了要顯示哪些按鈕、哪個圖示、以及訊息文字是否向右對齊。底下先來看一個最簡單的訊息窗, 只傳入第 1 個『訊息字串』參數 :

```
MsgBox("陽春版的訊息窗！")
```

圖-56

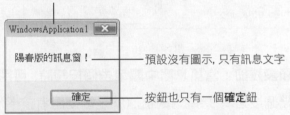

標題沒有指定時, 預設為『專案名稱』

預設沒有圖示, 只有訊息文字

按鈕也只有一個**確定**鈕

如果想要指定標題文字, 則可使用第 3 個參數, 而第 2 個參數則請暫時留白 :

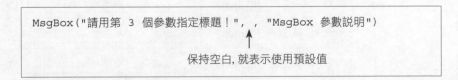

```
MsgBox("請用第 3 個參數指定標題！", , "MsgBox 參數說明")
```
保持空白, 就表示使用預設值

圖-57

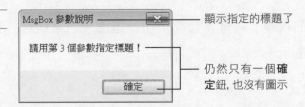

顯示指定的標題了

仍然只有一個**確定**鈕, 也沒有圖示

指定訊息窗的樣式

我們將常用的訊息窗樣式分為 4 類, 分述如下 :

● **按鈕**的樣式 : 共有 6 種按鈕組合可以選擇, 預設為第 1 種 (只顯示 [確定] 鈕)。

樣式值	效果
MsgBoxStyle.OKOnly	[確定]
MsgBoxStyle.OKCancel	[確定] [取消]
MsgBoxStyle.AbortRetryIgnore	[中止(A)] [重試(R)] [略過(I)]
MsgBoxStyle.YesNoCancel	[是(Y)] [否(N)] [取消]
MsgBoxStyle.YesNo	[是(Y)] [否(N)]
MsgBoxStyle.RetryCancel	[重試(R)] [取消]

● 指定**預設按鈕** : 當訊息窗中顯示多個按鈕時, 可用此樣式來控制第幾個按鈕為『預設按鈕』(就是當使用者按下 Enter 鍵時會自動按下的按鈕)。如果沒有特別指定, 預設為第 1 個按鈕。

樣式值	效果
MsgBoxStyle.DefaultButton1	[是(Y)] [否(N)] [取消] (第 1 個按鈕)
MsgBoxStyle.DefaultButton2	[是(Y)] [否(N)] [取消] (第 2 個按鈕)
MsgBoxStyle.DefaultButton3	[是(Y)] [否(N)] [取消] (第 3 個按鈕)

● **圖示**的種類 : 共有 4 種圖示可以選擇。若未指定, 則預設為不顯示圖示。

樣式值	效果
MsgBoxStyle.Critical	⊗ (嚴重狀況)
MsgBoxStyle.Question	❓ (詢問)
MsgBoxStyle.Exclamation	⚠ (警告、注意)
MsgBoxStyle.Information	ⓘ (資訊、通知)

● 指定標題及訊息文字都向右對齊：本類只有一個『向右對齊』
的樣式, 若未指定則預設為『向左對齊』。

樣式值	效果	
MsgBoxStyle.MsgBoxRight	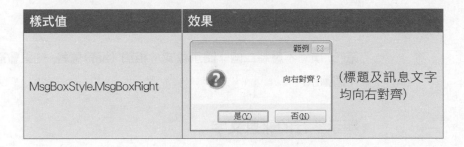	(標題及訊息文字均向右對齊)

以上 4 種樣式可以用 + 號 (或 Or) 組合起來使用, 例如：

```
MsgBox("發生錯誤, 要繼續嗎？",
        MsgBoxStyle.YesNo + MsgBoxStyle.DefaultButton2 +
        MsgBoxStyle.Exclamation, "步驟 3")
```

圖-58

警告圖示

預設按鈕為第 2 個

顯示**是、否**按鈕

練習　請圈選出正確的程式：

```
1. (  ) MsgBox("歡迎！")
2. (  ) MsgBox("歡迎！", MsgBoxStyle.YesNo)
3. (  ) MsgBox("歡迎！", , "開場白")
4. (  ) MsgBox( , MsgBoxStyle.YesNo)
5. (  ) MsgBox("歡迎！", MsgBoxStyle.Critical + MsgBoxStyle.Question)
```

參考解答

第 1~3 項為正確。

第 4 項：不可省略第 1 個參數 (語法錯誤)。

第 5 項：不應將二個『圖示樣式』相加 (沒有意義, 結果會顯示另外
一個圖示)。

顯示多行的訊息文字

如果希望將訊息文字分為二行或多行顯示, 則可在要換行的地方加
入『換行符號』(以 **vbCrLf** 或 **vbNewLine** 表示)：

上機　寫一 Windows 程式, 在執行時會自動顯示以下訊息窗, 且當使用者關閉
訊息窗時, 程式也會自動結束：

圖-59

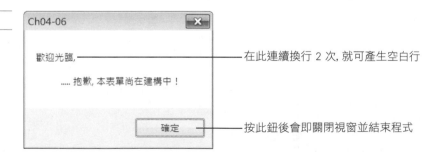

在此連續換行 2 次, 就可產生空白行

按此鈕後會即關閉視窗並結束程式

step 1 請建立 **Windows Form 應用程式**專案 Ch04-06。

step 2 在表單中空白處雙按滑鼠, 然後輸入以下『當表單開啟時』
(但尚未顯示出來) 所要執行的程式:

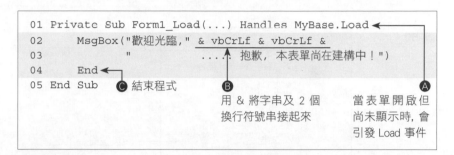

```
01 Private Sub Form1_Load(...) Handles MyBase.Load
02      MsgBox("歡迎光臨," & vbCrLf & vbCrLf &
03             "       ....  抱歉, 本表單尚在建構中!")
04      End
05 End Sub      結束程式
```

用 & 將字串及 2 個
換行符號串接起來

當表單開啟但
尚未顯示時, 會
引發 Load 事件

程式解說

Ⓐ 每當我們啟動程式時, 都會自動開啟表單 (Form1), 因此也會引
發表單的 Load 事件, 並執行以上程式。

Ⓑ 在 MsgBox() 的參數中, 我們用 & 來串接不同的字串及換行符
號, 以便在訊息窗中顯示出多行的訊息文字。

Ⓒ End 是代表『結束』的意思, 例如上面最後一行的 『End
Sub』, 就表示目前的程序 (**Sub**routine) 到此結束了。如果單
獨使用 End, 則可立即『結束程式』, 此時表單也會隨著程式的
結束而自動關閉。

另外, 在程序第一行最後的『Handles **MyBase**.Load』, 有時候會
變成『Handles **Me**.Load』(例如在程式碼視窗上方列示欄中選取
Form1 **事件**及 **Load** 時所加入的程序); 無論是 MyBase.Load
或 Me.Load, 其意義都是一樣的, 就是指目前表單的 Load 事件。

 TIPS Me 是指目前事件程序所屬的物件, 本例為 Form1 表單物件; 而
MyBase 則是指 Me 的基底類別。

請寫一 Windows 程式, 啟動時會開啟以下交談窗, 按任一按鈕後則立即
結束程式。

圖-60

———— 有標題及問號圖示

———— 預設按鈕為第 2 個

參考解答

```
01 Private Sub Form1_Load(...) Handles MyBase.Load
02     MsgBox("以下二題各猜一個水果名：" & vbCrLf & vbCrLf &
03           "1. 羊來了！" & vbCrLf &
04           "2. 狼來了！",
05           MsgBoxStyle.Question + MsgBoxStyle.OkCancel +
06           MsgBoxStyle.DefaultButton2,
07           "腦筋急轉彎")
08     End
09 End Sub
```

MsgBox() 的傳回值

我們可以藉由 MsgBox() 的傳回值, 來得知使用者是按下了哪一個
按鈕, 例如：

```
Dim ret
ret = MsgBox("學 VB 簡單嗎？", MsgBoxStyle.YesNo)
```

將 MsgBox() 的傳回值存入變數 ret 中

圖-61

當使用者按下 ▢是(Y)▢ , ret 的值會等於 MsgBoxResult.Yes ; 若是按 ▢否(N)▢ , 則 ret 的值等於 MsgBoxResult.No。每種按鈕的傳回值如下：

按鈕	傳回值	按鈕	傳回值
確定	MsgBoxResult.OK	中止(A)	MsgBoxResult.Abort
取消	MsgBoxResult.Cancel	重試(R)	MsgBoxResult.Retry
是(Y)	MsgBoxResult.Yes	略過(I)	MsgBoxResult.Ignore
否(N)	MsgBoxResult.No		

 請寫一 Windows 程式, 在啟動程式時會顯示訊息窗, 按 ▢是(Y)▢ 或 ▢否(N)▢ 時則分別會顯示不同的訊息窗：

圖-62

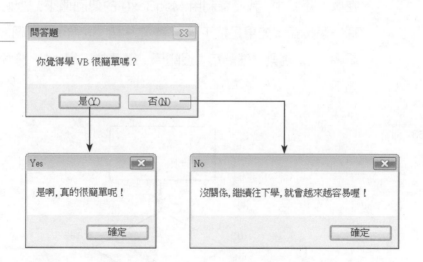

step ❶ 請建立 **Windows Form 應用程式**專案 Ch04-07。

step ❷ 在表單中空白處雙按滑鼠, 然後輸入以下『當表單開啟時』(但尚未顯示出來) 所要執行的程式：

将讯息窗的传回值存入 ret 中 ─────

```
01 Private Sub Form1_Load(...) Handles MyBase.Load
02      Dim ret
03      ret = MsgBox("你覺得學 VB 很簡單嗎？", MsgBoxStyle.YesNo, "問答題")
04
05      If ret = MsgBoxResult.Yes Then
06          MsgBox("是啊, 真的很簡單呢！", , "Yes")
07      Else
08          MsgBox("沒關係, 繼續往下學, 就會越來越容易喔！", , "No")
09      End If
10
11      End        '結束程式
12 End Sub
```

判斷 ret 的值, 以決定要執行哪一段程式

程式解說

在以上程式中，我們會利用 MsgBox() 的傳回值來判斷使用者按下哪一個按鈕：如果是按下了 鈕，則顯示 " 是啊，真的很簡單呢！"；否則，就顯示 " 沒關係，繼續往下學 ..."。整個執行流程如下：

圖-63

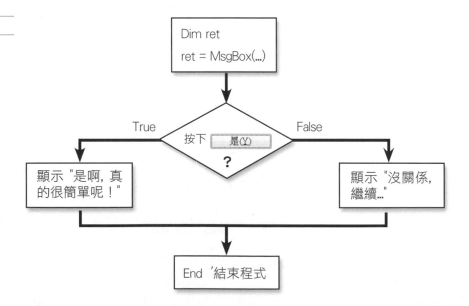

補充說明　　　　　　　　　　**If ... Then ... Else ...**

『If ... Then ... Else ...』是條件判斷敘述, 意思是『如果 ... 就 .... 否則 ....』, 最後再加一個 End If 來結束判斷 :

```
If 條件式 Then
    . . . . .
    . . . . . ──────── 如果條件式是真的, 就執行這些程式
Else
    . . . . .
    . . . . . ──────── 否則 (條件式為假), 執行這些程式
End If
```

當我們在程式中輸入 IF ... Then 後按 Enter 鍵換行時, VB 會很體貼地在下二行的位置自動加入 End If, 幫我們節省一些打字的時間。

寫一 Windows 程式, 當程式啟動時會顯示如下訊息窗 :

圖-64

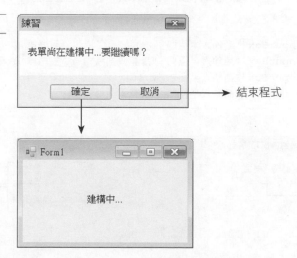

參考解答

先在表單中加入一個 Label 元件顯示 "建構中...", 然後雙按表單來撰寫
表單載入 (Load) 時的事件程序:

```
01 Private Sub Form1_Load(...) Handles MyBase.Load
02     If MsgBox("表單尚在建構中...要繼續嗎?", MsgBoxStyle.OkCancel, 練習)<>
03             MsgBoxResult.Ok Then
04         End    '結束程式
05     End If
06 End Sub
```

MsgBox() 的傳回值, 可以直接拿來判斷是否等於 Ok (按
是(Y) 鈕)。如果不等, 即執行 End 結束程式。

用 InputBox() 輸入資料

InputBox() 和 MsgBox() 有點類似, 但由於 InputBox() 的主要功用
是『要求使用者輸入資料』, 因此並沒有按鈕及圖示的樣式可選
擇。其用法如下:

```
ret = InputBox(訊息, 標題, 輸入欄的預設值)
```

其中第 2、3 個參數可以省略, 例如以下都是正確的:

```
ret = InputBox("請輸入半徑")                 '省略第 2、3 參數
ret = InputBox("請輸入半徑", "計算圓面積")    '省略第 3 參數
ret = InputBox("請輸入半徑", , 10)           '省略第 2 參數
ret = InputBox("請輸入半徑", "計算圓面積", 10)
```

圖-65

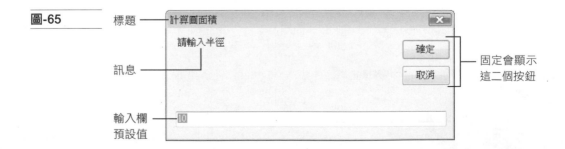

標題 —— 計算圓面積

訊息 —— 請輸入半徑

確定

取消

固定會顯示
這二個按鈕

輸入欄
預設值 —— 10

如果省略第 2 個參數, 則會以專案名稱為標題；若省略第 3 個參數, 則輸入欄預設為空白。

當使用者輸入資料後, 若按 確定 鈕則 InputBox() 會傳回文字欄中的字串；但若使用者按 取消 鈕, 則 InputBox() 會傳回空字串。此外, 如果按 確定 鈕時文字欄是空的, 那麼也會傳回空字串。

 建立一 **Windows Form** 應用程式專案來計算圓面積, 如下圖所示：

圖-66

預設值為 10

1 輸入 12 後按 Enter 鍵 或 確定 鈕

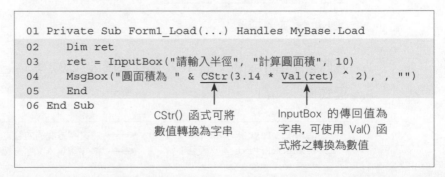

2 顯示圓面積

3 按此鈕後程式自動結束

1. 請建立 Windows Form 應用程式專案 Ch04-08。

2. 在表單空白處雙按, 進入程式編輯視窗並在表單的 Load 事件中撰寫以下程式：

```
01 Private Sub Form1_Load(...) Handles MyBase.Load
02     Dim ret
03     ret = InputBox("請輸入半徑", "計算圓面積", 10)
04     MsgBox("圓面積為 " & CStr(3.14 * Val(ret) ^ 2), , "")
05     End
06 End Sub
```

CStr() 函式可將數值轉換為字串

InputBox 的傳回值為字串, 可使用 Val() 函式將之轉換為數值

程式解說

請注意, InputBox 的傳回值為字串, 如果想當成數值來計算, 最好先用 Val() 函式做轉換, 以避免發生意料之外的轉換錯誤。

計算圓面積是用大家熟知的 πr², 上面程式中的 ^ 符號, 就是 VB 中用來計算次方的意思, 例如 (10 ^ 2) 為 10 的二次方, (10 ^ 3) 為 10 的 3 次方。

 TIPS Val() 函式可將字串轉換為數值;而 CStr() 函式則可將數值轉換為字串。Val() 若傳入空字串 (例如在輸入半徑時按 取消 鈕), 則會傳回 0。

4-4 使用 TextBox 取得輸入

TextBox (文字方塊) 控制項可讓使用者直接在表單中輸入文字, 而不必使用 InputBox() 開啟額外的交談窗。TextBox 通常會和 Label、Button 等控制項一起搭配使用, 例如:

圖-67

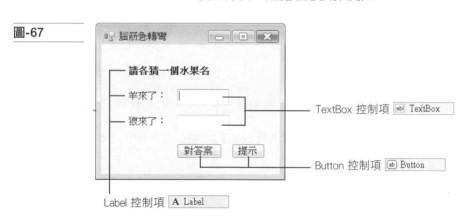

我們可使用 TextBox 的 Text 屬性來讀取或設定其內容, 請看以下程式:

```
01 Label1.Text = TextBox1.Text    ← 將文字方塊的內容, 顯示在標籤上
02 TextBox1.Text = "再見!"          ← 將字串填入文字方塊中
```

請建立一個『腦筋急轉彎』的猜謎遊戲, 其運作如下圖所示:

圖-68

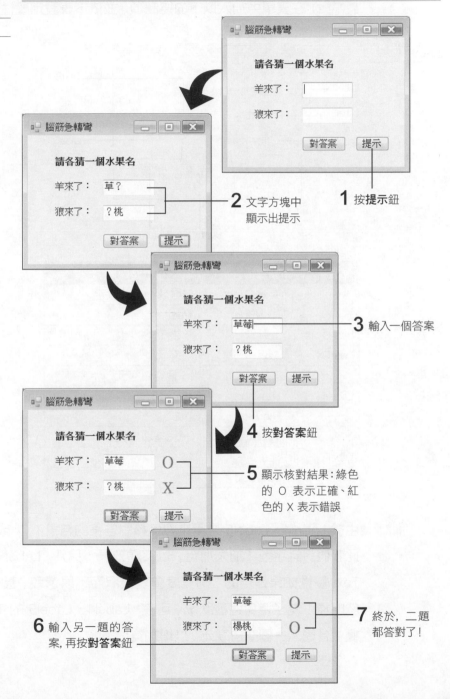

1 按**提示**鈕

2 文字方塊中顯示出提示

3 輸入一個答案

4 按**對答案**鈕

5 顯示核對結果:綠色的 O 表示正確、紅色的 X 表示錯誤

6 輸入另一題的答案, 再按**對答案**鈕

7 終於, 二題都答對了!

step 1 請建立一 Windows Form **應用程式**專案 Ch04-09。

step 2 在表單中加入以下的控制項，並依下表設定屬性：

圖-69

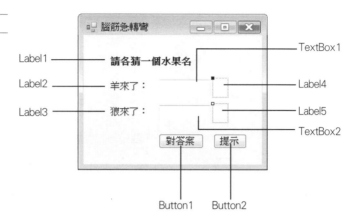

控制項	屬性	值
Label1	Text	請各猜一個水果名
	Font/Bold	True
Label2	Text	羊來了：
Label3	Text	狼來了：
Label4	Text	(一個空白字元)
	Size	15
	Font/Bold	True
Label5	Text	(一個空白字元)
	Size	15
	Font/Bold	True

由於 Label4、Label5 是用來顯示核對答案的結果（ O 或 X ），因此我們將其字型『加大加粗』以突顯效果；另外，Label 控制項的 Text 屬性如果是空的，則寬度會變很窄而不易選取，甚至容易被忽略掉！為了避免這種狀況，可在 Label4、Label5 的 Text 屬性欄中各輸入一個空白字元，以增加寬度。

step **3** 接著在 Button1 對答案 上雙按滑鼠, 然後輸入以下程式碼 :

```
01 Private Sub Button1_Click(...) Handles Button1.Click
02     '檢查第一題的答案
03     If TextBox1.Text = "草莓" Then
04         Label4.Text = "O"
05         Label4.ForeColor = Color.Green
06     Else
07         Label4.Text = "X"
08         Label4.ForeColor = Color.Red
09     End If
10
11     '檢查第二題的答案
12     If TextBox2.Text = "楊桃" Then
13         Label5.Text = "O"
14         Label5.ForeColor = Color.Green
15     Else
16         Label5.Text = "X"
17         Label5.ForeColor = Color.Red
18     End If
19 End Sub
```

← 如果輸入"草莓",就顯示『綠色的 O』表示正確

← 否則就顯示『紅色的 X』表示錯誤

← 如果輸入"楊桃",就顯示『綠色的 O』表示正確

← 否則就顯示『紅色的X』表示錯誤

以上程式會分別判斷二個文字方塊的內容是否為正確答案, 並以 O 、 X 顯示結果。

step **4** 接著在**程式碼**視窗上方選 **Button2** 及 **Click**, 然後輸入 Button2.Click 事件程序 (按 提示 鈕時會引發此事件) 的內容 :

```
01 Private Sub Button2_Click(...) Handles Button2.Click
02     If TextBox1.Text <> "草莓" Then
03         TextBox1.Text = "草？"
04     End If
05     If TextBox2.Text <> "楊桃" Then
06         TextBox2.Text = "？桃"
07     End If
08 End Sub
```

← 如果沒有答對, 則顯示提示 "草？"

← 如果沒有答對, 則顯示提示 "？桃"

練習　接續上題（或開啟範例專案 Ch04-09ok），請再加入一段程式，當使用者二題都答對時，會顯示 "你真聰明！再見了。"，然後自動結束程式。

參考解答

可在前面 Button1.Click 事件（按 對答案 鈕）的最後，加入以下程式：

```
Private Sub Button1_Click(...) Handles Button1.Click
    .....
    If Label4.Text = "O" And Label5.Text = "O" Then  ← 均為 "O" 表
        MsgBox("你真聰明！再見了。")                        示全都答對了
        End       '結束程式
    End If
End Sub
```

常見錯誤提醒　使用 Trim() 函式將字串前後的空格清除掉

在前面程式中，如果使用者在答案的前面或後面多打了一個空格，例如 "草莓 " (後面多空一格)，那麼程式就會視為錯誤，因為 "草莓"<>"草莓 "！

若想讓程式變聰明一點，則可使用 Trim() 函式將字串前面及後面的空格都清除掉，例如 Trim(" 草莓 ") 的結果為 "草莓"。用 Trim() 來改良程式的方法有 2 種：

● 方法 1：在所有判斷答案的 If 敘述中，都加入 Trim() 函式，例如：

```
If Trim(TextBox1.Text) <> "草莓" Then  ← 先去除前後的空白，然後再做比較
    ....
```

● 方法 2：也可以在 If 檢查答案之前，直接先去除文字方塊中的前後空白，例如：

```
TextBox1.Text = Trim(TextBox1.Text)  ← 直接去除 TextBox1 的前後空白
TextBox2.Text = Trim(TextBox2.Text)  ← 直接去除 TextBox2 的前後空白
If TextBox1.Text <> "草莓" Then
    ....
```

表單的定位順序

當我們啟動程式開啟表單後, 可以按 `Tab` 鍵在各控制項之間移動輸入焦點, 此時的移動順序就稱為『定位順序』。

圖-70

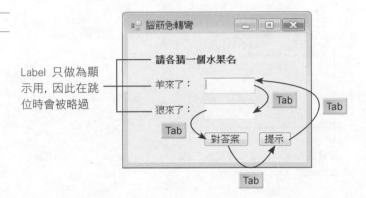

Label 只做為顯示用, 因此在跳位時會被略過

定位順序由控制項的 TabIndex 屬性決定, 當我們在表單中一一加入控制項時, 各控制項的 TabIndex 屬性值就會由 0 開始依序往上加; 因此表單中預設的定位順序, 就是我們在表單中加入控制項的順序。

若要更改定位順序, 除了直接更改 TabIndex 屬性外, 也可在設計視窗中執行『**檢視/定位順序**』命令, 讓所有控制項都顯示出定位順序編號:

圖-71

顯示出每個控制項的定位順序編號

此時，我們只要用滑鼠依照想要的順序一一點按各控制項，即可重
排定位順序：

圖-72

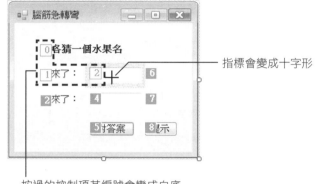

指標會變成十字形

按過的控制項其編號會變成白底，
並自動依 0,1,2... 重排順序

設定好順序之後，再執行一次『**檢視/定位順序**』命令，即可將順序
編號隱藏起來，回復到正常的設計狀態。

 由於 Label 控制項不具備輸入功能，所以雖然可設定其定位順序，但實
際執行程式時，按 Tab 移動輸入焦點，都會跳過 Label 控制項。

練習　接續上題 (或開啟範例專案 Ch04-09ok)，重排定位順序如下圖所示：

圖-73

表單的『完成鈕』與『取消鈕』

如果希望使用者在填寫表單時, 可按鍵盤的 Enter 鍵表示完成輸入, 或按 Esc 鍵取消輸入 (而不需使用滑鼠), 則可使用表單的 AcceptButton 及 CancelBotton 屬性:

圖-74

利用表單的 AcceptButton (或 CancelButton)屬性, 可指定當使用者在表單中按 Enter (或 Esc) 鍵時, 就等同於按下哪一個按鈕

 接續上題 (或開啟範例專案 Ch04-09ok), 將表單的 AcceptButton 屬性設為 Button1, CancelBotton 屬性設為 Button2。然後啟動程式, 看看按鈕的樣子有何不同, 再分別按 Enter 及 Esc 鍵測試一下效果。

參考解答

圖-75

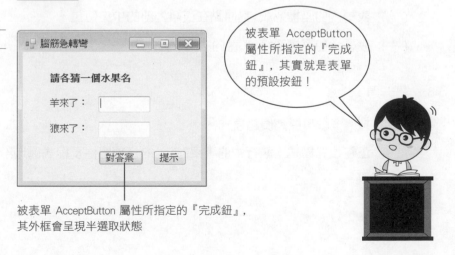

被表單 AcceptButton 屬性所指定的『完成鈕』, 其實就是表單的預設按鈕!

被表單 AcceptButton 屬性所指定的『完成鈕』, 其外框會呈現半選取狀態

習題

1. 是非題：

   (　) 在設計視窗中選取表單時，其周圍會出現白色控點。

   (　) 在設計視窗中的表單，其 🔳🔲❌ 鈕是沒有作用的。

   (　) 在表單空白處雙按滑鼠，可自動加入『按下表單』(Click) 的事件程序架構。

   (　) 事件處理程序讓我們可針對使用者按下按鈕之類的動作撰寫程式。

   (　) 在 VB 程式中可利用 vbCrLf、vbNewLine 輸出換行字元。

2. 是非題：

   (　) 用程式更改 Label 控制項的 Size.Width 屬性，可改變標籤的寬度。

   (　) InputBox、TextBox 均為輸入的敘述。

   (　) 要在 Button 上顯示文字，可設定其 Text 屬性。

   (　) 要讓 Label 顯示文字，可設定其 Text 屬性。

   (　) 表單內的座標系統，其原點在表單內部的中央位置。

   (　) 表單內的座標系統，X 軸向右、Y 軸向下。

3. 是非題：

   (　) 按 F5 鍵可啟動偵錯模式。

   (　) 正在偵錯模式下執行中的專案，其內的各項屬性及程式碼均不允許更改。

( ) 按 `Ctrl` + `F5` 鍵會以正常模式執行專案 (不偵錯), 此時專案的設計可任意更改。

( ) 在偵錯模式下執行專案的好處, 是萬一出錯了會自動修正程式, 而可一直執行下去。

4. 下列關於『定位順序』的說明, 何者有誤?(複選)

(1) 定位順序就是表單中按 `Tab` 鍵時, 在各控制項間移動輸入焦點的順序。

(2) 定位順序是由控制項的 TabIndex 屬性所決定。

(3) TabIndex 屬性的值越大, 則定位順序較優先。

(4) 在設計表單時, 後加入的控制項其預設的 TabIndex 屬性值越小。

(5) 在設計表單時, 位在較左上方的控制項其預設的定位順序較優先。

(6) Label 控制項無論 TabIndex 屬性為何, 都永遠不會擁有輸入焦點。

(7) 要改變定位順序, 可在表單中移動控制項的位置來重排順序。

5. 請寫出下面屬性的意義:

屬性	意義	屬性	意義
Visible		AutoSize	
Location.y		BorderStyle	
Size.Height		TextAlign	
Font		AcceptButton	
ForeColor		CancelButton	
BackColor		BackgroundImage	

6. 請設計一個程式用 InputBox 讓使用者輸入攝氏溫度值，並用 MsgBox 顯示換算成華氏溫度的結果 (華氏 = 攝氏 * 9 / 5 + 32)。

7. 請設計如下的表單程式，讓使用者輸入 R、G、B 值，當使用者按下**顯示顏色**鈕時，就將該 RGB 值對應的顏色設為表單顏色。

8. 承上題，在程式加入檢查輸入值的功能，當輸入的 R、G、B 值小於 0 或大於 255 時，就用訊息窗表示數值超出範圍，將結束程式的訊息。

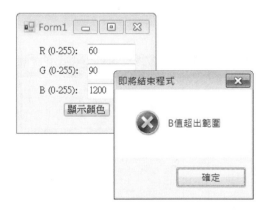

 在 If ... Then 敘述中要同時判斷 2 個條件，可使用 **OR** 關鍵字，例如 "If A<0 **OR** A>255 Then"。

9. 寫一程式利用 InputBox 輸入身高, 然後用 MsgBox 輸出標準體重, 並依照體重是否小於 10 而顯示不同的圖示及說明。(註：標準體重 = 身高 - 105)

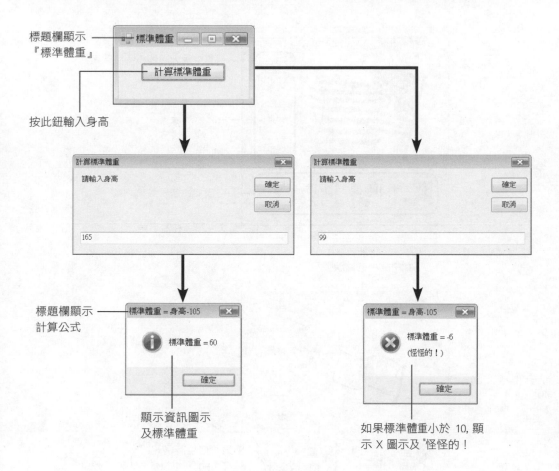

標題欄顯示
『標準體重』

按此鈕輸入身高

標題欄顯示
計算公式

顯示資訊圖示
及標準體重

如果標準體重小於 10, 顯示 X 圖示及 "怪怪的！

10. 寫一個選擇國旗的程式, 按國旗按鈕就會在表單中顯示該國旗, 按背景鈕則可
    改變背景, 另外還可置中放大、縮小國旗圖案, 如下圖所示：

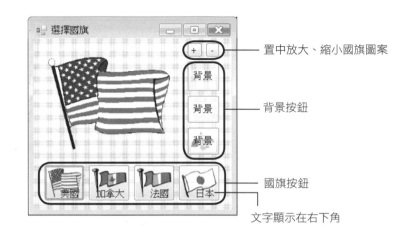

置中放大、縮小國旗圖案

背景按鈕

國旗按鈕

文字顯示在右下角

置中縮小的國旗圖案

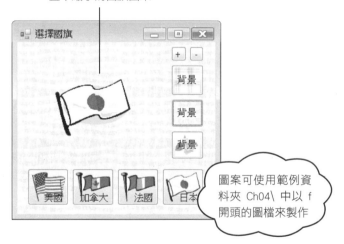

圖案可使用範例資
料夾 Ch04\ 中以 f
開頭的圖檔來製作

05 使用資料

本章閱讀建議

當我們在撰寫程式時，通常都免不了要使用到一些資料，例如一個簡單的會員管理程式，可能會用到：姓名 (字串資料)、身高/體重 (數值資料)、生日 (日期資料) 等資料。

資料的種類有許多種，唯有正確地使用資料，才能得到正確的結果，也才能讓程式有最好的執行效能。本章的閱讀建議如下：

5-1　　**各種資料的寫法**：本節將介紹如何用文、數字來表示數值、字串、日期、布林等資料。先熟悉這些最常用的基礎知識後，再往下學習就會很輕鬆了。

5-2　　**資料的自動轉換與串接運算**：不同種類的資料可以擺在一起進行運算嗎？可以像數值一樣相加起來、或像文字一樣串接起來嗎？跟著範例做做看，很容易就能學會喔！

5-3 **資料的種類－資料型別**：VB 將資料的種類分得非常細, 這些種類就稱為『資料型別』。每種資料型別都有明確的定義及不同的特性, 初次學習時也許會有點抽象, 但請先將各型別的英文名稱及特性都背起來 (其實有規則可循、很容易記), 然後多看看本節、還有後面幾節的範例, 應該很快就能融會貫通。

5-4 **物件型別**：宣告變數時若未指定型別, 宣告的變數會是 Object 型別, 可以儲存任意型別的資料。

5-5 **變數與常數的宣告**：我們將說明變數宣告時各種型別的預設值, 以及變數宣告的注意事項, 並且介紹常數的宣告方式。

5-6 **關於數值型別的幾個重要觀念**：『整數類』型別共有 8 種、『實數類』型別則有 3 種, 數值型別怎會有這麼多種類啊！其實只要看完本節的觀念說明, 就能徹底掌握數值型別的精髓, 同時也能避開數值運算時所暗藏的陷阱。

5-1 各種資料的寫法

在 VB 中, 每種資料都有固定的寫法, 例如字串資料要用雙引號括起來, 而數值資料則中間不可有空白, 也不可使用千位分隔符號 (逗號) 或全型數字：

資料種類	正確的寫法	錯誤的寫法
字串	"大家好！"	'大家好'、『大家好』
數值	25631	2 3 1、25,631、２５６３１

如果不小心使用了錯誤的寫法, 那麼 VB 會在錯誤的地方以藍色底線標示, 並在下方**錯誤清單**中列出每項錯誤的原因及相關資訊。例如：

圖-1

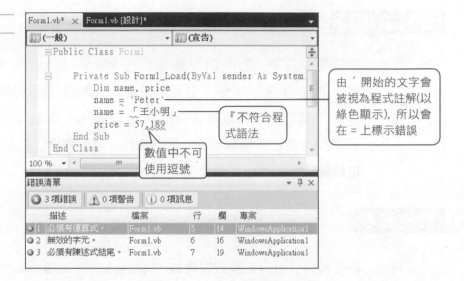

由 ' 開始的文字會被視為程式註解(以綠色顯示), 所以會在 = 上標示錯誤

『不符合程式語法

數值中不可使用逗號

TIPS 如果將數值以『全形數字』輸入, 那麼 VB 會很聰明地幫您轉換為半形數字喔！

練習 練習輸入正確與錯誤的資料, 並熟悉排除錯誤的方法。

1. 建立 Windows Form 應用程式專案 Ch05-01。

2. 在 Form1 上雙按滑鼠, 然後依上圖輸入語法錯誤的程式。

3. 在下方錯誤清單中雙按第 2 項錯誤, 看看程式碼中有何變化？

4. 最後請將錯誤的地方修正, 然後存檔。

參考解答

以上第 3 步驟, 在**錯誤清單**中雙按任一個錯誤項目, 就會自動選取該錯誤在程式碼中的對應文字。

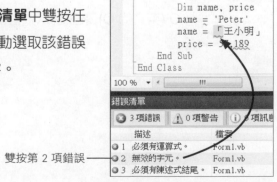

雙按第 2 項錯誤

資料的種類

在前面程式中，使用 Dim 所宣告的 name 及 price 稱為『變數』，可以用來儲存資料,並可隨時更改其內容；而程式中使用的 "John"、25631 等則是實際的資料, 我們稱為『常值』(或稱為『文數字』)。常值的種類可分為**數值資料**、**字串資料**、**日期資料**、和**布林資料**等 4 大類, 分別說明如下。

數值資料

數值資料又可分為**整數**與**實數** (或稱浮點數) 二種, 其表達方式就和一般的數學表達方式相同, 只要不加上逗號或單位 (例如 "元"、"公斤") 即可。例如以下都是正確的表示法：

整數	實數
235	235.68
+235	+235.68
-235	-235.68
0	-0.23459

整數的另類表示法：十六進位與八進位

我們也可以在數值前面加上 &H 來表示十六進位的數值, 或加上 &O (英文的 O) 來表示八進位的數值。例如：

進位方式	範例	換算成十進位的值	示意圖
十進位	25	2 * 10 + 5 = 25	
十六進位	&H25	2 * 16 + 5 = 37	
八進位	&O25	2 * 8 + 5 = 21	

上表的 3 個數值同樣是 25, 但因進位方式不同, 所以換算成十進位後的值也不相同。底下我們再來看看十進位的 95, 如何用不同的進位方式來表達:

進位方式	範例	換算成十進位的值
十進位	95	9 * 10 + 5 = 95
十六進位	&H5F	5 * 16 + 15 = 95
八進位	&O137	1 * 8 * 8 + 3 * 8 + 7 = 95

TIPS 十六進位每一位數的範圍可由 0~9 及 A~F (代表 10~15)。所以上表中的 F 就是 15。

TIPS &H、&O 也可寫成小寫的 &h、&o;不過若在 VB 中輸入小寫的 &h、&o, 則會自動轉換成大寫。

寫一個視窗程式，可以將使用者輸入的數值分別以十進位、十六進位、及八進位顯示出來。

圖-2

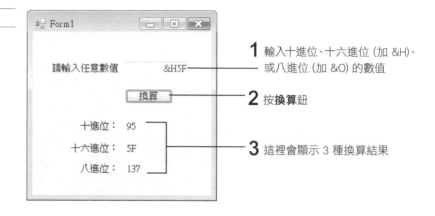

1 輸入十進位、十六進位 (加 &H)、或八進位 (加 &O) 的數值

2 按**換算**鈕

3 這裡會顯示 3 種換算結果

step **1** 請開啟範例專案 Ch05-02，我們已幫您準備好所需的控制項：

圖-3

Form1 (AcceptButton 完成鈕屬性設為 Button1，這樣在表單中按 Enter 鍵時就等於按 Button1 鈕)

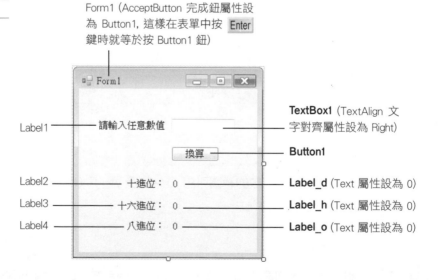

TextBox1 (TextAlign 文字對齊屬性設為 Right)

Button1

Label_d (Text 屬性設為 0)

Label_h (Text 屬性設為 0)

Label_o (Text 屬性設為 0)

step **2** 在 換算 鈕上雙按滑鼠，然後在 Button1_Click 中輸入以下的程式：

```
01 Private Sub Button1_Click(...) Handles Button1.Click
02     Dim n
03     n = Val(TextBox1.Text)        ← 將字串轉換為數值
04
05     Label_d.Text = CStr(n)        ← 轉換為十進位字串
06     Label_h.Text = Hex(n)         ← 轉換為十六進字串
07     Label_o.Text = Oct(n)         ← 轉換為八進位位字串
08 End Sub
```

程式解說

在上面的程式中，Val() 函式可將字串資料 (例如 "95"、"&H5F") 轉換為數值資料，而 CStr()、Hex()、和 Oct() 函式則可分別將數值轉換成十進位、十六進位、和八進位的字串：

函式	範例	傳回值	補充說明
Val (字串)	Val ("&o15")	13	如果參數為空字串或無法轉換為數值的字串，則傳回 0。
CStr (數值)	CStr (13)	"13"	我們也可以改用數值本身的 **ToString()** 方法來將之轉換為字串，例如 13.ToString() 的結果會與 CStr(13) 相同。
Hex (數值)	Hex (13)	"D"	
Oct (數值)	Oct (13)	"15"	

實數的另類表示法：科學記號表示法

相信大家都用過『科學記號表示法』，就是將實數轉換成一個大於等於 1 且小於 10 的值，然後再乘以 10 的 n 次方，例如：

一般寫法	科學記號表示法
123000	1.23×10^5
0.0123	1.23×10^{-2}

換算的密訣，就是將小數點向左移動幾位數，就要再乘以 10 的幾次方；例如 123000 需將小數點向左移 5 位才會變成 1.23, 因此要再乘以 10 的 5 次方。反之, 若將小數點向右移幾位, 則要再乘以 10 的負幾次方；例如 0.0123 需要將小數點向右移動 2 位, 因此須再乘以 10 的 -2 次方。

圖-4

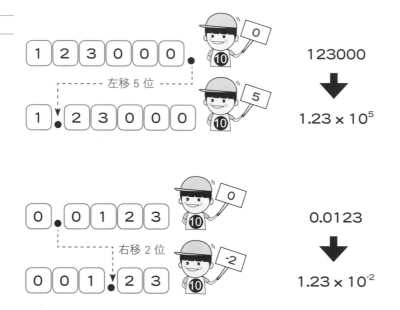

在 VB 中使用科學記號表示法是用 **E** 來取代『×10』, 因此 1.23×10^5 就以 1.23**E**+5 來表示, 而 1.23×10^{-2} 則以 1.23**E**-2 表示。

TIPS 在 E 左邊的數字我們稱為『有效數字』, 例如前述的 1.23；在 E 右邊的數字則稱為『指數』, 例如前述的 +5 或 -2。

練習　將以下數值轉換為科學記號表示法：

(1) 321000000　(2) 0.0000321　(3) 98765.432　(4) 987.65*10^-5

(5) 0.02*10^8

參考解答

(1) 3.21E+8　(2) 3.21E-5　(3) 9.8765432E+4　(4) 9.8765E-3

(5) 2E+6

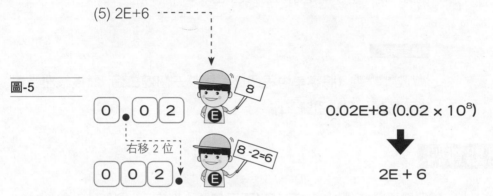

圖-5

$0.02E+8 \ (0.02 \times 10^{8})$

$2E + 6$

字串資料

凡是用雙引號括起來的資料就是字串資料, 例如 "123.5"、"How are you?"、"Everybody 加油！"、"#@$%*!" 等, 都是正確的寫法。不過請注意, 字串真正儲存在電腦中時, 並不會包含前後的雙引號, 例如以下程式：

```
MsgBox("Everybody 加油！")
```

WindowsApplication1

Everybody 加油！

確定

如果在字串的內容中也有雙引號, 則必須將該雙引號以二個連續的雙引號來表示, 例如:

錯誤的寫法	正確的寫法
"Say "Hello".	"Say ""Hello"".
"你寫"錯"了	"你寫""錯""了

請問『哇"""』字串要如何正確表示出來?

參考解答

『"哇""""""』(將字串中每個雙引號都一個變二個, 然後最左及最右再各加一個雙引號。)

日期資料

日期資料必須以『**#月/日/西元年#**』來表示, 例如 #5/18/2010# 就代表 2010 年 5 月 18 日。請注意, 月、日、年的順序不可弄錯, 也不可使用民國年。

日期資料也可以用來表示時間, 例如 #8:30:25# 就代表上午 8 點 30 分 25 秒。我們可以使用 12 小時制或 24 小時制的格式, 若為 12 小時制, 則可用 AM、PM 來表示上、下午。例如:

```
#11:20:15#    ⟶  上午 11 點 20 分 15 秒 (24 小時制)
#23:20:15#    ⟶  下午 11 點 20 分 15 秒 (24 小時制)
#11:20:15 AM# ⟶  上午 11 點 20 分 15 秒 (12 小時制)
#11:20:15 PM# ⟶  下午 11 點 20 分 15 秒 (12 小時制)
```

此外, 『秒』或『分:秒』也可以省略, 此時省略的部份就為 0。例如:

```
#11:20#    ──→   #11:20:00#
#11 AM#    ──→   #11:00:00 AM#  (當省略分:秒時, 則必須加上 AM 或 PM)
```

 TIPS 在 VB 的程式碼視窗中輸入時間資料時, 無論輸入什麼格式, 輸入完之後都會自動被修改為『#時:分:秒 AM/PM#』的標準格式。例如輸入 `n = #18:21#`, 按 Enter 之後則會自動改成 `n = #6:21:00 PM#`。

最後, 如果想要同時表示出日期與時間, 那麼可以在二個 # 號中先寫日期, 然後**空一格**再寫時間即可。例如:

```
#5/18/2010 11:20 PM#  ──→  2010 年 5 月 18 日下午 11 點 20 分 0 秒
```

常見錯誤提醒　　**日期、時間的最大/最小值是多少?**

無論是日期或時間, 都有範圍限制, 如下表所示:

類型	最小值	最大值
日期	#1/1/0001#	#12/31/9999#
時間	#12:00:00 AM# (凌晨 12 點)	#11:59:59 PM#

另外, 月、日、時、分、秒也都有合理的數值範圍, 超出範圍就會視為錯誤, 例如下面的範例都是錯誤的:

```
#13/33/2010#   ←── 沒有 13 月或 33 日
#2/29/2010#    ←── 2010 年不是閏年, 沒有 2/29 日
#10:70:-5#     ←── 沒有 70 分, 也沒有 -5 秒
#24:00:00#     ←── 時間最大為 #23:59:59# (#11:59:59 PM#)
```

（接下頁）

請注意, 如果只有指定日期, 那麼時間部分就預設為最小值 #0:0:0# (#12:00:00 AM#); 反之若只有指定時間, 則日期部分就預設為最小值 #1/1/0001#。例如:

```
Console.WriteLine(#2/3/2010#)       ←  會輸出:2010/02/03 上午 12:00:00
Console.WriteLine(#2/3/2010 9:30#)  ←  會輸出:2010/02/03 上午 09:30:00
Console.WriteLine(#9:30#)           ←  會輸出:上午 09:30:00
                        ↑
        當日期為最小值 1/1/0001 時, VB 在輸出時會忽略該日期部分
```

當我們只儲存**時間**時, 日期部份就會是預設的最小值 (#1/1/0001#), 因此 VB 在輸出時會自動忽略日期的部份。反之, 如果只儲存**日期**, 則時間部份為最小值凌晨 12 點 (#12:00 AM#), 且因凌晨 12 點很有可能是我們刻意儲存的時間, 所以 VB 在輸出時不會忽略該部分。

布林資料

布林資料就只有**真**與**假**二種, 分別用 **True** 及 **False** 來表示。除了直接用 True、False 來表示之外, 有時執行運算式 (例如比較大小) 也會得到 True 或 False 的結果, 例如:

```
Dim a, b
a = False
Console.WriteLine(a)  ←  會輸出 False

b = 5 > 3             ←  將運算式 "5 > 3 " 的結果存入變數 b 中
Console.WriteLine(b)  ←  會輸出 True
```

5-2 資料的自動轉換與串接運算

資料的自動轉換

當我們將資料輸出時, VB 會先將資料自動轉換為字串, 然後才輸出。例如 :

```
Dim a, b
a = #5/18/2010 07:20 PM#
Console.WriteLine(a)    ◄—— 會輸出 "2010/05/18 下午 07:20:00"
b = 5 > 3
Console.WriteLine(b)    ◄—— 會輸出 "True"
```

在上面程式中, a 的值會先被轉換為字串 (且依照**控制台/地區與語言選項**中所設定的**簡短日期**與**時間**格式來轉換), 然後才傳入到 Console.WriteLine() 中進行輸出。同理, b 也會先被轉換為字串 "True", 然後才輸出。

TIPS VB 將數值、日期、布林等資料也都當成是物件, 而在將資料轉換為字串時, 其實就是呼叫資料的 ToString() 方法來轉換。因此在上例中, 我們也可使用 b.ToString() 來手動將布林資料轉換為字串 "True"。

其實不只是輸出, 就算在一般的運算式中, VB 也會盡可能地幫我們做轉換, 例如底下的範例 :

```
Dim a, s
a = #5/18/2010 07:20 PM#
s = "現在是 : " & a    ◄—— a 會先轉成 "2010/05/18 下午 07:20:00"
Console.WriteLine(s)  ◄—— 會輸出 "現在是 : 2010/05/18 下午 07:20:00"
```

在上例中, "現在是：" 是字串, 而變數 a 是日期資料, 當我們將二個資料用 & 串接起來時, VB 就會自動先將日期資料轉換為字串, 然後將二個字串串接起來。

 寫一個視窗程式, 只要隨時按一下按鈕, 就可顯示當時的日期與時間。

圖-6

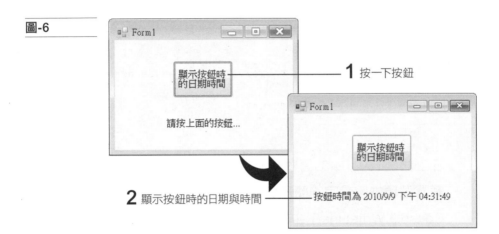

1 按一下按鈕

2 顯示按鈕時的日期與時間

按鈕時間為 2010/9/9 下午 04:31:49

step 1 請開啟範例專案 Ch05-03。

圖-7

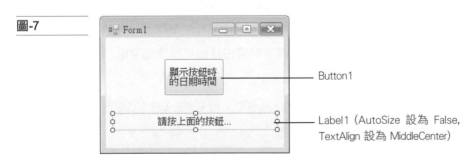

Button1

Label1 (AutoSize 設為 False, TextAlign 設為 MiddleCenter)

 Label 控制項的 AutoSize 屬性預設為 True, 表示會自動縮放標籤大小為剛好可以顯示 Text 屬性的內容。將 AutoSize 設為 False 時, 則可任意改變標籤控制項的大小。

step ② 在按鈕上雙按 , 然後在 Button1_Click 中輸入以下的程式 :

```
Private Sub Button1_Click(...) Handles Button1.Click
    Label1.Text = "按鈕時間為" & Now
End Sub
```

 TIPS Now() 函式可以傳回目前的日期與時間, 由於不需要傳參數, 所以可以省略括號而寫成 Now。

 常見錯誤提醒 　　　　　　　　　5 = "5" ?

雖然 5 和 "5" 在意義上並不相同 (前者是數值, 而後者是字串), 但若寫成以下的程式, 這兩者會被視為是相等的 :

```
Console.WriteLine(5 = "5")    ←── 會輸出 True
```

這是因為當我們將不同類型的資料放一起做運算時, VB 會先將之轉換為相同的類型, 然後才做運算 ; 因此字串的 "5" 會先自動轉換為數值的 5, 然後再做比較。

但是請注意, 不是所有的資料都可以相互轉換類型, 例如 "a" 就無法轉換為數值資料。

此外, 為了避免不必要的錯誤, 我們最好還是先將資料轉換為相同的型別, 然後再做運算。例如先用 Val() 函式將字串轉換為數值, 然後再與數值資料做運算 ; 或是用 CStr() 將數值轉為字串, 再與字串資料做運算。

字串的串接：使用 & 或 + 號

我們一般都是用 & 來串接字串, 就如同前面用 & 將字串與日期資料串接起來的例子。但除了 & 之外, + 不但可以將數值相加, 也可以將二個資料串接起來, 底下來看範例：

```
Console.WriteLine(3 + 5)          ←    加法, 會輸出 8
Console.WriteLine("3" + "5")      ←    串接, 會輸出 "35"
Console.WriteLine("3" + 5)        ←    加法, 會輸出 8
```

以上第 1、2 行程式都很容易理解, 分別為加法及串接運算；但第 3 行就有點模稜二可了：到底會將字串 "3" 轉換為數值來進行加法運算, 還是會將數值 5 轉換為字串來進行串接運算呢？

事實上, 只要 + 號任一邊有數值資料, 就會當成加法運算, 因此 "3" + 5 的結果會是 8。不過為了避免混淆, 還是建議大家盡量使用 & 來串接字串, 因為凡是用 & 運算, 就會一律先將資料轉為字串, 然後才串接在一起。例如底下的程式均為串接：

```
Console.WriteLine(3 & 5)          ←    串接, 會輸出 "35"
Console.WriteLine("3" & "5")      ←    串接, 會輸出 "35"
Console.WriteLine("3" & 5)        ←    串接, 會輸出 "35"
```

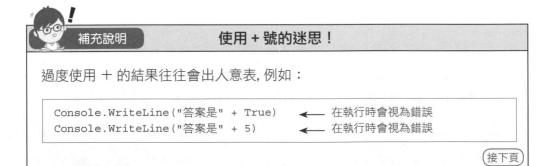

| 補充說明 | 使用 + 號的迷思！ |

過度使用 + 的結果往往會出人意表, 例如：

```
Console.WriteLine("答案是" + True)   ←   在執行時會視為錯誤
Console.WriteLine("答案是" + 5)      ←   在執行時會視為錯誤
```

接下頁

以上二行程式在執行時, 都會試圖將 "答案是" (字串) 自動轉換為數值, 但也都會因無法轉換而造成錯誤。因此, 建議您改用 & 來串接就不會有這樣的問題了:

```
Console.WriteLine("答案是" & True)    ←── 會輸出:答案是 True
Console.WriteLine("答案是" & 5)       ←── 會輸出:答案是 5
```

TIPS 布林資料的 True 在做 + 運算時會先轉換為 -1, 做 & 運算時則轉換為 "True";而 False 則會分別轉換為 0 與 "False"。不過, VB 並不建議我們將布林資料使用在任何的數值運算上, 而且也不保證轉換的結果永遠是 -1 及 0。

練習 請預測以下程式的運算結果。

(1) Console.WriteLine("500" + "50")

(2) Console.WriteLine("500" + 0.5)

(3) Console.WriteLine("500" & "50")

(4) Console.WriteLine("500" & 0.5)

(5) Console.WriteLine("500" + 50 + "5")

(6) Console.WriteLine("500" + "50" + 5)

參考解答)

(1) 50050 (2) 500.5 (3) 50050 (4) 5000.5 (5) 555

(6) 50055 (由左到右運算, 因此先算 "500" + "50" = "50050")

5-3 資料的種類－資料型別

前面我們將資料概略分為**數值資料**、**字串資料**、**日期資料**、和**布林資料**等 4 種類型，其實**數值資料**還可以再細分為許多型別，而**字串資料**也可再多分出一種**字元**型別 (就是只儲存一個字的型別)。

VB 的資料型別

在 VB 中，將資料的類型稱為『**資料型別**』(Data type)，或簡稱『**型別**』(Type)。底下我們依照『數值類型』與『非數值類型』來介紹：

數值類型

類型	資料型別	英文名稱	儲存空間 (位元組)	數值範圍
整數類	小整數	SByte	1	-128 ~ 127
	正小整數	Byte	1	0 ~ 255
	短整數	Short	2	-32768 ~ 32767
	正短整數	UShort	2	0 ~ 65535
	整數	Integer	4	-2147483648 ~ 2147483647
	正整數	UInteger	4	0 ~ 4294967295
	長整數	Long	8	(約) -9.2E+18 ~ 9.2E+18
	正長整數	ULong	8	(約) 0 ~ 1.8E+19
實數類	單精準數	Single	4	(約) -3.4E+38 ~ 3.4E+38
	雙精準數	Double	8	(約) -1.8E+308 ~ 1.8E+308
	十進位數	Decimal	16	(約) -8E+28 ~ 8E+28 (可儲存 29 個有效位數)

以上的**整數類**共有 8 種, 其實很好記 : 我們以**整數** (Integer) 為中心, 可以儲存比整數更長的數值就稱為**長整數** (Long), 更短的則稱為**短整數** (Short)。如果只能儲存『非負數』的值, 則只要在各型別名稱前加一個**正** (U, 代表 Unsigned) 就可以了。

另外, 最小的正整數型別只佔用一個 Byte, 因此稱為**正小整數** (Byte) ; 若也要儲存負值, 則加一個 S (代表 Signed) 而成為**小整數** (SByte)。

圖-8

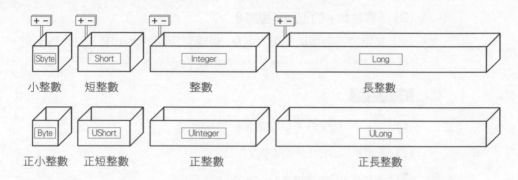

| 小整數 | 短整數 | 整數 | 長整數 |

| 正小整數 | 正短整數 | 正整數 | 正長整數 |

TIPS Unsigned 是『不帶正負號』的意思, 不帶正負號的型別就只能儲存 0 或正數。Singed 則是『有正負號』, 因此可儲存 0、正數、或負數。

實數類則有 3 種, 一般使用**單精準數** (Single) 就很夠用了, 但若需儲存更大的數值, 則可改用**雙精準數** (Double)。至於**十進位數** (Decimal), 雖然可表達的數值範圍較小, 但卻可以保存高達 29 個有效位數, 提供了最高的精準度。

圖-9

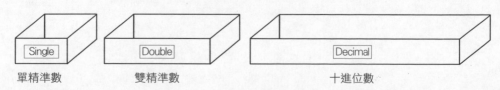

| 單精準數 | 雙精準數 | 十進位數 |

TIPS 『有效位數』就是最多可儲存幾個數字，例如有效位數為 3，則只能保存最左邊的 3 個數字，因此 12.34 會被四捨五入為 12.3，而 12345 則會被四捨五入為 12300。

練習 資料型別的英文名稱很重要，我們以後在寫程式時會經常使用到。請將上表複習一遍，然後回答以下問題。

(1) 無正負號的『整數類』型別有哪些？

(2) 帶正負號的『整數類』型別有哪些？

(3) 『實數類』的型別有哪些？

以上問題請將各型別的英文名稱，依儲存空間的大小由小到大列出來。

(參考解答

(1) Byte、UShort、UInteger、ULong。

(2) SByte、Short、Integer、Long。

(3) Single、Double、Decimal。

非數值類型

類型	資料型別	英文名稱	儲存空間 (位元組)	資料範圍
文字類	字串	String	不定	0 ~ 約二十億個 Unicode 字元
	字元	Char	2	1 個 Unicode 字元
日期/時間	日期	Date	8	日期：0001/1/1 ~ 9999/12/31 時間：12:00:00AM ~ 11:59:59PM
布林	布林	Boolean	2	只有 True 或 False 二種

TIPS Unicode（萬國碼，或稱統一碼）是一種世界通用的編碼方式，可用來表達出世界各國語言的文字，包括英數字、特殊符號、拉丁文、中文、日文、韓文...等。

文字類的型別可用來儲存『以 Unicode 編碼』的文字，其中**字元** (Char) 型別只能儲存一個字，而**字串** (String) 型別則可以儲存 0 個或多個字元 (如果是 0 個字元，則稱為『空字串』，以 "" 表示)。由於是使用雙位元的 Unicode 編碼，每個字元會佔用 2 Bytes。

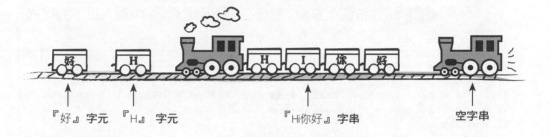

↑　　　　↑　　　　　　　　　　↑　　　　　　　↑
『好』字元　『H』字元　　　　　『Hi你好』字串　　　空字串

 所謂字元的『編碼』，就是以不同的數值來代表不同的字元。以 Unicode 編碼為例，65 就代表 "A"，20154 則代表 "人"。請寫一個 Windows 程式，可將輸入的文字轉換成 Unicode 字碼並顯示出來。

圖-10

1 輸入 "A"，然後按 顯示編碼 鈕

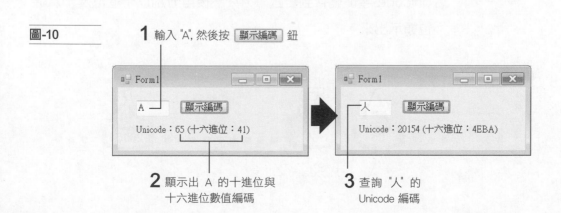

2 顯示出 A 的十進位與十六進位數值編碼

3 查詢 "人" 的 Unicode 編碼

step 1 請開啟範例專案 Ch05-04。

圖-11

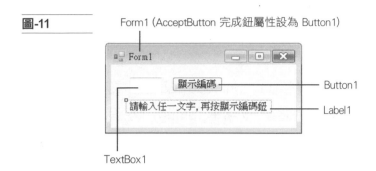

Form1 (AcceptButton 完成鈕屬性設為 Button1)

Button1

Label1

TextBox1

step 2 在按鈕上雙按, 然後在 Button1_Click 中輸入以下的程式:

```
01 Private Sub Button1_Click(...) Handles Button1.Click
02     Dim a
03     a = AscW(TextBox1.Text) ←Ⓐ 將輸入的第一個字元轉換為 Unicode 字碼
04     Label1.Text = "Unicode:" & a & " (十六進位:" & Hex(a) & ")"
05 End Sub
```

程式解說

Ⓐ AscW(字串或字元) 函式可以傳回『傳入參數第一個字元的
Unicode 字碼』。在上面程式中, 我們將 AscW() 函式傳回的
Unicode 字碼儲存到變數 a 中, 然後再分別以十進位及十六進
位顯示出來。

圖-12

Unicode

如果將空字串傳入 AscW() 函式中, 則會因空字串中沒有字元, 而發生執行時的錯誤。請修改以上程式, 讓使用者即使不輸入任何文字就按 顯示編碼 鈕, 也不會發生錯誤。

參考解答

這裡我們提供比較簡便的做法, 就是在輸入資料的後面串接一個 Unicode 為 0 的字元, 這樣就不可能會傳入空字串了:

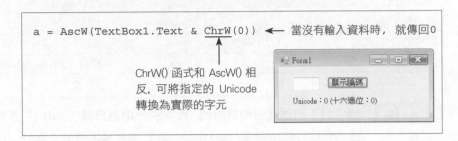

查看資料的型別

我們可以用 TypeName() 函式來解讀**常值** (就是以文數字表示的資料) 或**變數**的型別, 例如 TypeName("ok") 會傳回 "String", 表示其為字串型別。底下我們就利用 TypeName() 函式來查看各類資料的型別為何:

```
Console.WriteLine(TypeName(100))              ← 輸出 Integer
Console.WriteLine(TypeName(5000000000))       ← 輸出 Long
Console.WriteLine(TypeName(100.234))          ← 輸出 Double

Console.WriteLine(TypeName("abc"))            ← 輸出 String
Console.WriteLine(TypeName(#5/18/2008#))      ← 輸出 Date
Console.WriteLine(TypeName(#12:20:00#))       ← 輸出 Date
Console.WriteLine(TypeName(False))            ← 輸出 Boolean
```

由以上程式可以知道, 一個沒有小數點的數值, 其預設型別為**整數** (Integer), 但若數值超過整數的範圍, 則會變成**長整數** (Long) 型別。若數值包含小數點, 則無論大小都會是**雙精準數** (Double) 型別。

判斷常值型別的規則如下:

常值	預設型別	範例
沒有小數的數字	Integer	1237
沒有小數的數字, 但超過整數的範圍	Long	2147483648
有小數的數字	Double	1.234
以 " 括住的資料	String	"abc"
以 # 括住的資料	Date	#5/20/2010 8:30 AM#

 請注意!無論是日期或時間, 其型別一律為**日期** (Date);這是因為日期型別可以同時儲存日期及時間資料, 因此並不需要『時間』型別!。

型別修飾字元

我們也可以直接指定常值的型別, 這時就必須在常值的後面加上『型別修飾字元』來表示。例如 123 的預設型別為 Integer, 但若寫成 123UL 則可強制變成 ULong 型別。下表為可用的型別修飾字元及範例:

型別修飾字元	資料型別	範例	幫助記憶的方法
S / US	Short / UShort	123S / 123US	
I / UI	Integer / UInteger	123I / 123UI	
L / UL	Long / ULong	123L / 123UL	
D	Decimal	123D	
F	Single	123F	F 是 Float (浮點數、實數) 的縮寫
R	Double	123R	R 是 Real (實數) 的縮寫
C	Char	"學"C	

TIPS

Boolean、Byte、Date、SByte、及 String 型別沒有常值的型別修飾字元。

 練習

請分別寫出以下型別的任意常值：

(1)正長整數 (2)十進位數 (3)字元 (4)雙精準數 (5) 短整數。

參考解答

(1) 345UL (2) 3.5D (3) "A"C (4) 567R (5) 321S。

5-4 物件型別

變數的預設型別：物件型別

在前面介紹型別時, 其實少講了一個型別, 那就是**物件** (Object) 型別：

類型	資料型別	英文名稱	儲存空間(位元組)	資料範圍
物件	物件	Object	4	可儲存任何型別的資料

物件 (Object) 型別是一個非常特殊的型別, 它可以用來儲存任何型別的資料。事實上, 當我們用 Dim 宣告一個變數時, 該變數預設就是 Object 型別, 例如：

```
Dim a              ← 宣告一個 Object 型別的變數
a = 5              ← a 的值為整數 5
a = True           ← a 的值變成布林的 True
a = "大家好啊！"    ← a 的值又變成字串 "大家好啊！" 了
```

『參考』式的資料型別

也許有人會覺得奇怪, Object 型別只佔用 4 Bytes 的空間, 為什麼可以儲存像 "大家好啊!" 這麼大的字串呢？

```
Dim i As Integer, a
i = 5
a = "大家好啊！"
```

i   5

a   "大家好啊！"   4 Bytes？

其實 Object 型別的變數, 只會儲存資料在記憶體中的『位址』而已, 每當程式要讀取變數的內容時, 則是以『間接參考』的方式來讀出資料。例如執行 a = "大家好啊！" 時, 系統會將 "大家好啊！" 這個字串的位址儲存到 a 中, 當程式要讀取 a 的內容時, 則系統會先讀取 a 中儲存的位址, 然後再依照位址來讀出實際的資料：

圖-13

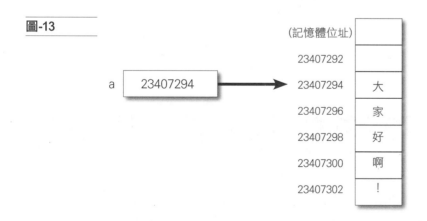

事實上, 除了**物件型別**之外, **字串型別**也是一種『參考』式的資料型別, 因此它可以儲存任意大小的字串值。所不同的是, 字串變數只能儲存 (參考) 字串資料, 而不允許儲存其他型別的資料；物件變數則沒有這個限制。

物件變數的型別變化

接下來, 我們再用 TypeName() 函式來查看物件變數 a, 看看在指定資料之前、之後的型別變化:

```
Dim a
Console.WriteLine(TypeName(a))    ←── 輸出 Nothing
a = True
Console.WriteLine(TypeName(a))    ←── 輸出 Boolean
a = "大家好!"
Console.WriteLine(TypeName(a))    ←── 輸出 String
```

以上程式在一開始宣告 Object 變數 a 時, 由於 a 沒有儲存 (參考到) 任何的資料, 因此 TypeName 會傳回 Nothing, 表示沒有儲存任何東西。

當我們將 True 指定給 a 時, 則 a 儲存 (參考到) 的資料就是 True, 因此 TypeName 會傳回 Boolean; 同理, 當我們又把字串指定給 a 時, 則 a 的型別就變成 String 了。

圖-14

物件 a

a = "大家好!"

5-5 變數與常數的宣告

我們在 2-5 節介紹了變數與常數的觀念, 本節將進一步說明變數宣告時的注意事項, 並且為您介紹常數的宣告方式。

變數型別的宣告方式

由於使用『Dim 變數名稱』宣告的 Object 型別變數, 在存取資料時多了一道『依址取值』的參考手續, 所以執行程式時會降低效能。

為了讓程式有比較好的執行效能, 宣告變數時最好還是要用 2-5 節介紹的 As 來指定型別, 下面再複習一下指定變數型別的語法:

```
Dim a As Integer          ← 宣告 1 個 Integer 變數
Dim b, c, d As Long       ← 宣告 3 個 Long 變數
Dim e As Byte, f, g As Date ← 宣告 1 個 Byte 變數及 2 個 Date 變數
```

如上例所示, 我們可以對每個變數都用 As 來宣告型別, 也可以先列出一串的變數, 最後再用 As 來整批宣告型別。

 以下程式中各變數的型別為何？請以中文型別名稱回答。

```
Dim a As SByte
Dim b, c As Single, d As Char
Dim e As Long, f, g As Date
Dim h As Boolean, i As String, j
```

參考解答

a 正小整數, b、c 單精準數, d 字元, e 長整數, f、g 日期, h 布林, i、j 空值 (Nothing)

 在上題最後一行, 變數 j 之後沒有 As 宣告, 所以為 Object 型別；由於 String 及 Object 型別都是『參考』式的型別, 所以在沒有實際存入資料的情況下, TypeName( ) 函式都會傳回 Nothing (表示空值或沒有值的意思)。

在宣告變數時順便指定初值

在宣告變數時, 我們也可以順便指定初值, 例如：

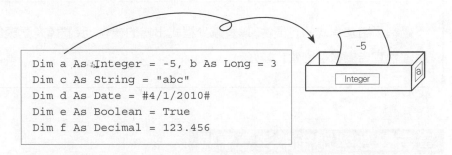

```
Dim a As Integer = -5, b As Long = 3
Dim c As String = "abc"
Dim d As Date = #4/1/2010#
Dim e As Boolean = True
Dim f As Decimal = 123.456
```

如果在宣告變數時沒有指定初值, 那麼變數也會有預設的初值, 我們稱為『預設值』。每種型別都有特定的預設值, 如下表所示：

資料型別	預設值
所有數值型別	0
Boolean	False
Date	#01/01/0001 12:00:00 AM#
Object、String	Nothing
Char	Unicode 為 0 的字元

如果在宣告變數時沒有用 As 指定型別, 但卻指定了初值, 則該變數會被宣告成與初值一樣的型別。例如:

```
Dim a = "abc"         ←  a 的型別為 String
Dim b = 123           ←  b 的型別為 Integer
Dim c = 123.45        ←  c 的型別為 Double
Dim d = #9:15 AM#     ←  d 的型別為 Date
Dim e = True          ←  e 的型別為 Boolean

'指定有型別修飾字元的初值
Dim f = 123.45F       ←  f 的型別為 Single
Dim g = 123.45D       ←  g 的型別為 Decimal
Dim h = "a"C          ←  h 的型別為 Char
Dim i = 123US         ←  i 的型別為 UShort
```

不過為了增加程式的可讀性, 以及減少程式出錯的機會, 我們還是建議您用 As 明確地宣告變數型別會比較好。

宣告變數型別後的注意事項

當變數是 Object 型別時, 可以用來儲存任意的資料; 不過一旦將變數宣告為 Object 以外的型別時, 那就只能儲存該型別的資料了; 如果硬要存入其他型別的資料, 則系統會盡量幫我們轉換型別, 若不能轉換則產生錯誤訊息。例如:

```
Dim a               ←  a 為 Object 型別, 可存入任何資料
Dim b As Byte       ←  b 為 Byte 型別, 只能存入正小整數資料

a = "abc"           ←  正確, 將字串指定給 a
b = "abc"           ←  錯誤, 此字串無法轉換成小整數!
b = "123"           ←  正確, 此字串會先轉換為 123, 然後存入 b 中
```

以上最後二行程式, 同樣是將字串指定給小整數型別的 b, 但 "abc" 因無法轉換為小整數而導致錯誤, "123" 則可以轉換為小整數而不會出錯。底下再看另一個例子:

```
Dim b As Byte  ◄── b 為 Byte 型別, 只能存入正小整數資料
b = "1234"  ◄── 錯誤, 此字串會先轉換為 1234, 但太大了, 不能存入小整數
b = 256     ◄── 錯誤, 256 太大了, 不能存入正小整數 (0~255)
b = -26     ◄── 錯誤, -26 為負數, 不能存入正小整數 (0~255)
b = 254.8   ◄── 正確, 254.8 會四捨五入為 255, 然後存入 b
```

由於 Byte 的有效範圍是 0~255, 所以 1234、256、或 -26 都因超出 Byte 的範圍而導致錯誤。但最後一行的 254.8 則可轉換 (四捨五入) 為小整數的 255, 所以沒問題。

 想想看, 底下的程式為什麼會出錯？要如何修正？

```
Dim d As Decimal
d = 12345678901234567890123456789  ◄── 29 位數
```

(1) 問題出在常值『12345678901234567890123456789』會被視為 Long, 但卻超出 Long 的數值範圍。

(2) 修正的方法, 就是在這個常值之後加上『型別修飾字元』D, 而成為『12345678901234567890123456789D』, 以明確表明此常值為 Decimal 型別 (可擁有 29 位有效位數)。

常數的宣告與使用

對於程式中經常使用的資料, 我們可以將其宣告成一個**常數**, 以方便我們使用。宣告常數的語法如下:

```
Const 常數名稱 As 資料型別 = 常數值
```

常數的特點是『定義之後, 其值就不能變更』。雖然在大部份的場合, 使用變數即可解決我們的問題。但有些時候, 為避免不小心改到不應更改的變數值; 或者想用文字代替特定的資料或數值, 讓程式讀起來更容易理解, 此時就可使用常數。

變數可以先宣告但是不設定初始值, 但是常數必須在宣告時便設定常數值:

```
Dim name As String            ←── 正確, 變數可以宣告但不設定初始值
Const length As Integer       ←── 錯誤, 常數宣告時必須設定初始值
Const PI As Double = 3.14     ←── 正確
```

上例中, 雖然我們也可以使用變數來定義圓周率 PI, 但一般來說程式執行時不需要修改 PI 的值, 此時以常數來定義圓周率, 反而可以避免程式不小心修改 PI 的值。

為了方便程式撰寫, VB 也提供許多內建的常數, 例如之後常用到的 vbCrLf 便是內建常數。由於內建的常數相當多, 在此就不一一介紹, 請自行參考線上說明。

5-6 關於數值型別的幾個重要觀念

『整數類』型別的數值範圍限制

由於各種數值型別所佔用的儲存空間不同, 解讀的方式也不同(是否有正負號、是否有小數), 因此可表示出的數值範圍也有所有不同。我們在使用時, 必須小心不可超出數值範圍的限制, 否則會造成錯誤。

以『正小整數』(Byte) 型別來看, 它是佔用 1 Byte, 因此可以表示出:

2^8 = 256 種數值, 所以其數值範圍是 0~255 (0 ~ 2^8-1)

每個燈泡為 1 Bit, 有亮與不亮 2 種可能, 因此 8 個燈泡就有
2×2×2×2×2×2×2×2=256 種組合

若將 -1 或 256 存入 Byte 型別的變數, 則會因超出範圍而造成錯誤。

再來看『小整數』(SByte) 型別, 同樣是佔用 1 Byte, 但為要能表示出正數及負數, 所以將第一個 bit 當成正負號來使用, 因而其數值範圍變成:

-2^7 ~ 2^7-1, 相當於 -128 ~ 127 (同樣有 256 種不同的數值)

凡是整數類的型別, 可表達範圍的算法都相同, 只不過所佔用的記憶空間不同而已; 佔用越大的記憶空間, 則可表達的數值範圍就越大:

資料型別	儲存空間 (位元組)	數值範圍	範圍計算方式
小整數 (SByte)	1	-128 ~ 127	$-2^7 \sim 2^7-1$
正小整數 (Byte)	1	0 ~ 255	$0 \sim 2^8-1$
短整數 (Short)	2	-32768 ~ 32767	$-2^{15} \sim 2^{15}-1$
正短整數 (UShort)	2	0 ~ 65535	$0 \sim 2^{16}-1$
整數 (Integer)	4	-2147483648 ~ 2147483647	$-2^{31} \sim 2^{31}-1$
正整數 (UInteger)	4	0 ~ 4294967295	$0 \sim 2^{32}-1$
長整數 (Long)	8	-9223372036854775808 ~ 9223372036854775807 (約 -9.2E＋18 ~ 9.2E＋18)	$-2^{63} \sim 2^{63}-1$
正長整數 (ULong)	8	0 ~ 18446744073709551615 (約 0 ~ 1.8E＋19)	$0 \sim 2^{64}-1$

 練習　請指出以下程式有錯誤的敘述, 以及為什麼錯誤。

```
Dim a As Short, b As Byte, c As SByte, d As UShort
a = 100L
b = 180 + a
c = 180
d = 800 * a
b = -50
```

參考解答

```
a = 100L       ← 對! 100L 會先由 Long 轉為 Short, 再存入 a
b = 180 + a    ← 錯! 180+a=280, 超過 Byte 的數值範圍 (0~255)
c = 180        ← 錯! 180 超過 SByte 的數值範圍 (-128~127)
d = 800 * a    ← 錯! 800*a=80000, 超過 UShort 的數值範圍 (0~65535)
b = -50        ← 錯! Byte 型別不能儲存負數
```

『實數類』型別的數值範圍限制

實數類的型別都一定是有正負號的, 而且在儲存時會分為二部份：
『有效數字』與『指數』, 例如 1.2345E+2 的有效數字為 12345,
而指數則為 +2。『有效數字』可以表達出的最大位數, 我們稱為
『有效位數』, 底下列出各實數型別的數值範圍及有效位數：

資料型別	儲存空間	數值範圍	有效位數
單精準數 (Single)	4	-3.402823E+38 ~3.402823E+38	**7** 位
雙精準數 (Double)	8	-1.79769313486232E+308 ~ 1.79769313486232E+308	**15** 位
十進位數 (Decimal)	16	-7.9228162514264337593543950335E+28 ~ 7.9228162514264337593543950335E+28	**29** 位

決定精確度的關鍵：有效位數

有效位數越大, 可表示出越精確的數值, 例如 1.2345 若只能保留 3
位有效位數, 則必須四捨五入為 1.23, 因而變得比較不精確了。每
當數值超過型別的有效位數時, 超過的部份就會自動進行四捨五
入。底下來看幾個例子：

```
Dim a As Single = 1234.5678
MsgBox(a)        ← 會顯示：1234.568 (Single 的有效位數為 7 位)

Dim b As Double = 1.2345678901234567
MsgBox(b)        ← 會顯示：1.23456789012346 (四捨五入到只剩 15 位)

Dim c As Decimal = 1234567890.1234567890123456789D
MsgBox(c)        ← 會顯示：1234567890.1234567890123456789
                 (不用四捨五入, 因 Decimal 的有效位數為 29 位)
```

決定數值範圍大小的關鍵：指數

有效位數多, 只是代表數值比較精確, 但並不表示數值範圍比較大喔!

數值範圍的大小要看指數部份, 例如 Decimal 雖然具有高達 29 位的有效位數, 但其指數範圍是 -28~+28, 因此最大只能表示出(約) 7.9E+28, 而 Single 則最大可表示出(約) 3.4E+38, 比 Decimal 足足大了 10^{10} 倍左右。

資料型別	指數範圍	數值範圍	有效位數
Single	**-45~+38**	-3.4E+38~3.4E+38	7 位
Double	**-324~+308**	-1.8E+308~1.8E+308	15 位
Decimal	**-28~+28**	-7.9E+28~7.9E+28	29 位

此外, 當 Single 或 Double 的值超出可表達的最大值時, 會變成『正無窮大』; 若小於可表達的最小值時, 則會變成『負無窮大』:

```
Dim a As Single, b As Double, c As Decimal
a = 1.0E+39
MsgBox(a)          ◀── 會顯示：正無窮大 (超過 3.4E+38)
b = a * -1.0E+300
MsgBox(b)          ◀── 會顯示：負無窮大 (1.0E+39 * -1.0E+300 = -1.0E+339)
c = a              ◀── 會顯示錯誤
```

上面程式的最後一行, 由於 Decimal 型別強調的是精確性 (會精確儲存每一個有效數字), 因此無法儲存『正負無窮大』! 當存入的數值超出範圍時, 即會發生執行時的錯誤。

最接近 0 的非 0 數值

對於實數來說, 除了具有最小值(負值) 及最大值(正值) 的限制外,
還有最接近 0 的正值與負值喔!

以 Single 來說, 其『指數』的範圍是 -45 ~ +38, 當指數為負值時,
就相當於『將小數點往左移 N 位』或是『除以 10 的 N 次方』, 因
此 1.0E-45 就是 $\dfrac{1}{10^{45}}$, 結果是:

0.000000............00001 ← 小數點右邊共有 44 個 0 及一個 1

這可算是一個非常接近 0 的數值了, 但如果再小一點, 則會超出
Single 型別可表示的範圍, 而自動變成 0。

反之, 再從 Single 型別的負值來看, -1.0E-45 也是一個非常接近 0
的數值:

-0.000000............00001 ← 小數點右邊共有 44 個 0 及一個 1

這也算是一個『非常大的負數』(負數越接近 0 就越大);如果再
大一點 (更接近 0 一點), 那麼就會因超出 Single 的範圍而變成 0
了。

圖-15

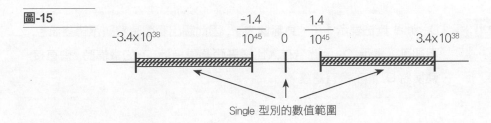

Single 型別的數值範圍

底下我們就將各實數型別的負值、正值範圍都列出供您參考：

資料型別	指數範圍	負值的範圍(約略)	零值	正值的範圍(約略)
Single	-45~38	-3.4E+38～-1.4E-45	0	1.4E-45～3.4E+38
Double	-324~308	-1.8E+308～-4.9E-324	0	4.9E-324～1.8E+308
Decimal	-28~28	-7.9E+28～-1E-28	0	1E-28～7.9E+28

 請預測以下程式中, 每個 MsgBox( ) 函式的輸出為何：

```
Dim a As Single, b As Double, c As Decimal
a = -1.0E-46
MsgBox(a)
b = a * -1.0E-300
MsgBox(b)
c = -1.0E-46
MsgBox(c)
```

參考解答

```
Dim a As Single, b As Double, c As Decimal
a = -1.0E-46
MsgBox(a)   ◄── 會顯示：0, 因為 -1.0E-46 比 Single 的最大負值 -1.4E-45 更接近 0
b = a * -1.0E-300
MsgBox(b)   ◄── 會顯示：0, 因計算結果為 1.0E-346, 比 Double 的最小正數更接近 0
c = -1.0E-46
MsgBox(c)   ◄── 會顯示：0, 因 -1.0E-46 比 Decimal 的 -1.0E-28 更接近 0
```

 Decimal 無法表示『正、負無窮大』, 因此超出範圍時會顯示錯誤訊息, 但卻可以表示 0, 因此若存入比容許範圍更接近 0 的數值時, 會直接轉換為 0, 而不會有錯誤。

各種數值型別的運算效率

即然 Long 是整數中數值範圍最大的型別, 那麼我們就全部使用
Long 來儲存整數資料, 這樣不是最安全、最不會超出範圍了嗎？
其實除了安全範圍的考量之外, 如果在程式中使用了大量的運算,
則還要考慮數值資料的『運算效率』！

從大分類來看: 『整數類』的運算效率遠遠大於『實數類』, 這是
因為『實數類』還要處理小數點及四捨五入等複雜的問題。

在『整數類』中, 則以 Integer/UInteger 的運算效率最高, 而以
Long/ULong 的效率最低。至於『實數類』, 是 Double 的效率最
好 (因為目前大多數電腦的處理器都是以雙精準數來執行浮點運
算), 而 Decimal 則效率最低。

圖-16

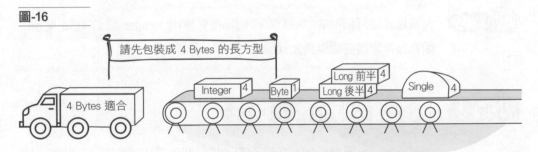

目前的 PC 大多使用 32 位元 (4 Bytes) 作業系統,
因此以 Integer/UInteger (32 位元) 的運算效率最好。

練習　請回答以下問題：

(1) 在所有數值型別中, 運算效率最高及最低的型別分別為何？

(2) 效率最好的『實數類』型別是哪一個？

(3) 效率最差的『整數類』型別是哪一個？

(4) 程式中若出現 15 及 1.5, 會分別被當成哪一種型別來處理？

参考解答

(1) 最高的為 Integer/UInteger, 最低的為 Decimal。

(2) Double 型別。

(3) Long/ULong 型別。

(4) 15：Integer, 1.5：Double

　　(這些都是效率最好的整數、實數型別)。

 TIPS　在寫程式時, 除非有特殊需求, 否則應優先選用 Integer 或 Double 型別, 因為儲存數值的範圍夠大, 而執行效率也最好！

小心！實數在運算時的微小誤差

由於 Single 及 Double 在儲存某些數值時, 可能會有非常非常小的小誤差 (例如 $1.0E-50$ 的誤差), 這些誤差在一般狀況下可以忽略不管, 但有時經過多次的運算之後, 卻會造成出乎意料的誤差。請試試以下的程式：

上機　將變數 x 由 0 開始, 不斷重複地加 $1.0E-25$, 看看是否會產生誤差。

step **1** 請開啟範例專案 Ch05-05。

圖-17

x 的初值預設為 0

將 x 加 1.0E-25 共 100 次

輸出 x 的值

TIPS For....Next 是重複執行一段程式的敘述, 其中的 i = 1 To 100 就表示要重複 100 次。我們在第 7 章會有詳細的說明。

step **2** 將程式中由 For... 開始, 到 Console.WriteLine(x) 的部份選取起來, 然後在 Console.ReadKey() 之前連續複製 4 份。這樣一共就會加 500 次, 並且每加 100 次就顯示 x 的值。

step **3** 最後按 F5 執行程式, 結果如下:

圖-18

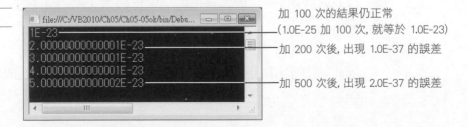

加 100 次的結果仍正常 (1.0E-25 加 100 次, 就等於 1.0E-23)

加 200 次後, 出現 1.0E-37 的誤差

加 500 次後, 出現 2.0E-37 的誤差

練習 實數運算所產生的誤差雖然非常小, 但在某些狀況下就會造成問題。請舉出一個會出問題的狀況, 並提出解決方案。

參考解答

(1)當進行數值的比較時, 就可能出問題。例如我們要在上面的程
式中, 判斷 x 加 500 次之後的值是否等於 5.0E-23 時, 就會得到
錯誤的結果 (預期應該相等, 但結果卻不等！)。

(2)解決方案：將 x 改宣告為 Decimal 型別, 就不會有誤差的問題
了：

圖-19

將 x 宣告為 Decimal
型別後, 執行結果完
全正確！

 TIPS Decimal 會直接儲存數值中的有效數字, 所以能精確地儲存任何它能表
達出的數值, 因此不管經過多少次運算, 都不會有任何誤差。當然, 這
也是為什麼 Decimal 在運算時效率會這麼差的原因了。

四捨五入的進化版：四捨六入五成雙

在一般人的認知中, 四捨五入是很正常的事；但仔細想想, 其實四
捨五入並不公平, 因為進位的機率比較大 (1,2,3,4 捨去, 5,6,7,8,9
進位)。

因此, 目前比較新的程式語言都是使用『四捨六入五成雙』的方
式：

● 要捨去的數 < 5：捨去。例如 12.34 → 12.3。

● 要捨去的數 > 5：進位。例如 12.36 → 12.4。

● 要捨去的數 = 5：如果進位後是雙數，就進位；若進位後變成單數，就捨去。例如：

12.**3**5 → 12.**4**　(進位後為 4, 是雙數, 所以進位)

12.**6**5 → 12.**6**　(進位後為 7, 是單數, 因此捨去 5 而不進位)

『四捨六入五成雙』的『五成雙』，就是"成就雙數"的意思。

 請預測以下程式的輸出結果。

```
Dim a as Integer
a = 1.5
MsgBox(a)
a = 4.5
MsgBox(a)
a = 6.50005
MsgBox(a)
```

參考解答

```
Dim a as Integer
a = 1.5
MsgBox(a)    ← 輸出 2
a = 4.5
MsgBox(a)    ← 輸出 4
a = 6.50005
MsgBox(a)    ← 輸出 7 (0.50005 比 0.5 大, 所以進位)
             (注意！只有在恰好是 0.5 時, 才須判斷是否五成雙。)
```

習題

1. 是非題：

( ) 在數值型別中, 最佔空間的是 Double。

( ) 在數值型別中, 最不佔空間的是 Byte/UByte。

( ) 在數值型別中, 數值範圍最大的是 Double。

( ) 在數值型別中, 數值範圍最小的是 Single。

( ) 在數值型別中, 有效位數最多的是 Decimal。

( ) 在數值型別中, 有效位數最少的是 Single。

( ) 在數值型別中, 運算效率最好的是 Integer/UInteger。

( ) 在數值型別中, 運算效率最差的是 Double。

2. 是非題：

( ) 在實數類型中, 運算效率最好的是 Single。

( ) 在實數類型中, 數值範圍最小的是 Single。

( ) 在實數類型中, 計算結果最精確的是 Double。

( ) 在整數類型中, 最佔空間的是 Long/ULong。

( ) 在整數類型中, 最小且有正負號的是 Byte。

( ) 在整數類型中, 數值範圍最大的是 Long/ULong。

3. 是非題：

( ) 在宣告變數時最好能指定型別, 以提升執行效率並減少錯誤發生機率。

( ) 在宣告變數時若指定初值但沒有指定型別, 則變數的型別就是初值的型別。

( ) Double 數值在運算時可能會有極微小的誤差, 但並不會產生任何不良的影響。

( ) 數值範圍由小到大為：Single < Double < Decimal。

( ) 有效位數由小到大為：Single < Double < Decimal。

( ) 運算效率最好的整數及實數類型為：Integer 及 Double。

( ) #10:20# 的日期為 #1/1/0001#。

( ) #12/21/2010# 的時間為 #12:00:00#。

( ) 數值型別可儲存的最大有效位數, 決定了其精確度的大小。

( ) 數值型別可儲存的最大指數, 決定了其數值範圍的大小。

4. 關於資料型別的是非題： (以 TypeName 函式檢驗)

( ) -100 為 Short 型別。

( ) -10000 為 Integer 型別。

( ) 10000 為 UInteger 型別。

( ) 100L 為 Long 型別。

( ) 123456789012 為 Long 型別。

( ) 123456789012D 為 Decimal 型別。

( ) 123456789012R 為 Double 型別。

( ) 123F 為 Single 型別。

( ) 1.23 為 Single 型別。

( ) "我愛 VB" 為 String 型別。

( ) "福"C 為 Char 型別。

( ) "520" 為 Integer 型別。

( ) #12:30# 為 Date 型別。

5. 請問以下程式執行後, 最後 i 的值為何?

```
Dim i As Integer = 1, j As Double = 9.5
i += j Mod 7 - 1
```

6. 下列程式執行時, 哪幾行的敘述會產生錯誤, 並請說明原因:

```
01 Const a As Integer = 2
02 Dim b As Integer, c = 123UI
03 Dim s1 As String = "135"
04 Dim s2 As String = "字串"
05 a = c * s1
06 b = c * s1
07 s1 = s2 + a
08 s1 = s1 & a
09 b = a * -2.1
10 c = a * -2.1
```

7. 請寫出以下運算式的運算結果 (True 或 False):

    (1) "123" + 456

    (2) "123" & 456

    (3) 500 + 1.23

    (4) 1.23E-5 * 100

    (5) &HFF + 100

    (6) "9"C & 123

    (7) 100 > 99

    (8) "結果是" & (9 > 5)

8. 請指出下列何者有誤, 並說明原因。(複選)

   (1) 『Dim a』則 a 的型別為 Object。

   (2) 如果要串接字串, 最好是使用 $ 而非 +。

   (3) String 型別的資料是由 Unicode 字元所組成。

   (4) 假設 String 變數中儲存著 3 個字元, 則其字串長度為 3 Bytes。

   (5) Object 型別可以儲存任何型別的資料。

   (6) 123000 的有效位數為 6 位, 指數為 +3。

9. 請寫出下列數值『四捨六入五成雙』到小數 1 位的結果:

   (1) 1.245

   (2) 1.25

   (3) 1.251

   (4) 2.35

   (5) 2.351

10. 將以下數值寫成科學記號表示法:

    (1) 12345

    (2) 0.00123

    (3) 98.7 / 1000

    (4) 0.056 * 10^-9

    (5) 0.01 * 10^20

    (6) 1.23E-5 * 10^8

    (7) 1.23E-5 / 10^8

MEMO

06 流程控制 ──
選擇性執行程式

本章閱讀建議

『流程控制』就是改變程式的執行流程，例如我們想依照使用者的性別，來決定要顯示『XXX 先生』或『XXX 小姐』，這時就可以使用 If 之類的敘述來加以判別，以決定要執行哪段程式。本章及下一章都會介紹流程控制，讀者只要多看範例，多跟著做，就能完全學會。

6-1　**條件式：判斷真或假的運算式**：它是由比較運算（大於、小於...）或邏輯運算（且、或...）所組成，而運算的結果只有 2 種：True 或 False。這部分很容易，只要有一點數學基礎就可以輕鬆過關。

6-2　**If 敘述：選擇性執行**：就是依照條件式的真假，來決定要執行哪些程式。If 的觀念很簡單，但在使用上有幾種變化，請讀者務必要熟悉這些用法。

6-3 **If() 運算子：依條件傳回不同的值**：這是一種簡化的 If 敘述，讀者只要看看範例就能馬上學會。如果好好利用，可讓您的程式更加簡潔有力喔！

6-4 **Select Case：依資料做多重選擇**：如果對同一份資料要做許多的判斷，例如依照各年齡層做不同的處理，這時就可以改用 Select Case 敘述，讓程式更容易撰寫及閱讀。

6-5 **做為選擇用的控制項**：包括『單選鈕』與『多選鈕』二種，其用法就和考試的單選題與多選題類似。本節的範例比較有趣，會搭配單選鈕、多選鈕來展示字體的變化 (包括改變字型、大小、粗體、斜體等)，千萬別錯過哦！

6-1　條件式：判斷真或假的運算式

在程式中我們經常要判斷真假，例如在計算成績時，如果成績小於 60 分就評為 "不及格"，那麼『成績是否小於 60 分』就是一個條件式，可以寫成如下的程式：

```
                  ┌────── 條件式
If 成績 < 60 Then
    結果 = "不及格"  ◄──── 如果條件式為 True, 就執行這段程式
Else
    結果 = "及格"    ◄──── 否則 (條件式為 False), 執行這段程式
End If
```

If...Then...Else...End If 是條件判斷敘述，可依照條件式的真假來決定要執行哪一部份的程式。If 的用法我們留到下一節再介紹，本節先來看看條件式的組成。條件式可由以下二種運算所組成，而其運算的結果則是一個布林值 (True 或 False)：

● **比較運算**：就是比較大小或比較是否相等, 例如 『a > 9』、『s = "ok"』 都是。

● **邏輯運算**：就是『且 (And)』、『或 (Or)』之類的運算, 例如 『a>1 **And** a<3』, 則必須二個子條件都成立, 即 a>1、a<3 都 是 True, 那麼『且』的運算結果才會是 True。

底下我們再對這二種運算做進一步的介紹。

比較運算

比較運算的結果會是一個布林值 (True 或 Fasle), 在 VB 中共有 6 種比較運算子:

運算子	意義	範例	運算結果
<	小於	12 < 10	False
<=	小於或等於	12 <= 10	False
>	大於	12 > 10	True
>=	大於或等於	12 >= 10	True
=	等於	12 = 10	False
< >	不等於	12 < > 10	True

 請將以下條件寫成條件式:

(1) 成績 (g) 大於或等於 90?

(2) 價錢 (p) 不等於 100?

(3) 年齡 (a) 不超過 18?

(4) 優勝者 (w) 是 "Mary"?

(5) 飛機 (時速:a) 比火車快 (時速:t)?

參考解答

(1) g >= 90 (2) p <> 100 (3) a <= 18 (4) w = "Mary" (5) a > t

日期與日期的比較

日期資料可包含『日期』與『時間』二部份, 在做比較時, 會先比較日期, 若相等則再比較時間。例如下面的條件式均為 True:

```
#9/1/2010 9:20 AM# < #9/2/2010 9:00 AM#  ←─ 前者日期比較小 (早)
#9/2/2010 9:00 AM# < #9/2/2010 9:20 AM#  ←─ 日期相同, 但前者時間比較小 (早)
```

如果只有日期沒有時間, 那麼時間就是最小的 #0:0:0#(凌晨, 也可寫成#12:00:00 AM#); 如果只有時間沒有日期, 則日期為最小值 #1/1/0001#。請再看以下的例子 (運算結果均為 True):

```
#9/2/2010# < #9/2/2010 0:10 AM#  ←─ 日期相同, 但前者時間為最小的 #0:0:0#
#9:00 AM# < #9/2/2010 9:00 AM#   ←─ 時間相同, 但前日期為最小的 #1/1/0001#
#9:00 AM# < #9:10 AM#            ←─ 日期相同 (均為 #1/1/0001#), 比時間
```

 請判斷下面各條件式的結果:

(1) #2/2/2011 8:00# < #2/2/2010 9:00#

(2) #02/02/2011# < #2/2/2011#

(3) "02/02/2011" < "2/2/2011"

(4) #8:00# = #8:00 AM#

(5) #8:00# > #5/5/2008 7:00#

参考解答

(1) False (2) False (日期相同)

(3) True (因為是字串的比較, 請參見下一頁) (4) True (5) False

字串與字串的比較

在上一章中, 我們介紹過字串是由『Unicode 編碼』的字元所組成, 因此在比較字串或字元時, 也是以 Unicode 編碼來比較。底下我們將一些常用的字元由小到大列出:

```
0~9  <  A~Z  <  a~z  <  中文字
```

接著我們來看實例:

```
"0" < "1" < "A"
"A" < "B" < "a"
"a" < "b" < "好"

"A"c < "B"c  ←── 字元與字元的比較
"X" < "Z"c   ←── 字元 "Z"c 會先轉換為字串 "Z", 然後再與字串 "X" 做比較
```

 如果想知道字元的 Unicode 編碼, 可使用 AscW() 函式。例如 AscW("0") = 48、 AscW("A") = 65、AscW("a") = 97、AscW("好") = 22909。

在比較字串時, 會先比較字串中的第一個字元, 若相等就再比較第二個字元, 以此類推, 直到比出大小、或有一方先結束 (字串長度較短的視為比較小) 為止。下面比較的結果均為 True：

```
"adc" < "baa"    ←── 因第一個字元："a" < "b"
"adc" > "aaa"    ←── 因第一個字元相等，而第二個字元："d" > "a"
"adc" = "adc"    ←── 所有字元均相同
"adc" < "adca"   ←── 前 3 字元相同，但後者較長
```

 請判斷下面各條件式的結果：

(1) "abc" < "abC"

(2) "100" > "50"

(3) "Big" < "大"

(4) "A112" > "A12"

(5) "大家" < "大家好"

(6) "A" = "A"c

(7) "Flag" > "G"c

(8) "flag" >= "Flag"

(9) "3.14" <= "3.1415926"

参考解答

(1) False (2) False (因為字元"1"<"5")

(3) True (4) False (5) True

(6) True (字元 "A" c 會先轉為字串 "A" 再進行比較)

(7) False (8) True (9) True

常見錯誤提醒　　　　　　　　　"100" > 50 ？

字串與數值的比較時, 會優先將字串『自動型別轉換』為數值, 然後再做比較, 例如：

"100" > 50 ⟶ 100 > 50 ⟶ 結果為 True

不過『自動型別轉換』雖然方便, 但卻容易混淆, 因此建議讀者還是自行利用 Val() 函式來轉換型別, 會比較保險一些。例如：

Dim s = "100"

Val(s) > 50 　　　'先將 s 轉換為數值, 再與 50 比較

邏輯運算

邏輯運算是針對布林值 (True 或 False) 來做運算, 而運算的結果也是布林值。例如：

Not 是『不是』(相反) 的意思, 因此『不是 True』的結果, 就變成 False 了。常用的『邏輯運算子』除了 Not 之外, 還有 And、Or、及 Xor 三種, 如下表所示：

運算子	範例	意義	說明
Not	Not A	不是 A	真變假、假變真
And	A And B	A 且 B	當 A、B 都為真時才是真, 否則為假
Or	A Or B	A 或 B	只要 A 或 B 為真就是真, 否則為假
Xor	A Xor B	A 不同 B	若 A、B 的邏輯不同 (互斥) 則為真, 否則為假

前 3 個邏輯運算子的意義, 就和我們口語的『不是、且、或』完全相同, 所以應該很容易理解; 最後一個 Xor, 則是當 A 和 B 的邏輯值不相同 (恰好一真一假) 時才為真, 否則為假。下表將所有可能的運算組合與結果都列出來 (稱為**真值表**), 供您參考:

A	B	Not A	A And B	A Or B	A Xor B
True	True	False	True	True	False
True	False	False	False	True	True
False	True	True	False	True	True
False	False	True	False	False	False

由於 Not 只需要一個運算對象 (運算元), 因此稱為『一元邏輯運算子』; 而其他 3 個則為『二元邏輯運算子』, 需要二個運算對象。底下我們來看一些實例:

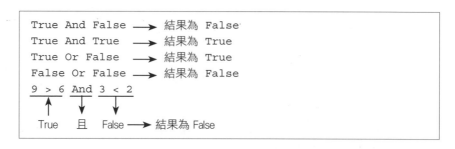

在上面的最後一行, 由於『比較運算的優先順序大於邏輯運算』, 因此 9>6、3<2 會先運算, 然後再將這二個運算結果做 And 運算。另外, 多個邏輯運算子也可以同時出現, 此時的運算優先順序為『Not > And > Or > Xor』, 例如:

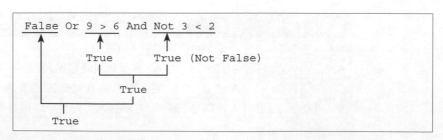

以上的式子其實並不容易了解, 而且順序也很容易弄錯。因此, 建議大家還是多用小括號來標出運算的順序:

```
False Or (9 > 6 And (Not 3 < 2))    ←   這樣是不是清楚多了呢!
```

 所有比較運算子的優先順序都相同, 而且都高於邏輯運算子, 但低於算術 (+-*/...) 和串接 (&) 運算子。

 請填寫以下的真值表:

A	B	A And B	A Or B	A Xor B	Not A
False	True				
True	False				
False	False				
True	True				

請寫出以下所描述的條件式：

(1) 我的年齡(a) 大於 15 歲, 但小於 25 歲。

(2) 考試日期(d) 不是在 10/21/2010 以前, 就是在 10/25/2010 以後。

(3) 她的名字(n) 既不是 "Jenny", 也不是 "Mary"。

(4) 如果真的要考試(isEx), 而且日期(d) 是今天, 而且時間(t) 是現在。

(5) 紅燈(r) 與藍燈(b) 必須保持一個燈亮(True) 一個燈暗(False) 的狀況, 否則視為固障(False)。

(6) 她們二個人 (x、y) 只有一個人的名字叫 "Sue"。

參考解答

(1) a < 25 And a > 15

(2) d < #10/21/2010# Or d > #10/25/2010#

(3) n <> "Jenny" And n <> "Mary"
(也可寫成 Not n = "Jenny" And Not n = "Mary")

(4) isEx And d = Today And t = TimeOfDay
(isEx 也可寫成 isEx = True)

(5) r Xor b

(6) x = "Sue" Xor y = "Sue"

 使用 Today 可取得今天的日期（時間固定為 #0:0:0#）；使用 TimeOfDay 則可取得目前的時間（日期固定為 #1/1/0001#）。

檢查範圍的條件式

如果 a 是在某個範圍之內, 則通常會用 And 條件來指定, 例如『a > 5 And a < 25』, 或『a >= 5 And a <= 25』(包含 5 及 25 時)。

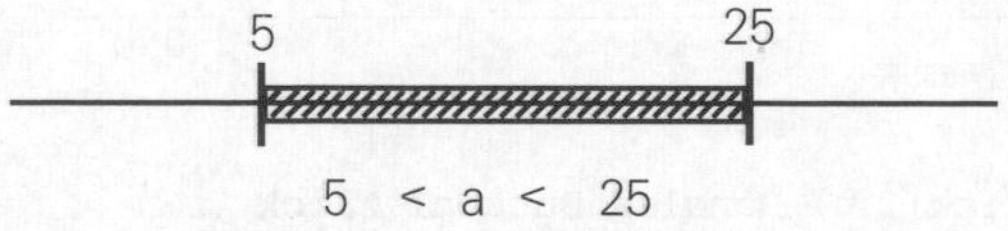

反之, 如果 a 是在某個數值範圍之外, 則可用 Or 條件來指定, 例如『a < 5 Or a > 25』, 或『a <= 5 Or a >= 25』(包含 5 及 25 時)。

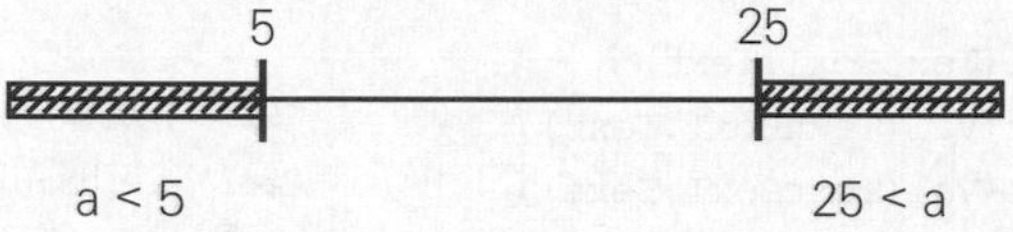

上機 在上一章中, 我們曾寫了一個將使用者輸入的數值, 分別以十進位、十六進位、及八進位顯示出來的程式；請再加入『檢查使用者輸入值是否正確』的功能。

圖-1

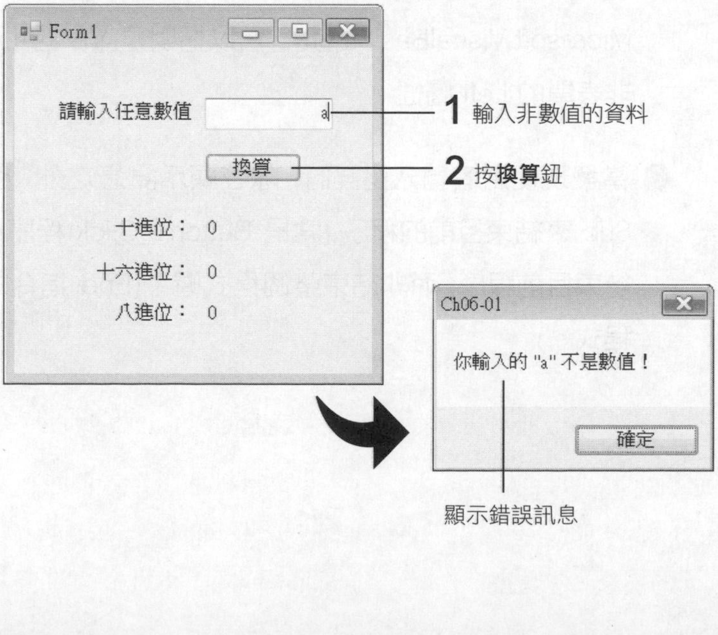

step ① 請開啟範例專案 Ch06-01。

step ② 請加入下面灰底區程式, 以進行簡單的數值檢查（為了不要太複雜, 我們只檢查第一個字元）：

```
                取出文字方塊的第一個字元
                        ↓
01 Private Sub Button1_Click(...) Handles Button1.Click
02     Dim a
03     a = Microsoft.VisualBasic.Left(TextBox1.Text, 1)  ←Ⓐ 取出第一個字元
04     If (a < "0" Or a > "9") And a <> "&" Then
05         MsgBox("你輸入的 """ & TextBox1.Text & """ 不是數值！")
06         Exit Sub  ←Ⓑ 結束程序
07     End If
08
09     Label_d.Text = Val(TextBox1.Text)
10     Label_h.Text = Hex(Val(TextBox1.Text))       如果不是數字, 也不是 &(十六
11     Label_o.Text = Oct(Val(TextBox1.Text))       或八進位的開頭符號), 則顯示
12 End Sub                                          錯誤訊息, 然後結束程序
```

程式解說

Ⓐ 在上面程式中, 我們使用 Left() 函式來取出文字方塊的第 1 個字元, 不過由於表單本身也有 Left 屬性, 所以必須寫成 Microsoft.VisualBasic.Left(...), 以指明是 VB 的 Left() 函式, 而非表單的 Left 屬性。

Ⓑ 當發現使用者輸入錯誤時, 除了顯示訊息之外, 也會執行 Exit Sub 來結束目前的程序 (就是 Button1_Click 程序)。請注意, 是結束目前程序, 而非結束整個程式喔！(End 指令才是結束整個程式。)

其實 VB 有提供一個 IsNumeric(字串) 函式, 可用來判斷字串中是否為
正確的數值格式。請將上面程式改良為使用 IsNumeric() 函式來檢查。

參考解答

別忘了加 Not 喔！表示文字方塊『不是』數值時

```
01 Private Sub Button1_Click(...) Handles Button1.Click
03
04     If Not IsNumeric(TextBox1.Text) Then
05         MsgBox("你輸入的 """ & TextBox1.Text & """ 不是數值！")
06         Exit Sub
07     End If
08
09     Label_d.Text = Val(TextBox1.Text)
10     Label_h.Text = Hex(Val(TextBox1.Text))
11     Label_o.Text = Oct(Val(TextBox1.Text))
12 End Sub
```

TIPS 和 IsNumeric( ) 類似的函式還有 IsDate( ), 可用來判斷是否為正確的
日期時間格式, 例如：IsDate("08 15, 2010 10:22 AM") 會傳回
True, IsDate("Hello") 則傳回 False。

6-2 If 敘述：選擇性執行

相信大家對於 If 敘述已經很熟悉了, 本節會先為您做個總整理, 然
後再補充一些新的應用, 讓您在寫程式時可以有更多的選擇！

3 種基本的 If 結構

最簡單的 If 結構只有一行, 就是『If ... Then ...』, Then 後面只接
一個指令, 例如：

```
If a = "" Then MsgBox("不可輸入空白！")
```

圖-2

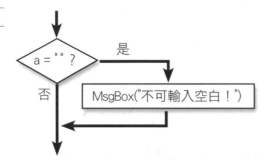

如果當條件成立時要執行多行的程式，則可使用『If ... Then ... End If』結構，例如：

```
If a = "" Then
    MsgBox("不可輸入空白！")
    End    '結束程式
End If
```

圖-3

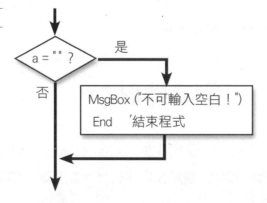

TIPS 當我們在程式中輸入 IF ... Then 然後按 Enter 鍵換行時，VB 會很體貼地在下二行的位置自動加入 End If，幫我們節省一些打字的時間。

最後, 則是加入 Else (否則) 的結構, 例如：

```
If a = "" Then
    MsgBox("不可輸入空白！")
    End      '結束程式
Else
    a = Trim(a)              ← Trim() 函式可以移除字串前後的空白
    MsgBox("你輸入了：" & a)
End If
```

圖-4

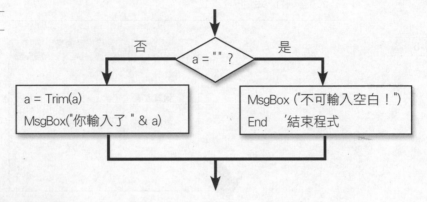

巢狀的 If 結構

在 If 結構中還可以包含另一個 If 結構, 我們稱之為『巢狀 If 結構』, 例如：

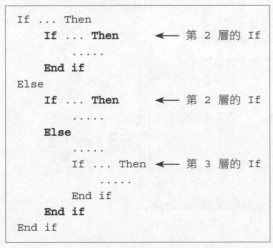

圖-5

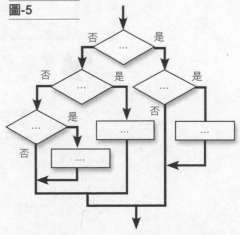

百貨公司週年慶，促銷折扣的規則如下，請寫一個程式來計算應付金額。

> 購買金額超過 1000 元：
> 　1. 即打 8 折。
> 　2. 如果超過 2000 元則再減 100 元，否則減 50 元。
> 購買金額未超過 1000 元：
> 　1. 超過 500 元時打 9 折。
> 　2. 否則打 95 折。

圖-6

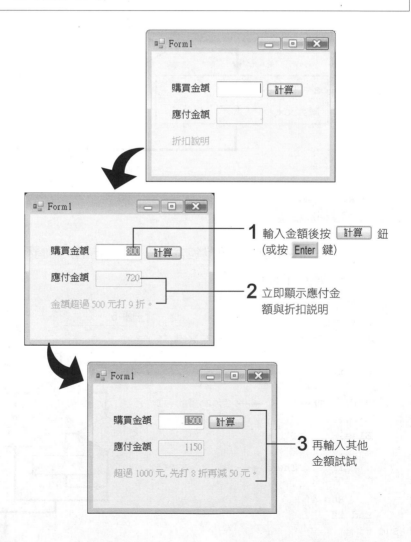

1 輸入金額後按 計算 鈕 (或按 Enter 鍵)

2 立即顯示應付金額與折扣説明

3 再輸入其他金額試試

step 1 請開啟範例專案 Ch06-02, 我們已加入了所需的控制項:

圖-7

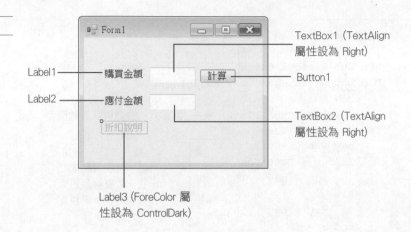

除了以上標示的屬性設定外, 表單的 AcceptButton (預設按鈕) 屬性也設為 Button1, 而 TextBox2 的 Enabled (可以操作) 屬性則設為 False, 表示不允許輸入或編輯資料。

step 2 先大致畫出計算的流程圖:

圖-8

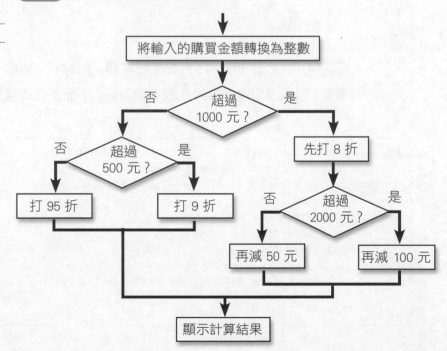

step ③ 雙按 Button1 按鈕，然後輸入下面程式：

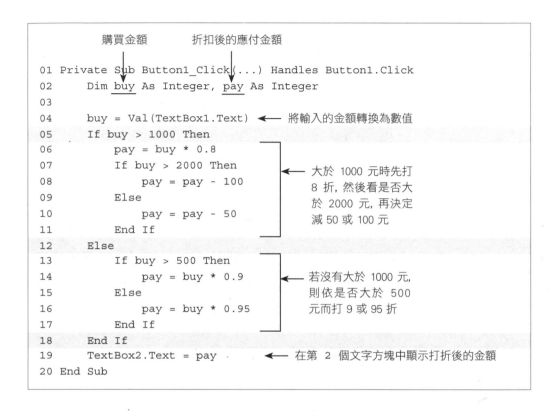

```
            購買金額        折扣後的應付金額
01 Private Sub Button1_Click(...) Handles Button1.Click
02     Dim buy As Integer, pay As Integer
03
04     buy = Val(TextBox1.Text)  ◄─── 將輸入的金額轉換為數值
05     If buy > 1000 Then
06         pay = buy * 0.8
07         If buy > 2000 Then
08             pay = pay - 100        ◄─── 大於 1000 元時先打
09         Else                            8 折，然後看是否大
10             pay = pay - 50              於 2000 元，再決定
11         End If                          減 50 或 100 元
12     Else
13         If buy > 500 Then
14             pay = buy * 0.9
15         Else                       ◄─── 若沒有大於 1000 元，
16             pay = buy * 0.95            則依是否大於 500
17         End If                          元而打 9 或 95 折
18     End If
19     TextBox2.Text = pay  ◄─── 在第 2 個文字方塊中顯示打折後的金額
20 End Sub
```

step ④ 以上是先輸入『計算應付金額』的程式，請按 F5 鍵測試看看，如果沒問題則再輸入剩下的部份 (下面灰底的程式)：

```
01 Private Sub Button1_Click(...) Handles Button1.Click
02     Dim buy As Integer, pay As Integer
03     Dim msg As String              ◄─── 儲存折扣的說明文字
04
05     buy = Val(TextBox1.Text)
06     If buy > 1000 Then
07         pay = buy * 0.8
08         If buy > 2000 Then
09             msg = "超過 2000 元，先打 8 折再減 100 元。"
10             pay = pay - 100
11         Else
```

```
12            msg = "超過 1000 元, 先打 8 折再減 50 元。"
13            pay = pay - 50
14        End If
15    Else
16        If buy > 500 Then
17            msg = "金額超過 500 元打 9 折。"
18            pay = buy * 0.9
19        Else
20            msg = "金額未超過 500 元打 95 折。"
21            pay = buy * 0.95
22        End If
23    End If
24
25    TextBox2.Text = pay
26    Label3.Text = msg
27    TextBox1.Focus()          將輸入焦點移到 TextBox1, 並
28    TextBox1.SelectAll()   ◄─ 選取 TextBox1 中的所有文字
29 End Sub
```

程式說明

程式中的 buy (購買金額) 及 pay (應付金額) 均宣告為整數, 因此
不管打幾折, 最後都會四捨六入 (五成雙) 為整數並存入 pay 中, 然
後顯示出來。

此外, 為了方便操作者重複進行不同的折扣計算, 我們特別加入以
下設計:

1. 在步驟 1 中已將表單的 AcceptButton 屬性設為 Button1, 這樣
   在按 Enter 鍵時就等於按下 計算 鈕。

2. 在程式的最後, 加入 TextBox1.Focus() 將輸入焦點移到
   TextBox1, 然後加入 TextBox1.SelectAll() 來選取 TextBox1 中
   的所有文字。

因此使用者在輸入金額後無論是按 Enter 鍵或 計算 鈕, 程式都會立即顯示計算結果, 然後自動將輸入焦點移到 TextBox1 中並選取所有文字, 以方便繼續輸入下一個要計算的金額 (輸入新的金額時會覆蓋掉舊的金額)。

 練習

利用 InputBox() 和 MsgBox(), 將使用者輸入的數值取絕對值, 然後判斷是個位、十位、或百位以上的數值。

圖-9

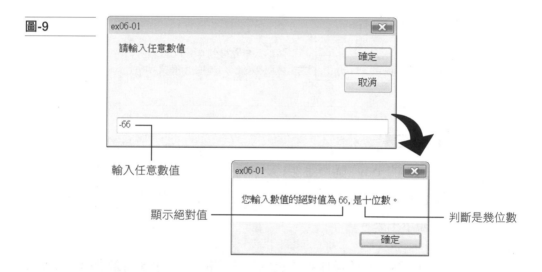

輸入任意數值

顯示絕對值

判斷是幾位數

參考解答

建立一 Windows 程式, 然後撰寫表單的 Load 事件程序如下:

```
01 Private Sub Form1_Load(...) Handles MyBase.Load
02     Dim i As Integer, m As String
03
04     '用 Val() 將使用者輸入的字串轉為數值, 存入 i 中
05     i = Val(InputBox("請輸入任意數值"))
06
07     If i < 0 Then i = 0 - i     ← 如果是負數, 則轉為正數 (取絕對值)
08     If i < 10 Then              ← 判斷是否小於 10、100 來決定是幾位數
09         m = "個位數"
10     Else
```

```
11          If i < 100 Then
12              m = "十位數"
13          Else
14              m = "百位數以上"
15          End If
16      End If
17
18      MsgBox("您輸入數值的絕對值為 " & i & ", 是" & m & "。")
19      End        '結束程式
20 End Sub
```

多條件逐一過濾的 ElseIf

有時我們會用多個條件來逐一過濾, 例如: 如果成績『>= 90』則
為甲, 否則若『>=80』則為乙, 否則若『>=70』則為丙, 否則為
丁。這類情況如果使用巢狀的 If, 必須寫好幾層:

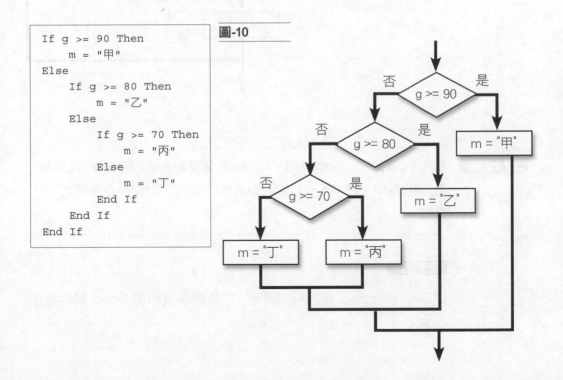

圖-10

```
If g >= 90 Then
    m = "甲"
Else
    If g >= 80 Then
        m = "乙"
    Else
        If g >= 70 Then
            m = "丙"
        Else
            m = "丁"
        End If
    End If
End If
```

6-21

此時, 我們可使用逐一過濾的 ElseIf 來簡化程式, 讓程式更容易了解:

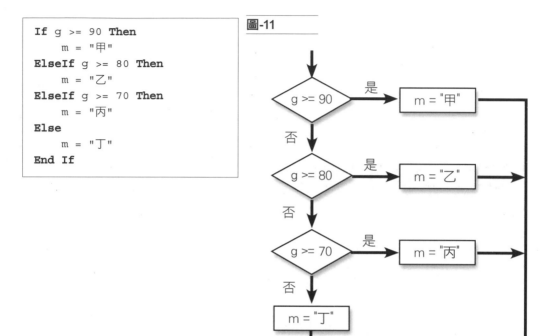

```
If g >= 90 Then
    m = "甲"
ElseIf g >= 80 Then
    m = "乙"
ElseIf g >= 70 Then
    m = "丙"
Else
    m = "丁"
End If
```

圖-11

 利用 InputBox()、MsgBox()、和 ElseIf, 將使用者輸入的成績依上述規則, 轉換為甲、乙、丙、丁的評等, 另外如果小於 60 分, 則要評為 "不及格"。

參考解答

建立一 Windows 應用程式專案, 然後撰寫表單的 Load 事件程序如下:

```
01 Private Sub Form1_Load(...) Handles MyBase.Load
02     Dim g As Integer, m As String
03     g = Val(InputBox("請輸入成績"))
04     If g >= 90 Then
05         m = "甲"
06     ElseIf g >= 80 Then
07         m = "乙"
08     ElseIf g >= 70 Then
09         m = "丙"
10     ElseIf g >= 60 Then
11         m = "丁"
12     Else
13         m = "不及格"
14     End If
15     MsgBox("你的評等為：" & m)
16     End
17 End Sub
```

6-3 If() 運算子：依條件傳回不同的值

If() 運算子是一個很特殊的運算子, 它可依據指定條件的真假, 而傳回不同的值。其主要功能, 就是用來簡化類似『**If** A **Then** m=B **Else** m=C **End If**』的敘述：

```
m = If(A, B, C)

    如果 A 是真的, 就傳回 B, 否則傳回 C
```

因此原本 5 行的 If...Else...End If 敘述, 可以用 If() 簡化為一行。例如我們可將巢狀的 If 加以簡化：

```
If i < 10 Then
    m = "個位數"
Else
    If i < 100 Then
        m = "十位數"
    Else
        m = "百位數以上"
    End If
End If
```

→

```
If i < 10 Then
    m = "個位數"
Else
    m = If(i < 100, "十位數", "百位數以上")
End If
```

不過請注意, 適度的簡化程式能增加『可讀性』, 讓程式更容易了
解;但過度的簡化則可能適得其反, 例如我們將上面的程式再度簡
化成為一行:

```
m = If(i < 10, "個位數", If(i < 100, "十位數", "百位數以上"))
```

如果小於 10 傳回此值   否則再判斷是否小於 100

以上程式雖然可以正確執行, 但卻不易閱讀, 也容易出錯!因此建
議大家盡量不要使用巢狀的 If(), 以免造成反效果。

 練習 請將前面計算百貨公司折扣的範例 (可開啟範例專案 Ch06-02ok 來
修改), 用 If() 運算子加以簡化。

參考解答

```
01 Private Sub Button1_Click(...) Handles Button1.Click
02     Dim buy As Integer, pay As Integer
03     Dim msg As String
04     buy = Val(TextBox1.Text)
05     If buy > 1000 Then
06         pay = buy * 0.8 - If(buy > 2000, 100, 50)
07         msg = If(buy > 2000, "超過 2000 元, 先打 8 折再減 100 元。",
08                              "超過 1000 元, 先打 8 折再減 50 元。")
09     Else
```

```
10          pay = buy * If(buy > 500, 0.9, 0.95)
11          msg = If(buy > 500, "金額超過 500 元打 9 折。",
12                              "金額未超過 500 元打 95 折。")
13      End If
14      TextBox2.Text = pay
15      Label3.Text = msg
16      TextBox1.Focus()
17      TextBox1.SelectAll()
18 End Sub
```

> **TIPS** VB 另外還提供一個 Iif() 函式, 其用法就跟 If() 運算子相同。這二者都
> 可以使用, 但我們建議使用 If() 運算子, 因為執行效率比較好。

6-4 Select Case：依資料做多重選擇

有時候我們會依照一個變數的值, 或是一個運算式的結果來做多重
選擇, 例如：

```
If num = 1 Or num = 4 Or num = 5 Or num = 6 Or num = 12 Then
    s = "頭獎"
ElseIf num = 2 Or num = 18 Or num = 19  Or num = 20 Then
    s = "二獎"
ElseIf num = 3 Or num = 8 Or num = 9 Or num = 10 Or num = 11 Then
    s = "三獎"
Else
    s = "沒中獎"
End If
```

這時用 If 來寫就顯得有點累贅了, 因為要不斷重複地寫 "num =...",
連看的人都會覺得頭昏呢！這時我們就可以用 Select Case 敘述
來加以簡化：

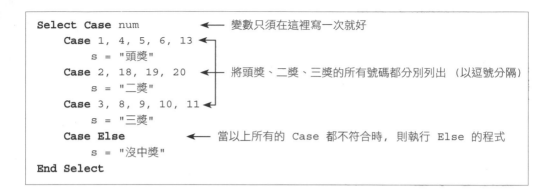

```
Select Case num          ←── 變數只須在這裡寫一次就好
    Case 1, 4, 5, 6, 13 ◄┐
        s = "頭獎"         │
    Case 2, 18, 19, 20  ◄┤── 將頭獎、二獎、三獎的所有號碼都分別列出 (以逗號分隔)
        s = "二獎"         │
    Case 3, 8, 9, 10, 11◄┘
        s = "三獎"
    Case Else            ←── 當以上所有的 Case 都不符合時, 則執行 Else 的程式
        s = "沒中獎"
End Select
```

這樣是不是清爽多了呢!底下是 Select Case 的流程圖:

圖-12

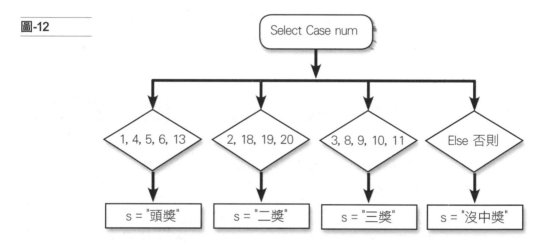

在每一個 Case 之後, 除了直接列出可能的值之外, 還可以用 To 來
指定範圍, 或是用 Is 來設定比較條件, 底下我們來看實例:

 寫一程式, 可依照下表的年齡來判斷學生的教育層級。

年齡	教育層級
< 7	幼稚園
7～12	小學
13～18	中學
19～22	大學
> 22	研究所

圖-13

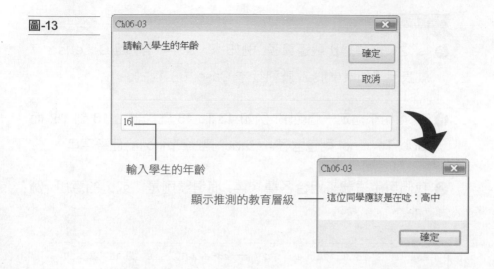

輸入學生的年齡

顯示推測的教育層級 ── 這位同學應該是在唸：高中

step 1 建立 **Windows Form 應用程式**專案 Ch06-03。

step 2 用滑鼠雙按表單，然後在 Form1 的 Load 事件程序中加入
以下程式：

```
01 Private Sub Form1_Load(...) Handles MyBase.Load
02     Dim age As Integer, msg As String = ""
03     age = Val(InputBox("請輸入學生的年齡"))
04
05     Select Case age
06         Case Is < 7          ←Ⓐ 用 Is 建立比較運算的條件
07             msg = "幼稚園"
08         Case 7 To 12         ←Ⓑ 用 To 建立一個範圍
09             msg = "小學"
10         Case 13 To 18
11             msg = "中學"
12         Case 19, 20, 21, 22
13             msg = "大學"
14         Case 23, 24 To 26, 27, Is > 27  ←Ⓒ 可用逗號來組合各種不同的條件
15             msg = "研究所"
16     End Select               ←Ⓓ Case Else 若不需要, 可以省略
17     MsgBox("這位同學應該是在唸：" & msg)
18     End
19 End Sub
```

程式解說

Ⓐ Is 之後必須是比較運算子, 例如 > 、< 、 =..等, 而 Case Is < 7 就表示『如果小於 7, 就執行本 Case 中的程式』。

Ⓑ To 可用來指定一個範圍, 例如 13 To 18 就代表由 13 到 18, 而 "abc" To "mno" 則包含了 >="abc" 且 <="mno" 的任意字串。

Ⓒ 我們可用逗號來組合各種條件, 而逗號則是『或』的意思, 例如 :

```
Case 2, 5 To 8, 11, Is > 27  ───→  2 或 5~8 或 11 或 >27
```

Ⓓ 位在 Select 最後的 Case Else 並非必要項目, 因此若不需要可以省略。

TIPS　當我們在程式中輸入 Select Case ... 然後按 Enter 鍵換行時, VB 也會很體貼地在下二行位置加入 End Select, 幫我們節省一些打字的時間。

練習　請寫一輸入帳號的程式, 並依下表判斷是先生、小姐、或特殊身份。

帳號	稱呼
Ken, John, Sam	xxx 先生
Sue, Jessy, Joy	xxx 小姐
001～007	xxx 情報員
都不符合	非法入侵者 → xxx

圖-14

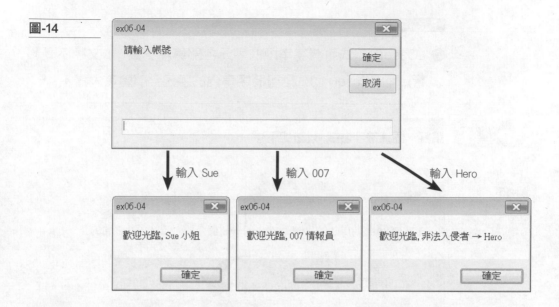

參考解答

```
01 Private Sub Form1_Load(...) Handles MyBase.Load
02     Dim id As String, msg As String
03
04     id = InputBox("請輸入帳號")
05     Select Case LCase(id)        ←Ⓐ 用 LCase() 函式將字串轉為小寫
06         Case "ken", "john", "sam"
07             msg = id & " 先生"
08         Case "sue", "jessy", "joy"
09             msg = id & " 小姐"
10         Case "001" To "007"
11             msg = id & " 情報員"
12         Case Else
13             msg = "非法入侵者 →  " & id
14     End Select
15
16     MsgBox("歡迎光臨, " & msg)
17     End    ← 結束程式
18 End Sub
```

Ⓐ LCase() 函式可將字串內的字元全部轉為小寫 (中文字不受影響), 而 UCase() 函式則可將字串內的字元全部轉為大寫。

 請寫一個猜數字遊戲, 玩法如下:

圖-15

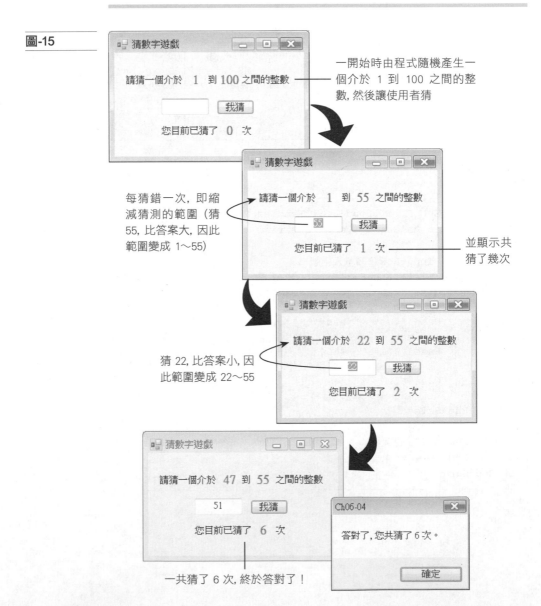

一開始時由程式隨機產生一個介於 1 到 100 之間的整數, 然後讓使用者猜

每猜錯一次, 即縮減猜測的範圍 (猜 55, 比答案大, 因此範圍變成 1～55)

並顯示共猜了幾次

猜 22, 比答案小, 因此範圍變成 22～55

一共猜了 6 次, 終於答對了!

step 1 請開啟範例專案 Ch06-04, 表單中已放入所需的控制項：

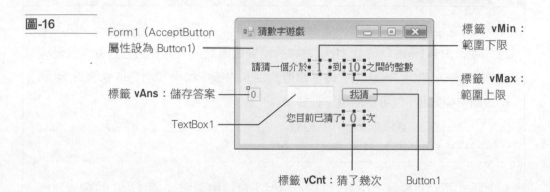

圖-16

Form1（AcceptButton 屬性設為 Button1）

標籤 **vMin**：範圍下限

標籤 **vMax**：範圍上限

標籤 **vAns**：儲存答案

TextBox1

標籤 **vCnt**：猜了幾次

Button1

在表單中我們利用 4 個 Label 控制項來暫存資料：vAns 用來存放答案, vMin、vMax 是存放猜測範圍的下限及上限, 而 vCnt 則是記錄一共猜了多少次：

控制項	屬性	屬性值	說明
vAns	Visible	False	隱藏起來
vMin	Text	0	預設下限為 0
vMax	Text	100	預設上限為 100
vCnt	Text	0	預設次數為 0

step 2 請在表單中空白處雙按滑鼠, 然後輸入表單 Load 事件程序的內容：

```
01 Private Sub Form1_Load(...) Handles MyBase.Load
02     Randomize()              ← 初始化隨機函式
03     vAns.Text = CInt(Int((100 * Rnd()) + 1))
04 End Sub
```

用隨機函式產生一個介於 1 到 100 間的亂數, 然後存入標籤 vAns 中做為答案

補充說明 **如何取得隨機的整數值？**

Rnd() 函式可傳回一個『大於或等於 0 且小於 1 的實數』, 但在第一次使用前
應先執行 Randomize() 函式 (會以當時的時間做亂數的初始化), 否則每次啟動程
式後, 第一次執行 Rnd() 函式時都會得到相同的值。如果我們想取得介於 A 到
B 的隨機整數值, 則可使用以下公式：

```
CInt(Int((B - A + 1) * Rnd() + A))
```

Int() 函式可直接移除掉小數點的部份 (但不會轉換型別)；而 CInt() 可將資料轉
換為整數型別 (但如果有小數則會四捨六入五成雙)。這二者的組合, CInt(Int(...)),
則會先去除小數, 然後轉換為整數型別。

step 3 接著我們來撰寫 Button1 的 Click 事件程序：

```
01 Private Sub Button1_Click(...) Handles Button1.Click
02     Dim v As Integer, ans As Integer
03
04     ans = Val(vAns.Text)            ← 將答案轉為數值, 存入 ans 變數
05     v = Val(TextBox1.Text)          ← 將使用者的猜測轉為數值, 存入 v 變數
06     vCnt.Text = Val(vCnt.Text) + 1  ← 將猜測的次數加 1
07
08     If v = ans Then                 ← 如果答對了要做的事
09         MsgBox("答對了, 您共猜了 " & vCnt.Text & " 次。")
10         End '結束程式
11     Else                            ← 否則和答案比較, 然後調整上限或下限
12         If v < ans Then
13             vMin.Text = v
14         Else
15             vMax.Text = v
16         End If
17         TextBox1.Focus()        '將輸入焦點移到文字方塊中
18         TextBox1.SelectAll()    '選取文字方塊中的所有文字
19     End If
20 End Sub
```

程式解說

這個猜數字遊戲的基本邏輯其實很簡單, 就是不斷比較使用者猜的數字並調整猜測範圍, 直到猜對為止。除此之外, 比較特別的有下列 3 點:

1. 需要取得一個隨機的整數做為答案：取得的方法前面已介紹過了, 就是一開始先執行 Randomize() 函式做初始化, 然後在需要時即可使用 Rnd() 函式來取得隨機亂數 (>= 0 且 < 1)。如需將亂數轉換為特定範圍內的整數, 則只要套用固定的運算公式即可。

2. 使用標籤 (Label) 來保存資料：我們使用標籤控制項 vAns 的 Text 屬性來保存『答案』, 以便後續每次使用者按下按鈕時做為比對之用 (vAns 的 Visible 屬性已設為 False, 因此執行時看不到答案)。

TIPS 其他 3 個標籤：vMin、vMax、vCnt 則是同時做為顯示及保存資料之用。

3. 為了讓使用者可以方便地輸入數字, 我們將表單的 AcceptButton 屬性設為 Button1, 並在程式的最後加入 TextBox1.Focus() 及 TextBox1.SelectAll() 敘述, 其效果在前面範例 (Ch06-02) 中已介紹過, 此處不再贅述。

程式改良

在前面程式中, 為什麼要用隱藏的標籤 vAns 來保存答案, 而不直接儲存在程序的 ans 變數中呢？

```
Private Sub Button1_Click(...) Handles Button1.Click
    Dim v As Integer, ans As Integer  ◄─── 為什麼不直接宣
    .....                                   告一個 ans 變數
    .....                                   來儲存答案呢？
End Sub
```

這是由於凡是在程序中宣告的變數, 只在該程序被執行時才會產
生, 而當程序結束時變數也會隨之消失。因此每次程序被執行 (使
用者按下按鈕) 時, 該變數都會重新產生, 所以根本無法持續保存
資料。

如果想要建立一個能持續保存資料, 而且在所有程序中都能存取的
變數, 則可將變數宣告在程序之外, 而成為表單層級的變數。例如
底下的改良版程式：

```
Public Class Form1

    Dim ans As Integer  ◄───  宣告在所有程序之外,則可持續存
                               在 (只要表單沒有被關閉),而且
                               在表單的任何程序中均可存取

    '表單的 Load 事件程序
    Private Sub Form1_Load(...) Handles MyBase.Load
        Randomize()
        ans = CInt(Int(100 * Rnd() + 1)) ◄── 將產生的亂數
    End Sub                                   存入 ans 變數

    'Button1 的 Click 事件程序
    Private Sub Button1_Click(...) Handles Button1.Click
        Dim v As Integer ', ans As Integer  ◄──┐
                                                │
        'ans = Val(vAns.Text)          ◄────────┤
        v = Val(TextBox1.Text)                  │
        vCnt.Text = Val(vCnt.Text) + 1    不需要這 2 個敘述了
        .....
        .....
    End Sub

End Class
```

(完成的結果可參見專案 Ch06-04ok2)

6-5 做為選擇用的控制項

常見的選擇用控制項有二種, 一種是 RadioButton (單選鈕, 或稱選項按鈕), 另一種則為 CheckBox (多選鈕, 或稱核取方塊):

圖-17

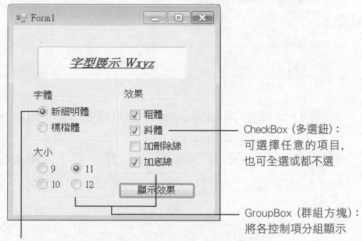

CheckBox (多選鈕):
可選擇任意的項目,
也可全選或都不選

GroupBox (群組方塊):
將各控制項分組顯示

RadioButton (單選鈕):每題只能選擇一項

以上的 GroupBox (群組方塊) 是做為分組之用, 它就像是小容器, 我們可將視窗內的各類控制項放到不同的容器中, 以達到分組的效果。

RadioButton (單選鈕)

RadioButton (單選鈕) 就好像是考試的單選題一樣, 每一題都只能選擇其中的一個答案。直接放在表單中的所有 RadioButton 會被視為一題, 因此每次只能有一項被選取; 如果想要分為多題, 則可用 GroupBox (群組方塊) 來加以區分。

製作一個可以選擇字體及大小的表單。

圖-18

選擇大小

選擇字體

step **1** 請建立 **Windows Form 應用程式**專案 Ch06-05。

step **2** 使用工具箱的 ⊙ RadioButton 將 3 個 RadioButton 加入表單中，並依下圖設定其 Text 屬性，然後再將表單調小一點：

圖-19

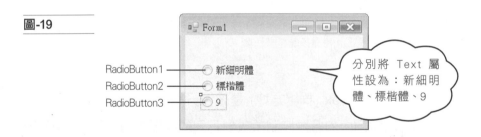

RadioButton1

RadioButton2

RadioButton3

分別將 Text 屬性設為：新細明體、標楷體、9

step **3** 按 F5 鍵啟動程式，然後每一個項目都選選看：

圖-20

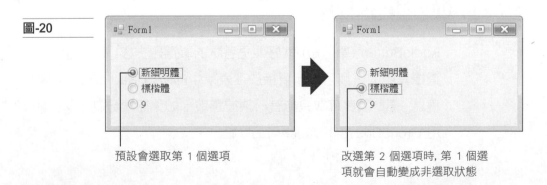

預設會選取第 1 個選項

改選第 2 個選項時, 第 1 個選項就會自動變成非選取狀態由以上的操作可以得知, 凡是擁有輸入焦點的選項, 就會變成選取的狀態, 而其他選項則會自動變成非選取狀態。由於 RadioButton1 是我們第一個加入的控制項 (其 TabIndex 屬性為 0), 所以當表單開啟時, 輸入焦點就會落在 RadioButton1 上, 因而成為自動被選取的選項。

step ④ 按 [×] 鈕關閉視窗, 然後在工具箱中展開**容器**項目, 將 GroupBox 加入表單中並調整大小:

圖-21

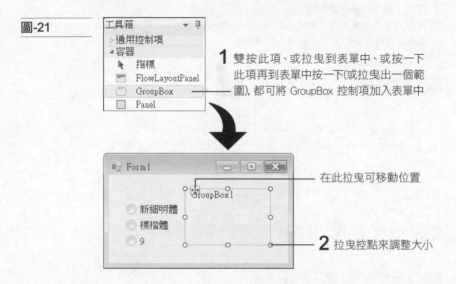

1 雙按此項、或拉曳到表單中、或按一下此項再到表單中按一下(或拉曳出一個範圍), 都可將 GroupBox 控制項加入表單中

在此拉曳可移動位置

2 拉曳控點來調整大小

step ⑤ 將群組方塊 GroupBox1 的 Text 屬性改為 " 大小 ", 然後將 RadioButton3 拉曳到群組方塊中:

圖-22

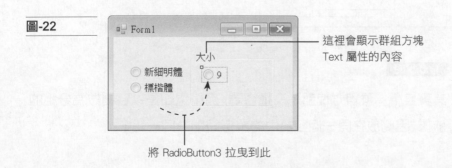

這裡會顯示群組方塊 Text 屬性的內容

將 RadioButton3 拉曳到此

step 6 繼續在群組方塊 GroupBox1 中新增 3 個單選鈕, 並分別
設定 Text 屬性為 10、11、12:

圖-23

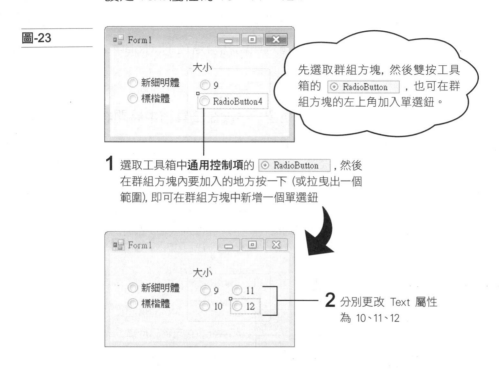

先選取群組方塊, 然後雙按工具
箱的 ⊙ RadioButton , 也可在群
組方塊的左上角加入單選鈕。

1 選取工具箱中**通用控制項**的 ⊙ RadioButton , 然後
在群組方塊內要加入的地方按一下 (或拉曳出一個
範圍), 即可在群組方塊中新增一個單選鈕

2 分別更改 Text 屬性
為 10、11、12

step 7 按 F5 鍵, 然後選擇不同的選項看看:

圖-24

現在分為二組了, 每組
都只能選擇一個答案

程式說明

其實表單、群組方塊都是一種容器, 而單選鈕是以容器做為分組的
依據, 因此放在同一個容器中的單選鈕即為同一組。

請接續前例 (或開啟範例專案 Ch06-05ok), 新增一個群組方塊來存放表
單左側的 2 個字體單選鈕, 並再增加一個隸書體單選鈕, 如下圖所示:

圖-25

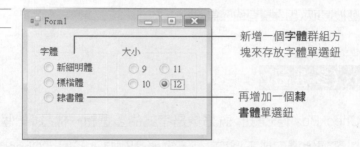

新增一個**字體**群組方
塊來存放字體單選鈕

再增加一個**隸
書體**單選鈕

補充說明　　**表單開啟時, 預設會選取哪一個單選鈕?**

有時在開啟表單時, 單選鈕的預設選取狀態
會很奇怪, 例如右圖:

由於單選鈕是以 Checked 屬性來記錄選取
狀態 (為 True 時表示選取, 為 False 時則為
未選取), 因此我們在設計時即可利用此屬
性來指定預設選取的單選鈕:

這一組都沒選取　　　這一組選取
　　　　　　　　　　了最後一個

在設計視窗中將這二個單選鈕
的 Checked 屬性設為 True

按 F5 啟動程式時, 這二個
單選鈕就會呈選取狀態了

注意，如果將單選鈕直接放在表單中，而且其 TabIndex (定位順序) 屬性的值最小，那麼表單在開啟時，輸入焦點就會直接落在此單選鈕上，所以不管在設計時如何設定 Checked 屬性，在執行時該單選鈕均會自動被選取 (因為擁有輸入焦點)。

CheckBox (多選鈕)

CheckBox (多選鈕) 就好像是考試的多選題一樣，每一個答案都可以單獨地選取或不選取，而不會影響到其他答案。CheckBox 也可以用 GroupBox (群組方塊) 來加以區分，但只有視覺上的區隔效果，而沒有任何分組選擇的功能。

 製作一個可以選擇字體、大小、以及樣式 (粗體/斜體/刪除線/底線) 的表單。

圖-26

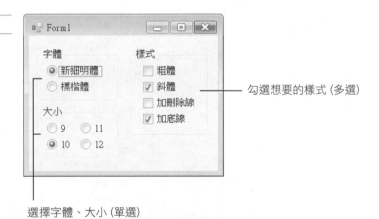

選擇字體、大小 (單選)

step 1 請開啟範例專案 Ch06-06，我們已經加入一些基本的控制項：

圖-27

這是預備用來安置『樣式』多選鈕的群組方塊

這二個單選鈕的 Checked 屬性已設為 True

step 2 使用工具箱的 ☑ CheckBox ，在視窗右邊的**樣式**群組方塊中加入 4 個多選鈕：

圖-28

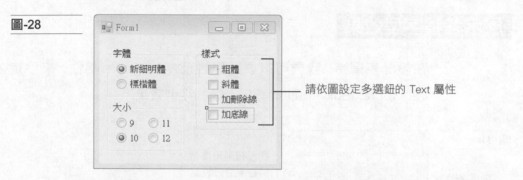

請依圖設定多選鈕的 Text 屬性

step 3 多選鈕和單選鈕一樣，都是利用 Checked 屬性來決定是否選取 (等於 True 時代表選取)。請將第 2 及第 4 個多選鈕設定為預設選取的項目：

圖-29

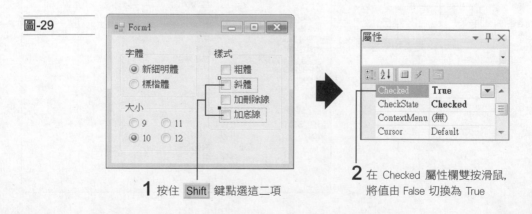

1 按住 Shift 鍵點選這二項

2 在 Checked 屬性欄雙按滑鼠，將值由 False 切換為 True

step 4 按 F5 鍵測試看看

圖-30

預設會勾選這二項

每一個多選鈕都可以勾選或不勾選！

展示各種字型效果

在設計表單時，我們可以展開**屬性**窗格的 Font 屬性，來設定 Label、TextBox、Button 等控制項的字型效果：

圖-31

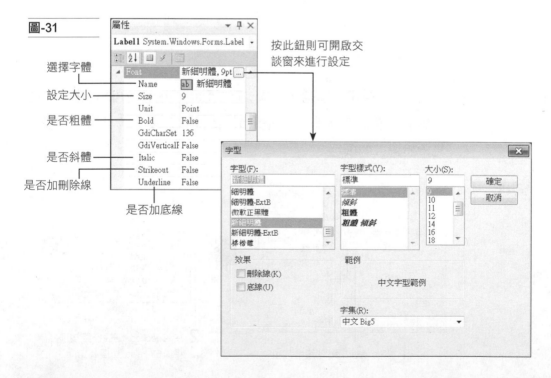

選擇字體
設定大小
是否粗體
是否斜體
是否加刪除線
是否加底線

按此鈕則可開啟交談窗來進行設定

不過, 以上 Font 屬性的 Name、Size、Bold 等子屬性, 在程式執行時都是唯讀的 (只能讀取不能更改), 因此如果想用程式動態改變控制項的字型, 就必須建立一個 Font 物件來設定:

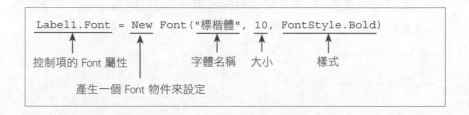

Label1.Font = New Font("標楷體", 10, FontStyle.Bold)

控制項的 Font 屬性   產生一個 Font 物件來設定   字體名稱   大小   樣式

其中 Font() 的樣式參數共有 5 種, 如下表所示:

樣式	效果	
FontStyle.Regular	正常 字型展示 Wxyz	FontStyle.Regular 就是沒加任何效果的樣式, 其值為 0
FontStyle.Bold	粗體 **字型展示 Wxyz**	
FontStyle.Italic	斜體 *字型展示 Wxyz*	
FontStyle.Underline	加刪除線 字型展示 Wxyz	
FontStyle.Strikeout	加底線 字型展示 Wxyz	

如果要同時套用多種樣式, 可將各樣式用 Or 組合起來, 例如:

Label1.Font = New Font("標楷體", 10, FontStyle.Bold Or FontStyle.Italic)

粗體+斜體: ***字型展示 Wxyz***

TIPS   除了 Or 之外, 也可以使用 + 號來組合。

之前所介紹的邏輯運算子 Or, 不但可以針對布林資料進行『或』的運算, 當其運算對象為數值時, 還會變成**位元運算子**, 可針對每一個位元來進行『或』的運算。例如：

 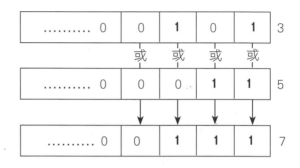

位元運算子最常見的用法, 就是拿來做為不同設定值的組合, 例如 FontStyle 的設定值有下列幾種：

設定值	數值	二進位表示	意義
FontStyle.Regular	0	0000	正常
FontStyle.Bold	1	000**1**	粗體
FontStyle.Italic	2	00**1**0	斜體
FontStyle.Strikeout	4	0**1**00	刪除線
FontStyle.Underline	8	**1**000	底線

由於每一種設定值都使用不同的位元來表示 (例如 Bold 使用右邊第 1 個位元, 而 Italic 則使用第 2 個位元), 因此我們可以用 Or 來進行不同設定值的組合, 例如粗體加斜體就是：

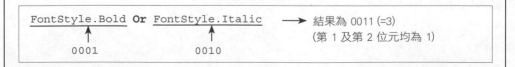

除了 Or 外, Not、And、及 Xor 也都具有相同的特性, 也就是當運算對象為數值 (若為非整數的數值會先自動轉換為整數) 時, 就會變成位元運算子, 以位元為單位來進行『不是、且、恰有一為真』的運算。

上機 利用前面範例做過的字型設定表單, 來動態展示各種字型的設定效果。

圖-32

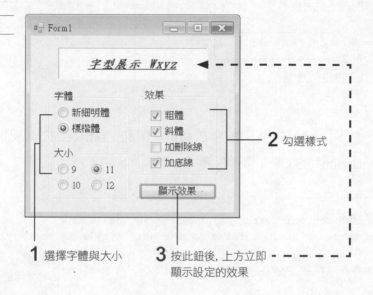

1 選擇字體與大小

2 勾選樣式

3 按此鈕後, 上方立即顯示設定的效果

step 1 請開啟範例專案 Ch06-07, 我們已經準備好了所需的控制項:

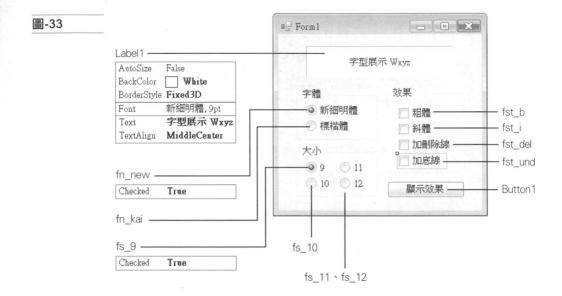

圖-33

Label1

AutoSize	False
BackColor	☐ White
BorderStyle	Fixed3D
Font	新細明體, 9pt
Text	字型展示 Wxyz
TextAlign	MiddleCenter

fn_new

Checked	True

fn_kai

fs_9

Checked	True

fs_10

fs_11、fs_12

step ② 雙按右下角的 Button1 按鈕，開啟程式碼視窗來建立 Button1 的 Click 事件程序：

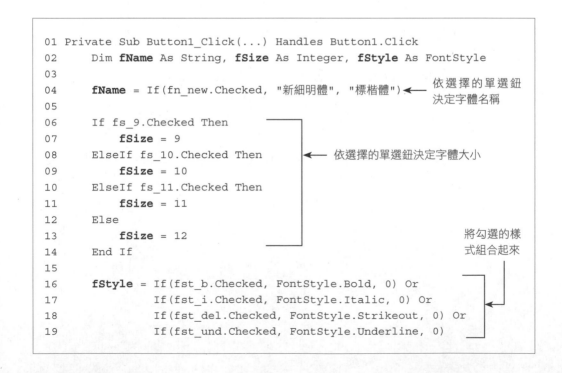

```
01 Private Sub Button1_Click(...) Handles Button1.Click
02     Dim fName As String, fSize As Integer, fStyle As FontStyle
03
04     fName = If(fn_new.Checked, "新細明體", "標楷體")   ← 依選擇的單選鈕
                                                            決定字體名稱
05
06     If fs_9.Checked Then
07         fSize = 9
08     ElseIf fs_10.Checked Then                     ← 依選擇的單選鈕決定字體大小
09         fSize = 10
10     ElseIf fs_11.Checked Then
11         fSize = 11
12     Else
13         fSize = 12
14     End If
                                                        將勾選的樣
15                                                      式組合起來
16     fStyle = If(fst_b.Checked, FontStyle.Bold, 0) Or
17              If(fst_i.Checked, FontStyle.Italic, 0) Or
18              If(fst_del.Checked, FontStyle.Strikeout, 0) Or
19              If(fst_und.Checked, FontStyle.Underline, 0)
```

```
20
21      Label1.Font = New Font(fName, fSize, fStyle)
22 End Sub
```

建立一個 Font 物件來改變 Label1 的字體

step ❸ 按 F5 鍵進行測試。

程式解說

無論是單選鈕或多選鈕, 都可使用其 Checked 屬性來判讀是否被選取。在上面程式中, 有許多地方使用了 If() 運算子來簡化程式, 如果讀者對 If() 還不熟, 可往前翻到 6-3 節再複習一下。

請修改前面的範例, 當使用者更改任何一個單選鈕或多選鈕時, 就立即在上方顯示出更改後的效果, 而不用再按右下角的按鈕; 另外, 請將粗體多選鈕設為預設呈勾選狀態, 並將右下角按鈕的功能改為『回復正常樣式』(就是清除所有已勾選的樣式)。

圖-34

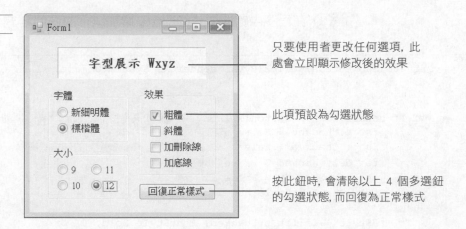

只要使用者更改任何選項, 此處會立即顯示修改後的效果

此項預設為勾選狀態

按此鈕時, 會清除以上 4 個多選鈕的勾選狀態, 而回復為正常樣式

step ❶ 在設計視窗中將**粗體**多選鈕的 Checked 屬性設為 True,
然後將 Button1 的 Text 屬性改為『回復正常樣式』。

step ❷ 切換到程式碼視窗,將 Button1_Click 事件程序的第一行
修改如下:

```
Private Sub Button1_Click(ByVal sender As System.Object, ...) _
     Handles Button1.Click, fn_kai.Click, fn_new.Click, _
          fs_9.Click, fs_10.Click, fs_11.Click, fs_12.Click, _
          fst_b.Click, fst_i.Click, fst_del.Click, fst_und.Click
```

在 Handles 之後,可列
出此程序所要處理的多
個事件 (以逗號分隔)

加入所有單選鈕及
多選鈕的 Click 事件

TIPS Handles 就是『要處理』的意思,每當所 Handles 的事件發生時,即會
觸發 (執行) 該事件程序來處理。

step ❸ 在程序中處理樣式的部份,增加以下灰底的程式:

```
Private Sub Button1_Click(ByVal sender As System.Object, ...) ...
    ...
    ...
    If sender.Equals(Button1) Then    ←Ⓐ 如果是按下 [回復正常樣式] 鈕
        fst_b.Checked = False
        fst_i.Checked = False         ←── 取消 4 個多選鈕的勾選狀態
        fst_del.Checked = False
        fst_und.Checked = False
        fStyle = FontStyle.Regular    ←── 樣式設為『正常』
    Else
        fStyle = If(fst_b.Checked, FontStyle.Bold, 0) Or
                 If(fst_i.Checked, FontStyle.Italic, 0) Or
                 If(fst_del.Checked, FontStyle.Strikeout, 0) Or
                 If(fst_und.Checked, FontStyle.Underline, 0)
    End If
```

程式解說

 事件程序所接收到的 sender 參數, 是代表引發此事件的控制
項物件, 因此我們可用 sender.Equals(Button1) 方法來判斷
sender 是否為 Button1 控制項。Equals 是**等於**的意思, 也就是
要比較『引發此事件的控制項』是否**等於**『Button1 控制項』。

 有關事件程序的進一步應用, 在第 10 章會有更詳盡的說明。

 寫一個程式如下圖所示, 按 - 時可將字體大小減 1, 按 + 時則加 1。

圖-35

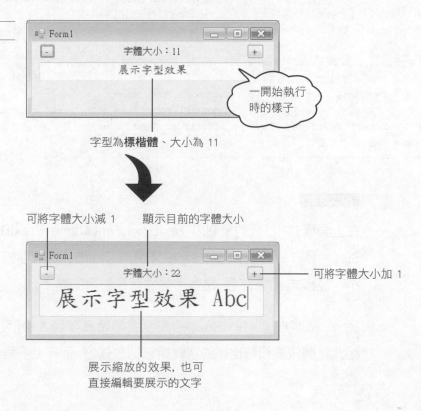

字型為**標楷體**、大小為 11

可將字體大小減 1   顯示目前的字體大小

可將字體大小加 1

展示縮放的效果, 也可
直接編輯要展示的文字

圖-36

Button1　　　Label1　　　TextBox1(TextAlign：Center、Font/
　　　　　　　　　　　　Name：標楷體、Font/Size屬性：11)

```
01 Private Sub Button1_Click(...) Handles Button1.Click
02     '將字體大小減 1, 其他不變
03     TextBox1.Font = New Font(TextBox1.Font.Name, _
04                         TextBox1.Font.Size - 1, TextBox1.Font.Style)
05     Label1.Text = "字體大小：" & TextBox1.Font.Size
06 End Sub
07
08 Private Sub Button2_Click(...) Handles Button2.Click
09     '將字體大小加 1, 其他不變
10     TextBox1.Font = New Font(TextBox1.Font.Name, _
11                         TextBox1.Font.Size + 1, TextBox1.Font.Style)
12     Label1.Text = "字體大小：" & TextBox1.Font.Size
13 End Sub
```

程式解說

在上面程式中, 我們是利用 TextBox1.Font.Name、TextBox1.Font.
Size、及 TextBox1.Font.Style 來讀取 TextBox1 的字體名稱、大
小、及樣式。(請注意, 這些子屬性都是唯讀的喔！)

另外, 文字方塊 (TextBox) 的高度會隨著其字體大小而自動調整,
因此我們只要預留足夠的空間給它縮放就好, 而不必在程式中另做
處理。

習題

1. 以下運算式何者為真：

   (　) "0" < "1"

   (　) "Abc" > "aBC"

   (　) "台北" > "Taipei"

   (　) "5" < "Five"

   (　) "New" > "News"

   (　) "80" > "500"

2. 以下運算式何者為真：

   (　) #9/19/1960 10:00# < #9/18/1960 11:59#

   (　) #7/7/1977# < #7/7/1977 06:00#

   (　) #11:00# > #1/1/0001 10:00:00 AM#

   (　) #06:00# < #7/7/1977 06:00#

   (　) "09/19/2010" > "9/18/2010"

3. 以下運算式何者為真：

   (　) True And False Or True

   (　) 5 < 3 Xor 5 >= 3

   (　) Not ("A" < "a") And Not(3 < 2)

   (　) Not ("A" < "a") Or Not(3 < 2)

   (　) Not ("A" < "a") Xor Not(3 < 2)

4. 寫出以下程式的輸出結果：

```
Dim X = 4, Y = 3, Z = 2
Select X ^ Y ^ Z
    Case Is < 0
        MsgBox("負數")
    Case 0 To 9
        MsgBox("一位數")
    Case 10 To 99
        MsgBox("二位數")
    Case Else
        MsgBox("三位數以上")
End Select
```

5. 挑出錯誤的描述 (複選)：

   (1) RadioButton 具備單選特性。

   (2) CheckBox 具備複選特性。

   (3) 放在同一個 GroupBox 中的 CheckBox 只能單選。

   (4) 當 RadioButton 被選取時, 其 Value 屬性為 True。

   (5) v = If(A, B, C), 當 B 為 True 時 v = A, 否則 v = C。

   (6) 擁有輸入焦點的 RadioButton, 會自動變成選取的狀態。

   (7) 擁有輸入焦點的 CheckBox, 不會自動變成選取的狀態。

6. 請畫出以下程式的流程圖：

```
Dim a As String
a = InputBox("請輸入一個數值")
If IsNumeric(a) Then
    Select Case Val(a)
        Case Is < 0
            MsgBox("你輸入了一個負數！")
        Case 0
            MsgBox("零鴨蛋！")
        Case 7, 38 To 41, 77, 101
            MsgBox("我的 Lucky Number！")
        Case Else
            MsgBox("一個很普通的正數！")
    End Select
```

接下頁

```
Else
    MsgBox("輸入錯誤！")
End If
End '結束程式
```

7. 寫一程式可讓使用者輸入三個數值, 然後找出最大值。

8. 寫一程式可讓使用者輸入二個數值, 然後找出這二數的絕對值較大者。

9. 開幕期間, 購買紀念 T 恤 (訂價 200 元) 的折扣如下, 請寫一程式可輸入件數, 然後顯示出總價。

```
    2 件： 95 折
 3~5 件： 9 折
6~10 件： 8 折
 >10 件： 7 折
```

10. 寫一程式可輸入年齡, 即會顯示可觀賞哪些電影等級。規則如下：

```
普遍級： 不限制
保護級： >= 6 歲
輔導級： >= 12 歲
限制級： >= 18 歲
```

11. 接續上一題, 再增加以下的補充說明：

```
保護級：6~11 歲者, 要加註『需父母、師長或成年親友陪同觀賞』。
輔導級：12~17 歲者, 要加註『需父母、師長輔導觀賞』。
```

12. 設計一表單如下, 其中『數學、英文、國文』欄位只接受 0~100 的數值, 若所輸入的資料不是數值或是超出 0~100 的範圍, 則將該欄位顯示成淺藍底色, 而且不計算成績。只有當所有欄位都正確時, 才計算『總成績』及『平均分數』, 並以 MsgBox 顯示。

13. 個人基本資料如下, 請將之設計成表單, 並在輸入完成後以 MsgBox 顯示所輸入的資訊。

個人資料表
姓名：_____
性別：☐ 男 ☐ 女　　　　　　　　　　　　← 單選
血型：☐ O ☐ A ☐ B ☐ AB　　　　　　 ← 單選
嗜好：☐ 看書 ☐ 打球 ☐ 美食 ☐ 攝影 ☐ 電影 ← 複選

14. 請幫『美餓美小吃店』寫一點餐程式, 除了計算總價外, 如果選擇**外送**且總價未達 300 元, 則要再加 30 元運費；若為**會員**則應付金額 (含運費) 打 9 折, 若有**折扣卷**則打 8 折, 此二種折扣可合併使用。

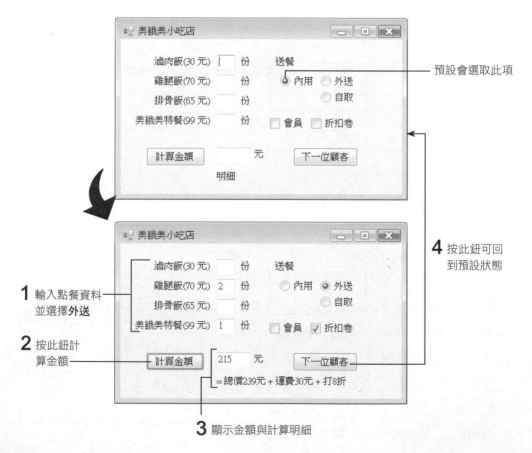

預設會選取此項

1 輸入點餐資料並選擇**外送**

2 按此鈕計算金額

3 顯示金額與計算明細

=總價239元 + 運費30元 + 打8折

4 按此鈕可回到預設狀態

07

流程控制 — 重複
執行同一段程式

本章閱讀建議

上一章我們介紹了 If、Select Case 等『選擇性執行』的流程控制，本章則要介紹『迴圈』，就是讓同一段程式不斷重複執行，直到某些條件發生變化為止。這二種流程控制都非常重要，如能善加應用，就能寫出更多變化且條理分明的程式。

迴圈的原理其實不難，請讀者先看完底下的重點介紹，然後再往下學習時就能事半功倍。

7-1　**For-Next：計次執行的迴圈**：最經典的例子就是由 1 加到 100，若使用 For-Next 迴圈只需 3 行程式，而不用真得去加 100 次！這就是迴圈的威力。

7-2　**While 與 Do-Loop：依條件執行的迴圈**：如果迴圈的次數不一定，那麼就可改用 While 或 Do-Loop 敘述，以便依照特定條件來決定是否繼續迴圈。

7-3 巢狀迴圈：迴圈中還有迴圈, 就形成巢狀迴圈。巢狀迴圈可以輕鬆處理像是『九九乘法表』之類, 看似複雜但又有規則可循的問題。

7-4 直接跳出迴圈的敘述：在迴圈中可使用 Exit For、Exit While、Exit Do 等指令來直接跳出迴圈, 它們通常會搭配 If 來使用, 例如『If 某狀況發生 Then Exit For』。

7-5 Timer 控制項：定時執行程式：Timer 控制項可以定時觸發 Tick 事件, 就好像時鐘會每秒鐘發出滴答聲 (Tick) 一樣。最經典的例子是小時鐘程式, 因為我們可利用 Timer 控制項來每秒鐘更新一次時間。

7-1 For-Next：計次執行的迴圈

在寫程式時, 常常會遇到一些需要重複執行的動作, 此時如果知道要重複的次數, 那麼使用 For-Next 敘述最為方便。

簡單型的 For-Next 迴圈

在 For-Next 敘述中至少要包含『計數器』、『起始值』、與『終止值』, 例如底下由 1 加到 100 的範例：

```
Dim i, sum as Integer     ←── 宣告做為計數器的變數 i、儲存加總值的變數 sum

For i = 1 To 100
    sum = sum + i         ←── For-Next 迴圈
Next

MsgBox (sum)              ←── 顯示加總的結果
```

For 後面要接一個計數器 (i), 其計數範圍是 1 到 100 (i = 1 To 100)。當第一次執行迴圈時, 計數器的值會等於 1 (起始值), 然後每執行一次迴圈計數器就加 1, 如此重複執行到計數器等於 100 (終止值), 然後結束迴圈, 繼續執行迴圈之後的程式。

圖-1

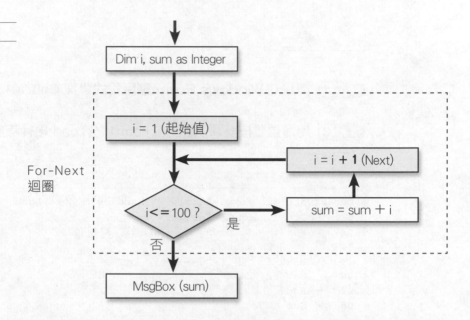

For-Next 迴圈

因此, 以上程式會執行 100 次迴圈, 第 1 圈時 (i=1) sum 會加 1, 第 2 圈時 (i=2) sum 再加 2, 第 3 圈時 (i=3) sum 再加 3... :

迴圈次數	i 的值	執行 sum = sum + i 的結果
1	1	sum = 0 + 1 = 1
2	2	sum = 1 + 2 = 3
3	3	sum = 3 + 3 = 6
4	4	sum = 6 + 4 = 10
...		
99	99	sum = 4851 + 99 = 4950
100	100	sum = 4950 + 100 = 5050

程式執行的結果

撰寫一個由 9 加到 999 的程式。

圖-2

step **1** 請建立 Windows Form 應用程式專案 Ch07-01。

step **2** 用滑鼠雙按表單，然後在 Form1 的 Load 事件程序中加入以下程式：

```
01 Private Sub Form1_Load(...) Handles MyBase.Load
02     Dim i, sum As Integer
03     For i = 9 To 999      '由計數器 9 到 999
04         sum = sum + i
05     Next i            ←Ⓐ
06     MsgBox(sum)
07     End
08 End Sub
```

程式解說

Ⓐ 有時候為了增加可讀性，我們會在 Next 的後面加上計數器名稱，例如上面程式的『Next i』。其實加不加都可以，但如果要加，請小心不要加錯了喔！(例如將 Next i 寫成 Next j，就會導致錯誤。)

 請問前面的程式共會執行多少次迴圈？

參考解答

999 - 9 + 1 = 991 次。

請寫程式計算由 5 乘到 15 的結果。(注意, 5x6x7x...x15 結果會是一個非常大的數值!)

參考解答

```
01 Private Sub Form1_Load(...) Handles MyBase.Load
02     Dim i As Integer, m As Long = 1    ← 將 m 宣告為 Long
03                                           且初值為 1
04     For i = 5 To 15        '計數器由 5 到 15
05         m = m * i
06     Next i
07
08     MsgBox(m)
09     End
10 End Sub
```

程式解說

以上我們宣告變數 m 來儲存相乘的結果, 但由於是計算乘法, 所以必須先將 m 的初值設為 1 (不指定初值時預設為 0, 而 0 乘任何數的結果仍為 0)。

另外, 如果在迴圈中不斷進行累加或累乘, 則有可能在不知不覺中產生很大的數值!像本例的計算結果就超出了整數可表達的範圍 (-2147483648 ~ 2147483647), 因此我們特別將 m 宣告為 Long 型別。如果是宣告為 Integer 型別, 那麼在執行時會出現如下的錯誤訊息:

圖-3
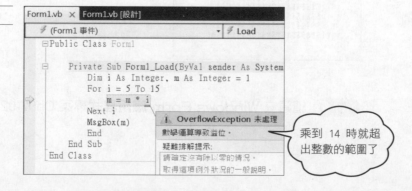

指定增減量的 For-Next 迴圈

在前面的範例中, 都是讓計數器每執行完一迴圈就加 1, 這是 For-Next 的預設狀況。但有時我們會希望計數器每迴圈能加 2, 例如計算連續偶數的累加；或是每迴圈能減 1, 例如由 100 加到 1, 這時就可用 Step 來指定計數器的『增減量』：

```
For 計數器 = 起始值 To 終止值 Step 增減量
        要重複執行的程式碼
Next
```

『增減量』就是用來控制每迴圈計數器要加多少或減多少, 如果起始值 < 終止值, 那麼增減量應為正值；反之, 如果起始值 > 終止值 (例如由 100 To 1), 那麼增減量應為負值。

 在表單中畫出金字塔, 如下圖所示。

圖-4

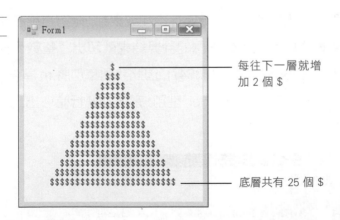

每往下一層就增加 2 個 $

底層共有 25 個 $

step 1 請建立 Windows Form 應用程式專案 Ch07-02。

step 2 加入一個 Label 控制項，並設定屬性如下：

圖-5

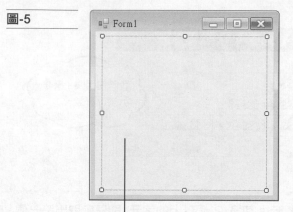

Label1

屬性	值
AutoSize	False
Text	空白
TextAlign	MiddleCenter (文字置中對齊)

step 3 在表單空白處雙按滑鼠，然後在 Form1 的 Load 事件程序中加入以下程式：

```
01 Private Sub Form1_Load(...) Handles MyBase.Load
02     Dim i As Integer
03
04     For i = 1 To 25 Step 2      '計數器每次增加 2
05         Label1.Text = Label1.Text & vbCrLf & StrDup(i, "$")
06     Next
07 End Sub
```

加入換行符號

StrDup 函式可產生包含 i 個 "$" 的字串

程式解說

首先我們將 Label1 的 TextAlign (文字對齊) 屬性設為 MiddleCenter (垂直水平均置中對齊)，然後利用迴圈來產生每一列所需的 $ 字串。

其中的 StrDup(n, s) 函式可以產生包含 n 個 s 的字串, 而 vbCrLf
則為 VB 預先定義好的換行符號。

迴圈次數	Label1.Text 的值
1	↵ $
2	↵ $ ↵ $$$
3	↵ $ ↵ $$$ ↵ $$$$$
4	↵ $ ↵ $$$ ↵ $$$$$ ↵ $$$$$$$
...	...

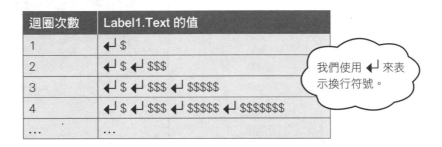

我們使用 ↵ 來表示換行符號。

在 StrDup(n, s) 函式中, 若 s 包含 2 個以上的字元, 則只會取出第一個
字元來重複 n 次, 例如 StrDup(3, "ab") 的傳回值為 "aaa"。

在表單中畫出倒三角形, 如下圖所示。

圖-6

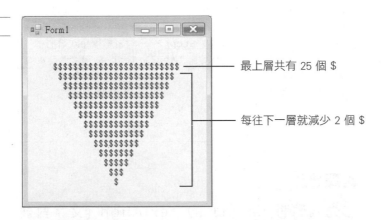

最上層共有 25 個 $

每往下一層就減少 2 個 $

參考解答

所有的設定均與上題相同, 只須更改 For 的起始值、終止值、與增
減量:

```
01 Private Sub Form1_Load(...) Handles MyBase.Load
02     Dim i As Integer
03
04     For i = 25 To 1 Step -2
05         Label1.Text = Label1.Text & vbCrLf & StrDup(i, "$")
06     Next
07 End Sub            改為由 25 到 1, 每迴圈減 2
```

?
常見錯誤提醒 　　要避免『起始值、終止值、與增減量』的錯亂！

VB 會依照增減量的正負, 來決定計數器如何與終止值比對。當增減量為**正值**時, 計數器必須**小於或等於**終止值, 否則結束迴圈；當增減量為**負值**時, 則計數器必須**大於或等於**終止值, 否則結束迴圈：

```
For i = 1 To 5 Step 1
    MsgBox(i)
Next
MsgBox("End")
```

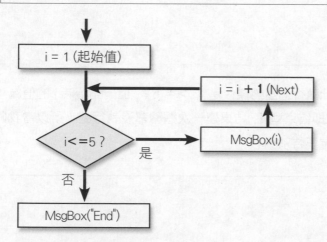

(接下頁)

```
For i = 5 To 1 Step -1
    MsgBox(i)
Next
MsgBox("End")
```

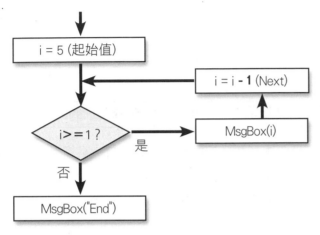

如果將起始值、終止值、與增減量的關係弄錯了, 例如:

```
For i = 1 To 5 Step -1
    MsgBox(i)
Next
MsgBox("End")
```

由於增減量為**負數**, 因此執行迴圈的條件是『i >= 5』, 但一開始時 i 的值為 1, 所以會因不符條件而立即結束迴圈, 結果連一次迴圈都沒執行到!所以當我們使用負的增減量時, 一定要特別小心。

在表單中畫出用數字拼出來的沙漏形狀,如下圖所示。

圖-7

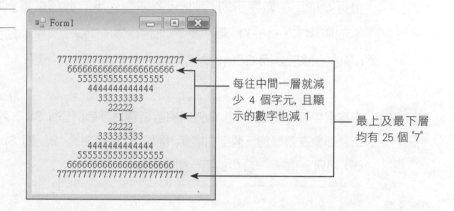

每往中間一層就減少 4 個字元,且顯示的數字也減 1

最上及最下層均有 25 個 "7"

參考解答

所有的設定均與上題相同,只須將程式改為 2 個迴圈 (分別畫出上、下二個三角形),並利用計數器 (i) 來算出每行要顯示幾個字元:

```
01 Private Sub Form1_Load(...) Handles MyBase.Load
02     Dim i As Integer
03
04     '第一個迴圈由 25 到 1, 每次減 4
05     For i = 25 To 1 Step -4
06         Label1.Text = Label1.Text & vbCrLf & StrDup(i, CStr(i \ 4 + 1))
07     Next
08
09     '第二個迴圈由 5 到 25, 每次加 4
10     For i = 5 To 25 Step 4
11         Label1.Text = Label1.Text & vbCrLf & StrDup(i, CStr(i \ 4 + 1))
12     Next
13 End Sub
```

計算要顯示的數字 (結果由 7 到 1、再由 2 到 7)

在以上程式中, 計數器是用來代表每行要顯示多少個字元; 但由於
每行要顯示的數字不同, 因此我們還要利用計數器來算出每行要顯
示的數字 (7→1→7), 算法為『CStr(i \ 4 + 1)』, 其中 \ 是整數除法
(會捨去餘數), 而 CStr() 函式則可將數值轉換為字串。

 TIPS 在本例中請不要用 Str() 函式來將數值轉為字串, 因為 Str() 轉出來的
正數都會在前面加一個空白字元, 例如 8 會轉為 " 8", 而 StrDup(i, "
8") 則只會重複 " 8" 中的第一個空白字元。

打破沙鍋   選誰來當計數器?

在前面畫沙漏的練習中, 我們是以『每行要顯示多少個字元』做為計數器
(25→1, 5→25), 其實也可以改用『每行要顯示的數字』做為計數器 (7→1,
2→7):

```
01 Private Sub Form1_Load(...) Handles MyBase.Load
02     Dim i As Integer
03
04     '第一個迴圈由 7 到 1, 每次減 1
05     For i = 7 To 1 Step -1
06         Label1.Text = Label1.Text & vbCrLf & StrDup((i * 4) - 3, CStr(i))
07     Next
08
09     '第二個迴圈由 2 到 7, 每次加 1
10     For i = 2 To 7
11         Label1.Text = Label1.Text & vbCrLf & StrDup((i * 4) - 3, CStr(i))
12     Next
13 End Sub
```

用計數器算出要
顯示多少個字元

所謂『條條大路通羅馬』, 同樣功能的程式, 也可能有許多種不同的寫法喔!

就地宣告計數器

到目前為止, 我們都是使用已宣告好的變數來做為 For-Next 的計
數器, 其好處是在迴圈之外也可使用該變數, 例如：

```
Dim i As Integer
For i = 1 To 5
    MsgBox("inner:" & i)
Next
MsgBox(i)    ←  會輸出 6
```

圖-8

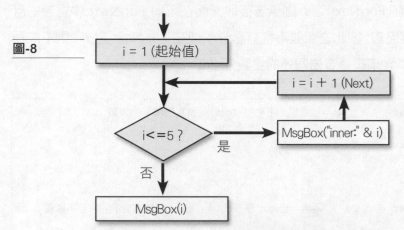

迴圈次數	i 的值	是否執行本次迴圈
1	1	是（1 <= 5）
2	2	是（2 <= 5）
3	3	是（3 <= 5）
4	4	是（4 <= 5）
5	5	是（5 <= 5）
6	6	否（6 > 5）

由上表可看出, 當迴圈執行 5 次之後, i 的值會再加 1 而變成 6, 此
時就會因不符條件而結束迴圈, 然後執行迴圈後面的 MsgBox(i),
結果輸出 6。

不過，通常我們並不需要在迴圈之外使用計數器，此時就可直接在 For-Next 中宣告計數器變數，而不必事先用 Dim 宣告。例如：

```
        用『As 型別名稱』來就地宣告計數器變數
                ↓
For i As Integer = 1 To 5
    .....
Next i
```

在 For-Next 中『就地宣告』的計數器變數，只能在 For-Next 中使用，在 For-Next 之外則無法存取。而在不同 For-Next 中宣告的計數器變數，彼此之間並不會有影響；但在 For-Next 之外，則不能再用 Dim 來重複宣告同名的變數，例如：

```
Dim i As Integer          ⟵  錯誤！不能用 Dim 重複宣告同名的變數 i

For i As Integer = 1 To 5
    .....
Next i

For i As Integer = 3 To 9 ⟵  正確，這裡的 i 與前面就地宣告的 i 互不影響
    .....
Next i

MsgBox(i)                 ⟵  錯誤！在 For-Next 之外不能使用就地宣告的 i
```

 請使用 For-Next 就地宣告計數器的方式，分別計算由 1 到 1000 之間，『3 的倍數的加總』與『7 的倍數的加總』，並顯示結果如下：

圖-9

參考解答

```
01 Private Sub Form1_Load(...) Handles MyBase.Load
02     Dim a, b As Integer
03
04     '計算 3 的倍數的加總
05     For i = 3 As Integer To 1000 Step 3 ─┐
06         a = a + i                         │  ← 每個 For-Next
07     Next                                  │    都可就地宣告 i
08                                           │    做為計數器
09     '計算 7 的倍數的加總                    │
10     For i = 7 As Integer To 1000 Step 7 ─┘
11         b = b + i
12     Next
13
14     MsgBox("3 倍數的加總：" & a & vbCrLf & "7 倍數的加總：" & b)
15     End
16 End Sub
```

7-2 While 與 Do-Loop：依條件執行的迴圈

While 與 Do-Loop 都是利用『條件式』來決定要繼續迴圈或結束迴圈。While 的寫法比較簡單, 底下我們先來介紹。

While 迴圈

While 迴圈是由 While 及 End While 所組成, 寫法如下：

```
While 條件式
    要重複執行的敘述
End While
```

圖-10

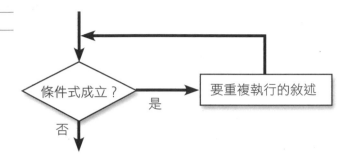

當條件式為 True 時, 就會繼續執行迴圈, 直到條件式變成 False 為止。底下我們用 While 迴圈來模擬『For i = 1 To 10』的功能：

```
i = 1
While i <= 10          ┐── 相當於 For i = 1 To 10
    sum = sum + i
    i = i + 1          ┐── 相當於 Next
End While
```

常見錯誤提醒　　　　　**小心無窮迴圈！**

以上程式最容易漏寫的是第 4 行『i = i + 1』(因為在 For-Next 敘述中, 每當執行到 Next 時計數器就會自動增減, 而不用我們寫程式來增減), 一旦忘了寫, 那麼 i 的值就不會改變 (永遠為 1), 因此 i <= 10 的條件也永遠為 True, 如此迴圈會不斷執行, 而造成『無窮迴圈』！

由此可知, 如果迴圈的次數固定, 那麼還是使用 For-Next 迴圈比較好, 即簡單又不容易出錯：

```
For i = 1 To 10
    sum = sum + 1      ◄── 比 While 的寫法少二行, 是不是簡單明瞭多了呢！
Next
```

請寫一個檢查登入帳號的程式, 除非使用者輸入 "Ken"、"Sue"、或 "Joy", 否則就一直要求使用者重新輸入。

圖-11

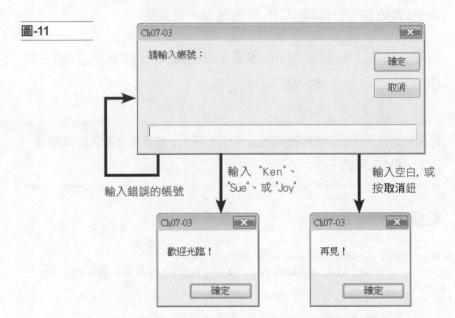

step 1 請建立 Windows Form 應用程式專案 Ch07-03。

step 2 在表單上雙按滑鼠, 撰寫以下 Load 事件程序：

當輸入字串即不是正確帳號、也不是空字串時, 就繼續執行迴圈

```
01 Private Sub Form1_Load(...) Handles MyBase.Load
02     Dim id As String
03     id = "na"    ← 設定一個任意的初值
04
05     While id <> "ken" And id <> "sue" And id <> "joy" And id <> ""
06         id = LCase(InputBox("請輸入帳號:"))
07     End While
08
09     MsgBox(If(id = "", "再見！", "歡迎光臨！"))
10     End
11 End Sub
```

將輸入字串轉為小寫

如果輸入空字串 (表示放棄) 就
顯示再見, 否則顯示歡迎光臨！

程式一開始會先宣告字串變數 id 並設定初值為 "na", 接著用 While
迴圈來不斷要求使用者輸入, 只要使用者沒有輸入正確的帳號或空
白 (按**取消**鈕也會傳回空白), 迴圈就會一直持續。

在迴圈結束之後, 則使用 If() 運算子來判斷 id 是否為空白 (空白表
示取消輸入), 然後據以顯示不同的訊息。

修改前面程式 (或開啟範例專案 Ch07-03ok), 當使用者輸入錯誤超過
3 次, 即結束程式。

提示解答

```
01 Private Sub Form1_Load(...) Handles MyBase.Load
02     Dim id As String, cnt As Integer   ←── 多宣告一個計算次數的變數 cnt
03     id = "na"
04
05     While id <> "ken" And id <> "sue" And id <> "joy" And id <> ""
06         If cnt >= 3 Then        ← 如果到第 3 次還沒答對,
07             id = ""               就將 id 設為空字串
08         Else
09             id = LCase(InputBox("請輸入帳號:"))   ← 否則讓使用者輸
10             cnt = cnt + 1                          入, 並將次數加 1
11         End If
12     End While
13
14     MsgBox(If(id = "", "再見!", "歡迎光臨!"))
15     End
16 End Sub
```

程式解說

我們在程式中多加了一個 cnt 來計算次數, cnt 預設為 0, 使用者每
輸入一次就將 cnt 加 1。當 cnt 到達 3 次時, 就強制將 id 設為空
白, 如此便可結束迴圈並顯示 "再見!"。

Do-Loop 迴圈

Do-Loop 的功能和 While 類似, 但在寫法上更有彈性, 可分為下面 3 種:

1. 沒有條件式的迴圈

```
Do
    要重複執行的敘述...
Loop
```

圖-12

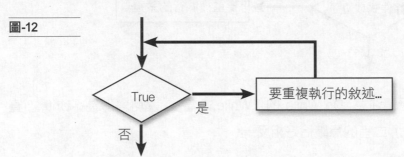

這是最陽春的 Do-Loop 迴圈, 由於沒有條件限制, 因此會不斷地執行迴圈, 而變成『無窮迴圈』! 其效果相當於以下的 While 迴圈:

```
While True    ←── 條件永遠成立, 因此會不斷執行迴圈
    ....
End While
```

 我們有時也會使用到『無窮迴圈』, 但一定會在迴圈中搭配 Exit Do 或 Exit While 來跳離迴圈, 這二個指令我們會在 7-4 節介紹。

2. 先判斷條件再執行迴圈

這種寫法的效果和 While 迴圈相同：

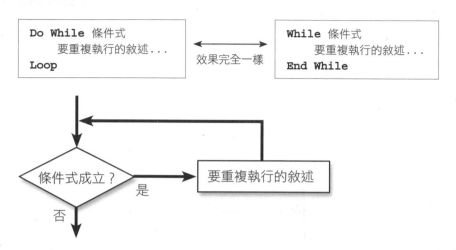

不過請注意, Do While 的『While』(當...) 還可變形為『Until』(直到...), 二者的意義恰好相反：

敘述	意義
Do While A	當 A 成立時才執行迴圈
Do Until A	當 A 不成立時才執行迴圈 (=不斷執行迴圈, 直到 A 成立為止)

舉例來說, 底下二段程式的執行結果完全相同 (都會顯示 15)：

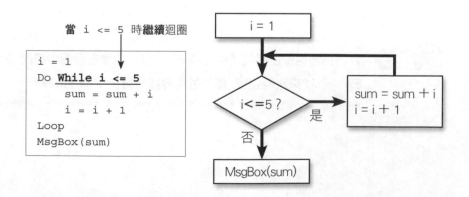

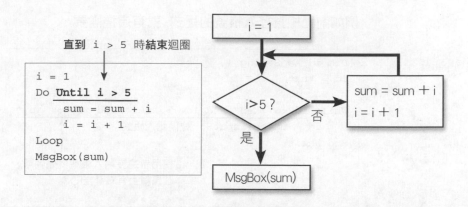

直到 i > 5 時結束迴圈

```
i = 1
Do Until i > 5
    sum = sum + i
    i = i + 1
Loop
MsgBox(sum)
```

3 先執行迴圈, 再判斷條件

有時我們會希望先執行一次迴圈, 然後才判斷條件, 看要不要繼續下一迴圈。此時可將 While (或 Until) 放在 Loop 之後:

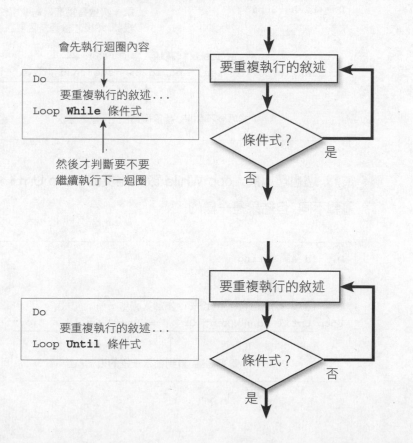

會先執行迴圈內容

```
Do
    要重複執行的敘述...
Loop While 條件式
```

然後才判斷要不要
繼續執行下一迴圈

```
Do
    要重複執行的敘述...
Loop Until 條件式
```

例如前面檢查登入帳號的程式, 就有這種需要:

```
Dim id As String
id = "na"

While id <> "ken" And id <> "sue" And id <> "joy"
    id = LCase(InputBox("請輸入帳號:"))
End While
```

使用者還沒輸入帳號就先判斷,
在邏輯上有點奇怪吧?

以上程式雖然可以正常運作, 但若改成下面的寫法, 將更能符合邏
輯:

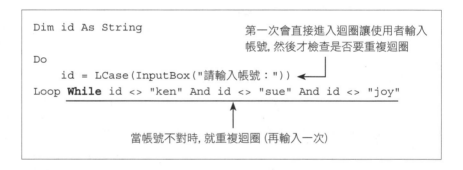

```
Dim id As String

Do
    id = LCase(InputBox("請輸入帳號:"))
Loop While id <> "ken" And id <> "sue" And id <> "joy"
```

第一次會直接進入迴圈讓使用者輸入
帳號, 然後才檢查是否要重複迴圈

當帳號不對時, 就重複迴圈 (再輸入一次)

當然, 您也可以將 Loop **While** 改成相反的 Loop **Until** 寫法, 雖然
邏輯不同, 但結果是一樣的:

```
Dim id As String

Do
    id = LCase(InputBox("請輸入帳號:"))
Loop Until id = "ken" Or id = "sue" Or id = "joy"
```

重複迴圈, **直到**輸入正確的帳號為止

以上 Loop While 與 Loop Until 的條件式剛好相反。不過要注意,
當條件式相反時, And 會變成 Or 喔!反之亦然。例如:

```
id <> "ken" And id <> "sue" (帳號都不對) ◄──┐
id = "ken"  Or  id = "sue"  (任一個帳號對了) ◄──┘ 互為相反
```

打破沙鍋　**即然有 While 了, 為什麼還要 Until 呢?**

Do-Loop 的 While 和 Until 其實只需要一種就夠用了, 為什麼要設計二種呢?

這就是 VB 體貼初學者的地方, 因為有些情況適合 Until, 有些情況則適合 While,
若硬要轉換則容易頭腦打結!就以前面檢查帳號的範例 (Ch07-03) 來說, 題目
是這樣出的:

『**除非**使用者輸入 "Ken"、"Sue"、**或** "Joy", 否則就**一直**要求使用者重新輸
入。』

此時就適合使用 Until 的邏輯:

```
Do
     id = LCase(InputBox("請輸入帳號:"))
Loop Until id = "ken" Or id = "sue" Or id = "joy"
                        ↑
```
一直要求使用者重新輸入,　**除非(直到)** 使用者輸入 "Ken"、"Sue"、**或** "Joy"

寫一程式來展示『蟑螂爬行的英姿』，如下圖所示：

圖-13

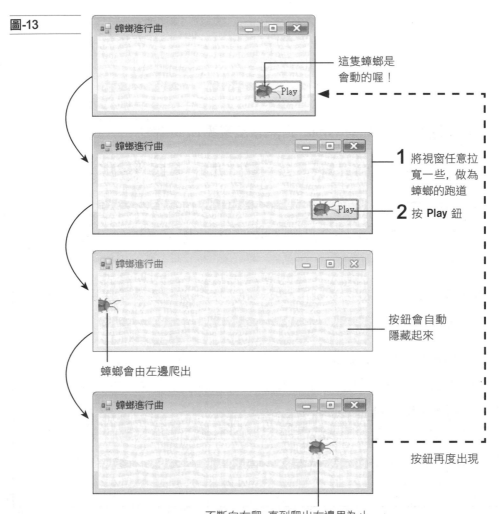

這隻蟑螂是會動的喔！

1 將視窗任意拉寬一些，做為蟑螂的跑道

2 按 **Play** 鈕

按鈕會自動隱藏起來

蟑螂會由左邊爬出

按鈕再度出現

不斷向右爬，直到爬出右邊界為止

step❶ 請建立 Windows Form 應用程式專案 Ch07-04。

step❷ 在表單中加入一個 Button (更名為 play) 及 PictureBox (更名為 roach) 控制項，並設定如下：

圖-14

控制項	屬性	設定值	說明
Form1	Text	蟑螂進行曲	
	BackgroundImage	匯入 Ch07\bg4.jpg	表單背景
play	(Name)	play	
	Image	匯入 Ch07\蟑螂.gif	
	ImageAlign	MiddleLeft	圖片靠左
	Text	Play	
	TextAlign	MiddleRight	文字靠右
	Anchor	Bottom, Right	縮放視窗時, 要與右、下邊界保持固定距離
roach	(Name)	roach	
	Image	匯入 Ch07\蟑螂.gif	
	BackColor	Web\Transparent	背景設為透明
	SizeMode	AutoSize	與顯示的圖片一樣大小
	Visible	False	隱藏起來

step 3 接著雙按 play 按鈕, 建立 play.Click 事件程序:

```
01 Private Sub play_Click(...) Handles play.Click
02     play.Visible = False                    ← 將按鈕隱藏起來
03     roach.Left = 0 - roach.Size.Width        ← 將蟑螂移到左邊界之外
04     roach.Visible = True                     ← 將蟑螂設為可看見
05
06     '當蟑螂還沒爬出右邊界時, 就重複迴圈
07     Do While roach.Left <= Me.ClientSize.Width
08         roach.Left = roach.Left + 1          ← 向右爬一點
09         System.Threading.Thread.Sleep(1)     ← 等 1 /1000 秒
10         Application.DoEvents()               ← 顯示移動後的蟑螂 (後述)
11     Loop
12
13     play.Visible = True                      ← 將按鈕設為可看見
14     roach.Visible = False                    ← 將蟑螂隱藏起來
15
16 End Sub
```

我們先將 roach 控制項 (以下簡稱蟑螂) 設為隱藏, 這樣無論使用者如何放大視窗, 蟑螂在尚未播放時都不會被看到。另外, 我們在 play 按鈕上也顯示蟑螂圖片 (以圖片靠左、文字靠右的方式), 由於『蟑螂.gif』是動畫圖片, 因此按鈕上的蟑螂是會動的喔!

當使用者按下 play 按鈕時, 程式會先將按鈕隱藏起來, 然後把蟑螂搬移到左邊界之外, 並設為可看見。接著就進入迴圈, 讓蟑螂不斷向右爬, 直到爬出右邊界為止;最後則將蟑螂隱藏起來, 然後再讓按鈕顯示出來。

控制項的 Left、Top 屬性就是其左上角的 x、y 座標, 意義和 Location 的 x、y 子屬性 (在 4-2 節介紹過) 相同, 但 Left、Top 只能用程式存取 (在**屬性**窗格中找不到), 並且可以直接設定而不用先建立 Point 物件。

圖-15

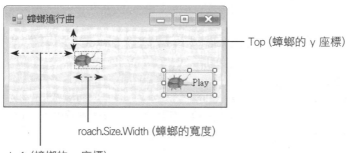

Top (蟑螂的 y 座標)

roach.Size.Width (蟑螂的寬度)

Left (蟑螂的 x 座標)

程式一開始會將蟑螂的 Left 屬性設為『0 - roach.Size.Width』, 由於蟑螂的寬度為 44, 因此 Left 會變成 -44, 也就是在表單左邊界再往左 44 點的地方。至於爬行的終點, 則是當 Left 超過表單的右邊界時:

圖-16

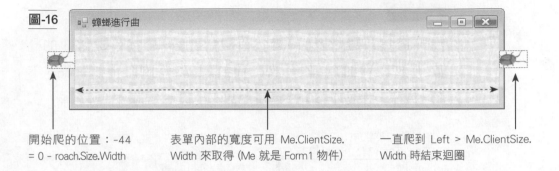

開始爬的位置：-44
= 0 - roach.Size.Width

表單內部的寬度可用 Me.ClientSize.
Width 來取得 (Me 就是 Form1 物件)

一直爬到 Left > Me.ClientSize.
Width 時結束迴圈

在爬行的過程中, 每一迴圈都將蟑螂的 Left 屬性加 1, 因此蟑螂會
往右爬一點。但由於程式執行的速度太快, 還沒看清楚就爬完了!
所以必須讓蟑螂每爬一步就休息一下, 方法如下:

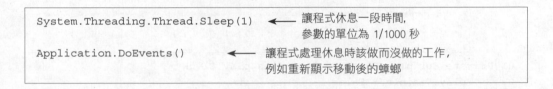

```
System.Threading.Thread.Sleep(1)   ◄── 讓程式休息一段時間,
                                       參數的單位為 1/1000 秒
Application.DoEvents()             ◄── 讓程式處理休息時該做而沒做的工作,
                                       例如重新顯示移動後的蟑螂
```

以上二行都是 .NET Framework 的功能, 我們可以直接拿來使用。
如果想讓蟑螂爬慢一點, 則可讓蟑螂多休息一下, 例如將參數 1 改
為 3, 則每爬一次就休息 3/1000 秒。

 練習

接續前例 (或開啟範例專案 Ch07-04ok), 將程式改為『Do...Loop
Until』的寫法, 並想辦法讓蟑螂在爬行時會上下晃動, 而非一直線呆板
地前進, 以提高真實感。

圖-17

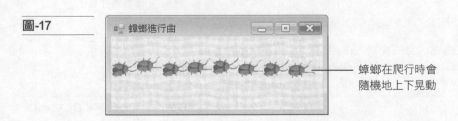

蟑螂在爬行時會
隨機地上下晃動

參考解答

我們可以讓蟑螂每爬 10 步, 就隨機產生一個介於 -3 到 3 的亂數, 來改變蟑螂的 y 座標 (Top 屬性), 讓蟑螂可能往上 1~3 點、不動、或往下移動 1~3 點。產生亂數的公式為:

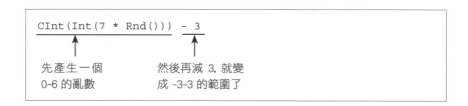

```
CInt(Int(7 * Rnd())) - 3
```

先產生一個   然後再減 3, 就變
0~6 的亂數   成 -3~3 的範圍了

 Note 如果想取得介於 A 到 B 之間的隨機整數, 則公式為:
CInt(Int((**B - A + 1**) * Rnd() + **A**))。

```
01 Private Sub play_Click(...) Handles play.Click
02     play.Visible = False
03     roach.Left = 0 - roach.Size.Width
04     roach.Visible = True
05
06     Do
07         roach.Left = roach.Left + 1
08         If roach.Left Mod 10 = 0 Then  ◄── 每爬 10 點就隨機上下晃動一次
09             roach.Top = roach.Top + CInt(Int(7 * Rnd())) - 3
10         End If
11         System.Threading.Thread.Sleep(1) '暫停 1/1000 秒
12         Application.DoEvents()
13     Loop Until (roach.Left > Me.ClientSize.Width) ◄──┐
14                                                       不斷重複迴圈,
15     play.Visible = True                               直到蟑螂爬出表
16     roach.Visible = False                             單右邊界為止
17
18 End Sub
19
20 Private Sub Form1_Load(...) Handles Me.Load
21     Randomize()      ◄── 在表單 Load 時, 初始化亂數值
22 End Sub
```

(完成的結果可參見專案 Ch07-04ok2)

7-3　巢狀迴圈

上一章我們介紹過巢狀的 If 結構, 就是在 If...End If 之內還可以有 If...End If。其實不管是 If、For-Next、或是 While、Do-Loop 等, 彼此之間都可以相互形成巢狀結構, 而且沒有層數的限制。例如:

```
If ...
    While i = ...
        ....
        For j = ...
            ...
        Next j
    End While
    ...
End If
```

 請繪製以數字排出的三角形, 如下圖所示:

圖-18

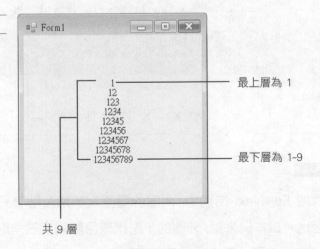

最上層為 1

最下層為 1~9

共 9 層

step ① 請開啟範例專案 Ch07-05，我們已加入 Label 控制項並設好相關屬性：

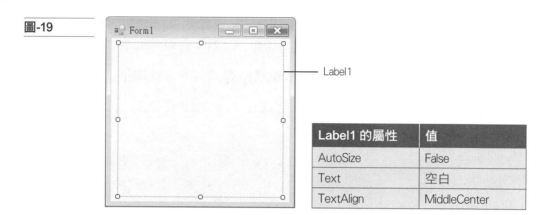

圖-19

Label1

Label1 的屬性	值
AutoSize	False
Text	空白
TextAlign	MiddleCenter

step ② 在表單空白處雙按滑鼠，然後在表單的 Load 事件程序中加入以下程式：

```
01 Private Sub Form1_Load(...) Handles MyBase.Load
02     For i As Integer = 1 To 9
03         Label1.Text = Label1.Text & vbCrLf '串接換行符號
04
05         For j As Integer = 1 To i
06             Label1.Text = Label1.Text & j
07         Next j
08     Next i
09 End Sub
```

內圈要跑 i 次 (組出 1~i 的字串)　　　　外圈

程式說明

在巢狀的 For-Next 結構中，內圈的迴圈次數常會隨著外圈的計數器而變化。以本例來說，外圈的 i 是代表目前顯示三角形的是第幾層 (共有 1~9 層)，而內圈就是要實地跑 i 次以串接出 1~i 的字串，例如在第 3 層時，內圈就要跑 3 次以組出 "123" 的字串。

外層迴圈次數	i 的值	內層迴圈	內層迴圈組出的字串
1	i=1	跑 1 圈	1
2	i=2	跑 2 圈 (j=1~2)	12
3	i=3	跑 3 圈 (j=1~3)	123
:			
9	i=9	跑 9 圈 (j=1~9)	123456789

 將前面程式 (可開啟 Ch07-05ok 來使用) 改為畫出 10 層的倒三角形, 且最下的數字為 0。另外, 請讓程式在執行第一次迴圈時不要串接換行符號, 如下圖所示。

圖-20

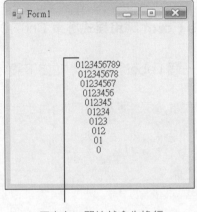

原來在一開始就會先換行

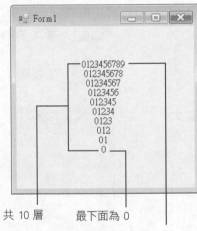

共 10 層　　　最下面為 0

改為一開始不要多換一行

參考解答

```
01 Private Sub Form1_Load(...) Handles MyBase.Load
02     For i As Integer = 9 To 0 Step -1
03         If i < 9 Then Label1.Text = Label1.Text & vbCrLf '串接換行符號
04
05         For j As Integer = 0 To i
06             Label1.Text = Label1.Text & j
07         Next j
08     Next i
09 End Sub
```

第一圈 i 的值為 9, 所以不會換行

繪出九九乘法表，如下圖所示：

第 1 層為 1x1 1x2 ... 1x9

圖-21

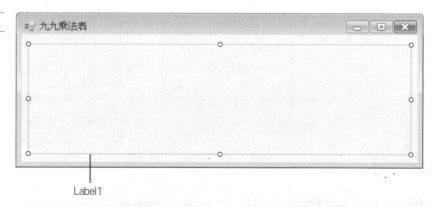

```
九九乘法表

1x1= 1   1x2= 2   1x3= 3   1x4= 4   1x5= 5   1x6= 6   1x7= 7   1x8= 8   1x9= 9
2x1= 2   2x2= 4   2x3= 6   2x4= 8   2x5=10   2x6=12   2x7=14   2x8=16   2x9=18
3x1= 3   3x2= 6   3x3= 9   3x4=12   3x5=15   3x6=18   3x7=21   3x8=24   3x9=27
4x1= 4   4x2= 8   4x3=12   4x4=16   4x5=20   4x6=24   4x7=28   4x8=32   4x9=36
5x1= 5   5x2=10   5x3=15   5x4=20   5x5=25   5x6=30   5x7=35   5x8=40   5x9=45
6x1= 6   6x2=12   6x3=18   6x4=24   6x5=30   6x6=36   6x7=42   6x8=48   6x9=54
7x1= 7   7x2=14   7x3=21   7x4=28   7x5=35   7x6=42   7x7=49   7x8=56   7x9=63
8x1= 8   8x2=16   8x3=24   8x4=32   8x5=40   8x6=48   8x7=56   8x8=64   8x9=72
9x1= 9   9x2=18   9x3=27   9x4=36   9x5=45   9x6=54   9x7=63   9x8=72   9x9=81
```

第 N 層為 Nx1 Nx2 ... Nx9

step 1 建立 **Windows Form 應用程式**專案 Ch07-06。

step 2 在表單中加入一個 Label 控制項，並如下設定：

圖-22

九九乘法表

Label1

控制項	屬性	值
Form1	Text	九九乘法表
Label1	AutoSize	False
	Font/Name	細明體
	Text	空白
	TextAlign	MiddleCenter

選用固定寬度的字型, 以便上下對齊

step **3** 在表單空白處雙按滑鼠, 撰寫表單 Load 事件程序:

```
01 Private Sub Form1_Load(...) Handles MyBase.Load
02     For i As Integer = 1 To 9
03         If i > 1 Then Label1.Text = Label1.Text & vbCrLf '串接換行符號
04
                                    顯示 "ixj=", 例如 "3x5="
05         For j As Integer = 1 To 9
06             Label1.Text = Label1.Text & i & "x" & j & "=" &
07                 If(i * j < 10, " ", "") & (i * j)
08             If j < 9 Then Label1.Text = Label1.Text & " "
09         Next j
10
11     Next i
12 End Sub
```

如果乘積只有個位數, 則要加一空白以便上下對齊

在各乘項之後加空白, 但最後一項 (j=9 時) 不加

內圈 1~9

外圈 1~9

程式解說

外圈的 i 代表左乘數, 內圈的 j 則為右乘數 (即 i x j)。外圈每跑一次, 內圈就會跑 9 次, 因而產生 9 個乘項; 例如在顯示第 3 排 (i=3) 時, 內圈會跑 9 次而產生 "3x1= 3 3x2= 6 3x3=9... 3x9=27" 等 9 個乘項。

這個程式比較要注意的是『上下對齊』的問題:

1. 有些乘積為個位數, 有些則為二位數, 因此如果是個位數則要在前面多加一個空白, 以便和二位數的乘積對齊。

2. Label 控制項的字型預設為『新細明體』, 這是一種非固定寬度的字型, 也就是每個字母的寬度可能不同, 例如 "W" 會比 "i" 寬很多, 另外還會壓縮空白字元, 以增加美觀性:

圖-23

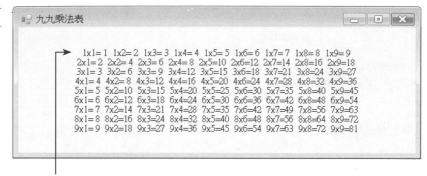

```
1x1= 1  1x2= 2  1x3= 3  1x4= 4  1x5= 5  1x6= 6  1x7= 7  1x8= 8  1x9= 9
2x1= 2  2x2= 4  2x3= 6  2x4= 8  2x5=10  2x6=12  2x7=14  2x8=16  2x9=18
3x1= 3  3x2= 6  3x3= 9  3x4=12  3x5=15  3x6=18  3x7=21  3x8=24  3x9=27
4x1= 4  4x2= 8  4x3=12  4x4=16  4x5=20  4x6=24  4x7=28  4x8=32  4x9=36
5x1= 5  5x2=10  5x3=15  5x4=20  5x5=25  5x6=30  5x7=35  5x8=40  5x9=45
6x1= 6  6x2=12  6x3=18  6x4=24  6x5=30  6x6=36  6x7=42  6x8=48  6x9=54
7x1= 7  7x2=14  7x3=21  7x4=28  7x5=35  7x6=42  7x7=49  7x8=56  7x9=63
8x1= 8  8x2=16  8x3=24  8x4=32  8x5=40  8x6=48  8x7=56  8x8=64  8x9=72
9x1= 9  9x2=18  9x3=27  9x4=36  9x5=45  9x6=54  9x7=63  9x8=72  9x9=81
```

使用『新細明體』會導
致上下對不齊的結果

為了達到上下對齊的效果，我們必須選用『固定寬度的字型』才
行，例如『細明體』。

 接續前例（或開啟 Ch07-06ok），為了讓比較小的小朋友背誦，請將
九九乘法表轉正，並讓乘積大於 30 的乘項不要顯示出來，如下圖所
示：

這一排都是 1 開頭

圖-24

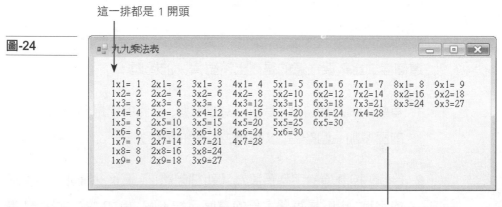

```
1x1= 1  2x1= 2  3x1= 3  4x1= 4  5x1= 5  6x1= 6  7x1= 7  8x1= 8  9x1= 9
1x2= 2  2x2= 4  3x2= 6  4x2= 8  5x2=10  6x2=12  7x2=14  8x2=16  9x2=18
1x3= 3  2x3= 6  3x3= 9  4x3=12  5x3=15  6x3=18  7x3=21  8x3=24  9x3=27
1x4= 4  2x4= 8  3x4=12  4x4=16  5x4=20  6x4=24  7x4=28
1x5= 5  2x5=10  3x5=15  4x5=20  5x5=25  6x5=30
1x6= 6  2x6=12  3x6=18  4x6=24  5x6=30
1x7= 7  2x7=14  3x7=21  4x7=28
1x8= 8  2x8=16  3x8=24
1x9= 9  2x9=18  3x9=27
```

乘積超過 30 的就不顯示出來

參考解答

先將 Label1 的 TextAlign 屬性改為 MiddleLeft (垂直置中、水平靠左對齊), 然後把迴圈內『i & "x" & j』對調為『j & "x" & i』, 最後再加一行程式 (下面灰底的敘述) 即可

```
01 Private Sub Form1_Load(...) Handles MyBase.Load
02     For i As Integer = 1 To 9
03         If i > 1 Then Label1.Text = Label1.Text & vbCrLf
04
05         For j As Integer = 1 To 9
06             If i * j > 30 Then Exit For    ← Ⓐ 乘積大於 30 時就跳出內圈
07             Label1.Text = Label1.Text & j & "x" & i & "=" & _
08                           If(i * j < 10," ", "") & (i * j)
09             If j < 9 Then Label1.Text = Label1.Text & "  "
10         Next j
11                                 將 i、j 對調
12     Next i
13 End Sub
```

程式解說

Ⓐ Exit For 敘述只會跳出目前所在的迴圈, 因此如果外面還有巢狀迴圈, 則只會跳出內圈而不會跳出外圈。關於 Exit For 的說明, 請參見下一節。

7-4　直接跳出迴圈的敘述

無論是 For、While、或 Do 迴圈, 都可用對應的 Exit For、Exit While、或 Exit Do 來直接跳出迴圈, 例如:

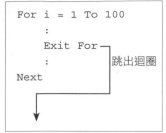

```
For i = 1 To 100
      :
      Exit For
      :            跳出迴圈
Next
```

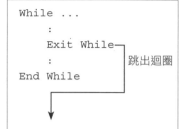

```
While ...
      :
      Exit While
      :            跳出迴圈
End While
```

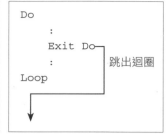

```
Do
      :
      Exit Do
      :            跳出迴圈
Loop
```

 請寫一程式, 可計算指定範圍內所有整數的乘積 (相乘的結果), 但在計算過程中如果乘積大於一億, 就停止計算並顯示訊息:

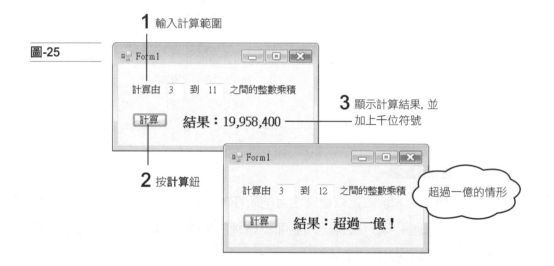

1 輸入計算範圍

圖-25

3 顯示計算結果, 並加上千位符號

計算由 3 到 11 之間的整數乘積

結果：19,958,400

2 按**計算**鈕

計算由 3 到 12 之間的整數乘積

結果：超過一億！

超過一億的情形

step 1 請開啟範例專案 Ch07-07, 我們已準備好所需的控制項:

Form1 (AcceptButton 屬性設為**計算**)

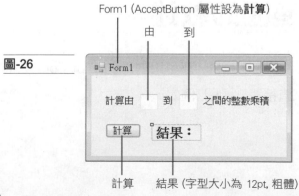

圖-26

由　　到

計算由 □ 到 □ 之間的整數乘積

計算　結果：

計算　結果 (字型大小為 12pt, 粗體)

step **2** 在 計算 上雙按,建立『計算.Click』事件程序如下:

```
01 Private Sub 計算_Click(...) Handles 計算.Click
02     Dim 乘積 As ULong
03     乘積 = 1     '初值要設為 1
04     For i As Integer = Val(由.Text) To Val(到.Text)
05         乘積 = 乘積 * i
06         If 乘積 > 10 ^ 8 Then Exit For ── 如果超過一億, 就跳離 For 迴圈
07     Next
08
09     結果.Text = "結果:" &
10                 If(乘積 > 10 ^ 8, "超過一億!", Format(乘積, "#,0"))
11 End Sub
                                            ↑
                                 輸出包含千位符號的乘積
```

程式解說

由於 100000000 (一億) 太長了容易寫錯, 所以我們改用比較易讀
的 10 ^ 8 來表示, 這二種寫法的執行結果與執行效率完全相同。
另外, Format() 函式可將資料格式化:

```
Format(運算式, 樣式)
```

在此我們將樣式指定為 "#,0", 則格式化之後就會加上千位符號。

 TIPS　"#" 代表要顯示一個 0~9 的數字, 但若該位置沒有數字則不顯示;"0"
的意義和 "#" 相同, 但若該位置沒有數字則顯示 0, 例如 Format(2,
"00") 會傳回 "02"。在數字之間加逗號, 則表示格式化數字時要加千
位符號。

 打破沙鍋　　　　在 For 迴圈中, 可以自行更改計數器的值嗎?

在 For 迴圈中, 我們也可以自行更改計數器的值。例如:

```
For i = 1 To 100
    :
    i = 100    ←── 將 i 的值改為 100
    :
Next
```

以上迴圈只會執行一次! 因為當執行完第一圈時, i 的值已經是 100 了, 在進入一下迴圈之前會先加 1 而變成 101, 此時由於已超過終止值 100, 所以會立即結束迴圈。

我們雖然可以任意更改計數器的值, 甚至利用這種方法來跳離迴圈, 但由於可讀性較差, 又容易出錯, 因此最好盡量少用這種寫法。

 接續前例 (或開啟範例專案 Ch07-07ok), 請修改程式為只計算偶數的乘積。

圖-27

只計算偶數 (4 和 6) 的乘積

參考解答

```
01 Private Sub 計算_Click(...) Handles 計算.Click
02     Dim 乘積 As ULong
03     乘積 = 1     '初值要設為 1
04     For i As Integer = Val(由.Text) To Val(到.Text)
05         If i Mod 2 = 0 Then    ←── 可以被 2 整除 (餘數為 0) 時, 才計算乘積
06             乘積 = 乘積 * i
07                 If 乘積 > 10 ^ 8 Then Exit For
08         End If
09     Next
```

```
10
11      結果.Text = "結果:" & _
12                  If(乘積 > 10 ^ 8, "超過一億!", Format(乘積, "#,0"))
13 End Sub
```

補充說明　　　　跳過本次迴圈:Continue ...

VB 除了 Exit 外, 還提供了 Continue 指令, 如果想要跳過本次迴圈中尚未執行的敘述, 而直接開始下一迴圈, 則可使用 Continue For、Continue While、或 Continue Do 指令。例如:

```
For i = 1 To 100
    :
    Continue For ——  略過迴圈中尚
    :                未執行的敘述
Next ←
```

```
Do
    :
    Continue Do ——  略過迴圈中尚
    :               未執行的敘述
Loop While i > 1 ←
```

例如當我們只要處理偶數時, 即可用 Continue 來略過奇數值:

```
For i = 3 To 7
    If i Mod 2 <> 0 Then Continue For ——
    乘積 = 乘積 * i                       為奇數時直接
    :                                    跳到 Next 敘述
Next ←
```

一般來說, 使用 If...Then... 就可以達到 Continue 的功能, 因此讀者只要知道有這個指令就好, 倒不必用它來增加程式的複雜度。

7-5　Timer 控制項:定時執行程式

Timer 控制項就像計時器一樣, 可以每隔固定的時間就引發 Tick (滴答聲) 事件, 例如我們設定 2 秒滴答一次, 那麼每 2 秒就會執行 Tick 事件程序一次。使用 Timer 控制項的流程如下:

step ① 將 加到表單中：

圖-28

Timer 控制項在**元件**類
別中 (在**所有 Windows
Form** 類別中也有)

加入到表單後, 由於 Timer 控制項是屬
於『看不見的控制項』, 因此會顯示在
表單下面的灰色區域中, 但同樣可以進
行選取、設定屬性、或刪除等操作

step ② 在 Timer 控制項的 **Interval** 屬性設定 Tick 的時間間隔
(單位是毫秒, 即千分之一秒), 並將 **Enabled** 屬性設為 True 來開
啟定時功能。

圖-29

定時功能預設為關閉的

時間間隔預設為
100 毫秒 (0.1 秒)

step **3** 撰寫 Timer 控制項的 Tick 事件程序（雙按 Timer 控制項即可自動加入以下的程式）：

```
Private Sub Timer1_Tick(...) Handles Timer1.Tick
                    ←── 在此輸入要定時執行的程式
End Sub
```

 製作一個電子時鐘，如下圖所示：

圖-30

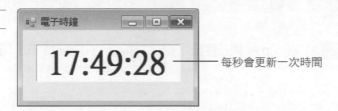

每秒會更新一次時間

step **1** 請建立 **Windows Form 應用程式**專案 Ch07-08。

step **2** 在表單中加入一個 Label 及一個 Timer 控制項，並如下設定：

圖-31

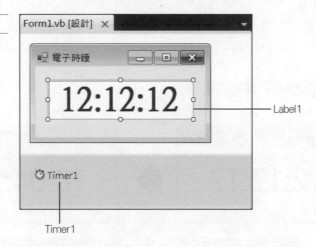

Label1

Timer1

控制項	屬性	值
Form1	Text	電子時鐘
Label1	AutoSize	False
	BackColor	White
	BolderStyle	Fixed3D
	Font/Size	32
	Font/Bold	True (粗體)
	Text	12:12:12 (方便預覽顯示效果)
	TextAlign	MiddleCenter (置中對齊)
Timer1	Enabled	True
	Interval	1000 (= 1 秒)

step ③ 在 Timer1 上雙按滑鼠，然後建立 Timer1.Tick 事件程序：

```
01 Private Sub Timer1_Tick(...) Handles Timer1.Tick
02     Label1.Text = Format(Now(), "HH:mm:ss")
03 End Sub
```

將 Now() 傳回的『目前時間』格式化為 24 小時制的 "時:分:秒" 字串

> H 表示要顯示『小時』(24 小時制)，而 HH 則代表要顯示 2 位數的小時，例如 9 點就顯示為 09；若使用小寫的 h，則會顯示為 12 小時制。mm 及 ss 分別代表要顯示 2 位數的『分、秒』。

step ④ 按 F5 鍵測試看看：

圖-32

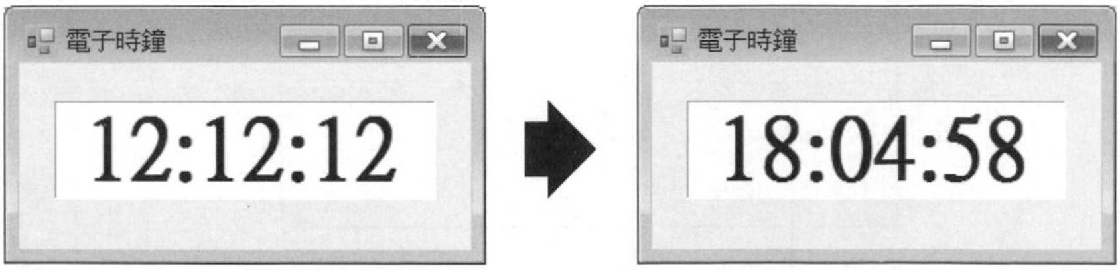

程式一開始會顯示預設的 "12:12:12"，過 1 秒後才開始顯示現在時間 (因為 Timer 每秒 Tick 一次，所以一開始要先等 1 秒)。

step **⑤** 在程式視窗上方分別選取 [〻(Form1 事件) ▼] 及 [〻**Load** ▼]，然後輸入 Form1 的 Load 事件程序，讓程式一開始執行就更新一次時間：

```
01 Private Sub Form1_Load(...) Handles Me.Load
02     Label1.Text = Format(Now(), "HH:mm:ss")
03 End Sub
```

同樣用 Format() 及 Now() 來取得 24 小時制的 "時:分:秒" 字串

 練習　接續前例 (或開啟 ChO7-O8ok)，繼續加入以下功能：

圖-33

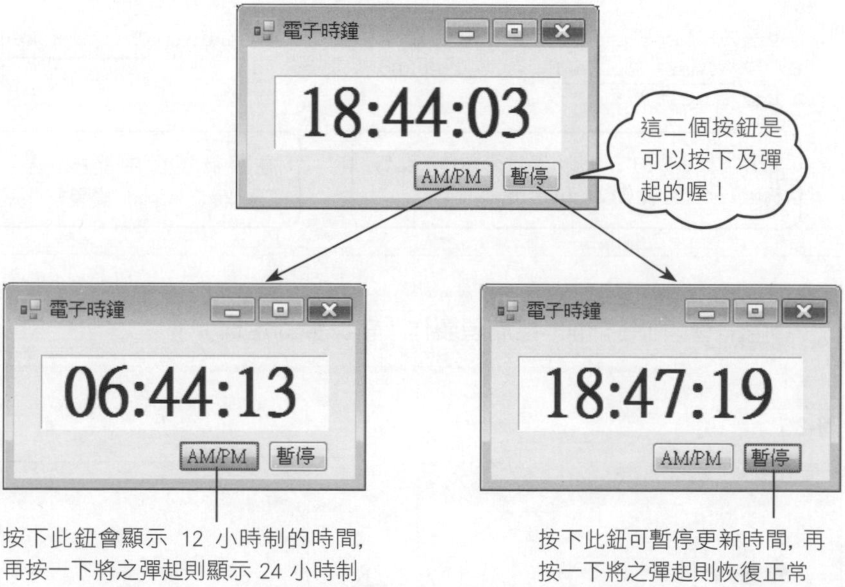

```
電子時鐘
18:44:03
[AM/PM] [暫停]
```

這二個按鈕是可以按下及彈起的喔！

```
電子時鐘
06:44:13
[AM/PM] [暫停]
```

按下此鈕會顯示 12 小時制的時間，再按一下將之彈起則顯示 24 小時制

```
電子時鐘
18:47:19
[AM/PM] [暫停]
```

按下此鈕可暫停更新時間，再按一下將之彈起則恢復正常

參考解答

請先在表單中加入 2 個 CheckBox 控制項，並如下設定：

圖-34

將 CheckBox 的 Apperence 屬性設為 Button, 就會顯示成可『按下』、『彈起』的按鈕, 按下時表示勾選 (Checked 為 True), 彈起時則取消。

CheckBox1   CheckBox2

```
01 Private Sub Timer1_Tick(...) Handles Timer1.Tick
02     Label1.Text = Format(Now(),
03             If(CheckBox1.Checked, "hh:mm:ss", "HH:mm:ss"))
04 End Sub
05
06 Private Sub Form1_Load(...) Handles Me.Load
07     Label1.Text = Format(Now(), "HH:mm:ss")
08 End Sub
09
10 Private Sub CheckBox2_CheckedChanged(...) Handles CheckBox2.CheckedChanged
11     Timer1.Enabled = Not CheckBox2.Checked
12 End Sub
```

AM/PM 鈕按下時顯示 12 小時制(使用小寫的 hh), 否則顯示 24 小時制

使用 Timer1 的 Enabled 屬性來暫停 (設為 False)、或繼續 (設為 True) 更新時間

在設計視窗中雙按 暫停 即可撰寫 CheckedChanged (變更核取狀態) 事件程序

 上機　利用 Timer 控制項製作『會反彈的足球』。

圖-35

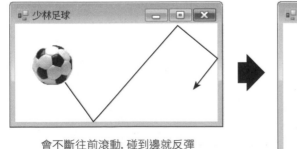

會不斷往前滾動, 碰到邊就反彈

在執行時可任意改變視窗大小

step **1** 請建立 Windows Form **應用程式**專案 Ch07-09。

step **2** 在表單中加入一個 PictureBox 及一個 Timer 控制項，並如下設定：

圖-36

足球圖片也是一個動畫 GIF 檔喔！

Timer1　　　ball

控制項	屬性	值
Form1	Text	少林足球
	BackColor	White
PictureBox	Image	匯入 Ch07\足球.gif
	SizeMode	AutoSize
Timer1	Enabled	True
	Interval	1 (= 0.001 秒)

step **3** 在 Timer1 上雙按滑鼠，建立 Timer1.Tick 事件程序：

```
01 Dim X位移 As Integer = 1  ←┐ 儲存目前足球每 0.001 秒要水平、垂直的位移量，
02 Dim Y位移 As Integer = 1  ←┘ 可能為 1(向右/下移) 或 -1(向左/上移)
03
04 Private Sub Timer1_Tick(...) Handles Timer1.Tick
05     ball.Left = ball.Left + X位移  ← 足球水平移動 1 點
06     '如果到達右邊界或左邊界
```

```
07    If ball.Left >= Me.ClientSize.Width - ball.Size.Width Or
08                  ball.Left <= 0 Then
09        X位移 = If(ball.Left <= 0, 1, -1)←── 遇到左邊界時改為 1, 否則改為 -1
10    End If
11
12    ball.Top = ball.Top + Y位移          ←── 足球垂直移動 1 點
13    '如果到達下邊界或上邊界
14    If ball.Top >= Me.ClientSize.Height - ball.Size.Height Or
15                  ball.Top <= 0 Then
16        Y位移 = If(ball.Top <= 0, 1, -1)←── 遇到上邊界時改為 1, 否則改為 -1
17    End If
18 End Sub
```

程式說明

首先我們在事件程序的外面宣告 **X位移**與 **Y位移**變數, 讓變數的值可以一直保存著 (直到表單關閉), 不會因事件程序的結束而消失。

接著在每 0.001 秒就執行一次的 Timer1.Tick 事件程序中, 將足球往水平及垂直方向各移動 1 點, 並檢查足球是否已到達視窗的邊界 : 如果到達左或右邊界, 就反轉 **X位移**變數 ; 如果到達上或下邊界, 則反轉 **Y位移**變數。

 圖-37

ball.Left (足球的 X 座標)

ball.Top (足球的 Y 座標)

ball.Size.Height
(足球的的高度)

Me.ClientSize.Height
(表單內部的高度)

ball.Size.Width (足球的寬度)

Me.ClientSize.Width
(表單內部的寬度)

狀況	檢查條件	處理方式
遇到左邊界	ball.Left <= 0	將X位移改為 1 (改為向右移動)
遇到右邊界	ball.Left >= Me.ClientSize.Width – all.Size.Width	將X位移改為 -1 (改為向左移動)
遇到上邊界	ball.Top <= 0	將Y位移改為 1 (改為向下移動)
遇到下邊界	ball.Top >= Me.ClientSize.Height – ball.Size.Height	將Y位移改為 -1 (改為向上移動)

 接續前例 (或開啟 ChO7-O9ok), 在表單右下角加入 3 個 Label 控制項, 並分別取名為**快**、**慢**、及**速度表**, 其功能與設定如下:

圖-38 ── 在足球上按一下, 可切換『暫停』或『繼續』移動足球

速度表：顯示目前的速度 (分子越大越快, 分母越大則越慢)

按**快**可加快足球速度

按**慢**可減慢足球速度

3 個 Label 的屬性	屬性值
Anchor	Bottom, Right (當改變視窗大小時, 與右及下邊界保持固定距離)
ForeColor	Silver
Text	分別為：快、慢、1/1

為了保持球場 (表單) 的淨空, 所以不使用 Button 而改用淺色的 Label, 以免礙眼。

參考解答

step ① 如果要減慢足球的速度，只要增加 Timer1 的 Interval 屬性即可（例如每次增加 20 毫秒）；但若要加快足球的速度，由於 Interval 最小值為 1，而且不可是小數，因此必須改用『增加移動量』的辦法：

```
01 Dim X位移 As Integer = 1
02 Dim Y位移 As Integer = 1
03 Dim N As Integer = 1        ←── 多宣告一個 N 變數，代表移動量
04
05 Private Sub Timer1_Tick(...) Handles Timer1.Tick
06     For i As Integer = 1 To N
07         ball.Left = ball.Left + X位移
08         If ball.Left >= Me.ClientSize.Width -
09             ball.Size.Width Or ball.Left <= 0 Then
10             X位移 = If(ball.Left <= 0, 1, -1)
11         End If                                          ←── 重複移動
12                                                              『N』次來
13         ball.Top = ball.Top + Y位移                          加快速度
14         If ball.Top >= Me.ClientSize.Height -
15             ball.Size.Height Or ball.Top <= 0 Then
16             Y位移 = If(ball.Top <= 0, 1, -1)
17         End If
18     Next
19 End Sub
```

當 N 變成 2 時，則每 0.001 秒就會移動 2 點，因此會比原來（移動 1 點）快一倍。

step ② 接著撰寫**快**及**慢**的 Click 事件程序。由於我們同時使用『Timer1.Interval 屬性』及『N 變數』來控制速度，所以必須同時考慮這二個因素，例如先減慢一次（將 **Interval** 加 20）之後再加快，則只須還原減慢的效果即可（將 **Interval** 減 20），而不必增加 N。

```
21 Private Sub 快_Click(...) Handles 快.Click
22     If Timer1.Interval > 1 Then
23         Timer1.Interval = Timer1.Interval - 20
24     Else
25         N = N + 1
26     End If
27     速度表.Text = N & "/" & Timer1.Interval
28 End Sub
29
30 Private Sub 慢_Click(...) Handles 慢.Click
31     If N > 1 Then
32         N = N - 1
33     Else
34         Timer1.Interval = Timer1.Interval + 20
35     End If
36     速度表.Text = N & "/" & Timer1.Interval
37 End Sub
```

行 22-23 ← 大於 1 表示之前有減慢過, 因此還原減慢效果

行 25 ← 否則增加 **N**

行 27 ← 顯示最新速度

行 31-32 ← 大於 1 表示之前有加快過, 因此還原加快效果

行 34 ← 否則增加 Interval 來減慢速度

行 36 ← 顯示最新速度

step 3 在設計視窗中雙按足球, 輸入 ball.Click 事件程序:

```
39 Private Sub ball_Click(...) Handles ball.Click
40     Timer1.Enabled = Not Timer1.Enabled
41 End Sub
```

行 40 ← 切換『暫停』或『繼續』移動足球

step 4 在執行時, 控制項如果重疊在一起, 則後加入的控制項會在上層 (越晚加入的控制項會在越上層):

圖-39

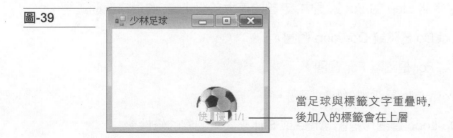

當足球與標籤文字重疊時, 後加入的標籤會在上層

我們希望足球可以在上面，因此請到設計視窗中如下操作：

圖-40

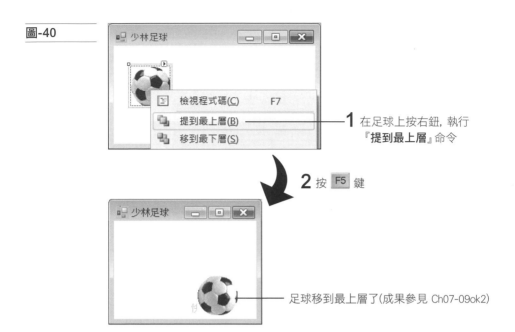

1 在足球上按右鈕, 執行
『**提到最上層**』命令

2 按 F5 鍵

足球移到最上層了(成果參見 Ch07-09ok2)

習題

1. 是非題：

   ( ) 在 For 迴圈中, 每執行一次迴圈, 計數器就固定會加 1。

   ( ) 在省略 Step 的 For 迴圈中, 若起始值大於終止值, 會形成無窮迴圈。

   ( ) Exit Do 是跳離 Do-Loop 迴圈。

   ( ) Exit For 是跳離 For 迴圈。

   ( ) Exit While 是跳離 While 迴圈。

   ( ) Do-Loop 迴圈可搭配 While 或 Still 來設定迴圈的條件。

   ( ) While 迴圈的結束敘述為 End While。

   ( ) For 迴圈的結束敘述為 End For。

2. 是非題：

    (　) Label1.Left = Label1.Left + 5 可將 Label1 右移 5 點。

    (　) Form1.ClientSize.Width 表示表單內部顯示區域的寬度。

    (　) Form1.Width 表示表單的寬度, 所以一定大於等於 Form1.ClientSize.
    Width。

    (　) 在表單事件程序中的 Me 關鍵字, 就代表應用程式本身。

    (　) 若將 Timer 的 Enabled 屬性設為 True, 則該 Timer 會變成沒有作用。

    (　) 若系統時間為 #9:50:30 PM#, 則 Format(Now(), "HH:mm") 等於 "09:50"。

    (　) Rnd() 函式所產生的最大亂數值等於 1。

    (　) Rnd() 函式在使用前如果沒有初始化, 則每次執行程式時所產生的亂數值
    都相同。

3. 是非題：

    (　) System.Threading.Thread.Sleep(500) 可暫停程式 0.5 秒。

    (　) 將 Timer 的 Interval 屬性設為 500, 表示每 0.5 秒 Tick 一次。

    (　) 在 For 迴圈中執行迴圈 500 次, 將會費時 0.5 秒。

    (　) 在 While 迴圈中執行迴圈 500 次, 將會費時 0.5 秒。

    (　) 500 毫秒 = 0.5 秒。

    (　) 1 毫秒 = 百分之一秒。

4. 『只要條件式為真, 就重複執行迴圈』的迴圈是哪一種 (複選)：

    (1) While 迴圈

    (2) Do While-Loop 迴圈

    (3) Do Until-Loop 迴圈

    (4) Do-Loop While 迴圈

    (5) Do-Loop Until 迴圈

5. 『只要條件式為假，就重複執行迴圈』的迴圈是哪一種 (複選)：

    (1) While 迴圈

    (2) Do While-Loop 迴圈

    (3) Do Until-Loop 迴圈

    (4) Do-Loop While 迴圈

    (5) Do-Loop Until 迴圈

    (6) For 迴圈

6. 請寫出以下程式執行的結果：

```
Dim i, x As Integer
For i = 1 To 3
    x = i + x
Next
Console.WriteLine("x=" & x & ", i=" & i)
```

7. 請寫出以下程式執行的結果：

```
Dim i, x As Integer
For i = 10 To -1 Step -3
    x = i + x
Next
Console.WriteLine("x=" & x & ", i=" & i)
```

8. 請寫出以下程式執行的結果：

```
Dim i = 1, x = 1
While i < 6
    x = i * x
    i = i + 2
End While
Console.WriteLine("x=" & x & ", i=" & i)
```

9. 已知 X = 10、Y = 20, 以下何者會造成無窮迴圈？

```
For X = 0 To Y + 1 Step 2
    Y += 1
Next
```

```
Do
    Y = Y - X
Loop While X = Y
```

```
While (X < Y)
    X = X - Y
    Y = Y - X
End While
```

10. 寫一支程式計算並顯示 17! (= 1 X 2 X 3 X ... X 17) 的值。

11. 寫一支程式可讓使用者連續輸入數值資料, 直到輸入 0 為止, 然後把所有輸入數值中最大及最小的數值顯示出來。

12. 請寫一個薪資計算程式, 人數不限制, 讓使用者輸入每一個人的姓名、薪水, 當姓名輸入空白時表示結束, 然後顯示公司人數、平均薪資、最高薪資與最低薪資。

13. 請寫一個程式計算下列數學方程式, 其中 x 及 n 的值皆由使用者自行輸入：

$$\frac{x+1}{n} + \frac{x+2}{n-1} + ... + \frac{x+n}{1}$$

14. 寫一支程式計算 Sum 的值：

(1) Sum = 3 + 7 + 13 + 17 + ... + 97

(2) Sum = $1+(-2/5)+(-2/5)^2+(-2/5)^3+ ... +(-2/5)^N$ (註：先讓使用者輸入 N)

(3) Sum = (1- 2/3)(1- 2/4)...(1- 2/N) (註：先讓使用者輸入 N)

15. 寫一程式可顯示如下的金字塔圖案：

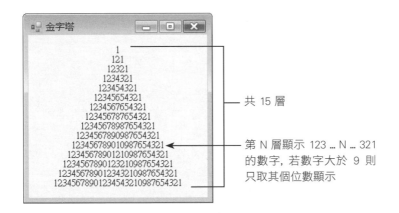

共 15 層

第 N 層顯示 123 … N … 321 的數字，若數字大於 9 則只取其個位數顯示

16. 請利用範例資料夾 Ch07 中的 Light01.gif~Light03.gif (🚦、🚦、🚦)，寫一個燈號變換程式，讓紅燈顯示 5 秒變黃燈，再過 3 秒變綠燈，再 6 秒則又變紅燈，如此循環下去，直到關閉表單為止。

這裡會讀秒 (由 1 開始)，時間到即變換燈號

17. 修改前一題，寫一個恐怖紅綠燈程式，讓紅燈、黃燈、綠燈的停留時間每次都不一定，但都會在 1~7 秒之間，而且黃燈的停留時間不超過 3 秒。

08 陣列與集合

本章閱讀建議

陣列是一種可儲存多筆相同性質資料的資料結構，是學習程式設計不可跳過的主題；與陣列類似的則是**集合**，集合是以物件的方式來操作多筆資料，是處理大量資料時的實用工具。底下是本章各節的閱讀建議：

8-1　　**使用陣列儲存多筆資料**：本節先來認識如何宣告陣列、存取陣列中的資料。讀者只要跟著上機實例操作，很快就能熟悉陣列的基本用法。

8-2　　**陣列的應用**：學會陣列的基礎，接著來學習陣列的實用方法與技巧，包括陣列內容的排序與搜尋，這些對往後的程式設計應用相當有幫助。

8-3　　**二維陣列**：二維陣列可稱為『由陣列組成的陣列』，初學者聽起來可能會覺得奇怪，但其實讀通前 2 節後再來學習使用二維陣列，就很容易理解了。

8-4　　**List 集合物件**：集合也是可存放多筆資料的物件，在某些場合，它比陣列更好用，因此 VB 中許多控制項、屬性等，其實都是以集合物件來實作的。學會集合物件，相當於學會多個控制項的用法。

8-5　　**ListBox (清單方塊) 控制項**：ListBox 是一種『可以顯示多項資料供使用者選取』的控制項，它的主要功能就是以集合物件來建構的，並配合使用者介面提供單選、複選、排序、搜尋等各種功能。

8-6　　**ComboBox (下拉式清單方塊) 控制項**：ComboBox 就是將 TextBox 及 ListBox 組合起來的控制項，讓使用者可以用打字或選取的方式來輸入資料。學會 ListBox 後再來學 ComboBox，應該會覺得很輕鬆才對。

8-1　使用陣列儲存多筆資料

我們可以把**陣列 (Array)** 看成是有多個儲存空間的變數，一個陣列可儲存多筆的資料：

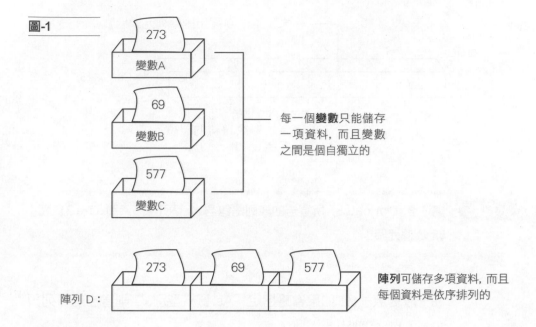

圖-1

每一個**變數**只能儲存
一項資料, 而且變數
之間是個自獨立的

陣列可儲存多項資料, 而且
每個資料是依序排列的

宣告陣列

宣告陣列的語法如下:

```
Dim 陣列名稱(index) As 資料型別
```

陣列中的每一個可儲存資料的空間稱為**元素 (Element)**, 每
個元素都有一個**由 0 開始的**編號, 稱為**索引 (Index)**或 **註標
(Subscript)**。因此語法中的 index 就是指陣列中最後一個元素的
索引編號, 例如:

```
Dim cat(3) As Integer  ←  宣告一個名為 mouse 的陣列, 其內包含
                          索引編號 0~3 的元素
```

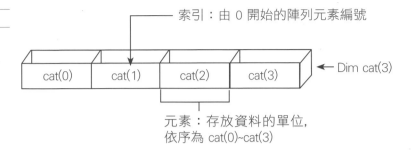

圖-2

索引：由 0 開始的陣列元素編號

cat(0)　cat(1)　cat(2)　cat(3)　← Dim cat(3)

元素：存放資料的單位,
依序為 cat(0)~cat(3)

TIPS 請注意, Dim cat(3) 所宣告的陣列是包含 4 個元素 (索引 0~3), 而
非 3 個元素！

和一般變數一樣, 如果省略指定『As 資料型別』, 則宣告的陣列預
設為 Object 型別。

存取陣列元素

一旦宣告了陣列, 我們就可以使用『陣列名稱(索引)』的方式, 來
存取陣列中指定編號的元素, 例如：

```
Dim mouse(3) As Integer
mouse(0) = 83          ← 將 83 存入索引編號 0 的元素
mouse(1) = 299         ← 將 299 存入索引編號 1 的元素
mouse(3) = mouse(1) - mouse(0)
mouse = 100            ← 錯誤！不能將整數指定給『整數陣列』
```

 上機 在程式中建立陣列, 並利用迴圈逐一存取陣列元素的內容。

step 1 請建立**主控台應用程式專案** Ch08-01。

step 2 在程式模組中輸入如下程式：

```
01 Sub Main
02    Dim Scores(4) As Integer      '建立整數陣列
03
04    For i = 0 To 4  '用迴圈逐筆存取索引 0 到 4 的陣列元素
05        Scores(i) = 100 - i * i
06        Console.WriteLine("Scores(" & i & ")=" & Scores(i))
07    Next
08 End Sub
```

step 3 按 Ctrl + F5 執行程式, 即會出現如下的執行結果。

圖-3

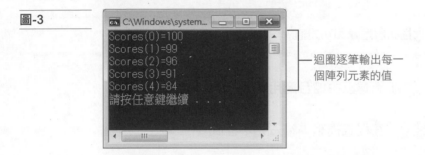

迴圈逐筆輸出每一
個陣列元素的值

程式解說

程式中用 "Dim Scores(4) As Integer" 建立含 5 個元素的整數陣列,
而元素的索引編號就是 0～4, 所以可很方便的用迴圈來存取之。
在迴圈中則用 "100 - i * i" 算式產生數值設定給元素, 再將之輸出。

陣列初始值

和一般變數宣告一樣, 我們可在陣列宣告時指定初始值。指定的
方式是用大括號, 其中並以逗號將每個元素初始值分隔開, 像是
{1,2,3}。但要特別注意, 指定初始值時, 陣列名稱後面的括弧中就
必須留空完全部省略, 不能再用括弧設定陣列大小, VB 會自動依初
始值的個數, 建立相同大小的陣列, 例如:

```
Dim A() = {1,3,5}          ← A 是含 3 個元素的整數陣列
Dim B = {"台北","台中","台南"}  ← B 是含 3 個元素的字串陣列
    ↑————可以省略括弧

Dim C(3) = {"Zeus", "Poseidon", "Hades"}  ← 錯誤，設定陣列初值
                                              時，不可再指定大小
```

如上所示，在設定初值時，VB 不但會依初始值的個數來決定陣列大小，也會自動依初始值的內容，選用合適的資料型別。

 以大括弧設定陣列初始值。

step❶ 請建立**主控台應用程式專案** Ch08-02。

step❷ 在程式模組中輸入如下程式：

```
01 Sub Main()
02     Dim Fruits() = {"Apple", "Banana", "Cherry"}
03     Dim Scores = {100, 93, 95, 87}   '省略括號
04
05     Console.WriteLine("Fruits 的型別是 " & TypeName(Fruits))
06     For i = 0 To 2                        '輸出陣列內容
07         Console.WriteLine("  Fruits(" & i & ")=" & Fruits(i))
08     Next
09
10     Console.WriteLine("Scores 的型別是 " & TypeName(Scores))
11     For i = 3 To 0 Step -1               '反序輸出陣列內容
12         Console.WriteLine("  Scores(" & i & ")=" & Scores(i))
13     Next
14 End Sub
```

step❸ 按 Ctrl + F5 執行程式，即會出現如下的執行結果。

圖-4

型別後面有括號
表示是陣列

索引範圍

初學者可能對陣列元素索引是由 0 開始, 以及索引上限是 (元素總數-1) 這件事不太習慣, 一不小心就會弄錯。例如雖然宣告了 "Dim Scores(3)" 的陣列, 然後以為陣列元素只有 Scores(1)、Scores(2)、Scores(3) 三個, 而忘了還有一個 Scores(0)。

另一種情況則是利用大括號設定了陣列初始值, 但沒數清楚初始值個數, 而用了超過編號的索引, 這種錯誤稱為『超出索引範圍』。

雖然這需要一些時間熟悉, 但就算程式老手, 偶爾也會因手誤等狀況, 在程式中使用不正確的索引值。因此為了避免此類錯誤, 我們可用下列工具在程式防止索引值『超出索引範圍』:

● 使用 Ubound() 函式:以陣列變數為參數時, 此函式會傳回該陣列的索引上限, 例如:

```
Dim A(100) As Long
...
Console.WriteLine(Ubound(A))      ← 將會輸出 100
```

● 使用陣列的 Length 屬性：每個陣列變數都有一個 Length 屬性，其值就是陣列的『長度』(或**大小**), 也就是元素總數。

```
Dim F = {1,1,2,3,5,8}
...
Console.WriteLine(F.Length)        ← 將會輸出 6
```

所以在使用迴圈或任何方式存取陣列元素時, 就可用 Ubound() 或 (Length 屬性值 - 1) 為索引值的上限, 避免發生索引超出範圍的錯誤。

 利用陣列的 Length 屬性取得陣列元素個數, 以及用 UBound() 限制索引範圍, 計算分數陣列中的分數總平均。

step 1 請建立**主控台應用程式專案** Ch08-03。

step 2 在程式模組中輸入如下程式：

```
01 Sub Main()
02   Dim Scores = {92, 100, 88, 72, 80, 96, 60, 82}
03   Dim Total = 0
04
05   For i = 0 To UBound(Scores)
06       Console.WriteLine("學生" & i + 1 & "的分數為 " & Scores(i))
07       Total += Scores(i)
08   Next
09   Console.WriteLine(vbCrLf & "平均分數為 " & Total / Scores.Length)
10 End Sub
```

step 3 按 Ctrl + F5 執行程式, 即會出現如下的執行結果。

圖-5

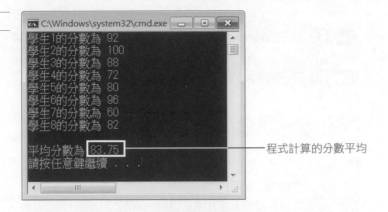

———程式計算的分數平均

程式中用 UBound(Scores) 限制迴圈執行次數, 也就是索引值上限。在迴圈中則將每一筆分數逐一加總至 Total 變數, 最後再用 Total 除以 Scores.Length 取得平均分數。

使用這些內建的函式、屬性, 不但可減少程式輸入錯誤, 甚至在資料數量因故變動時, 也不必更動程式碼, 提高工作效率。

 某公司有 5 位員工, 請建立一登入程式, 員工必須輸入正確的『帳號』及『密碼』才能登入。

圖-6

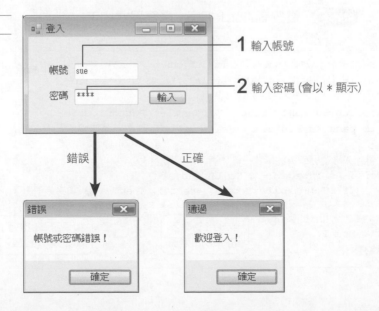

1 輸入帳號

2 輸入密碼 (會以 * 顯示)

錯誤　　　　　正確

step ① 建立 Windows Form 應用程式專案 Ch08-04。

step ② 在表單中加入控制項並設定如下：

圖-7

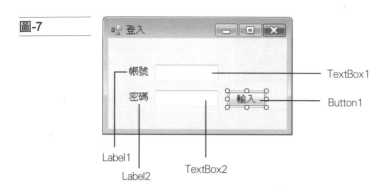

TextBox1

Button1

Label1
Label2
TextBox2

控制項	屬性	值
Form1	AcceptButton	Button1 (按下 Enter 鍵時的預設按鈕)
	StartPosition	CenterScreen (表單置於螢幕中央)
	Text	登入
Label1	Text	帳號
Label2	Text	密碼
TextBox2	PasswordChar	* (輸入的文字以 * 顯示)
Button1	Text	輸入

step ③ 雙按 Button1 按鈕，撰寫程式如下：

```
01 Dim acc() = {"joy", "sue", "anna", "john", "ken"}
02 Dim pwd() = {"1234", "s715", "apple", "d@#$99", "kennn"}
03
04 Private Sub Button1_Click(...) Handles Button1.Click
05     Dim pass As Boolean = False
06
07     '將輸入帳號與所有的帳號一一比對
08     For i As Integer = 0 To UBound(acc)
09         If LCase(TextBox1.Text) = acc(i) Then
10             If TextBox2.Text = pwd(i) Then pass = True
11             Exit For
12         End If
13     Next
```

Ⓐ 將帳號 (acc) 及密碼 (pwd) 儲存在陣列中

Dim **pass** As Boolean = False ← pass 表示是否過關，預設為否

Ⓑ 如果帳號對了 (不分大小寫)

無論密碼對不對，都跳出迴圈

如果密碼也對了，設定 pass 為 True 表示過關

8-10

```
14
15      '依照 pass（是否過關）做不同的處理
16      If pass Then
17          MsgBox("歡迎登入！", , "通過")
18          End  '結束程式
19      Else
20          MsgBox("帳號或密碼錯誤！", , "錯誤")
21          TextBox1.Text = ""  ←── 清空帳號、密碼欄的內容
22          TextBox2.Text = ""
23          TextBox1.Focus()    ←── 移動輸入焦點到帳號欄
24      End If
25 End Sub
```

step **4** 按 F5 鍵實地測試看看。

程式解說

Ⓐ 我們首先在程序之外宣告二個陣列來存放帳號及密碼資料，在
程序外宣告的變數或陣列可持續存在，直到表單關閉為止。

Ⓑ 當使用者按下 輸入 鈕時，程式就使用 For 迴圈一一比對帳號，
如果帳號對了就再比對密碼來設定 pass 的值（pass 預設為
False，若密碼對了則設為 True），然後跳出迴圈。如果跑完 5 圈
後帳號都不對，則同樣會跳出迴圈，而 pass 會是預設值 False。
最後再依照 pass 的值（為 True 表示過關）進行不同的處理。

最後，如果公司又有新人加入，那麼只須更改 acc 及 pwd 的初
值即可，其他程式完全不用改，例如：

加入新人的帳號及密碼

```
01 Dim acc() = {"joy", "sue", "anna", "john", "ken", "ada" }
02 Dim pwd() = {"1234", "s715", "apple", "d@#$99", "kennn", "dadada" }
03
04 Private Sub Button1_Click(...) Handles Button1.Click
05      Dim pass As Boolean = False
```

```
06
07      For i As Integer = 0 To UBound(acc)
08          ...
```
這裡不用改, 因為 UBound() 會傳回最大索引值

For Each：不需要計數器的 For 迴圈

For Each 是 For 迴圈的變形, 可以由陣列中一一取出每一個元素來處理, 寫法如下：

```
For Each 變數 In 陣列
    要執行的程式
Next
```

例如底下是將陣列中所有元素加總起來的程式：

```
Dim score() As Integer = {85, 70, 97, 88, 75}
Dim sum As Integer

For Each n As Integer In score    ← 每次由 score 陣列中取
    sum = sum + n                     出一個元素存入 n 中
Next
MsgBox(sum)
```

 TIPS 變數 n 也可以在 For Each 之前事先宣告好, 若沒事先宣告則在 For Each 中會自動宣告, 並且可以用 As 來指定型別。

 上機 寫一程式讓使用者輸入一串以逗號分隔的成績資料, 然後顯示所有成績的筆數、總分、及平均, 如下圖所示。

圖-8

1 輸入成績

2 按**計算**鈕

平均成績算至小數二位

step **1** 開啟範例專案 Ch08-05, 我們已準備好所需的表單及控制項：

圖-9

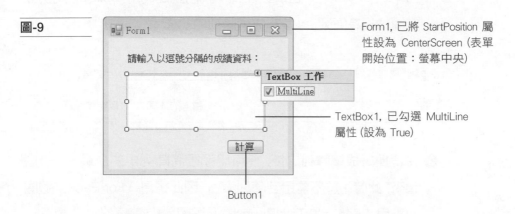

Form1, 已將 StartPosition 屬性設為 CenterScreen (表單開始位置：螢幕中央)

TextBox1, 已勾選 MultiLine 屬性 (設為 True)

Button1

step **2** 請雙按 Button1, 建立 Button1.Click 事件程序：

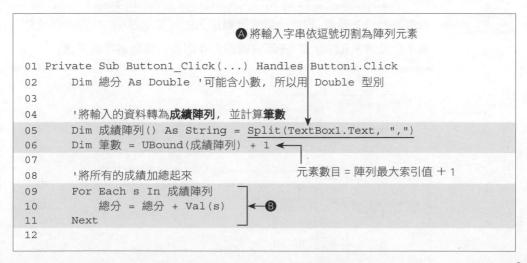

A 將輸入字串依逗號切割為陣列元素

```
01 Private Sub Button1_Click(...) Handles Button1.Click
02     Dim 總分 As Double '可能含小數, 所以用 Double 型別
03
04     '將輸入的資料轉為成績陣列, 並計算筆數
05     Dim 成績陣列() As String = Split(TextBox1.Text, ",")
06     Dim 筆數 = UBound(成績陣列) + 1
07
08     '將所有的成績加總起來
09     For Each s In 成績陣列
10         總分 = 總分 + Val(s)
11     Next
12
```

元素數目 = 陣列最大索引值 + 1

B

```
13      MsgBox("成績筆數：" & 筆數 & vbCrLf &
14          "總成績為：" & 總分 & vbCrLf &
15          "平均成績：" & Math.Round(總分 / 筆數, 2))
16 End Sub
```

利用 Math.Round() 將平均成績四捨六入 (五成雙) 到小數點 2 位

程式解說

Ⓐ 『Split(字串,分隔字元)』函式可依照指定的分隔字元來切割字
串, 並將結果轉換為陣列後傳回, 例如：Split("2,3,Abc", ",") 會傳
回 {"2","3","Abc"}。在以上程式中我們就是利用 Split() 將輸入的
成績轉換為陣列, 以做為**成績陣列**的初值：

```
Dim 成績陣列() As String = Split(TextBox1.Text, ",")
```

輸入的成績　　以逗號切割

Ⓑ 在轉換好**成績陣列**之後, 便可用迴圈將陣列中的成績一一加總
起來, 此時由於不需用到陣列索引, 因此選用『For Each』迴圈,
而不用『For i = 0 To UBound...』迴圈。

 依模彷上一個範例, 設計一個會計算輸入的英文句子中, 共有幾個英文
單字及幾個字元的程式 (先不考慮輸入字串是否夾雜數字或符號)。

 圖-10

輸入英文句子後按**計算**鈕

8-14

參考解答

其實只要把範例 ChO8-O5 的介面及程式做小幅度的修改, 即可達
到上圖的效果。字串和陣列一樣都有代表長度的 Length 屬性, 而字
串的長度其實就是字串中的字數, 所以利用迴圈將句子中所有字串的
Length 加總起來, 就是總字元數了。

```
01 Private Sub Button1_Click(...) Handles Button1.Click
02     '將輸入的資料轉為字串陣列, 並計算單字與字元數
03     Dim Words() As String = Split(TextBox1.Text, " ")
04     Dim 單字數 = Words.Length
05     Dim 字元數 = 0                    這次分隔字元是『空白字元』
06
07     '將所有的字串長度加總起來
08     For Each s In Words
09         字元數 = 字元數 + s.Length
10     Next
11
12     MsgBox("總共輸入" & 單字數 & " 個英文單字" & vbCrLf &
13            "總共有" & 字元數 & "個字元")
14 End Sub
```

8-2 陣列的應用

本節將介紹一些在使用陣列時經常用到的技巧, 包括排序及搜尋陣
列的內容、調整陣列的大小等。本章中介紹的功能, 大部份會用到
.Net Framework 的 Array 類別提供的工具方法, 可很方便地對陣列
進行各項處理。

將陣列內容排序

在陣列的應用中, 經常需要將陣列的元素排序 (Sort), 也就是讓所有元素依由大到小的順序、或由小到大的順序排列好。而為了方便處理, 我們可直接呼叫 Array() 類別的 Sort() 方法, 只要將想排序的陣列當參數, 來呼叫 Array.Sort() 即可。Array.Sort() 預設是以由小到大的順序排列:

```
Dim myArray() = {1,4,3,5,2}
Array.Sort(myArray)  ← myArray() 的內容會變成 {1,2,3,4,5}
```

另外還有一個 Array.Reverse() 方法, 它會將參數陣列中的元素全部反向排序, 例如先呼叫 Array.Sort(), 再呼叫 Array.Reverse(), 就會使陣列元素是依『由大到小』的順序排列:

```
Dim myArray() = {1,4,3,5,2}
Array.Sort(myArray)      ← 先將 myArray() 依由小到大的 {1,2,3,4,5}
Array.Reverse(myArray)  ← myArray() 的內容會變成 {5,4,3,2,1}
```

 利用 Array.Sort() 排序字串陣列內容, 再輸出排序後的內容。

step **1** 請建立**主控台應用程式專案** Ch08-06。

step **2** 在程式模組中輸入如下程式:

```
01 Sub Main()
02    Dim fruits() = {"cherry", "mango", "peach", "banana",
03                    "watermelon", "apple"}
04    Array.Sort(fruits)    '將陣列元素由小到大排序
05    For Each f In fruits
06        Console.WriteLine(f)
07    Next
08    Console.WriteLine()
09
10    Array.Reverse(fruits)    '將陣列元素順序反轉
11    For Each f In fruits
12        Console.WriteLine(f)
13    Next
14 End Sub
```

step ③ 按 Ctrl + F5 執行程式, 即會出現如下的執行結果。

圖-11

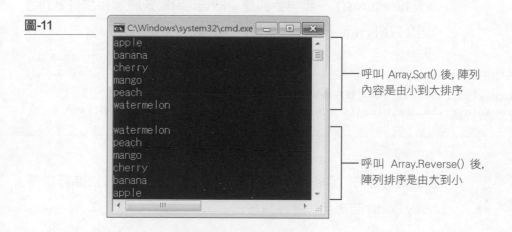

呼叫 Array.Sort() 後, 陣列
內容是由小到大排序

呼叫 Array.Reverse() 後,
陣列排序是由大到小

TIPS　注意, 單獨呼叫 Array.Reverse() 並沒有『排序』效果, 它只會將陣列
元素的順序倒轉過來。

排序 2 個陣列

Array.Sort() 還有一個特別的用法, 可以同時將 2 個陣列依同樣的方式排序, 聽起來有點奇怪, 但看了下面的例子, 您就會懂了。

假設我們將學生姓名與分數分別放在 2 個陣列, 並一一對應好:

```
Dim Name() = {"邱大城", "吳木青", "蘇菲", "郭逸洋"}
Dim Score() = {88, 93, 97, 84}
Console.Writeline(Name(1) & ":" & Score(1))   ← 輸出『吳木青:93』
```

現在若要將分數排序, 以顯示成績排名, 但如果只對 scores() 陣列做排序, 則兩個陣列的對應關係就會亂掉了, 因為 name() 陣列並沒有和 scores() 一起同步調整; 同理, 如果要將學生依姓名排序列出, 只對 name() 排序也會使結果大亂。

```
Array.Sort(Score)   ← 排序後分數陣列變成 {84, 88, 93, 97}
Console.Writeline(Name(1) & ":" & Score(1))   ← 『吳木青』變成 88 分?
```

因此為了讓 2 個相關連的陣列, 能一同依同樣的方式進行排序, Array.Sort() 支援另一種呼叫方式:

```
Array.Sort(ArrayA, ArrayB)
```

ArrayA 和 ArrayB 是兩個相關連的陣列 (例如分數與姓名陣列),
Array.Sort() 會將 ArrayA 做由小到大的排序, 同時會將 ArrayB 中
的元素做相同的移動, 使兩邊能保持對應關係。亦即若 ArrayA 的
排序過程中, 需將索引 3 的元素搬到索引 0 的位置, 則 Array.Sort()
也會將 ArrayB 陣列中, 索引 3 的元素搬到索引 0。

 建立學生與分數對照, 並利用 Array.Sort() 對兩個陣列做同步排序。

step ❶ 請建立**主控台應用程式專案** Ch08-07。

step ❷ 在程式模組中輸入如下程式:

```
01 Sub Main()
02     Dim Score() = {88, 93, 97, 84}
03     Dim Name() = {"邱大城", "吳木青", "蘇小菲", "郭逸洋"}
04
05     Console.WriteLine("排序前...")
06     For i = 0 To UBound(Score)
07         Console.WriteLine(Name(i) & ":" & Score(i))
08     Next
09
10     Console.WriteLine(vbCrLf & "依分數排序...")
11     Array.Sort(Score, Name)
12     For i = 0 To UBound(Score)
13         Console.WriteLine(Name(i) & ":" & Score(i))
14     Next
15
16     Console.WriteLine(vbCrLf & "依姓名排序...")
17     Array.Sort(Name, Score)
18     For i = 0 To UBound(Score)
19         Console.WriteLine(Name(i) & ":" & Score(i))
20      Next
21 End Sub
```

step ③ 按 Ctrl + F5 執行程式, 即會出現如下的執行結果。

圖-12

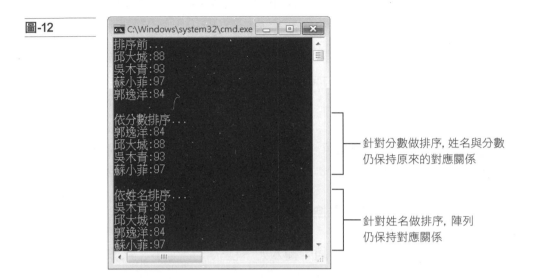

針對分數做排序, 姓名與分數仍保持原來的對應關係

針對姓名做排序, 陣列仍保持對應關係

在陣列中搜尋資料

對大量資料的處理, 除了排序外, 最常見的就是『搜尋』 (Search) 了, 也就是從一堆資料中找出自己想要的資料。要在陣列中搜尋指定的資料可使用 Array.IndexOf() 方法, 呼叫時需以要搜尋的陣列為參數 1、要搜尋的元素值為參數 2, 只要陣列中存有指定的元素值, Array.IndexOf() 就會傳回該元素的索引值:

```
Dim Number() = {30, 12, 18, 4}

Console.WriteLine(Array.IndexOf(Number, 12))    '輸出 1
Console.WriteLine(Array.IndexOf(Number, 18))    '輸出 2
Console.WriteLine(Array.IndexOf(Number, 20))    '輸出 -1
```

8-20

如以上程式片段所示, 如果待搜尋的資料不存於陣列中 (像上例中的 20), 此時 Array.IndexOf() 將傳回 -1, 所以 -1 就相當於『找不到』的意思。

 利用 Array.IndexOf() 搜尋書籍名稱。

step **1** 請建立 **Windows Form 應用程式專案** Ch08-08。並建立如下查詢表單:

圖-13

Label1━━ 關鍵字:

TextBox1
找書 ━ Button1

Label2 控制項, 將 Text
屬性設為 1 個空白字元

step **2** 在 Button1 上雙按建立按鍵事件處理程序, 並在其中輸入如下程式:

```
01 Private Sub Button1_Click(...) Handles Button1.Click
02     Dim Book() = {"Canon 相機手冊",
03         "Excel VBA 技法",
04         "Microsoft Excel 超 Easy",
05         "iPhone 酷樂誌",
06         "Fedora Linux 實務應用",
07         "Windows 密技嗆聲報"}
08     Dim Price() = {360, 450, 249, 299, 450, 299}
09
10     Dim result = Array.IndexOf(Book, TextBox1.Text)
11     If result < 0 Then
```

```
12          Label2.Text = "找不到:" & TextBox1.Text
13      Else
14          Label2.Text = Book(result) & vbCrLf &
15                         "單價:" & Price(result)
16      End If
17 End Sub
```

step 3 按 F5 執行程式, 並做如下的測試:

圖-14

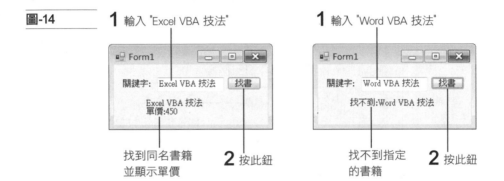

1 輸入 "Excel VBA 技法"

關鍵字: Excel VBA 技法   找書

Excel VBA 技法
單價:450

找到同名書籍
並顯示單價   2 按此鈕

1 輸入 "Word VBA 技法"

關鍵字: Word VBA 技法   找書

找不到:Word VBA 技法

找不到指定
的書籍   2 按此鈕

重複搜尋

如果要搜尋的資料在陣列中有數筆, Array.IndexOf() 預設只會傳回
陣列中『第一筆』符合的元素索引值。因此想讓 Array.IndexOf()
能找出所有符合的元素索引, 就必須搭配使用有 3 個參數的 Array.
IndexOf() 方法。

有 3 個參數的 Array.IndexOf() 方法, 第 3 個參數表示『從第幾個
元素開始搜尋』:

```
Dim Number() = {30, 12, 18, 12}

Console.WriteLine(Array.IndexOf(Number, 12))     '輸出 1
Console.WriteLine(Array.IndexOf(Number, 12, 2)) '輸出 3
```

　　　　　　　　　　跳過元素 0、元素 1, 從元素 2 繼續搜尋

所以只要程式能重複呼叫 Array.IndexOf() 方法, 而且每次呼叫都
適度的調整開始搜尋的位置, 跳過已搜尋過的區域, 就能逐筆找出
所有符合條件的資料。

 利用迴圈配合 Array.IndexOf(), 實作可搜尋陣列中所有符合條件的元
素。

圖-15

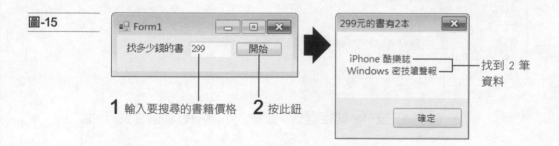

1 輸入要搜尋的書籍價格 　**2** 按此鈕　　　　找到 2 筆資料

step **1** 請建立 **Windows Form 應用程式專案** Ch08-09。並建立
如下查詢表單:

圖-16

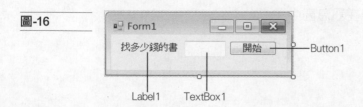

step 2 在 Button1 上雙按建立按鍵事件處理程序，並在其中輸入如下程式：

```
01 Private Sub Button1_Click(...) Handles Button1.Click
02     Dim Book() = {"Canon 相機手冊",
03            "Excel VBA 技法",
04            "Microsoft Excel 超 Easy",
05            "iPhone 酷樂誌",
06            "Fedora Linux 實務應用",
07            "Windows 密技嗆聲報"}                    '書名陣列
08     Dim Price() = {360, 450, 249, 299, 450, 299} '單價陣列
09
10     Dim pos = 0
11     Dim total As Integer, TitleList As String = " "     ←A
12
13     While pos >= 0                                        ←B
14         pos = Array.IndexOf(Price, CInt(TextBox1.Text), pos)
15         If pos >= 0 Then '如果有找到
16             total += 1
17             TitleList &= Book(pos) & vbCrLf
18             pos = pos + 1 '下次從目前找到的下一個元素開始   ←C
19         End If
20     End While
21
22     MsgBox(TitleList, ,
23            TextBox1.Text & "元的書有" & total & "本")
24 End Sub
```

step 3 按 F5 執行程式，並輸入不同的書籍價格進行測試。

[程式解說]

A 此處宣告的 total 變數是用來存放找到的書籍筆數, TitleList 變數則是用來儲存找到的書籍名稱, 以便程式執行完畢時, 將搜尋結果顯示在訊息窗中。

Ⓑ 此處的迴圈會在 pos 變數大於等於 0 時循環執行, 迴圈中會用 pos 的值為起始位置, 呼叫 Array.IndexOf() 搜尋使用者輸入的金額。如果有找到, 除了會將書名記錄下來, 也會在

Ⓒ 處將 pos 的值加 1, 讓迴圈下次執行時會從這次找到位置的『下一個』開始繼續搜尋。

調整陣列的大小

在陣列的宣告語法中, 一開始就必須指定陣列的大小；若有指定初值, VB 也是依初值的數量, 建立相同元素數量的陣列。如果在程式執行時, 需臨時改變陣列的大小 (元素的數量), 就必須使用 ReDim 語法來『重新定義』陣列。

```
Dim iArray() = {1,4,9,16,25}    ' 建立含 5 個元素的陣列

ReDim Preserve iArray(6)        ← 陣列變成含 7 個元素, 並保留原值
Console.Write(iArray(2))        '將會輸出 9
iArray(5) = 36

ReDim iArray(3)                 '重新定義含 4 個元素
Console.Write(iArray(2))        '將會輸出 0
```

ReDim 的功能是重新定義陣列, 亦即建立一個符合指定大小的『新』陣列, 如果有加上關鍵字 **Preserve** (保留), VB 會將原陣列的內容複製到新陣列對應的元素, 因此有保留原有資料的效果。如果沒有加上關鍵字 **Preserve**, 就會建立全新的陣列, 像上面的整數陣列到最後, 其元素值就會是 0。

由於 ReDim 的運作是重新建立一個陣列, 必要時再將原資料複製進去, 對程式的執行效能有負面影響。因此若一般需要有動態改變陣列大小的需求, 通常會建議改用可自由變動大小的**集合物件**, 在 8-4 節就會介紹如何使用集合物件。

8-3　二維陣列

數個同型的陣列可以『疊』在一起, 此時陣列看起來是有 2 個維度, 所以我們稱其為**二維陣列** (Two Dimenssion Array)。

圖-17

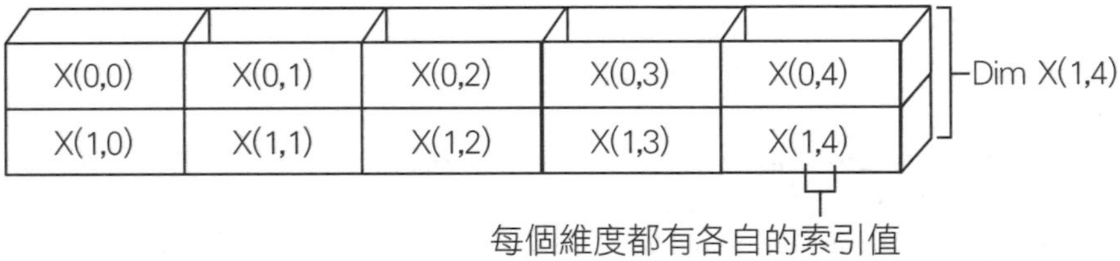

如果把教室的座位看成是二維陣列就很容易理解了, 我們要說明某個位置時都要指明『第 X 排第 Y 個』, 同理, 只要明確指定兩個索引值, 就可指出所要使用的元素在二維陣列中的位置。

二維陣列也可以用 {...} 的方式來設定初值, 由於二維陣列可視為由一維陣列所組成的, 所以初始值的寫法是大括號中有大括號:

```
Dim Score(,) = { {1,3,5},
                 {2,4,6} }  '建立 Score(1,2) 陣列
Console.Write(Score(0,2))   '輸出 5
Console.Write(Score(1,1))   '輸出 4
```

請注意第 1 行的寫法, 二維陣列有設定初始值時, 同樣不必在括弧 () 中指定維度的大小, 但必須在括弧中加上一個逗號『**(,)**』, 表示這是個二維陣列。

 建立含學生身高、體重資料的二維陣列, 並利用迴圈計算平均身高、體重。

step**1** 請建立**主控台應用程式專案** Ch08-10。

step**2** 在程式模組中輸入如下程式：

```
01 Sub Main()
02     Dim Students(,) = {{"邱大城", 180, 74},
03                        {"吳木青", 160, 66},     建立含 4 筆學生資料
04                        {"蘇小菲", 165, 54},     的二維陣列
05                        {"郭逸洋", 170, 79}}
06     Dim totalWeight, totalHeight As Integer
07     Dim number = UBound(Students, 1)
08
09     For i = 0 To number
10         totalHeight += Students(i, 1)     '累加身高
11         totalWeight += Students(i, 2)     '累加體重
12     Next
13
14     Console.WriteLine("全班平均身高: " & totalHeight / (number + 1))
15     Console.WriteLine("全班平均體重: " & totalWeight / (number + 1))
16 End Sub
```

step 3 按 Ctrl + F5 執行程式，即會出現如下的執行結果。

圖-18

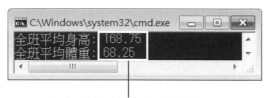

經由累加陣列元素值，並除以
學生總數所得的平均值

二維陣列同樣可用 Ubound() 來取得索引的上限值，但由於有 2
個維度，所以需加上第 2 個參數來指定所要取得的索引上限值
是在哪一個維度。例如上面程式建立了 Students(3,2) 的二維陣
列，Ubound(Students,1) 會傳回第 1 維的索引上限，也就是 3；而
Ubound(Students,2) 則傳回第 2 維的索引上限 2。

二維陣列亦可用 Length 屬性取得元素總數，例如上例中的學生陣列，
Students.Length 的值會是 12 (=4*3)。

沿用範例程式 Ch08-10 的學生陣列，利用程式找出『身高最高』及
『體重最重』的學生姓名。

参考解答

我們可以利用迴圈逐一讀取每個學生的身高、體重值，每次都將
『目前』的最大值記錄下來，迴圈跑完後，所留下的最後值就是身
高、體重的最大值。例如 (可參見範例專案 Ch08-11)：

step 2 在程式模組中輸入如下程式：

```
01 Sub Main()
02     Dim Students(,) = {{"邱大城", 180, 74},
03                        {"吳木青", 160, 66},
04                        {"蘇菲", 165, 54},
05                        {"郭逸洋", 170, 79}}    '建立含 4 個學生資料的陣列
06     Dim MaxWeight = 0, MaxHeight = 0
07     Dim MaxWeightName, MaxHeightName As String
08     Dim number = UBound(Students, 1)
09
10     For i = 0 To number
11         If MaxHeight < Students(i, 1) Then   '判斷身高最高者        ←A
12             MaxHeight = Students(i, 1)
13             MaxHeightName = Students(i, 0)                       ←B
14         End If
15
16         If MaxWeight < Students(i, 2) Then   '判斷體重最重者
17             MaxWeight = Students(i, 2)
18             MaxWeightName = Students(i, 0)
19         End If
20     Next
21
22     Console.WriteLine("身高最高的是" & MaxHeightName & ", 身高=" &
                                                          MaxHeight)
23     Console.WriteLine("體重最重的是" & MaxWeightName & ", 體重=" &
                                                          MaxWeight)
24 End Sub
```

圖-19

A MaxHeight 和 MaxWeight 的初始值都是 0, 所以進入迴圈進行
比較後, 它們的值就會被 Students(,) 中的第 1 筆身高、體重值
所取代。而隨著每一輪迴圈的進行, 只要出現更大的身高、體
重值, 它們就會再被取代, 因此迴圈執行完畢 (所有學生都被比
較過), MaxHeight 和 MaxWeight 的值就是最大值。

B 在取最大值的過程中, 也同時記下該學生的姓名, 所以程式最後可一併輸出『身高最高』及『體重最重』的學生名稱及其身高或體重值。記錄學生姓名的敘述, 也可以改成只記錄該學生的索引值, 如此在輸出時只需輸出該索引所指的學生姓名即可。

 陣列可以有更多的維度, 2 維及以上的陣列通稱為**多維陣列**, 例如『Dim A(3,4,5)』就是一個 3 維陣列。多維陣列的基本應用和 1 維、2 維陣列相通, 不過由於多維陣列在維護、程式設計的操作上都比較不方便, 容易出錯, 一般較少使用。

8-4 List 集合物件

陣列是相當實用的資料結構, 不過在某些應用場合則有其缺點或功能不足, 例如前面介紹過陣列大小基本上是固定不變的, 雖然 VB 支援 ReDim 的語法可動態改變陣列大小, 但這個動作對程式效能有相當影響。再者, 如果我們想新增、刪除的陣列中間的元素, 也無法單靠 ReDim 來完成。

為了補這方面的不足, 於是 .Net Framework 特別提供了一組稱為**集合 (Collection)**的類別, 可用以建立各類的集合物件。不同類型的集合物件 (類別) 具備不同的特性, 例如 Stack (堆疊) 在增減元素時具備『後進先出』的特質, 而 Queue (佇列) 則是『先進先出』。限於篇幅, 本節將只介紹 List 類別。

List 是『清單』的意思, 和陣列類似, 它可用來存放許多同型的資料, 但就像生活中的各種清單一樣, 我們可隨意增減 List 清單中的項目, 將項目加到特定的位置或移除等。許多控制項都具有 List 的特性, 像是後面會介紹的 ListBox 、ComboBox 等, 因此學會使用 List, 相當於就學會如何使用這些控制項。

圖-20
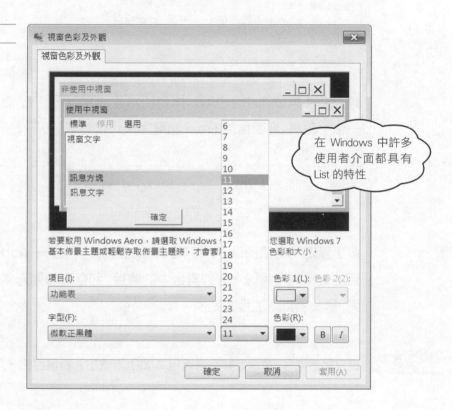

List 的基本用法

要建立 List 集合物件需使用如下語法:

```
Dim Fruit As New List(Of String)
```
物件名稱　　清單類別名稱　　清單項目的型別

在類別名稱 List 後面的括弧中需用 Of 的語法指明集合中資料的型
別, 例如 (Of Integer)、(Of Long)、(Of String) 等等。建立物件後
可用它呼叫 Add() 方法加入『任意數量』的項目:

```
Dim Number As New List(Of Integer)
Number.Add(1) ┐
Number.Add(3) ├── 加入 1,3,5 三個項目
Number.Add(5) ┘
```

建立 List 集合物件時也可以指定初始值, 但和陣列初始值的語法有
一個小差異, 亦即需用 From 關鍵字來代替等號, 如下:

```
Dim Number As New List(Of Integer) From {1, 3, 5}
```

以上設定初始值的例子, 和前面先建立物件, 再逐一 Add() 三個項
目的效果完全相同。存取集合中的項目, 和存取陣列元素的方法相
同, 請參考以下的程式範例。

 建立集合物件, 並設定初始值或用 Add() 方法加入新項目值。

step 1 請建立**主控台應用程式專案** Ch08-12。

step 2 在程式模組中輸入如下程式:

```
01 Sub Main()
02     Dim Number As New List(Of Integer)
03     Number.Add(147)         '新增項目
04     Number.Add(258)
05     Number.Add(369)
06     For i = 0 To Number.Count - 1
07         Console.WriteLine("Number(" & i & ")=" & Number(i))
08     Next
09
10     Dim Fruit As New List(Of String) From
11                               {"banana", "apple", "peach"}
12     Fruit.Add("grape")      '新增項目
13     Fruit.Sort()            '將集合中的項目排序
14     For Each f In Fruit
15         Console.WriteLine(f)
16     Next
17 End Sub
```

step 3 按 Ctrl + F5 執行程式, 即會出現如下的執行結果。

圖-21

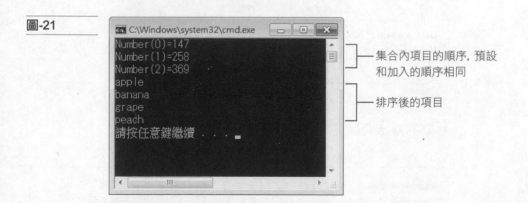

集合內項目的順序, 預設和加入的順序相同

排序後的項目

由以上的例子可以看到, 許多我們在陣列學會的技巧, 也都可用在集合物件上, 包括存取項目 (元素), 以及對集合排序等。只是部份用法有些差異, 例如 :

● 要取得項目總數時是用 Count() 方法, 且不能使用 Ubound() 函式取得『索引上限』。

● 排序時是直接用集合物件呼叫 Sort() 方法, 不像陣列是呼叫 Array.Sory() 方法。

新增刪除項目

List 集合物件不但可用 Add() 方法隨時加入項目, 不像陣列有元素數量的限制, 而且還可指定將項目插入集合中間, 也可由任一位置將項目移除, 這都是集合比陣列更具彈性的地方。

要在指定的位置加入元素, 可使用『Insert(索引, 資料)』的語法, 此時新資料會插入參數索引的位置, 而原位置上及其後的資料都會自動向後移一位:

```
Dim Number As New List(Of Integer) From {1,3,5}
Number.Insert(1,2)   '在 Number(1) 的位置插入 2
                     'Number 的內容變成 {1,2,3,5}
```

移除的方法有以下 3 種:

```
Remove(資料)     '從 List 物件中刪除指定資料項目的『第 1 筆』
RemoveAll(資料)    '從 List 物件中刪除『所有』指定的資料項目
RemoveAt(n)     '刪除索引位置 n 的項目
```

 上機　建立集合物件, 並設定初始值或用 Add() 方法加入新項目值。

step **1** 請建立**主控台應用程式專案** Ch08-13。

step **2** 在程式模組中輸入如下程式：

```
01 Sub Main()
02     Dim Fruit As New List(Of String) From
03                            {"apple", "peach", "watermelon"}
04
05     Fruit.Insert(1, "banana")     '將 "banana" 插入為第 1 項
06     Fruit.Insert(2, "grape")      '將 "grape" 插入為第 2 項
07     For Each f In Fruit
08         Console.WriteLine(f)
09     Next
10     Console.WriteLine()
11
12     Fruit.Remove("watermelon")
13     Fruit.RemoveAt(0)     '移除第 0 項
14     Fruit.RemoveAt(1)     '移除第 1 項
15     For Each f In Fruit
16         Console.WriteLine(f)
17     Next
18 End Sub
```

step **3** 按 Ctrl + F5 執行程式, 即會出現如下的執行結果。

圖-22

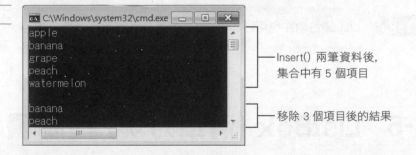

Insert() 兩筆資料後,
集合中有 5 個項目

移除 3 個項目後的結果

插入及移除的動作基本上都很簡單, 由上面的範例程式及執行結果
對照一下就能理解。比較要注意的是用 RemoveAt() 移除連續項
目時的情況。

以 RemoveAt() 移除連續的項目

例如範例程式中的集合有 {"apple", "banana", "grape", "peach" "watermelon"} 5 項時, 如果連續執行 RemoveAt(0)、RemoveAt(1), 初學者很容易誤以為會移除 "apple" 和 "banana", 但實際的情況是移除 "apple" 和 "grape"！

圖-23

因此, 如果想用 RemoveAt() 的方式移除連續的項目, 採『由後往前』的方式較不會弄錯。例如上例中要連續移除 "apple"、"banana", 則先 RemoveAt(1) 再 RemoveAt(0) 就可以了。要不然就是乾脆用 Remove(資料) 的方式明確指出要移除的項目, 也較不容易因誤解而造成錯誤。

 List 集合物件也可呼叫 Clear() 方法立即移除『所有』項目。

8-5 ListBox（清單方塊）控制項

變數只能存放單項資料, 而陣列、集合則可以存放多項資料, ListBox (清單方塊) 控制項跟陣列、集合一樣可以存放多項資料, 相對於只能存放單項資料的控制項 (包含 Label、TextBox、RadioButton、CheckBox 等) 有其方便之處。

ListBox 的功用在列出所有相關的資料供使用者選取, 在 Windows
應用程式中, 其應用相當普遍, 例如**字型設定**交談窗, 就會利用
ListBox 列出所有字型供使用者選取:

圖-24

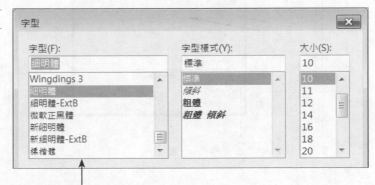

用 ListBox 列出所有字型名稱

使用 ListBox 的基礎

當 被佈置在表單時, 其顯示區中會出現 "ListBox1" 的
文字, 但這不是 ListBox 裡的資料, 而是 ListBox 的名稱 (在程式執
行之後, 此一名稱就會消失), 想要讓 ListBox 發揮應有的功用, 必
須先加入資料到 ListBox 中。

上機　在表單上佈置一 ListBox, 並且加入 Peter、Jimmy、Thomas、Nick 等
4 項資料。

step 1 建立 **Windows Form 應用程式**專案 Ch08-14。

step 2 在表單上佈置一 ListBox, 接著選取**屬性**窗格中的 Items
屬性 , 然後按下 Items 屬性的 ⬚ 鈕 , 過程如下:

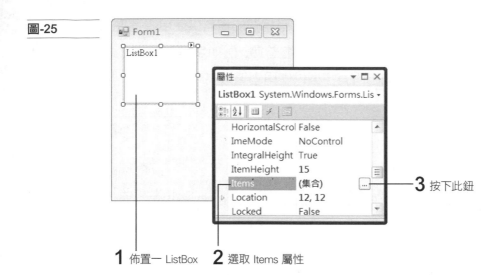

圖-25

3 按下此鈕

1 佈置一 ListBox　　**2** 選取 Items 屬性

step **3** 接著會出現『字串集合編輯器』視窗，請在其中輸入 Peter、Jimmy、Thomas、Nick 等 4 行資料，然後按 ⬚ 確定 ⬚ 鈕，過程如下：

圖-26

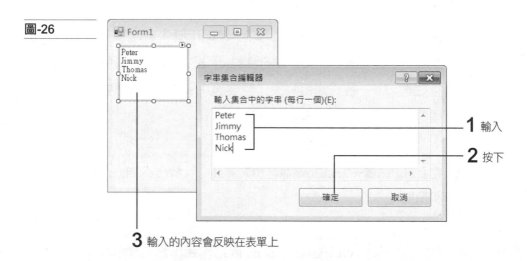

1 輸入

2 按下

3 輸入的內容會反映在表單上

這樣就完成資料的輸入了。以後若要修改 ListBox 中的資料，只要選取**屬性**窗格中的 Items 屬性，然後按下 Items 屬性的 ⬚ 鈕，接著在『字串集合編輯器』視窗中進行修改即可，過程與輸入資料相同。

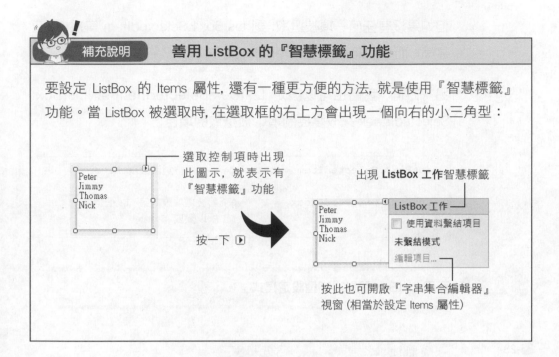

補充說明　　**善用 ListBox 的『智慧標籤』功能**

要設定 ListBox 的 Items 屬性, 還有一種更方便的方法, 就是使用『智慧標籤』功能。當 ListBox 被選取時, 在選取框的右上方會出現一個向右的小三角型:

選取控制項時出現此圖示, 就表示有『智慧標籤』功能

按一下 ▶

出現 **ListBox 工作**智慧標籤

按此也可開啟『字串集合編輯器』視窗 (相當於設定 Items 屬性)

ListBox 的被選項

被加入於 ListBox 的資料將來都會成為程式的選項, 而在程式中可由 SelectedItem 及 SelectedIndex 屬性取得被選取項目的資料及項目編號。假設 ListBox1 之中含有 Peter、Jimmy、Thomas、Nick 等 4 個選項, 而使用者選取了 Thomas 這個選項, 則:

圖-27

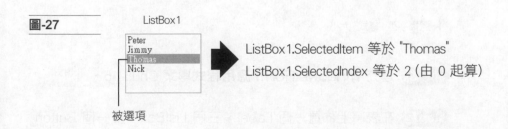

ListBox1

ListBox1.SelectedItem 等於 "Thomas"
ListBox1.SelectedIndex 等於 2 (由 0 起算)

被選項

但如果沒有任何一項被選取, 則 ListBox1.SelectedItem 等於 "" (空字串), 而 ListBox1.SelectedIndex 等於 -1。

另一方面, 我們也可以設定 ListBox.SelectedItem 或 ListBox.SelectedIndex 來改變控制項中被選取的項目:

```
ListBox1.SelectedItem = "Peter"   ← 將被選項改為 Peter

ListBox1.SelectedIndex = 1        ← 將被選項改為第 1 個選項,
                                     所以變成 Jimmy
```

 利用 ListBox 設計『字型設定程式』。

圖-28

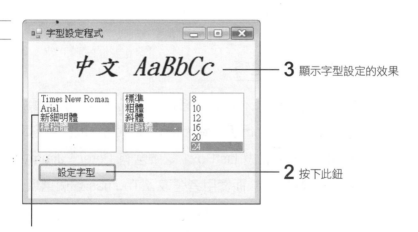

3 顯示字型設定的效果

2 按下此鈕

1 選擇字型、樣式、大小

step 1 建立 Windows Form 應用程式專案 Ch08-15。

step 2 在表單上佈置一個 Label、三個 ListBox、及一個 Button, 如下圖:

圖-29

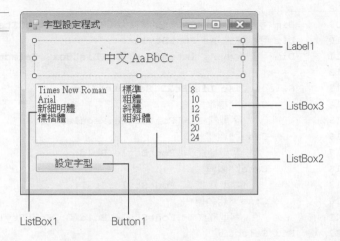

其中所設定的屬性如下：

控制項	屬性	值
Form1	Text	字型設定程式
Label1	Text	中文 AaBbCc
	TextAlign	MiddleCenter (置中對齊)
	Font/Size	12
Button1	Text	設定字型
ListBox1	Items	Times New Roman、Arial、新細明體、標楷體
ListBox2	Items	標準、粗體、斜體、粗斜體
ListBox3	Items	8、10、12、16、20、24

step ❸ 在 Button1.Click 事件程序中輸入以下程式：

```
Ⓐ SelectedIndex 為 -1 時表示沒有選取項目，此時要讀入預設的字型設定

01 Private Sub Button1_Click(...) Handles Button1.Click
02     If ListBox1.SelectedIndex = -1 Then _      '字型名稱選項
03          ListBox1.SelectedItem = Label1.Font.Name
04     If ListBox2.SelectedIndex = -1 Then _      '字型樣式選項
05          ListBox2.SelectedIndex = 0
06     If ListBox3.SelectedIndex = -1 Then _      '字型大小選項
07          ListBox3.SelectedItem = "12"
08
```

```
09      Dim 字型名稱 As String = ListBox1.SelectedItem
10      Dim 字型樣式 As FontStyle
11      Dim 字型大小 As Integer = Val(ListBox3.SelectedItem)
12
13      Select Case ListBox2.SelectedItem
14          Case "標準"
15              字型樣式 = FontStyle.Regular
16          Case "粗體"
17              字型樣式 = FontStyle.Bold
18          Case "斜體"
19              字型樣式 = FontStyle.Italic
20          Case "粗斜體"
21              字型樣式 = FontStyle.Bold Or FontStyle.Italic
22      End Select
23
24      Label1.Font = New Font(字型名稱, 字型大小, 字型樣式)
25 End Sub
```

建立 Font 物件來設定 Label1 的字型

step ④ 執行程式, 分別選取不同的字型名稱、樣式、及大小來測試效果。

程式解說

Ⓐ 由於使用者可能在沒有選取任何選項的情況下就按 設定字型 鈕, 所以程式一開始要檢查 ListBox1 ~ ListBox3 是否有選項被選取, 如果沒有, 則要自動選取預設的項目:

```
If ListBox1.SelectedIndex = -1 Then _
        ListBox1.SelectedItem = Label1.Font.Name ← 設為 Label1 的字型名稱
If ListBox2.SelectedIndex = -1 Then _
        ListBox2.SelectedIndex = 0        ← 樣式選擇第 0 項 ("標準")
If ListBox3.SelectedIndex = -1 Then _
        ListBox3.SelectedItem = "12"      ← 大小選擇 "12"
```

在上面最後一行不可將 "12" 寫成 12, 因為儲存在 ListBox3 的 Items 屬性中的是字串 "12", 而 "12" 並不等於 12, 所以若將 SelectedItem 設為 12, 將不會有任何選取的效果。

 TIPS 有關字型設定的說明, 已在第 6-5 節最後一單元展示各種字型效果中 介紹過, 還不熟悉的讀者可回頭複習一下。

ListBox 與資料複選

讓使用者『複選』ListBox 的資料, 也是應用程式常見的需求。如 果我們想提供一個可複選的 ListBox, 首先要將其 **SelectionMode** 屬性設成 **MultiSimple** 或 **MultiExtended**。

圖-30
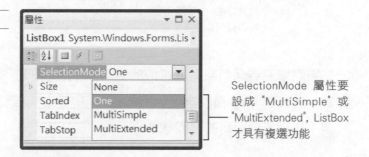
SelectionMode 屬性要 設成 "MultiSimple" 或 "MultiExtended", ListBox 才具有複選功能

複選資料的方式

雖然將 SelectionMode 屬性設成 MultiSimple 或 MultiExtended, 都可使 ListBox 得以被複選, 但將來使用者選取的方式卻有一點差 異:

● **MultiSimple**:當使用者以滑鼠點選資料時, 若該資料尚未被選 取, 則點選表示選取;若該資料已經被選取, 則點選變成取消選 取。例如:

圖-31

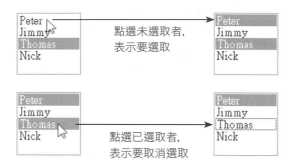

點選未選取者,
表示要選取

點選已選取者,
表示要取消選取

● **MultiExtended**:除了可以用滑鼠點選資料外,還可用拉曳法
來選取連續的多筆資料,但每次拉曳或點選資料時,先前所有已
選取的資料都會被取消 (等同於每次都重新選取):

圖-32

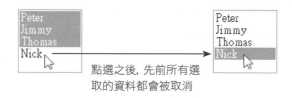

點選之後,先前所有選
取的資料都會被取消

如果點選時要保留原有被選取的資料,則要先按著 Ctrl 鍵再選
取;若按著 Ctrl 鍵點選已選取的資料,則可取消該資料的選取,
但不影響其他資料的選取狀態。

另外還有一種『區塊』的選取方式,方法是先點選第一筆資料,
接著按住 Shift 鍵,再點選另一筆資料,則兩筆資料之間的資料
都會被選取,例如:

圖-33

2 按住 Shift 鍵再
點選這一筆,則中
間的資料也會一
起被選取

1 先選這一筆

讀取複選的資料

將來程式執行時要如何判斷哪些資料被選取了呢？方法是讀取
SelectedItem**s** 屬性 (注意最後有 s), 其相關敘述如下：

```
SelectItems.Count    ←  表示有幾個選項被選取
SelectItems(0)       ←  表示第 1 個被選取的選項
SelectItems(1)       ←  表示第 2 個被選取的選項
SelectItems(N-1)     ←  表示第 N 個被選取的選項
```

以下讓我們以實例來瞭解用法。

 從霹靂小組中, 挑選出搶救人質的隊員。

圖-34

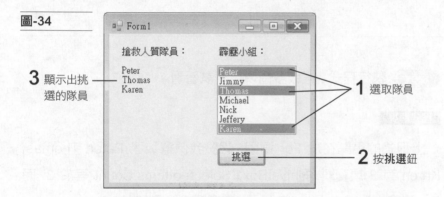

3 顯示出挑選的隊員

1 選取隊員

2 按**挑選**鈕

step **1** 開啟範例專案 Ch08-16, 視窗已佈置如下：

圖-35

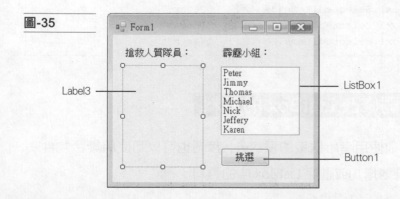

其中 ListBox1 設定了以下屬性：

屬性	屬性值
Items	Peter、Jimmy、Thomas、Michael、Nick、Jeffery、Karen
SelectionMode	MultiSimple

step 2 在 Button1.Click 事件程序中輸入以下程式：

```
01 Private Sub Button1_Click(...) Handles Button1.Click
02     Label3.Text = ""        '清除 Label3 的內容
03
04     '將 ListBox 中選取的項目一一串接到 Label3 中
05     For i As Integer = 0 To ListBox1.SelectedItems.Count - 1
06         Label3.Text = Label3.Text & ListBox1.SelectedItems(i) & vbCrLf
07     Next
08 End Sub
```

換行符號

step 3 執行程式，選取多個項目測試看看。

程式解說

以上程式的重點在於 For 迴圈，假設我們選取了 Peter, Thomas, Karen 等 3 項資料，則 ListBox1.SelectedItems.Count 等於 3，而 For 迴圈成為『For i = 0 To 2』，被選項則分別等於：

```
ListBox1.SelectedItems(0)    等於   "Peter"
ListBox1.SelectedItems(1)    等於   "Thomas"
ListBox1.SelectedItems(2)    等於   "Karen"
```

以程式動態增刪修改 ListBox 的資料

除了讀取使用者所選取的資料外，我們也可以和使用集合物件一樣，動態地增加或刪除 ListBox 中的資料：

```
ListBox.Items.Add(資料)          ← 將資料加入於 ListBox 的最後面
ListBox.Items.Insert(n, 資料)   ← 將資料插入於 ListBox 成為第 n 筆 (由 0 起算)
ListBox.Items.Remove(資料)       ← 從 ListBox 中刪除該筆資料
                                   (如果有多筆相同的資料，則只會刪除第一筆)
ListBox.Items.RemoveAt(n)        ← 從 ListBox 中刪除第 n 筆資料 (由 0 起算)
ListBox.Items.Clear()            ← 刪除所有資料

ListBox.Items.RemoveAt(ListBox.SelectedIndex)  ← 刪除被選項
```

圖-36

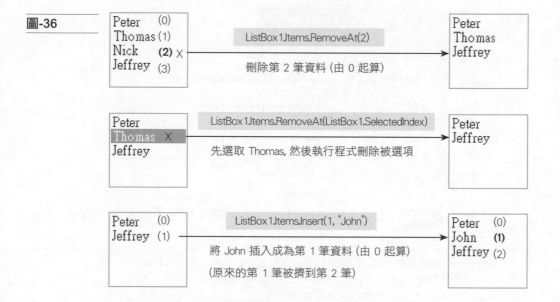

若要修改既有資料的內容，以如下敘述直接取代即可：

```
ListBox.Items(n) = 新資料   ← 以新資料取代第 n 筆資料 (由 0 起算)
```

例如：

圖-37

利用 TextBox 及 ListBox 寫一個可以讓使用者輸入、修改、刪除資料的程式。

step 1 建立 **Windows Form 應用程式**專案 Ch08-17。

step 2 在表單上佈置 4 個控制項如下：

圖-38

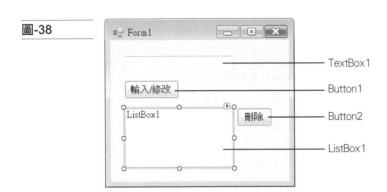

step 3 在 輸入/修改 Button1.Click 事件程序中輸入以下程式：

```
01 Private Sub Button1_Click(...) Handles Button1.Click
02     '如果有輸入資料, 則加入或修改 ListBox1 的內容
03     If TextBox1.Text <> "" Then
04         If ListBox1.SelectedIndex = -1 Then  ← 如果沒有被選項,
05             ListBox1.Items.Add(TextBox1.Text)    則加入資料
06         Else
07             ListBox1.Items(ListBox1.SelectedIndex) = TextBox1.Text
08         End If
09     End If
10 End Sub                    若有被選項, 則修改被選項的資料
```

請注意，當 ListBox.SelectedIndex 為 -1 時，就表示沒有選取任何資料。反之，如果有被選項，則 ListBox.SelectedIndex 的值會等於被選項的索引值 (由 0 起算)，因此其值必定 >= 0。

step 4 撰寫 刪除 Button2.Click 事件程序：

```
01 Private Sub Button2_Click(...) Handles Button2.Click
02     If ListBox1.SelectedIndex >= 0 Then ← 有被選項時, 則刪除被選項
03         ListBox1.Items.RemoveAt(ListBox1.SelectedIndex)
04     End If
05 End Sub
```

step 5 執行程式, 然後參考以下步驟進行測試:

步驟	在 TextBox 中輸入	在 ListBox 中選取	按下按鈕	ListBox 的結果
1	Peter		輸入/修改	Peter
2	Jimmy		輸入/修改	Peter Jimmy
3	Thomas		輸入/修改	Peter Jimmy Thomas
4		Jimmy	刪除	Peter Thomas
5	Ken	Peter	輸入/修改	Ken Thomas

程式改良

當 ListBox 為『單選』狀態 (SelectionMode 屬性 = One) 時, 使用者一旦選取了任一項資料, 就無法再回到未選取的狀態。而以上程式要『新增』資料時, 卻必須是在 ListBox 未選取資料的狀態才能新增。

要解決此問題有許多種方法, 例如將『輸入/修改』鈕分成『輸入』、『修改』二個按鈕, 分別掌管新增與修改的工作。底下我們使用比較簡單的做法, 就是在 TextBox1 取得輸入焦點時, 即讓 ListBox1 變成未選取資料的狀態, 此方法只須新增一個 TextBox1. GotFocus (取得輸入焦點) 事件程序:

```
01 Private Sub TextBox1_GotFocus(...) Handles TextBox1.GotFocus
02     ListBox1.SelectedIndex = -1  ←──┐
03 End Sub                             │
                          將 SelectedIndex 設為
                          -1,就會變成未選取資料狀態
```

連續刪除多筆資料

在刪除 ListBox 控制項中的連續項目時, 和 List 集合物件一樣, 同
樣要注意刪除的順序, 亦即使用 RemoveAt() 方法連續刪除時, 要
『**由後往前**』刪, 以免發生刪錯資料的情況。

由於刪除後面的資料並不會影響到前面資料的順序, 所以能順利地
刪除所有想刪除的資料。一般來說, 通常是『複選』的 ListBox 才
需要連續刪除多筆資料, 例如:

圖-39   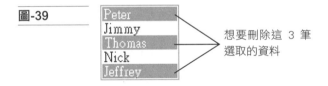   想要刪除這 3 筆
                                   選取的資料

此時就必須借助 ListBox.Selected**Indices** 屬性了!此屬性本身就
是個集合物件, 它會儲存所有被選取項目的索引, 我們以上圖為例
來示範:

```
ListBox1.SelectedIndices.Count  ← 等於 3, 表示被選項的數目
ListBox1.SelectedIndices(0)     ← 等於 0
ListBox1.SelectedIndices(1)     ← 等於 2
ListBox1.SelectedIndices(2)     ← 等於 4
```

此時若要將選取的資料刪除, 則可用『由後往前』的順序來一一刪
除:

從最後面的被選項開始刪除   別忘記加 Step -1 喔！

```
01 For i = ListBox1.SelectedIndices.Count - 1 To 0 Step -1
02     ListBox1.Items.RemoveAt(ListBox1.SelectedIndices(i))
03 Next
```

 兩個 ListBox 之間的資料互換。

圖-40

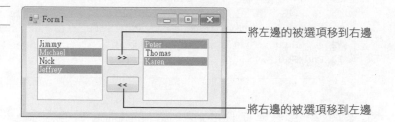

將左邊的被選項移到右邊

將右邊的被選項移到左邊

step 1 建立 **Windows Form 應用程式**專案 Ch08-18。

step 2 在表單中佈置二個 ListBox 及二個 Button, 如下圖 :

圖-41

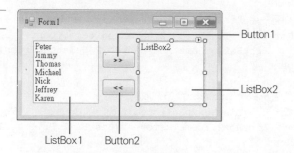

Button1

ListBox2

ListBox1   Button2

其中 ListBox 所設定的屬性如下 :

控制項	屬性	屬性值
ListBox1	Items	Peter、Jimmy、Thomas、Michael、Nick、Jeffrey、Karen
	SelectionMode	MultiSimple
ListBox2	SelectionMode	MultiSimple

step 3 建立 Button1 `>>` 的 Click 事件程序：

```
01 Private Sub Button1_Click(...) Handles Button1.Click
02     Dim i As Integer
03
04     ' 逐一將 ListBox1 被選取的選項加到 ListBox2 中
05     For i = 0 To ListBox1.SelectedItems.Count - 1
06         ListBox2.Items.Add(ListBox1.SelectedItems(i))
07     Next
08
09     ' 由後往前逐一刪除 ListBox1 被選取的選項
10     For i = ListBox1.SelectedIndices.Count - 1 To 0 Step -1
11         ListBox1.Items.RemoveAt(ListBox1.SelectedIndices(i))
12     Next
13 End Sub
```

step 4 接著建立 Button2 `<<` 的 Click 事件程序。程序邏輯與 Button1 相同，只不過操作的對象顛倒過來：

```
01 Private Sub Button1_Click(...) Handles Button1.Click
02     Dim i As Integer
03
04     ' 逐一將 ListBox2 被選取的選項加到 ListBox1 中
05     For i = 0 To ListBox2.SelectedItems.Count - 1
06         ListBox1.Items.Add(ListBox2.SelectedItems(i))
07     Next
08
09     ' 逐一刪除 ListBox2 被選取的選項
10     For i = ListBox2.SelectedIndices.Count - 1 To 0 Step -1
11         ListBox2.Items.RemoveAt(ListBox1.SelectedIndices(i))
12     Next
13 End Sub
```

step 5 執行程式，試著選取左邊 ListBox 的選項，然後按 `>>` 將其移到右邊的 ListBox，接著再試著選取右邊 ListBox 的選項，然後按下 `<<` 鈕將其移到左的 ListBox。

資料的搜尋

要搜尋 ListBox 中的資料, 同樣可使用 IndexOf( ) 方法, 其敘述如下 :

```
IndexOf(要搜尋的資料)
```

如果 ListBox 含有所要搜尋的資料, 則傳回值 i 等於資料的位置, 否則等於 -1。舉例來看, 假設 ListBox1 含有 Peter、Jimmy、Thomas、Nick 等 4 項資料, 則 :

```
ListBox1.Items.IndexOf("Peter")    等於 0
ListBox1.Items.IndexOf("Jimmy")    等於 1
ListBox1.Items.IndexOf("Thomas")   等於 2
ListBox1.Items.IndexOf("Nick")     等於 3
ListBox1.Items.IndexOf("Adam")     等於 -1, 因為不存在於 ListBox1
```

 寫一程式, 可將輸入的資料加到 ListBox 中, 但已存在於 ListBox 中的資料則不再加入。

step **1** 建立 **Windows Form 應用程式**專案 Ch08-19。

step **2** 在表單中佈置如下 :

圖-42

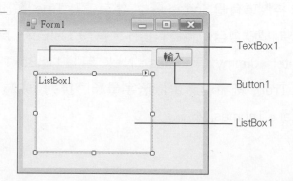

TextBox1

Button1

ListBox1

在 Button1.Click 事件程序中輸入以下程式：

```
                        如果在 ListBox1 中沒找到，就加入 ListBox1中
                                                              │
                                                              │
                                                              ↓
01 Private Sub Button1_Click(...) Handles Button1.Click
02      If TextBox1.Text <> "" Then
03          If ListBox1.Items.IndexOf(TextBox1.Text) = -1 Then
04              ListBox1.Items.Add(TextBox1.Text)
05              TextBox1.Text = ""  ← 清空內容，以便輸入下一項資料
06          Else
07              MsgBox(TextBox1.Text & " 已存在!")
08          End If
09      End If
10 End Sub
```

step ④ 請將 Form1 的 AcceptButton (預設按鈕) 屬性設為 Button1，這樣使用者在打好文字後按 Enter 鍵便可輸入，而不必再抓滑鼠去按 輸入 鈕。

step ⑤ 執行程式，然後依序輸入 Peter、Jimmy、Thomas、Nick、Peter，結果前 4 項資料都可以加入 ListBox 中，但輸入第 5 項資料 Peter 時，會顯示『Peter 已存在！』而不會加入 ListBox 中。

資料的排序

和陣列、集合一樣，ListBox 控制項也提供排序的功能，其特別之處是 ListBox 控制項有個 Sorted 屬性，當其值為 True (預設為 False)，ListBox 控制項就會自動將資料排序。假設 ListBox1 原有的資料順序是 Peter、Jimmy、Thomas、Nick，若將 ListBox1 的 Sorted 屬性設為 True，則資料將會依照字母順序排列，成為 Jimmy、Nick、Peter、Thomas，如下：

圖-43

不過提醒您一點, ListBox 會將所有資料都視為字串, 舉例來說, 我們在 ListBox 中輸入了 1234、99、831、3, 那麼接著將 Sorted 屬性設為 True 來排序, 結果資料的順序將是『字母順序』的 1234、3、831、99, 而不是『數值順序』的 3、99、831、1234!

8-6 ComboBox (下拉式清單方塊) 控制項

ComboBox (下拉式清單方塊) 是另一種特殊的 ListBox, 它是 TextBox 與 ListBox 組合出來的控制項, 所以同時兼具 TextBox 的鍵盤輸入及 ListBox 的選單選取二種功能, 在操作介面的設計中, 使用得十分廣泛。

認識 ComboBox

 ComboBox 是一個強化版的 ListBox, 以下請跟著筆者操作, 讓我們一起來認識 ComboBox。

step ❶ 首先在表單上佈置一個 [ComboBox]（請注意它跟 [ListBox] 長得很像，不要弄錯了），然後利用 Items 屬性在這個 ComboBox 中加入 Peter、Jimmy、Thomas、Nick、Philip 等 5 項資料。

step ❷ 加入資料後，我們發現所加入的資料並未出現在這個 ComboBox 上面，如下圖，所以試著把 ComboBox 拉高看看，結果發現無法拉高：

圖-44　　　可以拉寬

無法拉高

step ❸ 執行程式，然後以滑鼠按下 ComboBox 的下拉鈕，結果出現一個下拉方塊，其中列出了先前加入的所有資料，如下：

圖-45　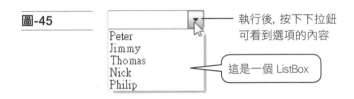　執行後, 按下下拉鈕
　　　　　　可看到選項的內容

這是一個 ListBox

其實這一個下拉方塊就是 ListBox，而且它的操作方式也跟前面介紹的 ListBox 相同。

step ④ 拉下 ListBox, 點選其中的資料 (假設點選 Thomas), 則被點選的資料會出現在上面的 TextBox 欄位中 , 如下 :

圖-46

以上的介紹突顯出 ComboBox 的一個特色：**節省空間**。當我們佈置一個 ComboBox 時 , 它只佔用一個 TextBox 的大小 , 而執行時 , 卻可以利用下拉鈕來選擇預先準備好的選項。

step ⑤ 再次拉下 ListBox , 但不要用滑鼠點選資料 , 按下 N 、↓ 鍵 , 結果 "Nick" 變成選項 , 按下 P 、↓ 鍵 , 結果 "Peter" 變成選項 ...。然而 , 若想選擇 "Philip" 則需按下 P 、 H 、↓ 鍵 , 因為 "P" 已經被用來選取 "Peter" 了。

圖-47

從上面的操作中 , 我們可以看出 ComboBox 不只是比 ListBox 多出一個 TextBox, 更重要的是 ComboBox **可以根據 TextBox 輸入的內容來搜尋資料。**

綜合前面的操作, 我們整理出 ComboBox 比較突出的特色：

● 比 ListBox 多出下拉鈕及 TextBox。

● 顯示時只佔用一個欄位, 比較節省空間。

● 可以根據 TextBox 輸入的內容來搜尋資料, 減少操作時尋找資料的時間。

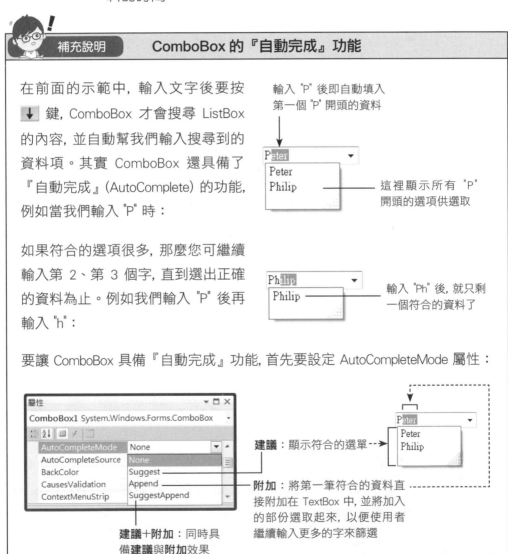

補充說明 **ComboBox 的『自動完成』功能**

在前面的示範中, 輸入文字後要按 ↓ 鍵, ComboBox 才會搜尋 ListBox 的內容, 並自動幫我們輸入搜尋到的資料項。其實 ComboBox 還具備了『自動完成』(AutoComplete) 的功能, 例如當我們輸入 "P" 時：

輸入 "P" 後即自動填入第一個 "P" 開頭的資料

這裡顯示所有 "P" 開頭的選項供選取

如果符合的選項很多, 那麼您可繼續輸入第 2、第 3 個字, 直到選出正確的資料為止。例如我們輸入 "P" 後再輸入 "h"：

輸入 "Ph" 後, 就只剩一個符合的資料了

要讓 ComboBox 具備『自動完成』功能, 首先要設定 AutoCompleteMode 屬性：

建議：顯示符合的選單

附加：將第一筆符合的資料直接附加在 TextBox 中, 並將加入的部份選取起來, 以便使用者繼續輸入更多的字來篩選

建議＋附加：同時具備**建議**與**附加**效果

(接下頁)

8-58

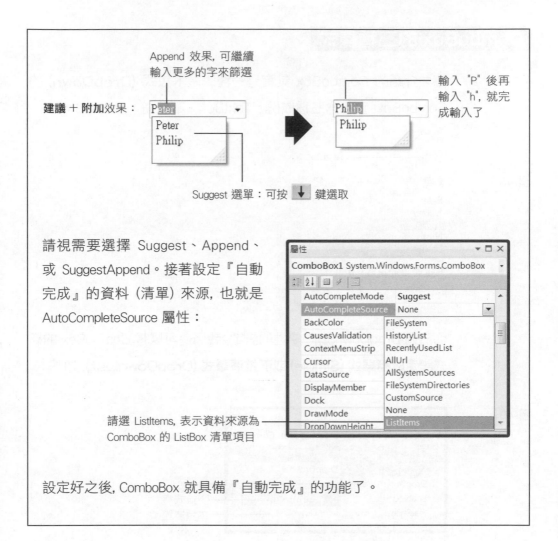

Append 效果, 可繼續
輸入更多的字來篩選

建議 + 附加效果：

輸入 "P" 後再
輸入 "h", 就完
成輸入了

Suggest 選單：可按 ↓ 鍵選取

請視需要選擇 Suggest、Append、
或 SuggestAppend。接著設定『自動
完成』的資料 (清單) 來源, 也就是
AutoCompleteSource 屬性：

請選 ListItems, 表示資料來源為
ComboBox 的 ListBox 清單項目

設定好之後, ComboBox 就具備『自動完成』的功能了。

 其實 TextBox 也具備『自動完成』功能, 只不過它沒有 ListBox 的清
單項目可做為資料來源。此時可將其 AutoCompleteSource 屬性設為
CustomSource, 然後再到 AutoCompleteCustomSource 屬性中按 ⋯
鈕輸入所要使用的清單項目。

ComboBox 的三種樣式

剛才介紹的 ComboBox 其實是一種叫做**下拉式 (DropDown)** 的 ComboBox, 它包含三種成份：TextBox、下拉鈕、及 ListBox：

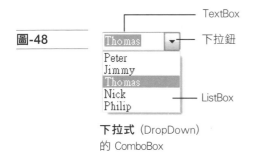

圖-48

TextBox

下拉鈕

ListBox

下拉式 (DropDown)
的 ComboBox

而透過 DropDownStyle 屬性的設定, 我們還可以將 ComboBox 的樣式設定成**簡單式 (Simple)** 或**下拉清單式 (DropDownList)**, 如下：

圖-49

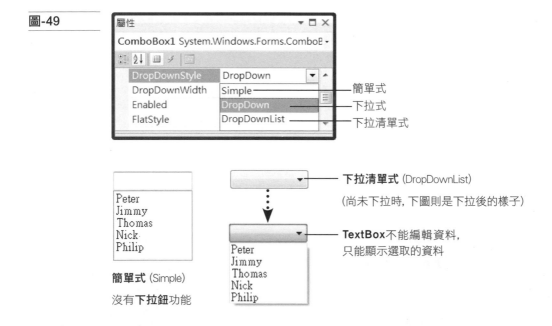

簡單式 ────────

下拉式

下拉清單式

下拉清單式 (DropDownList)

(尚未下拉時, 下圖則是下拉後的樣子)

TextBox不能編輯資料,
只能顯示選取的資料

簡單式 (Simple)

沒有**下拉鈕**功能

在這 3 種樣式之中, 以 DropDown 樣式的功能最齊全, 而其他二種
樣式則各缺一種功能。其實每種樣式各有不同的應用時機, 例如在
VB 中的**字型**交談窗:

圖-50

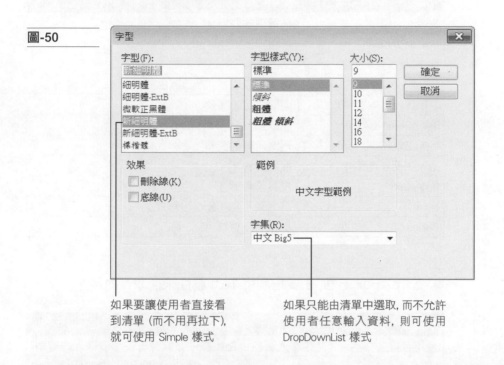

如果要讓使用者直接看
到清單 (而不用再拉下),
就可使用 Simple 樣式

如果只能由清單中選取, 而不允許
使用者任意輸入資料, 則可使用
DropDownList 樣式

ComboBox 特色	DropDown	Simple	DropDownList
節省空間	是	否, 固定顯示清單	是
可用鍵盤任意輸入資料	是	是	否, 只能由清單中選取

ComboBox 的程式設計

就像 ComboBox 是由 ListBox、TextBox、及下拉鈕所組成的一樣,
其程式設計也可分成 ListBox、TextBox、及下拉鈕三部分。

● 在 ListBox 方面, ComboBox 承襲了 ListBox 的主要特性, 所以 ListBox 即有的屬性及方法大多適用於 ComboBox, 包含:

功能	說明
SelectedItem	被選項的內容
SelectedIndex	被選項的索引
Items.Add(資料)	加入資料 (加到最後面)
Items.Insert(n, 資料)	插入資料成為第 n 筆 (由 0 起算)
Items.Remove(資料)	刪除指定的資料
Items.RemoveAt(n)	刪除第 n 筆資料 (由 0 起算)
Items.Clear()	刪除所有的資料
Items.IndexOf(資料)	搜尋資料
Items.Count	資料筆數
Items(n)	第 n 筆資料 (由 0 起算)
Sorted	是否排序資料

● 在 TextBox 方面, 主要是利用 Text 屬性來存取其內容。

狀況	結果
使用者直接在 TextBox 中輸入資料	Text 屬性會儲存著使用者輸入的字串
使用者是由 ListBox 選取資料	則 TextBox 也會顯示該資料, 因此 Text 屬性的內容等於 SelectedItem 屬性

● 在下拉鈕方面, 其『拉下』及『收起』可以由 DroppedDown 屬性來控制:

圖-51

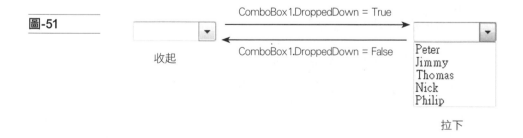

ComboBox1.DroppedDown = True

ComboBox1.DroppedDown = False

收起

Peter
Jimmy
Thomas
Nick
Philip

拉下

修改前面的字型設定程式 (Ch08-15), 以 ComboBox 取代 ListBox。

圖-52

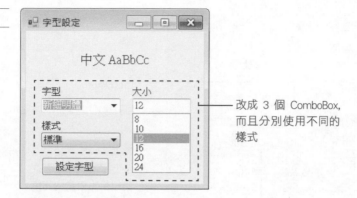

改成 3 個 ComboBox,
而且分別使用不同的
樣式

step **1** 請開啟範例專案 Ch08-20, 我們已準備好所需控制項:

圖-53

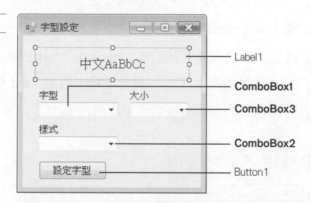

控制項	屬性	屬性值
Form1	Text	字型設定
Label1	Text	中文 AaBbCc
	TextAlign	Middle
	Font/Size	12
ComboBox1	Items	Times New Roman、Arial、新細明體、標楷體
ComboBox2	Items	標準、粗體、斜體、粗斜體
ComboBox3	Items	8、10、12、16、20、24
Button1	Text	設定字型

請 分 別 將 3 個 ComboBox 設 為 3 種 不 同 的 樣 式 (DropDownStyle), 如下 :

圖-54

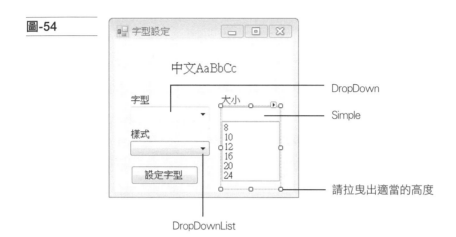

step ❸ 將 ComboBox1 及 ComboBox3 的 Text 屬性分別設為 " 新細明體 " 及 "12", 做為初值。ComboBox2 因是 DropDownList 樣式 (只能由清單選取), 所以在 **屬性** 窗格中設定 Text 屬性不會有 任何作用 , 稍後我們會改用程式來設定其初值。

Text 屬性的內容會顯示出來

圖-55

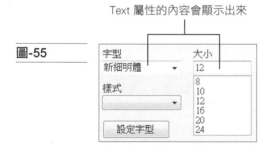

step ❹ 當程式在執行時 , ComboBox 的值還可以經由 **Text**、 **SelectedItem**、或 **SelectedIndex** 屬性來讀取或設定。請在 表單空白處雙按 , 我們利用表單的 Load 事件來設定 ComboBox2 的初值 :

```
01 Private Sub Form1_Load(...) Handles MyBase.Load
02     ComboBox2.Text = "標準"
03 End Sub
```
← 注意, DropDownList 樣式只
能設定為清單中的項目 (標
準、粗體、斜體、或粗斜
體), 否則會設定無效喔!

除了用 Text 屬性來指定之外, 您也可以改用『ComboBox2.
SelectedItem = " 標準 "』或『ComboBox2.**SelectedIndex** = 0』
來設定, 效果相同。

step 5 建立 Button1.Click 事件程序:

```
01 Private Sub Button1_Click(...) Handles Button1.Click
02     If ComboBox1.Text = "" Then ComboBox1.Text = Label1.Font.Name()
03     If ComboBox2.Text = "" Then ComboBox2.SelectedIndex = 0
04     If ComboBox3.Text = "" Then ComboBox3.Text = "12"
05
06     Dim 字型名稱 As String = ComboBox1.Text
07     Dim 字型樣式 As FontStyle
08     Dim 字型大小 As Integer = Val(ComboBox3.Text)
09
10     Select Case ComboBox2.Text
11         Case "標準"
12             字型樣式 = FontStyle.Regular
13         Case "粗體"
14             字型樣式 = FontStyle.Bold
15         Case "斜體"
16             字型樣式 = FontStyle.Italic
17         Case "粗斜體"
18             字型樣式 = FontStyle.Bold + FontStyle.Italic
19     End Select
20
21     Label1.Font = New Font(字型名稱, 字型大小, 字型樣式)
22 End Sub
```
—— 使用 Text 屬性來存取
ComboBox 的值

step **6** 執行程式, 在 ComboBox1 (字型) 及 ComboBox3 (大小) 中以鍵盤輸入清單中沒有的值, 例如 " 細明體 " 及 "18", 然後按 設定字型 測試看看。

設為 "細明體" 時, 每個
英文字的寬度都相同

圖-56

這裡也可以輸入
清單以外的大小

程式解說

無論使用者是由鍵盤輸入或由清單中選取, 所輸入的值都會儲存到 Text 屬性中, 因此我們應該使用 Text 屬性來讀取 ComboBox 的值, 而不要用 SelectedItem, 因為後者可能是空值, 例如:

圖-57

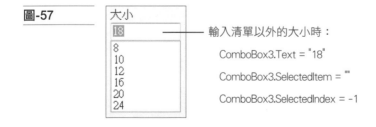

輸入清單以外的大小時:

ComboBox3.Text = "18"

ComboBox3.SelectedItem = ""

ComboBox3.SelectedIndex = -1

除非限制使用者只能由清單中選取, 例如將 ComboBox 設為 DropDownList 樣式, 這時才能安全地由 SelectedItem 或 SelectedIndex 屬性來讀取使用者所選擇的資料。

上機 修改前面『可將輸入的資料加於 ListBox 中』的程式 (Ch08-19)，但
將 TextBox 及 ListBox 改用 ComboBox 取代。

圖-58

用 ComboBox 取代
TextBox 及 ListBox

step **1** 建立 **Windows Form 應用程式**專案 Ch08-21。

step **2** 在表單中佈置如下的控制項：

圖-59

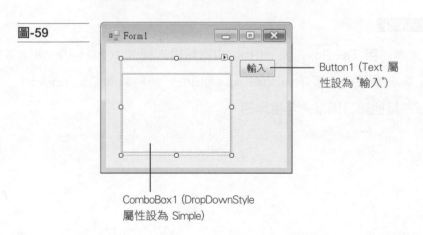

Button1 (Text 屬
性設為 "輸入")

ComboBox1 (DropDownStyle
屬性設為 Simple)

在 Button1.Click 事件程序中輸入以下程式：

```
01 Private Sub Button1_Click(...) Handles Button1.Click
02     If ComboBox1.Text <> "" Then
03         If ComboBox1.Items.IndexOf(ComboBox1.Text) = -1 Then
04             ComboBox1.Items.Add(ComboBox1.Text)
05             ComboBox1.Text = ""   '清空內容, 以便輸入下一項資料
06         Else
07             MsgBox(ComboBox1.Text & " 已存在!")
08         End If
09     End If
10 End Sub
```

如果在清單中
沒找到, 就加
入清單中

step 4 執行程式, 然後依序輸入 Peter、Jimmy、Thomas、Nick、Peter, 結果前 4 項資料都可以加入清單中, 但輸入第 5 項資料 Peter 時, 會顯示『Peter 已存在!』而不會加入清單中。

程式解說

如果與使用 TextBox 及 ListBox 的資料輸入程式 (Ch08-19) 做比較, 您將會發現除了 TextBox1 及 ListBox1 都被換成 ComboBox1 之外, 其他部分則是完全相同的。

習題

1. 是非題：

( ) 陣列的宣告跟變數一樣, 是使用 Dim 敘述。

( ) 一個陣列中可儲存多項資料。

( ) 陣列的起始索引必須大於等於 1。

( ) Dim X(5, 4) 的陣列元素個數等於 5 x 4。

( ) 想要存取陣列的所有元素, 最常使用的是 For 及 For Each 迴圈。

( ) ReDim Preserve 語法可改變陣列大小, 並清除陣列原來的內容。

( ) 若 lst 為 List(Of String) 物件, 則要排序其內容時需呼叫『String. Sort(lst)』。

( ) 對於陣列變數或 List 集合物件, 都可由 Length 屬性取得其元素 (項目) 個數。

2. 是非題：

( ) ComboBox 跟 ListBox 一樣, 都可以複選。

( ) 我們只能新增或刪除 ListBox 中的選項, 但無法改變選項的內容。

( ) ComboBox 是結合 TextBox 及 ListBox 所製作出來的控制項。

( ) ComboBox 是二種控制項的結合, 所以比 ListBox 佔空間。

( ) 當 ListBox 中沒有選取任何選項時, 其 SelectedIndex 為 0。

( ) ComboBox 與 TextBox 都具備『自動完成』(AutoComplete) 的功能。

3 有一陣列宣告成『Dim arr(8) As Integer』, 則執行以下程式時, 哪幾行會產生錯誤？並說明原因。

```
01 arr = {0, 1, 2, 3, 4, 5, 6, 7, 8}
02 For i As Integer = 0 To 8
03     arr(i + 1) = arr(i) + 10
04 Next
```

4. 若在程式中建立一 2 維陣列『Dim A() = {{1,3,5,7},{2,4,6,8}}』, 則 (1) Ubound(A,1) 傳回的值為？ (2) Ubound(A,2) 傳回的值為？

5. 請問下列程式片段輸出的內容為何？

```
Dim intA() = {21, 42, 36, 51, 29}
Array.Sort(intA)
Array.Reverse(intA)
Console.WriteLine( intA(0) )        ⟶ ?
Console.WriteLine( intA(2) + intA(4) )   ⟶ ?
```

6. 有一名為 ListBox1 的 ListBox 含有 1234、567、89、0 四項資料, 將其 Sorted 屬性設為 True 後, 請問 ListBox1(0) =？ ListBox1(3) =？

7. 有一名為 LBox 的 ListBox, 不管使用者在其中選取了幾個選項, 則

(1) LBox.SelectedIndices.Count = LBox._____.Count

(2) LBox.Items(LBox.SelectedIndices(0)) = LBox._____

8. 有一名為 L1 的 ListBox 如右圖, 則執行以下程式後, 其內容為何？

```
Peter
Jimmy
Thomas
Nick
Jeffrey
```

```
ListBox1.Items.Remove("Jimmy")
ListBox1.Items.RemoveAt(0)
ListBox1.Items.RemoveAt(1)
```

9. 假設有如下的陣列記錄工讀生在 4 週 (每週工作 5 天) 的每日工時, 若時薪為 85 元, 請寫程式計算並輸出每週可領的週薪。

```
Dim work(,) = {{4, 5, 4, 3, 4},
               {5, 3, 4, 4, 4},
               {4, 4, 5, 4.5, 4.5, 4},
               {3, 4, 3, 4, 5} }
```

10. 某停車場的收費方式如右表, 請設計一表單程式可讓使用者輸入停車時數, 並顯示應付金額。

時段	費率 (元/小時)
第 1 小時	30
第 2~4 小時	40
第 4~ 小時	50

11. 請利用 List 集合物件設計一個表單可用以查詢星期的英文單字, 例如輸入 1 時, 程式顯示 "Monday", 輸入 7 時顯示 "Sunday"。

12. 寫一個可以移動 ListBox 選項順序的程式：

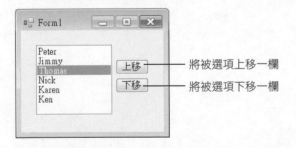

將被選項上移一欄

將被選項下移一欄

13. 寫一餐廳的排隊給號系統, 可進行如下操作:

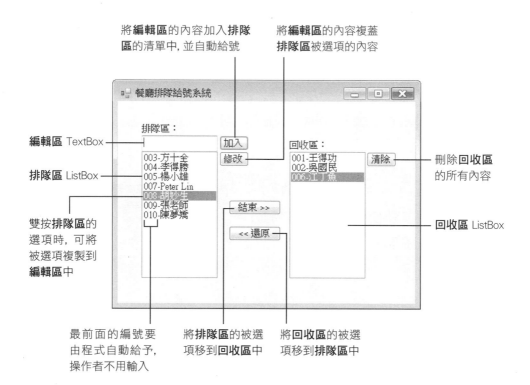

將**編輯區**的內容加入**排隊區**的清單中, 並自動給號

將**編輯區**的內容複蓋**排隊區**被選項的內容

編輯區 TextBox

排隊區 ListBox

雙按**排隊區**的選項時, 可將被選項複製到**編輯區**中

刪除**回收區**的所有內容

回收區 ListBox

最前面的編號要由程式自動給予, 操作者不用輸入

將**排隊區**的被選項移到**回收區**中

將**回收區**的被選項移到**排隊區**中

09 程序與函式

本章閱讀建議

學過流程控制的寫法後，我們已有能力寫出更具實用性的程式，本章則要進一步介紹組織程式敘述的方式：程序與函式，讓我們能對程式做更多的控制。

9-1 **程序**：首先來認識什麼是程序，並練習建立一個能執行特定功能的自訂程序。

9-2 **程序與參數**：要讓程序的應用更靈活，就必須使用參數。本節將說明如何建立含參數的程序，以及使用的方式及注意事項。

9-3 **函式**：函式 (Function) 是『具有傳回值 (Return Value) 的程序』，透過傳回值，可讓程序的應用更具彈性。

9-4 **活用內建函式**：在 VB 和 .NET Framework 中已內建許多函式供大家使用，本節將介紹幾個內建函式的應用實例。

9-1 程序

程序 (Procedure), 簡單的說, 就是『一段敘述的集合』。當一段程式能產生特定功能, 我們就可將它們組織成一個程序。

其實從第一章開始, 我們撰寫的程式都是以程序組成的, 例如**主控台應用程式**, 程式就是放在一個稱為 Main() 的程序之中:

```
Sub Main()
    MsgBox("第一個 Visual Basic 程式")  ── 這就是 Main() 程序
End Sub
```

從第 4 章開始, 我們則是在**Windows Form 應用程式**中, 利用『事件程序』來處理諸如使用者按一下按鈕等事件, 例如:

```
Private Sub Button1_Click(...) Handles Button1.Click
    '將按鈕文字控制項的文字改成 "Hello"   ◄── Button1_Click() 事件
    Button1.Text = "Hello"                    程序的內容
End Sub
```

Main() 或事件程序的架構 (開始行與結束行) 都是由 VB 替我們產生建立的。本節開始, 我們要學習如何建立一個自訂的程序。

程序的基本語法

要建立自訂的程序, 需使用 **Sub** 關鍵字, 語法如下:

```
Sub MyProc()      'MyProc 為程序名稱
    ...         ◄── 此處可加入任何 Visual Basic 敘述
End Sub
```

程序名稱可以隨意命名, 但仍要遵循第 2 章介紹的識別字命名規則。在『Sub...』和『End Sub』之間, 則可放入構成此程序功能的程式敘述。

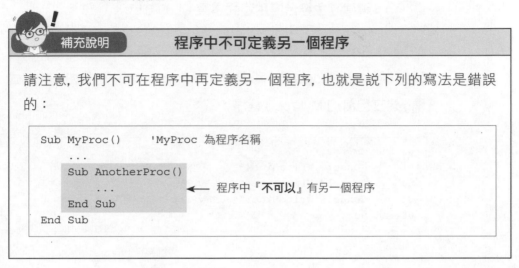

補充說明　　　　**程序中不可定義另一個程序**

請注意, 我們不可在程序中再定義另一個程序, 也就是說下列的寫法是錯誤的:

```
Sub MyProc()        'MyProc 為程序名稱
    ...
    Sub AnotherProc()
    ...                    ← 程序中『不可以』有另一個程序
    End Sub
End Sub
```

建好自訂程序後, 我們即可在程式中其它需用到該程序的地方, 『呼叫』該程序。呼叫的方式就是直接寫出程序的名稱, 例如:

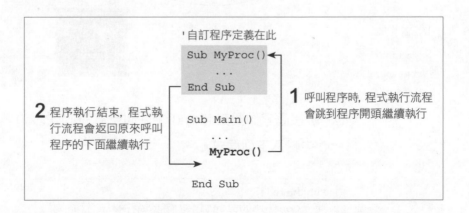

```
                        '自訂程序定義在此
                        Sub MyProc()
                            ...
                        End Sub

                        Sub Main()
                            ...
                        MyProc()
                        End Sub
```

2 程序執行結束, 程式執行流程會返回原來呼叫程序的下面繼續執行

1 呼叫程序時, 程式執行流程會跳到程序開頭繼續執行

呼叫程序時, 程式執行流程會跳到程序中開始執行, 執行結束後再返回呼叫處的下一行繼續執行, 請用以下的上機練習來瞭解此執行過程。

上機 練習建立自訂程序。

step **1** 請建立**主控台應用程式**專案 Ch09-01。

step **2** 在程式的最後面，"End Module" 之前（也可放在程式最開頭的『Module Module1』和『Sub Main()』之間），加入如下的程式碼，建立自訂的 MyProc() 程序：

```
01 Sub MyProc()
02     Console.WriteLine("    開始執行MyProc()")
03     Console.WriteLine("    ...")
04     Console.WriteLine("    MyProc()執行結束")
05 End Sub
```

再次提醒讀者，我們自訂的程序內容不能放在 Main() 程序中。

step **3** 接著我們要在 Main() 中呼叫自訂的 MyProc() 程序，請在 Main() 中輸入下列程式：

```
01 Sub Main()
02     Console.WriteLine("開始執行Main()")
03     MyProc()        '呼叫自訂程序 MyProc
04     Console.WriteLine("Main()執行結束")
05 End Sub
```

step④ 按 Ctrl + F5 鍵執行程式, 就會出現如下執行結果:

圖-1

這部份是 MyProc() 輸出的內容

因為 Main() 是**主控台應用程式**開始執行的地方, 所以程式一開始就會先輸出 "開始執行Main()" 的訊息, 隨即程式因呼叫 MyProc() 程序, 所以執行流程會跳入 MyProc() 之中。待 MyProc() 的敘述都執行完後 (輸出 3 行訊息), 流程又返回 Main() 之中, 並繼續執行 "MyProc()" 之後的其它敘述。

❶ 呼叫程序時, 程式執行流程就會跳到程序之中

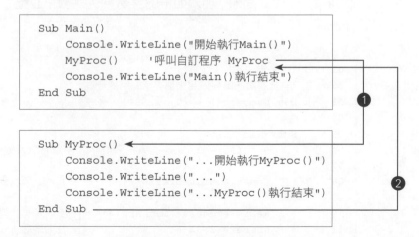

```
Sub Main()
    Console.WriteLine("開始執行Main()")
    MyProc()    '呼叫自訂程序 MyProc
    Console.WriteLine("Main()執行結束")
End Sub
```

```
Sub MyProc()
    Console.WriteLine("...開始執行MyProc()")
    Console.WriteLine("...")
    Console.WriteLine("...MyProc()執行結束")
End Sub
```

❷ 程序中的敘述執行完畢, 程式執行流程會再返回原呼叫處, 繼續執行後續的敘述

利用程序簡化程式

由剛才的簡單練習, 我們可以看到程序就如開頭所說的 : 『程序是一群敘述的集合』。如此看來, 程序似乎沒什麼特別之處, 但是當我們寫的程式愈來愈長、愈來愈大時, 就會顯出程序的用處。

當我們撰寫較長的程式時, 經常會重複用到某些程式片段, 這時候我們就可將這些程式片段寫成一個程序。要使用時, 只要呼叫這個程序即可, 如此一來, 程式碼就可簡化 (重複的程式只會出現一次), 使程式更容易閱讀和維護。

 利用程序, 計算整數陣列中的元素總和, 認識使用程序的優點。

step ① 請建立**主控台應用程式**專案 Ch09-02。

step ② 在程式開頭, 加入如下的整數陣列定義, 並輸入 Main() 程序的內容 :

```
01 Module Module1
02     '存放整數的陣列，用來儲存示範用的資料
03     Dim Numbers() = {7, 9, 54}  ← Ⓐ
04
05     Sub Main()
06         SumOfArray()  ← 呼叫『顯示陣列元素個數及總和』的程序
07
08         Console.WriteLine("----------")   '顯示分隔線
09
10         ReDim Preserve Numbers(4) ┐  重新定義陣列,
11         Numbers(3) = 613          ├─ 加入兩個新元素,
12         Numbers(4) = 82           ┘  並設定其值
13         SumOfArray()  ← 再次呼叫自訂程序
14     End Sub
15 End Moudle
```

Ⓐ 此處宣告 Numbers 陣列的敘述, 是放在模組之內、所有程序之外, 因此在此模組內的所有程序都可存取此陣列。

step ③ 接著我們要定義剛才呼叫的自訂程序 SumOfArray()，請在 Main() 的 "End Sub" 之後輸入下列程式：

```
01  '計算並顯示數值陣列的元素總和的程序
02  Sub SumOfArray()
03      Console.WriteLine("元素個數:" & Numbers.Length)
04
05      Dim total = 0     '儲存元素值總和的變數
06      For Each value In Numbers        '用迴圈累加元素值
07          total += value
08      Next
09
10      Console.WriteLine("元素總和:" & total)
11  End Sub
```

step ④ 按 Ctrl + F5 鍵執行程式, 就會出現如下執行結果：

圖-2

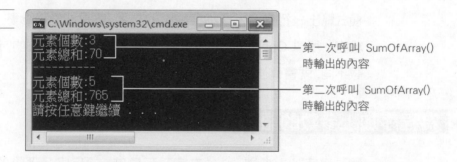

第一次呼叫 SumOfArray() 時輸出的內容

第二次呼叫 SumOfArray() 時輸出的內容

由上面的例子可以看到, 雖然程序內的程式碼是固定的, 但只要改變程序所用的資料, 程序執行時就會有不同的結果。像這樣將會重複用到的程式邏輯設計成程序, 即可提高撰寫程式的效率。

寫成程序的另一個優點, 則是日後維護時更方便, 因為將重複的程式寫成程序, 要修改時, 只要修改一次即可；如果未寫成程序而是重複出現在程式各處, 則要修改時, 需每一個地方都修改, 只要漏改一處、或是改錯, 將造成程式執行結果不正確。

9-2 程序與參數

要讓程序發揮更大的用處, 就需為程序加上**參數 (Parameter)**。
透過參數, 每次呼叫程序時, 就能將不同的資料傳遞給程序, 讓程
序產生不同的結果。例如我們呼叫 Console.WriteLine() 時, 每次用
不同的參數, 就會在**命令提示字元**中輸出不同的內容:

```
Console.WriteLine("Hello")              '輸出 Hello
Console.WriteLine("你好")               '輸出 你好
Console.WriteLine(3+4)                  '輸出 7
                    ↑
    用不同參數呼叫 Console.WriteLine(), 就會輸出不同的內容
```

Console.WriteLine() 就是一個預先設計好的程序, 其功能是在文字
模式輸出一行文字。至於要輸出的文字, 就是要當成參數『傳遞』
給它。所以 Console.WriteLine() 的程式碼雖然是固定的, 但只要參
數不同, 就會輸出不同的文字訊息。

為程序加上參數的語法

要為程序加上參數, 必須在定義程序時, 於程序名稱後的括號內,
加入參數名稱:

```
                        參數名稱      參數型別
                          ↓         ┌─────┐
Sub MyProc(ByVal Parameter As Integer)
    ... '程序中可直接存取 Parameter
End Sub
```

其中只有參數名稱是一定要指定的, 不過在 VB 中編寫程序時, 若未輸入 "ByVal", VB 也會自動替我們加上; 而參數型別也最好不要省略。

TIPS ByVal 關鍵字是用來定義參數的傳遞方式, 稍後會再說明。

在括號中定義的參數, 在程序中即可直接存取之, 其作用就好比是在程序中用 Dim 宣告的變數一樣。此外, 參數的值是在呼叫程序的敘述中指定傳入的, 例如:

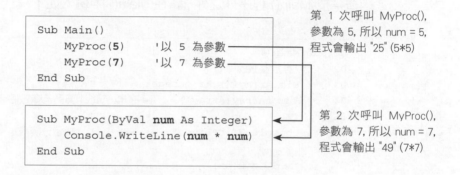

```
Sub Main()
    MyProc(5)      '以 5 為參數
    MyProc(7)      '以 7 為參數
End Sub
```

第 1 次呼叫 MyProc(), 參數為 5, 所以 num = 5, 程式會輸出 "25" (5*5)

```
Sub MyProc(ByVal num As Integer)
    Console.WriteLine(num * num)
End Sub
```

第 2 次呼叫 MyProc(), 參數為 7, 所以 num = 7, 程式會輸出 "49" (7*7)

瞭解參數的用法後, 我們就試著將前面『顯示陣列元素個數及計算元素值總和』的程序, 改成有參數的版本, 讓 Main() 中的主程式, 藉由參數將所要計算的陣列, 傳遞給程序。

 將計算整數陣列總和的程序, 改寫成使用參數傳遞陣列的版本。

step 1 建立**主控台應用程式**專案 Ch09-03。

step 2 在 Main() 的 "End Sub" 之下建立自訂程序 SumOfArray(), 並輸入如下程式:

```
01  '計算並顯示數值陣列的元素總和的程序
02  Sub SumOfArray(ByVal Nums() As Integer) ◄── 將參數 Nums() 陣列宣告為整數型別
03      Console.WriteLine("元素個數:" & Nums.Length)
04
05      Dim total = 0         '儲存元素值總和的變數
06      For Each value In Nums         '用迴圈累加元素值
07          total += value
08      Next
09
10      Console.WriteLine("元素總和:" & total)
11  End Sub
```

step 3 由於我們這次改用參數來傳遞陣列,所以不需將陣列變數宣告於 Main() 程序外之外,請在 Main() 中輸入如下程式:

```
01  Sub Main()
02      '存放整數的陣列
03      Dim Array1() As Integer = {7, 9, 54}
04      SumOfArray(Array1)      ◄── 以 Array1 陣列為參數呼叫程序
05
06      Console.WriteLine("----------") '顯示分隔線
07
08      '定義另一個陣列
09      Dim Array2() As Integer = {7, 9, 54, 613, 82}
10      SumOfArray(Array2)      ◄── 以 Array2 陣列為參數呼叫程序
11  End Sub
```

step 4 按 Ctrl + F5 執行程式,就會出現如下的執行結果:

圖-3

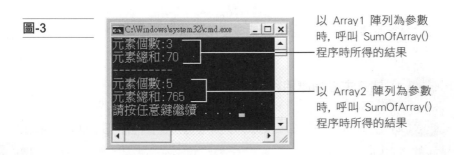

以 Array1 陣列為參數
時, 呼叫 SumOfArray()
程序時所得的結果

以 Array2 陣列為參數
時, 呼叫 SumOfArray()
程序時所得的結果

練習 　請設計一個計算階乘的程序 Fact(), 程序有一個整數參數, 並會算出該整數的階乘值, 例如 Fact(3) 會算出 6 (3*2*1)、Fact(5) 會算出 120 (5*4*3*2*1)。

参考解答

可利用迴圈來計算階乘:

```
Sub Fact(ByVal n As Integer)
  Dim total As Double = 1   ← 宣告為 Double 以便能計算較大的數值
  For i = 2 To n
      total *= i          '這是『total=total*i』的簡便寫法
  Next
  Console.WriteLine(n & "! 的值為 " & total)
End Sub
```

使用多個參數

有時, 要傳遞給程序的資料不只一項, 此時就可在程序中設定多個參數。要設定多個參數時, 必須以逗號將之分隔開:

```
Sub MyProc(Para1, Para2, ....)
```

而在呼叫時, 也必須『依參數在括弧中的次序』, 將各參數一一列出。例如以下兩個呼叫, 雖然用的數值相同, 但因順序不同, 所以意義也不同:

```
'假設已定義 Sub MyProc(Para1, Para2)
MyProc(10, 50)  →  Para1=10, Para2=50

MyProc(50, 10)  →  Para1=50, Para2=10
```

上機　建立使用『姓名』、『身高』、『體重』 3 個參數的程序, 程序會用身高及體重算出身體質量指數 (Body Mass Index, BMI= 體重(公斤) ÷ 身高(公尺)平方)。

step 1 建立**主控台應用程式**專案 Ch09-04。

step 2 在 Main() 的 "End Sub" 之下建立計算身體質量指數的自訂程序 BMI(), 並輸入如下程式:

```
01 Sub BMI(ByVal Name As String, ByVal Height As Single,
02          ByVal Weight As Single)
03     Console.WriteLine(Name & "的身高 " & Height & "公分" &
04                        "，體重 " & Weight & "公斤")
05
06     Height /= 100      ← 將公分換算為公尺
07
08     '身體質量指數公式為:體重(公斤)/身高(公尺)平方
09     Console.WriteLine("身體質量指數為 " &
10                        Weight / (Height * Height))
11 End Sub
```

step 3 在 Main() 中輸入下列呼叫 BMI() 的敘述:

```
01  Sub Main()
02      BMI("Mary", 165, 50)      ← 身高165公分、體重50公斤
03      Console.WriteLine("----------")
04      BMI("John", 175, 75)      ← 身高175公分、體重75公斤
05  End Sub
```

step 4 按 Ctrl + F5 鍵執行程式 , 就會看到如下畫面:

圖-4

BMI() 程序所用的姓名、身高、
體重資料都是由參數取得

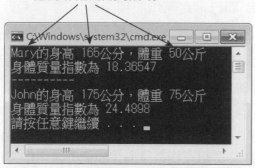

 請設計一個計算三角形面積的程序 Area(), 程序有兩個參數代表三角
形的底和高, 程序會算出三角形面積。例如 Area(5, 6) 算出的三角形
面積為 15。

參考解答

```
01 Sub Area(ByVal base As Single, ByVal height As Single)
02     Console.WriteLine("底為 " & base & " 高為 " &
03                       height & "的三角形")
04     Console.WriteLine("其面積為" & (base*height/2))
05 End Sub
```

選用參數與參數預設值

從第 1 章開始使用的 MsgBox(), 其最簡單的用法只需將要顯示的
訊息當參數, 在第 4 章我們也看到它可再多加 1 到 2 個參數, 用以
設定訊息窗中要顯示的按鈕種類, 以及訊息窗的標題等:

```
MsgBox("Hello")
MsgBox("Hello", MsgBoxStyle.YesNo)
MsgBox("Hello", MsgBoxStyle.YesNo, "Testing")
```

這是因為 MsgBox() 的第 2、3 個參數是『選用參數』,而且它們在定義時,即已指定其預設值。其中第 2 個參數的預設為 MsgBoxStyle.OkOnly、第 3 個參數的預設值為專案名稱,所以就算呼叫 MsgBox() 時只提供第 1 個參數,MsgBox() 仍會依預設值顯示只有一個**確定**鈕的訊息窗、且訊息窗的標題文字為專案名稱。

若要讓自訂程序的參數宣告為具備預設值的選用參數,必須在參數名稱前加上 **Optional** 關鍵字,並在最後面用 = 指定預設值:

```
Sub MyProc(ByVal Para1 As Integer,
           Optional ByVal Para2 As Integer = 100)
```
加上此關鍵字,表示 Para2 是選用參數   Para2 的預設值為 100

程序設定了選用參數後,呼叫時就可自行選擇:只提供必要的參數、或是連選用參數也提供:

```
MyProc(33)      ← 第 2 個參數使用預設值 100, 相當於 MyProc(33,100)
MyProc(66, 99)  ← 第 2 個參數使用呼叫時設定的 99
```

以下就來練習寫一個含預設值選用參數的程序,以加速度及時間等參數,來計算速度的值。在程序中使用等加速度運動時,速度的計算公式:

$$V = V_0 + at$$

初速　時間(秒)　加速度

設計程序計算等加速度運動的速度，並將初速及加速度設為有預設值的選用參數。

step ① 建立**主控台應用程式**專案 Ch09-05。

step ② 在模組中建立計算速度的自訂程序 FinalV()，並輸入如下程式：

```
01 '在第 2、3 個參數前加上 Optional 關鍵字，並指定預設值
02 Sub FinalV(ByVal Seconds As Single,
03          Optional ByVal V0 As Single = 0,
04          Optional ByVal Accelaration As Single = 9.8)
05    Console.WriteLine("初速" & V0 & ", 加速度" & Accelaration &
06                      ", 經" & Seconds & "秒後,")
07    '速度計算公式 V=V0+at
08    Dim Velocity = V0 + Accelaration * Seconds
09    Console.WriteLine("速度為" & Velocity)
10 End Sub
```

step ③ 在 Main() 方法中，以三種不同方式呼叫 FinalV() 程序：

```
01 Sub Main()
02    '以三個參數呼叫
03    FinalV(10, 15, 3) '時間10秒、初速15、加速度3
04    Console.WriteLine("----------")
05
06    '以兩個參數呼叫
07    FinalV(10, 20)      '時間10秒、初速20
08    Console.WriteLine("----------")
09
10    '以一個參數呼叫
11    FinalV(10)          '時間10秒
12 End Sub
```

step **4** 按 Ctrl + F5 執行程式, 就會看到如下執行結果：

圖-5

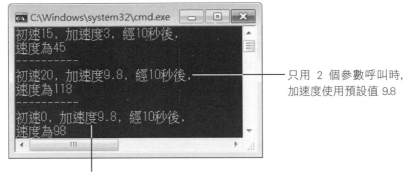

只用 2 個參數呼叫時,
加速度使用預設值 9.8

只用 1 個參數呼叫時, 初速使用
預設值 0、加速度使用預設值 9.8

使用 Optional 關鍵字設定選用參數時, 要注意在任一個選用參數
之後, 不可有必要參數。也就是說, 在必要參數『之前』, 不可以
有選用參數。例如底下是錯誤的寫法：

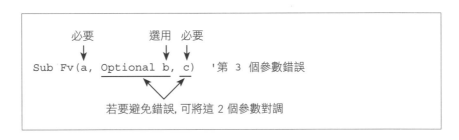

傳值與傳址呼叫

VB 提供了傳值呼叫 (ByVal) 和傳址呼叫 (ByRef) 兩種參數傳遞方
式：

● **ByVal (傳值呼叫)**：意思是 "Pass By Value", 也就是呼叫時的
參數, 是以『傳值』的方式傳遞到程序中。我們可以將參數看
成是程序自己的變數, 而『傳值』呼叫就是將呼叫時所用的參
數值, 複製給程序中的參數。

● **ByRef (傳址呼叫)**：意思是 "Pass By Reference", Reference (參考) 在此指的是記憶體位址, 所以 ByRef 是以傳遞變數記憶體位址的方式, 將參數值傳入程序中, 所以稱為『傳址呼叫』。

使用『傳址』呼叫時, 在呼叫者中 (例如 Main()) 當成參數的變數, 其位址會被複製給程序中的變數, 所以兩個變數代表同一塊記憶體空間。此時在程序中若修改了參數的值, 則在呼叫者中的變數也會跟著改變。

圖-6

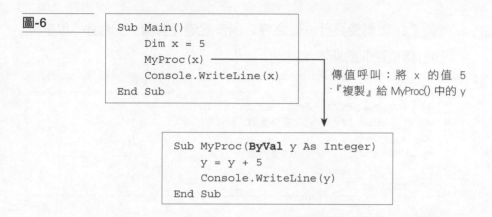

```
Sub Main()
    Dim x = 5
    MyProc(x)
    Console.WriteLine(x)
End Sub
```

傳值呼叫：將 x 的值 5 『複製』給 MyProc() 中的 y

```
Sub MyProc(ByVal y As Integer)
    y = y + 5
    Console.WriteLine(y)
End Sub
```

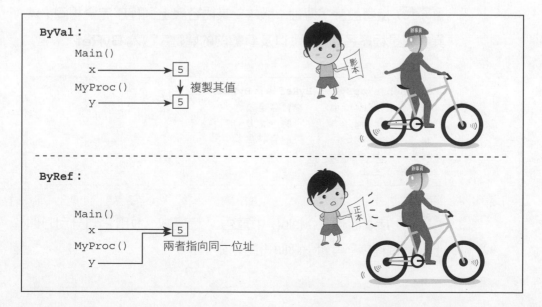

ByVal :

Main()
x ───────→ 5
MyProc()   ↓ 複製其值
y ───────→ 5

ByRef :

Main()
x ───────→ 5
MyProc()   兩者指向同一位址
y ───────

為讓大家瞭解『傳值』與『傳址』呼叫的差異,我們用兩個內容
相同的程序來示範,這兩個程序的差別只在參數定義為 ByVal 和
ByRef, 其它內容均相同。

設計使用『傳值』與『傳址』呼叫的程序,由執行結果檢視兩種呼叫的
差異。

step 1 建立**主控台應用程式**專案 Ch09-06。

step 2 我們要設計一個會將 2 個參數值『對調』的程序,以下先
設計傳值呼叫的版本:

```
01   Sub swapByVal(ByVal a, ByVal b)
02       Dim temp      '暫存變數
03       temp = a      '將 a, b
04       a = b         '的值對調
05       b = temp
06   End Sub
```

step 3 接著設計『傳址』版本,其內容與上列程序完全相同,差
異處只是程序名稱不同,以及參數前的關鍵字改為 **ByRef**:

```
01   Sub swapByRef(ByRef a, ByRef b)
02       Dim temp      '暫存變數
03       temp = a      '將 a, b
04       a = b         '的值對調
05       b = temp
06   End Sub
```

step 4 接著我們在 Main() 中宣告 2 個變數,並用它們分別呼叫
上述兩個程序,再輸出呼叫後的結果:

```
01   Sub Main()
02       Dim x = 111, y = 999
03       swapByVal(x, y) '呼叫傳值版本
04       Console.WriteLine("呼叫swapByVal()後")
05       Console.WriteLine("      x= " & x & " y= " & y)
06       swapByRef(x, y) '呼叫傳址版本
07       Console.WriteLine("呼叫swapByRef()後")
08       Console.WriteLine("      x= " & x & " y= " & y)
09   End Sub
```

step **5** 按 Ctrl + F5 鍵, 即可看到如下的執行結果：

圖-7

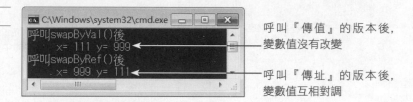

呼叫『傳值』的版本後,
變數值沒有改變

呼叫『傳址』的版本後,
變數值互相對調

由執行結果可發現, 呼叫『傳值』版本的程序後, Main() 之中的變數 x、y 並沒有變化, 其值仍是 x=111、y=999 ; 但呼叫『傳址』的版本, 變數位址會傳給 swapByRef() 中的 a、b, 亦即 a 和 x 代表同一個記憶體空間、b 和 y 代表同一個記憶體空間 ; 因此 a、b 的值對調, 也代表 x、y 的值對調, 所以最後輸出 x=999、y=111。

參考型別的參數

雖然預設的 ByVal 是以『傳值』的方式傳遞參數值, 所以在程序中不會存取到呼叫者 (例如 Main() 程序) 中的變數。但對部份屬於『參考型別』(Reference Type) 的變數而言, 即使是用傳值呼叫, 因為變數的性質, 會使『傳值呼叫』具有『傳址呼叫』的效果。

在 VB 中, 將資料型別分成兩類：

● **實值型別 (Value type)**：也就是變數所指的記憶體中, 所存放的就是變數本身的值。所有數值資料型別 (Short、Integer、Single...等)、布林值、字元、日期等, 都是屬於實值型別。

● **參考型別 (Reference Type)**：此類變數所指的記憶體，存放的不是變數值，而是『實際』存放變數資料的記憶體位址，包括**字串、陣列、類別物件**都是屬於參考型別。

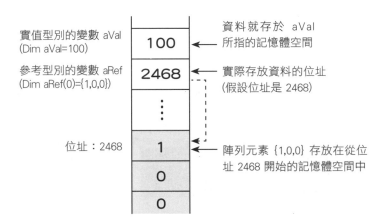

圖-8

實值型別的變數 aVal
(Dim aVal=100)

`100` ← 資料就存於 aVal 所指的記憶體空間

參考型別的變數 aRef
(Dim aRef(0)={1,0,0})

`2468` ← 實際存放資料的位址
(假設位址是 2468)

位址：2468

`1` ← 陣列元素 {1,0,0} 存放在從位址 2468 開始的記憶體空間中

`0`

`0`

因此如果程序的參數是字串、陣列、類別物件等變數，則即使程序定義為使用 ByVal 的傳值呼叫，但因它們都是屬於**參考型別**，存放的資料本來就只是資料所在的位址，所以複製給程序參數的值也是位址。因此呼叫者中的變數，雖然與程序中的變數是兩個不同的變數，但因為它們指向的位址相同，所以存取到的也會是相同的資料 (例如存取陣列中的元素)，變成等同於『傳址呼叫』的效果。

我們將設計一個會將參數倍增的程序，並且以『傳值呼叫』傳遞陣列變數，並檢驗程序是否會修改到 Main() 之中的陣列。

建立以陣列為參數，並做傳值呼叫的程式。

step **1** 建立**主控台應用程式**專案 Ch09-07。

step **2** 建立一個以整數陣列為參數的程序，程序中將每個陣列元素值乘以 2，參數傳遞方式為 ByVal 傳值呼叫：

```
01 '使用傳值呼叫的程序
02 Sub DoubleArrayValue(ByVal b() As Integer)
03     '用迴圈將陣列中每個元素都乘以2
04     For i = 0 To b.Length - 1 'Length 屬性可傳回陣列的元素個數
05         b(i) *= 2
06     Next
07 End Sub
```

step 3 接著在 Main() 中建立一整數陣列, 並用以呼叫 DoubleArrayValue(), 最後並輸出陣列元素值以供檢驗結果:

```
01 Sub Main()
02     Dim a() As Integer = {1, 2, 3, 4}
03     DoubleArrayValue(a)    ←── 使用傳值呼叫傳遞陣列
04
05     '逐一列出陣列元素的程序
06     For i = 0 To a.Length - 1
07         Console.WriteLine(a(i))
08     Next
09 End Sub
```

上述程式中 DoubleArrayValue() 的參數 b() 陣列是被定義為 ByVal 傳值的方式, 所以在 Main() 中用 a() 陣列呼叫 DoubleArrayValue() 時, a 的值會複製給 b (傳值)。但由於陣列是參考型別, 所以複製給 b 的就是陣列資料實際存放的記憶體位址, 因此在程序中修改 b 陣列的元素值時, 修改的就是 a 陣列的元素。

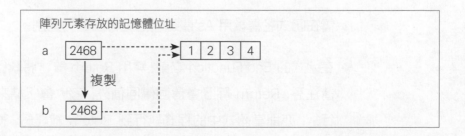

9-21

step **4** 按 Ctrl + F5 鍵執行程式, 由執行結果可發現, 雖然是傳值呼叫, 但 Main() 中的 a 陣列之元素, 其值都被 DoubleArrayValue() 加倍了:

圖-9

陣列值都被加倍了

9-3 函式

函式 (Function) 就是『有**傳回值 (Return Value)** 的程序』。函式在執行完其動作後, 會將執行結果傳回給呼叫者。其實 VB 中的內建『程序』都是內建函式, 因為具有傳回值的程序, 對程式設計而言較有彈性, 在下一節會介紹一些實用的 VB 內建函式, 本節先看如何自訂函式。

自訂函式在語法上, 和程序有 3 個不同處:

● 需改用 Function 關鍵字。

● 需在函式名稱後用 As 關鍵字指定傳回值的型別。

● 在函式的 End Function 之前, 需用 Return 敘述將執行結果傳回。請注意, Return 除了會傳回傳回值外, 它也會『結束函式的執行』, 亦即當函式中的程式執行到 Return 敘述時, 就不會繼續往下執行, 而是會立即返回呼叫者。

```
                     ┌─── 可依需要加上參數
Function MyFunc(...) As returnType
    ...
    ...            ┌─── 傳回值的資料型別
    Return XXX
End Function ◀──── 要傳回給呼叫者的資料
```

建立函式後, 可在程式中要用到函式的地方呼叫它, 但更重要的是,
呼叫者 (例如 Main()) 可用一個變數來接收函式傳回值 :

```
Function MyFunc() As Integer    ◀── 定義函式, 傳回值為整數
    ...
    Return XXX ┐
End Function   │

Sub Main()     │
    ...    ◀───┘
    Dim i As Integer = MyFunc()  ◀── 呼叫自訂函式, 並取得傳回值
    ...
End Sub
```

上述程式片段, 在 Main() 中, 就用變數 i 來取得 MyFunc() 函式中,
Return 敘述所傳回的整數。以下我們就將 9-1 節中計算陣列元素
值總和的程序, 改寫成函式, 並將元素值總和用 Return 敘述傳回。

 建立一以整數陣列為參數的函式, 函式會計算陣列元素的總和, 並將總
和傳回。傳回值請設為 Double 型別, 讓函式可以計算較大數值的加
總。

step 1 建立主控台應用程式專案 Ch09-08。

step 2 在程式中建立如下的 SumOfArray() 函式：

```
01 Function SumOfArray(ByVal Numbers() As Integer) As Double
02     Dim total As Double = 0           '記錄總和的變數
03     For Each value In Numbers
04         total += value      '逐一累加所有元素
05     Next
06
07     Return total    ← 傳回最後加總結果
08 End Function
```

step 3 在 Main() 程序中，建立一陣列，並用它呼叫 SumOfArray() 函式、取得其傳回值並輸出：

```
01 Sub Main()
02     Dim a() As Integer = {13, 5, 79}
03     Console.Write("陣列 {13, 5, 79} 的總和為 ")
04
05     '用變數 sum 取得函式傳回值
06     Dim sum As Double = SumOfArray(a)
07     Console.WriteLine(sum)
08 End Sub
```

step 4 按 Ctrl + F5 鍵執行程式，即可看到如下執行結果：

圖-10

這是自訂函式所計算出的總和

呼叫函式的過程和呼叫程序相同，在上列 Main() 程序中第 6 行以 a 陣列為參數呼叫 SumOfArray() 函式，所以在函式中就會用迴圈逐一取出陣列所有元素，並加總之。函式最後的 "Return total" 敘述將加總結果傳回，函式即執行結束，程式流程仍回到 Main() 的第 6 行。

上述範例是為了幫助讀者瞭解函式傳回動作, 所以使用了變數 sum 來『接收』函式傳回值。其實像範例中未再對傳回值做其它處理, 只是將它輸出, 此時可省略『接收』傳回值的動作, 直接寫成如下程式即可:

```
Dim sum As Double = SumOfArray(a)
Console.WriteLine(sum)
```

 兩行併成一行, 省略變數 sum

```
Console.WriteLine(SumOfArray(a))
```
← 直接輸出傳回值

除了傳回值外, 函式的用法和程序相同, 此處不再重複說明。

 請練習設計一個將華氏溫度轉換為攝氏溫度的函式, 函式參數為華氏溫度, 傳回值為轉換後的攝氏溫度。

参考解答

華氏轉換為攝氏的公式為 :『攝氏溫度 = (華氏溫度 - 32) * 5 / 9』, 所以函式可設計成如下 :

```
Function FtoC(ByVal degree As Single) As Single
  '直接將計算結果當成傳回值
  Return (degree - 32) * 5 / 9
End Function
```

利用多個 Return 敘述

雖然函式或程序可以有多個參數, 但函式每次執行的結果只能有一個, 也就是每次呼叫函式, 都只會有一個傳回值。但這並不表示函式中只能有一個 Return 敘述, 因為我們可利用流程控制的技巧, 讓函式在不同狀況有不同傳回值。

step **1** 建立**主控台應用程式**專案 Ch09-09。

step **2** 在程式中建立如下的評判成績等第的函式，參數為考試分數，傳回值為成績等第：

```
01 '依分數級距判斷等第的函式
02 Function Grade(ByVal score As Integer) As Char
03     If score >= 90 Then
04         Return "A"   '90分以上為A等
05     ElseIf score >= 80 Then
06         Return "B"   '80分以上為B等
07     ElseIf score >= 70 Then
08         Return "C"   '70分以上為C等
09     Else
10         Return "D"   '70分以下為D等
11     End If
12 End Function
```

step **3** 在 Main() 程序中建立一個含學生姓名與考試分數的陣列，並透過迴圈，每次用一位學生的分數為參數呼叫 Grade() 函式，取得傳回值：

```
01 Sub Main()
02     '儲存學生姓名與分數的陣列
03     Dim students(,) = {{"王一圖", 85},
04                        {"李木紫", 98},
05                        {"許言武", 66}}
06
07     '用每個學生的分數呼叫Grade()函式,由傳回值取得等第
08     For i = 0 To UBound(students, 1)  ←A
09         Console.WriteLine(students(i, 0) & "的等第是 " &
10                           Grade(students(i, 1)))
11     Next
12 End Sub
```

第 8 章介紹過 UBound() 會傳回參數陣列的索引上限值, 此處用 UBound(students, 1) 取得 students 陣列第一維的索引上限, 來限制迴圈執行次數。

step ④ 按 Ctrl + F5 鍵執行程式, 就會看到執行結果:

圖-11

分數不同, 執行的 return 敘述也不同

在剛才的 Grade() 函式中, 我們在 If/Else 的結構中, 用了多個 Return 敘述, 讓函式能依不同分數傳回不同的等第。

9-4 活用內建函式

從第一章開始, 我們的程式就會用到 VB 的內建函式, 或是 .NET Framework 類別庫所提供的類別。我們可以發現, 如果缺少這些預先設計好的功能, 寫程式所要花費的工夫可不知要多出幾倍。因此瞭解有哪些現成的函式、類別可使用, 也是寫好程式不可不知的一課。

本節將再介紹幾個 VB 內建函式的應用實例, 以供讀者練習並提升功力。

字串處理函式

字串是我們經常用到的資料型別, 以下介紹幾個有關子字串的處理函式:

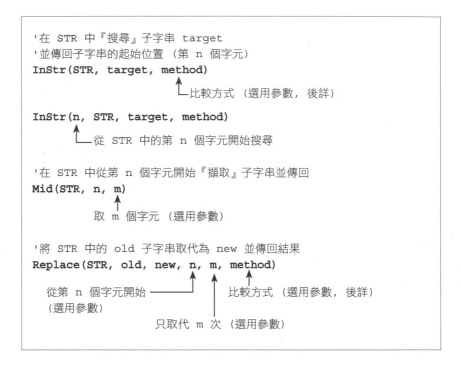

```
'在 STR 中『搜尋』子字串 target
'並傳回子字串的起始位置 (第 n 個字元)
InStr(STR, target, method)
                          └─ 比較方式 (選用參數，後詳)

InStr(n, STR, target, method)
      └─ 從 STR 中的第 n 個字元開始搜尋


'在 STR 中從第 n 個字元開始『擷取』子字串並傳回
Mid(STR, n, m)
              └─ 取 m 個字元 (選用參數)


'將 STR 中的 old 子字串取代為 new 並傳回結果
Replace(STR, old, new, n, m, method)

從第 n 個字元開始 ──────┘  │  └─ 比較方式 (選用參數，後詳)
(選用參數)
              只取代 m 次 (選用參數)
```

InStr() 會在參數字串 STR 中尋找是否含有 target 子字串, 如果有
找到, 就傳回子字串是從第幾個字元開始 (字元位置是由 1 開始算
起) ; 若找不到子字串則傳回 0。另外要注意, InStr() 預設會區分大
小寫：

```
InStr("Hello World", "World")      ←── 傳回值為 7
InStr(2,"Hello World", "Hello")    ←── 因從第 2 個字開始找,
                                        傳回值為 0
```

Mid() 則會從參數字串 STR 的第 n 個字元開始, 取 m 個字元的子
字串並傳回, 若未設定參數 m、或 (n+m) 超過原始字串長度, 則都
是從第 n 個字元開始到原始字串結尾。

```
Mid("Hello World", 7)       ←── 傳回子字串 "World"
Mid("Hello World", 8, 2)    ←── 傳回子字串 "or"
```

至於取代子字串的 Replace() 應該就不用再說明了, 例如
Replace("work","or","al") 將回傳回結果 "walk"。

前面列出 InStr()、Replace() 函式語法時都有一個選用參
數 method, 簡單的說此參數可用來控制搜尋、取代時, 要不
要分辨英文大小寫。此選用參數預設值為 CompareMethod.
Binary, 也就是會區分大小寫;若要不分大小寫, 需將此參數設為
CompareMethod.Text, 請參見以下的上機練習。

 測試 InStr() 取代字串的效果。

step **1** 請建立表單應用程式 Ch09-10, 並加入如下的控制項。

Textbox1 (MultiLine 屬性設為 True)

圖-12

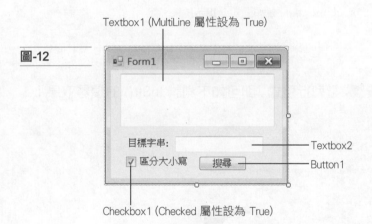

目標字串: ──────── Textbox2
☑ 區分大小寫 搜尋 ──── Button1

Checkbox1 (Checked 屬性設為 True)

step **2** 雙按按鈕建立其事件程序, 並輸入如下程式碼:

```
01    Private Sub Button1_Click(...) Handles Button1.Click
02        If TextBox1.Text Is Nothing Or TextBox2.Text Is Nothing Then
03            Exit Sub      '若未輸入則直接結束程序
04        End If
05
06        Dim start = 1     '開始搜尋的位置
07        Dim count = 0     '記錄要搜尋的子字串出現幾次
08        Dim SearchOption = If(CheckBox1.Checked,
09                              CompareMethod.Binary,
10                              CompareMethod.Text)
11
12        While start <= TextBox1.Text.Length '達到字串結尾前
13            start = InStr(start, TextBox1.Text,
14                          TextBox2.Text, SearchOption)
15            If start = 0 Then  '若找不到
16                Exit While
17            Else               '若有找到
18                count += 1     '計數加 1
19                start += 1     '開始搜尋的位置加 1
20            End If
21        End While
22        MsgBox("找到 " & count & " 筆")      '顯示結果
23    End Sub
```

step 3 按 F5 鍵執行程式, 即可如下測試 InStr() 的搜尋效果 :

1 輸入一段文字

圖-13

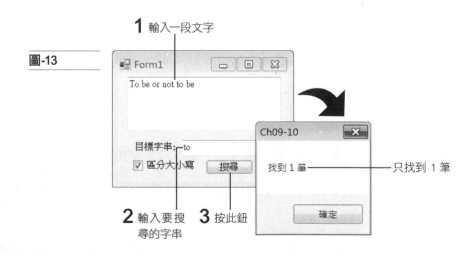

2 輸入要搜尋的字串　3 按此鈕

只找到 1 筆

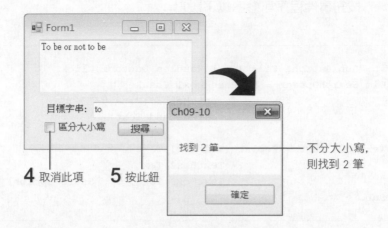

 模仿範例 Ch09-10, 設計一個表單應用程式, 可示範 Replace() 函式
是否需符合英文大小寫時的取代效果。

參考解答

我們已將範例表單放在 Ch09-11 專案, 與前一個範例相較, 差異主
要是有 3 個 TextBox 控制項, 分別可用來輸入測試字串、目標舊
字串、新字串:

圖-14

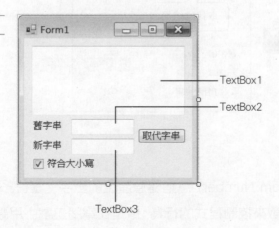

按鈕事件程序可參考以下設計：

```
01 Private Sub Button1_Click(...) Handles Button1.Click
02     Dim SearchOption = If(CheckBox1.Checked,
03                           CompareMethod.Binary,
04                           CompareMethod.Text)
05
06     TextBox1.Text = Replace(TextBox1.Text,
07                             TextBox2.Text,
08                             TextBox3.Text, , , SearchOption)
09 End Sub
```

圖-15

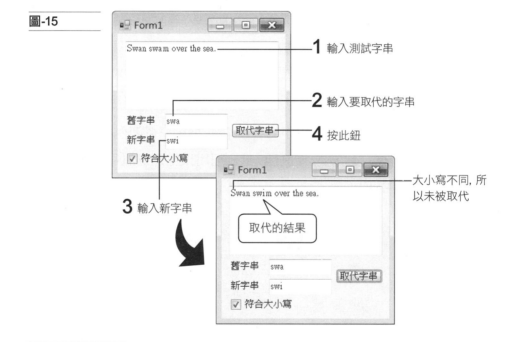

亂數函式

亂數 (Random Number) 意指隨意產生的數字。在許多電腦應用，都會利用亂數來控制程式的行為，像是在電腦遊戲中用亂數控制怪獸、寶物在何時、何處出現等。

在第 4 章中已經介紹過如何使用 Rnd() 函式產生隨機的亂數, 此處我們先來複習一下, 然後再撰寫程式。在產生亂數前需先呼叫 Randomize() 設定亂數種子, 接著再呼叫 Rnd() 即會傳回 0 至 1 之間 (不含 1) 的隨機數值:

```
Randomize()          ← 設定亂數種子
Dim AnyNumber = Rnd()   ← AnyNumber 將是 >=0 且 <1 的 Single 浮點數
```

Randomize() 的功用是設定『亂數種子』, 這是因為 Rnd() 函式內部其實也只是用特殊的方式, 產生『不規則』的數字。如果不先用 Randomize() 以執行時的時間當成『亂數種子』, 則每次程式執行將會產生『順序相同』的『不規則』數字, 這麼一來就不叫亂數了。

雖然 Rnd() 產生的是介於 0 至 1 之間 (不含 1) 的亂數, 但我們可將它乘上一個倍數, 就能產生其它範圍的亂數。例如乘上 100, 就可產生 0 到 100 (不含) 之間的亂數; 如果要產生 A ~ B (不含) 之間的整數亂數, 則可使用公式: Fix(Int((B-A)*Rnd()+A))(Fix() 為取整數的函式)。利用此方式, 我們可設計一個模擬樂透開獎的程式。

 利用亂數函式, 模擬可由 1~49 中的數字選出 5 個數字的開獎程式。

step 1 請建立 **Windows Form 應用程式**專案 Ch09-12, 在表單中加入 6 個 A Label 控制項, 並加入一個 ab Button 控制項。

圖-16

Label1~Label6, Text = "?"

Button1

step ② 雙按 [開獎囉!] 鈕建立其 Click 事件程序。在事件程序中，我們並不直接用 Rnd() 產生隨機的開獎號碼，因為用 Rnd() 連續產生隨機號碼，有時會出現重複號碼的情況，例如連續產生 6 個號碼中有 2 個 37。因此我們採取間接的方法，將 1 ~ 49 的數字放在集合物件中，然後用 Rnd() 產生隨機索引值，用索引值取出集合物件中的數字當號碼，同時將該數字自集合物件中移除；所以下一輪再取數字時，就不會有重複的數字了：

```
01 Private Sub Button1_Click(...) Handles Button1.Click
02     '建立用來記錄 6 個號碼的陣列
03     Dim Draw(5) As Integer
04     Dim Lucky As Integer '用來記錄隨機產生的亂數
05     Dim Numbers As New List(Of Integer)   '存放數字 1 到 49 的集合
06
07     For i = 1 To 49      '將 1 到 49 的數字放到集合中
08         Numbers.Add(i)
09     Next
10
11     Randomize()              '初始化亂數種子
12
13     For i = 0 To UBound(Draw)    '產生隨機號碼的迴圈
14         Lucky = Fix(Rnd() * (49 - i))   '產生0~(49-i)間的亂數
15         Draw(i) = Numbers(Lucky)
16         Numbers.RemoveAt(Lucky)
17     Next
18
19     Array.Sort(Draw)
20     '將Draw陣列中的數字顯示到Label控制項
21     Label1.Text = Draw(0)
22     Label2.Text = Draw(1)
23     Label3.Text = Draw(2)
24     Label4.Text = Draw(3)
25     Label5.Text = Draw(4)
26     Label6.Text = Draw(5)
27     Button1.Text = "再試一次"
28 End Sub
```

step ③ 按 F5 執行程式, 就可模擬開獎動作 :

圖-17

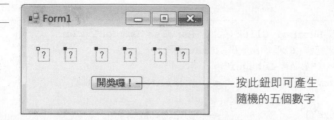

按此鈕即可產生
隨機的五個數字

程式解說

因為一般樂透開獎原則上是不會有重複的號碼, 然而用 Rnd() 產生隨機的整數時, 難保不會出現重複 (例如產生 35.123 、35.456, 取整數後都是 35)。所以如果程式直接將 Rnd() 的傳回值取整數, 重複執行 6 次, 難保不會出現重複的數字。

所以範例程式是用 Rnd() 取一個索引值, 再以此索引值到含 1~49 的數字集合中取出所需的數字, 並將該數字由集合中移除。由於每輪都會使集合減少 1 個數字, 所以每次用 Rnd() 取索引的範圍也要跟著減 1 (程式中是用 『Rnd() * (49 - i)』), 否則就會使索引值超出範圍。

 練習

將開獎程式的邏輯, 改成不使用集合物件, 只利用陣列, 同樣做到不讓開獎號碼重複。

參考解答

如前述, 重複用 Rnd() 的傳回值取整數, 可能會出現重複的數字。因此若要改用陣列來實作, 我們可先將 Rnd() 產生的隨機數字存到一個數字陣列, 而後續產生的數字, 就利用第 8 章介紹過的 Array. IndexOf() 方法, 檢查它是否已存於陣列之中 : 若已存在, 就再產生另一數字 ; 若不存在, 就將它加到陣列。

因此按鈕事件程序可改成如下，用 Array.IndexOf() 方法檢查該號碼是否已使用：

```
01 Private Sub Button1_Click(...) Handles Button1.Click
02      '建立用來記錄 6 個開出號碼的Draw陣列
03      Dim Draw(5) As Integer
04      Dim Lucky As Integer        ← 用來記錄隨機產生的亂數
05
06      Randomize()                 ← 初始化亂數種子
07
08      '產生五個隨機號碼的迴圈
09      For i = 0 To 4
10          '當元素是預設值 0 時, 就繼續While迴圈
11          While Draw(i) = 0  ← Ⓐ
12              Lucky = Fix(Rnd() * 49) + 1   ← 產生 1-49 間的亂數
13
14              '若產生的亂數不在陣列中, 就指定給目前的元素
15              If Array.IndexOf(Draw, Lucky) = -1 Then  ← Ⓑ
16                  Draw(i) = Lucky
17              End If
18          End While
19      Next
20
21      Array,Sort(Draw)
22      '將Draw陣列中的數字顯示到Label控制項
23      Label1.Text = Draw(0)
24      Label2.Text = Draw(1)
25      Label3.Text = Draw(2)
26      Label4.Text = Draw(3)
27      Label5.Text = Draw(4)
28      Label6.Text = Draw(5)
29      Button1.Text = "再試一次"
30 End Sub
```

Ⓐ 第 3 行宣告 Draw 陣列時未設定預設值, 因此各陣列元素的初值均為 0, 此處即利用此點, 檢查初值是否為 0, 決定是否要執行 While 迴圈。在 While 迴圈內會用 Rnd() 產生亂數, 並於 Ⓑ 處檢查亂數是否已出現在陣列中, 若未出現, 表示該數字尚未被使用, 此時才將亂數指定給陣列元素。所以下一次檢查時因陣列元素值不是 0, 就不會再執行 While 迴圈。

Ⓑ 此處就是使用 Array 類別的 IndexOf() 方法來檢查 Draw 陣列
中, 是否已有 Lucky 的值。若傳回值為 -1, 表示亂數不在陣列
中, 就將該亂數指定給陣列元素；若陣列中已有該亂數, 就不
指定給陣列元素, 元素值就仍是 0, 所以會再執行一次 Ⓐ 處的
While 迴圈。

時間函式

VB 提供 Date 的資料型別以便使用日期、時間資料, 另外也提供
一組相關函式可讓我們操作這些資料。

例如下列兩個函式可供我們計算兩個日期時間之間的差距, 或是將
日期時間加減我們指定的時間。

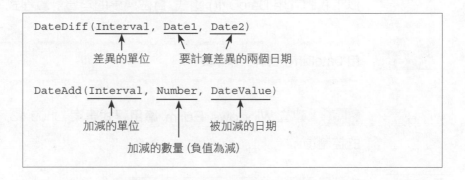

DateDiff() 會傳回兩個日期間的差異, DateAdd() 則會將加減後的
日期傳回。這兩個函式的第一個參數都是用來指定時間的單位, 可
用下表所列的 DateInterval 常數或字串來表示：

常數	字串	代表的單位
DateInterval.Day	"d"	日
DateInterval.Hour	"h"	時
DateInterval.Minute	"n"	分
DateInterval.Month	"m"	月
DateInterval.Second	"s"	秒
DateInterval.WeekOfYear	"ww"	週
DateInterval.Year	"yyyy"	年

大小寫視為
相同。

例如:

```
'傳回 48:相差 2 天、即 48 小時
DateDiff("H", #12/31/2010#, #1/2/2011#)

'傳回日期:#4/30/2010#, 參數日期加三個月
DateAdd(DateInterval.Month, 3, #1/31/2010#)
```

以下我們就用 DateDiff() 函式, 實做簡易的年資計算程式。

 用 DateDiff() 計算工作年資。

step 1 建立 Windows Form **應用程式**專案 Ch09-13, 加入如下的控制項:

圖-18

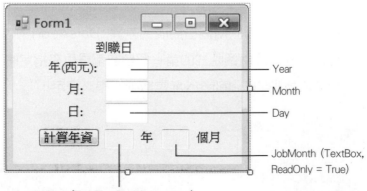

JobYear (TextBox, ReadOnly = True)

step **2** 雙按 計算年資 鈕，建立其 Click 事件程序。在程序中將使
用者輸入的年、月、日建立成日期型別的變數，再用 DateDiff() 取
得今天與該日期的差：

```
01 Private Sub Button1_Click(...) Handles Button1.Click
02     '用使用者輸入的日期建立日期變數
03     Dim HireDate As _
04         New DateTime(Year.Text, Month.Text, Day.Text) ←Ⓐ
05
06     '取得到職總月數
07     Dim totalMonth = DateDiff(DateInterval.Month, HireDate, Now)
08
09     JobYear.Text = totalMonth \ 12         '算出到職年 (使用整數的除法)
10     JobMonth.Text = totalMonth Mod 12      '未滿一年的月數
11 End Sub
```

Ⓐ 此處使用內建的 DateTime() 函式來建立日期，參數依序為年、
月、日。

step **3** 按 F5 鍵執行程式，輸入到職年、月、日，按 計算年資 鈕，
程式就會計算並顯示年資：

圖-19

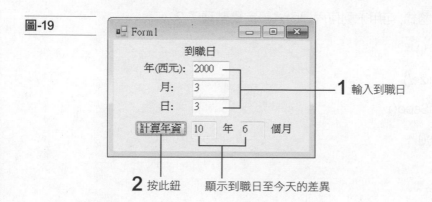

1 輸入到職日

2 按此鈕　　顯示到職日至今天的差異

習題

1. 是非題：

   (　) 程序之中可定義另一個程序。

   (　) 程序的參數, 不可以全部是選用參數。

   (　) 程序可以沒有參數。

   (　) 類別的方法, 也算是一種程序。

   (　) 傳值呼叫表示將呼叫時的參數位址, 複製給程序中的參數。

2. 是非題：

   (　) 函式的參數不可以是選用參數。

   (　) 定義函式時, 函式名稱後所指定的型別, 就是傳回值型別。

   (　) 函式要同時傳回兩個數值時, 需用兩個 Return 敘述分別傳回。

   (　) 內建函式 InStr() 函式可將 A 字串插入到 B 字串的指定位置。

   (　) 字串和陣列都屬於『參考型別』的變數。

3. 呼叫 Rnd() 函式, 可用下列何內建函式設定亂數種子？

   (1) RndSeed()

   (2) Randomize()

   (3) RandomSeed()

   (4) Rndmize()

4. 『CInt(Int(Rnd() * 39) + 1)』會產生什麼範圍的亂數？

(1) 0～40

(2) 1～40

(3) 0～39

(4) 1～39

5. 下列何者不是參考型別？

(1) 物件

(2) 日期時間

(3) 字串

(4) 陣列

6. 呼叫 Replace() 函式取代字串時, 若希望不分辨大小寫, 則第 6 個參數需設為？

(1) CompareMethod.Binary

(2) CompareMethod.IgnoreCase

(3) CompareMethod.Text

(4) CompareMethod.AllCase

7. 呼叫 DateDiff() 函式時, 若希望傳回的日期差異是以月為單位, 則第一個參數需為？

(1) Interval.Month

(2) DateDiff.Month

(3) DateInterval.Month

(4) Diff.Month

8. 呼叫程序時, 若參數位址會被複製到程序中, 稱為_____呼叫。

9. 在函式中, 會結束函式的執行並傳回傳回值的敘述是_____。

10. 以 DateInterval.Date 為第 1 個參數, 呼叫 DateDiff(), 所傳回的日期差距是以 _____ 為單位。

11. 請設計一個自訂程序, 每次呼叫時, 就會用訊息窗顯示目前時間。

12. 請修改範例程式 Ch09-05 中求速度的程序, 改成函式, 即程式所算出的速度, 會當成傳回值回傳。

13. 請利用 Rnd() 函式設計一個擲骰模擬程式, 每次使用者擲骰時, 程式就會顯示兩個骰子被擲出的點數 (各為 1~6 點)。

14. 重力加速度 g 為 9.8m/sec^2, 若 t 為時間, 則自由落體掉落的距離為 $\frac{1}{2}gt^2$, 請利用此公式, 設計一以時間 t 為參數的函式, 函式會傳回自由落體掉落的距離。

15. 承上題, 將函式改成傳回等加速度運動的移動距離, 參數為時間、初速、加速度, 公式如下。

10

事件驅動
程式設計

本章閱讀建議

從第 4 章建立表單應用程式開始，我們所撰寫的表單應用程式，其實都是由各式各樣的事件程序 (Event Handler) 組成，這種程式設計的方法稱為**事件驅動 (Event-Driven)** 程式設計。而事件程序和前一章介紹的一般程序有什麼不同、特色？除了常用的按鈕事件及前幾章使用過的事件外，還有哪些事件可讓我們建立相關事件程序？這些都是本章的重點。

10-1 **事件驅動的觀念**：從觀念出發，深入瞭解什麼是事件、什麼是事件驅動的程式設計。

10-2 **設計事件驅動的程式**：瞭解什麼是事件驅動後，先熟悉在 VB 中建立事件程序的各種方法。

10-3 **表單事件**：表單本身有一些特殊事件，我們就以此為出發點，來練習處理事件。

10-4　　**滑鼠事件**：滑鼠的事件非常多，簡單的一項滑鼠操作動作，就會產生一連串的滑鼠事件，本節要告訴大家如何處理、應用滑鼠事件。

10-5　　**鍵盤事件**：對於鍵盤事件，最基本的應用就是判斷使用者按下什麼按鍵、或是按鍵組合 (例如同時按了 Ctrl 、 Shift 等按鍵)。

10-1 事件驅動的觀念

事件驅動 (Event-Driven) 程式設計是 Windows 程式設計的一項特色，它和傳統**程序式** (Procedural) 程式設計 (例如**主控台**應用程式) 相當不同：在**程序式**程式設計的架構中，程式流程基本上是由程式的開頭『依序』執行到程式結尾，在呼叫函式時雖會暫時離開，但函式執行完畢，執行流程仍會回到主程式，繼續往下一行、一行地執行。

但在**事件驅動**程式設計中，就不是撰寫依序從頭執行到尾的一串程式，而是撰寫多段對應到不同事件的程序。一般性的事件包括使用者的各項操作動作，例如按下視窗中的按鈕、按下鍵盤按鍵、移動滑鼠等等；另一類事件則是由作業系統或應用程式產生的，例如表單的載入、關閉等事件。

以第 4 章猜謎遊戲的範例程式為例，表單提供了 2 個輸入欄位，當使用者輸入答案，按下 對答案 鈕，就會觸發其 Click 事件，系統會呼叫對應於該事件的 Click 事件程序，該程序就會檢查使用者輸入的答案，並顯示結果。

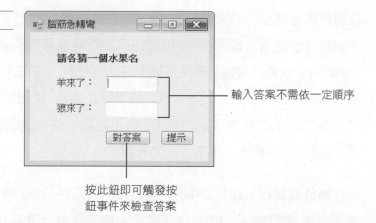

圖-1

請各猜一個水果名

羊來了：

狼來了：

對答案　提示

輸入答案不需依一定順序

按此鈕即可觸發按
鈕事件來檢查答案

但如果將這個程式改寫成**程序式**程式, 設計的方式就不同了。以**主控台應用程式**來撰寫, 程式執行的方式可能是依序顯示訊息, 請使用者分別輸入『羊來了』、『狼來了』的答案, 然後顯示檢查結果, 接著就結束程式了。

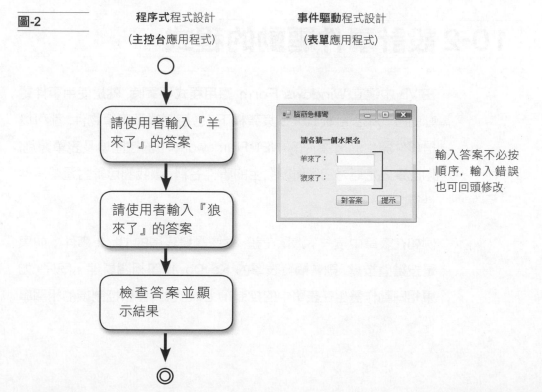

圖-2

程序式程式設計
(**主控台**應用程式)

事件驅動程式設計
(**表單**應用程式)

請使用者輸入『羊
來了』的答案

請使用者輸入『狼
來了』的答案

檢查答案並顯
示結果

請各猜一個水果名

羊來了：

狼來了：

對答案　提示

輸入答案不必按
順序, 輸入錯誤
也可回頭修改

在**程序式**程式設計的架構下, 當程式已設計成要按照『羊來了』、『狼來了』的順序輸入時, 使用者也只能按照這樣的順序輸入, 輸入完成後, 程式就會檢查答案並顯示之。即使程式改成用迴圈讓使用者可重複猜, 第 2 次、第 3 次...的流程也相同, 仍是要依序輸入『羊來了』、『狼來了』的答案, 也不能自己決定先輸入『狼來了』的答案, 再輸入『羊來了』的答案。

但在**事件驅動**程式設計之中, 則無這樣的強制性流程, 程式啟動後顯示表單, 接下來要如何操作就完全由使用者自行控制, 例如要依『羊來了→狼來了』或『狼來了→羊來了』的順序輸入均可, 而且輸入到第二個答案時, 發現前一個有錯也仍可回頭修改。在**程序式**程式中, 一但輸入答案後 (按了 Enter 鍵), 就不能回頭修改了。

10-2 設計事件驅動的程式

在 VB 中建立 **Windows Form 應用程式**專案時, 就是使用事件驅動的方式來設計程式。在其架構下, 各控制項及表單物件, 都可以是事件發生的來源。在 .NET Framework 中的控制項及表單類別, 均已事先定義好它們可能發生的事件名稱, 讓我們可針對這些事件進行處理。

例如在表單中按一下滑鼠左鈕, 就會觸發表單的 Click 事件; 如果是按鍵盤按鍵, 則會觸發表單的 KeyDown 等相關事件。同理, 如果相同動作發生在表單中的控制項上, 也會觸發該控制項的相關事件。

圖-3

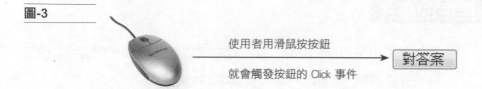

使用者用滑鼠按按鈕
就會觸發按鈕的 Click 事件

對答案

我們可以發現, 使用者的各種操作動作, 都會觸發對應的事件, 但程式是否要對該事件做回應, 就由我們自行決定。而處理事件的程序, 我們稱為**事件程序** (Event Handler, 或稱事件處理程序)。當事件發生時, 系統就會用與事件相關的資料當參數, 呼叫我們寫好的**事件程序**：

圖-4

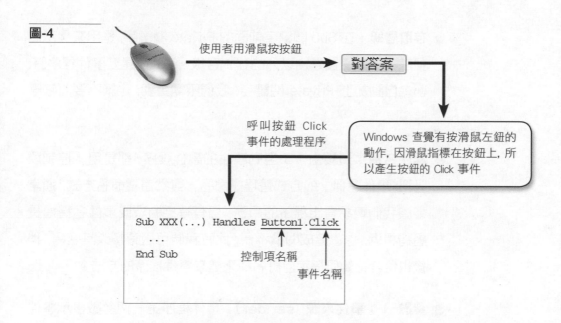

使用者用滑鼠按按鈕

對答案

呼叫按鈕 Click 事件的處理程序

Windows 查覺有按滑鼠左鈕的動作, 因滑鼠指標在按鈕上, 所以產生按鈕的 Click 事件

```
Sub XXX(...) Handles Button1.Click
    ...
End Sub              控制項名稱
                              事件名稱
```

如果事件沒有對應的**事件程序**, 就算發生事件, 程式也不會有任何反應。舉例來說, 上例的程式中, 如果根本沒有標示『Handles Button1.Click』的程序, 那麼使用者按按鈕, 程式也不會做處理。

事件程序的格式

事件程序也是程序的一種, 只不過在定義時多了幾個關鍵字, 也有
其特殊的參數, 以下是典型的按鈕事件程序格式:

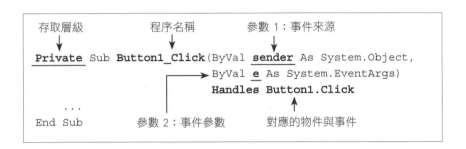

● **存取層級**: 在 Sub 關鍵字前面的 Private 關鍵字, 是用來標示此
程序『不能』被類別以外的程式存取。VB 在建立事件程序時,
都會自動加上 Private 關鍵字, 我們不需更動, 也請不要將它刪
除。

● **程序名稱**: 預設由 VB 自動產生的事件程序, 都是用『控制項
名稱_事件名稱』的方式替程序命名。雖然這種命名方式, 通常
能讓我們較易看出程序的用途, 但有時控制項或事件名稱過長、
名稱相近, 也會造成閱讀不便, 此時我們可適時修改其名稱, 稍
後也會介紹如何指定自訂名稱來建立事件程序的方法。

● **參數 1: 事件來源 (sender)**: 事件程序第一個參數表示事件
的發生處, 例如在 Button1 的 Click 事件程序中, 傳來的 sender
參數就是代表 Button1 物件, 因此我們可透過此參數來存取該
物件。

● **參數 2：事件參數**：事件程序第 2 個參數包含與此事件相關的資訊, 通常不會用到。但對於本章稍後會介紹的滑鼠、鍵盤等事件, 則第 2 個參數會有包括滑鼠座標、按鍵碼等資訊可應用。

● **Handles 關鍵字**：在事件程序最後面的 Handles 關鍵字, 是用來表示此程序所要處理的事件。事件名稱格式為『控制項名稱.事件名稱』, 例如 Button1.Click 就代表 Button1 控制項的 Click 事件。所以當使用者在 Button1 上按一下觸發其 Click 事件時, 系統就會呼叫註明了『Handles Button1.Click』的程序：

```
Private Sub Button1_Click(...) Handles Button1.Click
                                          ↑
                           當發生 Button1 控制項的 Click
                           事件, 系統便呼叫 Button1_Click()
```

Handles 關鍵字後可列出多個事件, 讓同一個程序處理多個事件, 稍後即會說明如何讓同一程序處理多個事件。

雖然定義事件程序時, 要寫出事件參數、所處理的事件等多項資訊, 所幸利用 VB 的設計介面, 即可自動建立事件程序的架構, 我們只需編寫事件程序中的程式即可。

建立事件程序的方法

VB 支援三種建立事件程序的方法：

● 在控制項上雙按：這是我們最常使用的方式。在 VB 的表單設計視窗中, 於控制項上雙按, VB 就會產生該控制項的『預設』事件程序。前幾章介紹的控制項及其預設事件如下表所列：

控制項	預設事件
Button、PictureBox	Click (按鈕)
RadioButton、CheckBox	CheckedChange (選取狀態改變)
ComboBox、ListBox、 ListView、CheckedListBox	SelectedIndexChanged (選取項目改變)
TextBox	TextChanged (內含文字改變)
Timer	Tick (已到指定的時間間隔)

若要建立非預設事件的事件程序, 則可用另外兩個方法。

● 由**程式碼視窗**上方的下拉式選單建立：在第 4 章用此方法建立過表單的 Load 事件程序, 此法適合於建立非預設事件的處理程序：

圖-5

1 在此選擇控制項

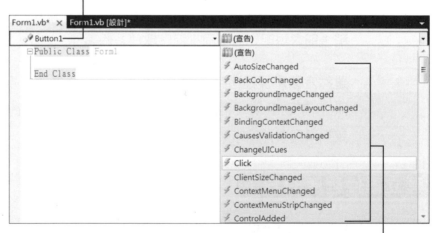

2 在此選擇事件, 就會建立對應的事件程序

● 由『**屬性**』窗格建立：此法是最具彈性的方法。因為可在建立
事件程序之前, 即自行指定程序名稱 (前兩種方式都只會建立
『控制項名稱_事件名稱』格式的程序名稱), 且也可將多個事
件都指向同一事件程序, 請參考以下的上機練習。

以下就用一個簡單的例子, 來看如何由**屬性**窗格建立各種事件程
序。

 練習由屬性窗格建立事件程序及自訂事件程序名稱。

 1 建立專案 Ch10-01, 並加入兩個 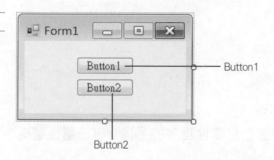 控制項。

圖-6

Button1

Button2

step 2 選取 Button1 控制項, 在**屬性**窗格中按 ⚡ 鈕, 就會列出
此控制項的所有事件。找到 Click 事件後, 用滑鼠在上面雙按, 就
會建立以『控制項名稱 _ 事件名稱』格式命名的事件程序：

圖-7

1 選擇此控制項

2 按此鈕切換到**事件**頁次

3 在 **Click** 上雙按

自動產生的事件程序

step 3 如果要自訂事件程序的名稱,可在**屬性**窗格中直接輸入,
例如:

1 選擇 **Button2** 控制項

圖-8

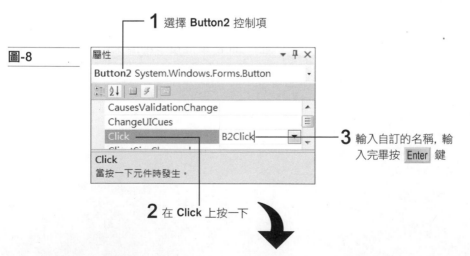

3 輸入自訂的名稱,輸
入完畢按 Enter 鍵

2 在 **Click** 上按一下

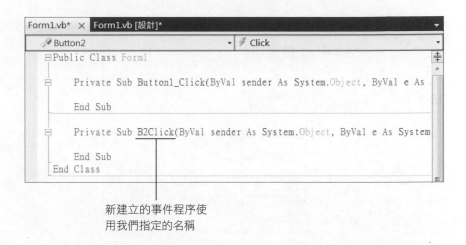

新建立的事件程序使
用我們指定的名稱

通常在 VB 產生的程序名稱過長，或我們想讓單一程序處理多個事件時，較需要自訂事件程序名稱，以便於閱讀。

用單一事件程序處理多個事件

有時候我們會想讓不同控制項的同一事件 (例如好幾個按鈕的 Click 事件)，都以相同的邏輯來處理，此時就可讓它們共用同一個事件程序，或者說用單一個事件程序來處理多個事件。

要讓單一事件程序可處理多個事件，原則上就是修改 Handles 關鍵字後面所列的事件，將它從單一事件，改以逗號分隔條列多個事件即可。若在事件程序之中，要判斷事件來源是誰，則可從事件程序的第 1 個參數 **Sender**，來判斷事件來源，並做相關處理。

 用單一事件程序處理多個 Click 事件。

step 1 建立專案 Ch10-02,並加入三個 [ab] Button 控制項,以及 A Label 控制項。

圖-9

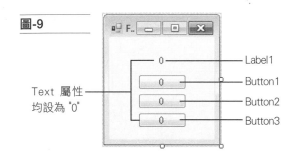

Text 屬性
均設為 "0"

Label1
Button1
Button2
Button3

step 2 讓 Handles 關鍵字後面列出多個事件,可以手動在現有事件後面,**加上逗號並輸入另一個事件名稱**,例如:

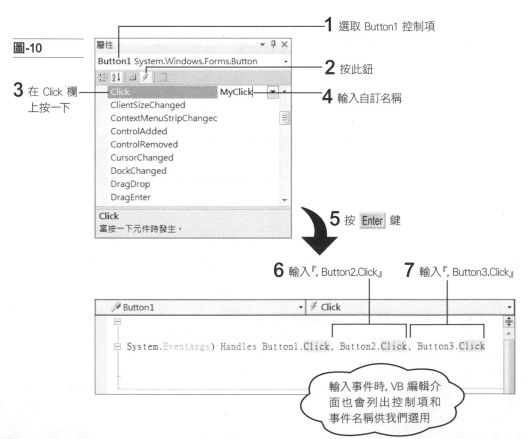

1 選取 Button1 控制項

圖-10

屬性

Button1 System.Windows.Forms.Button

2 按此鈕

3 在 Click 欄上按一下

Click   MyClick
ClientSizeChanged
ContextMenuStripChangec
ControlAdded
ControlRemoved
CursorChanged
DockChanged
DragDrop
DragEnter

4 輸入自訂名稱

Click
當按一下元件時發生。

5 按 Enter 鍵

6 輸入『, Button2.Click』   **7** 輸入『, Button3.Click』

Button1   Click

System.EventArgs) Handles Button1.Click, Button2.Click, Button3.Click

輸入事件時, VB 編輯介面也會列出控制項和事件名稱供我們選用

step **3** 在共用的事件程序中，可做各事件共同要處理的動作。若需判斷事件來源，或是對事件來源做個別處理，則可透過事件程序第 1 個參數 sender，判斷事件來源的控制項。例如我們希望每個按鈕被按下時，將 Label1 控制項的數字加 1；被按下的按鈕本身的數字 (Text 屬性) 也加 1，則可寫成如下程式：

```
01 Private Sub MyClick(...) Handles Button1.Click,
                                    Button2.Click,
                                    Button3.Click
02      '將Label1顯示的數字加1
03      Label1.Text = 1 + Label1.Text
04      '將被按的按鈕顯示的數字加1
05      sender.text = 1 + sender.text   ← sender 物件代表被按的按鈕
06 End Sub
```

step **5** 按 F5 鍵執行程式，就可按鈕測試共用的事件程序之效果：

圖-11

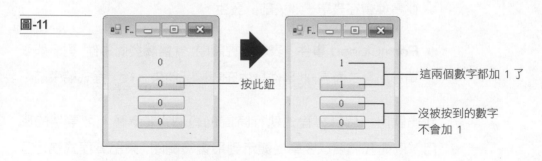

按此鈕

這兩個數字都加 1 了

沒被按到的數字
不會加 1

10-3 表單事件

雖然在撰寫表單應用程式時，最常用到的仍是各控制項的『預設』事件，例如 Button 控制項的 Click 事件，但有時候我們也會利用其它事件，讓程式產生不同的效果。本節先介紹屬於表單的事件。

表單的開始與結束

許多應用程式會在開始、結束執行時, 進行一些準備或善後工作。例如在開始執行時, 讀取設定檔、進行初始化工作等等;在程式結束時, 則是寫回設定檔、詢問使用者是否要將未儲存的資料存檔等等。而代表表單的 Form 類別, 就提供了以下事件, 讓我們可針對這些特殊時機, 執行相關的動作:

● **Load 事件**:表單的『載入』事件, 當程式開始執行, 在『顯示表單之前』就會觸發此事件, 所以我們可在此事件中, 進行需在顯示表單前完成的工作。

● **Shown 事件**:當表單**第一次**顯示在螢幕時, 即會觸發此事件。此事件發生時, 表單『已經』顯示在螢幕上。

● **FormColsing 事件**:當使用者關閉表單時, 就會觸發此事件, 此事件會在表單『消失前』發生。

● **FormClosed 事件**:表單已經關閉, 就會觸發此事件, 對一般表單應用程式而言, 此事件發生在表單『消失』後、程式結束前。

我們就用一個計算程式執行時間的範例, 來示範上列事件的應用。例如我們要以表單從顯示到最後被關閉, 來記算程式執行了多久, 可在表單的 **Shown** 事件程序中記錄目前系統時間, 然後在 **FormClosing** 事件程序中用當時的系統時間, 減掉先前記錄的時間, 即可知道執行了多久。

 利用 **Shown** 及 **FormClosing** 事件程序計算程式執行時間。

step **1** 建立新專案 Ch10-03, 並在表單中加入一個 A Label 控制項。

圖-12

step **2** 由於我們要在表單載入時記錄系統時間, 但此時間在表單關閉時也要用到, 所以這個變數必須宣告在表單 Form1 類別之內, 但在所有程序之外, 我們稱之為『表單變數』。 請切換到程式碼視窗宣告此變數:

```
01 Public Class Form1
02     '記錄程式開始執行的時間
03     Dim StartTime As Date
04 End Class
```

step **3** 接著在程式窗格上的下拉式選單選擇 **(Form 1 事件)**, 再選 **Shown** 即可建立其事件程序:

1 選此項

圖-13

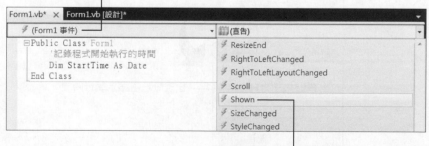

2 選此事件, 就會自動產生
處理此事件的事件程序

step ④ 在表單的顯示事件中，要記錄目前的系統時間，並顯示在表單中：

```
01 Private Sub Form1_Shown(...) Handles Me.Shown
02     StartTime = Now        '記錄目前時間
03     Label1.Text = "本表單於 " & StartTime.ToString & " 開始顯示"
04 End Sub
```

step ⑤ 我們可用上一章介紹過的 DateDiff() 函式計算時間差距，請建立 Form1 的 FormClosing 事件程序，並輸入如下程式：

```
01 Private Sub Form1_FormClosing(...) Handles Me.FormClosing
02     '計算時間差距 （秒）
03     Dim Diff = DateDiff(DateInterval.Second, StartTime, Now)
04
05     MsgBox("表單顯示了" & Diff & "秒")
06 End Sub
```

step ⑥ 按 F5 鍵執行程式，稍等幾秒再按 ✖ 鈕結束程式，就會出現訊息窗顯示程式執行的時間：

圖-14

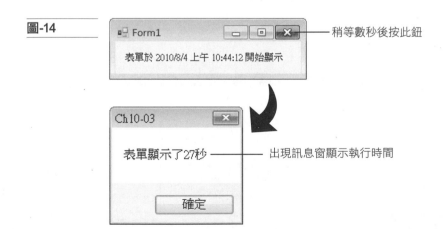

稍等數秒後按此鈕

出現訊息窗顯示執行時間

其它表單事件

在控制表單時, 還有許多其它事件, 以下列出一些事件供讀者參考:

● **Activated**: 表單成為『作用中』視窗時產生的事件, 例如使用者先切換到**檔案總管**視窗, 再切換回我們程式的表單視窗時, 就會觸發此事件。

● **Deactivate**: 和前項相對, 當表單原本是『作用中』, 但使用者切換到其它應用程式視窗, 此時就會觸發表單的 **Deactivate** 事件。

● **Paint**: 這個事件比較特別, 當作業系統通知表單, 請後者『畫出』表單畫面時, 就會觸發此事件。像是表單第 1 次顯示、表單縮小再放大...等動作, 都會觸發此事件, 在下一章就會介紹如何利用此事件在表單中繪圖。

10-4 滑鼠事件

使用滑鼠操作程式時, 除了按一下滑鼠左鍵產生 Click 事件外, 任何的滑鼠動作, 例如移動滑鼠指標, 都會產生對應的滑鼠事件, 而且有些動作, 會產生多個連續事件 (後詳)。

常見的滑鼠事件有:

● **MouseEnter**: 滑鼠指標『進入』控制項的區域時所產生的事件。

● **MouseMove**：滑鼠指標在控制項的區域中移動時產生的事件。

● **MouseLeave**：滑鼠指標『離開』控制項的區域時所產生的事件。

● **MouseClick**：即按一下滑鼠鈕產生的事件, 請注意, 此事件和代表控制項被按一下的 Click 事件不同, 最明顯差異即是 Click 事件只有按滑鼠左鈕時才會發生；但按滑鼠左、中、右鈕, 均會發生 MouseClick 事件。

● **MouseDoubleClick**：雙按滑鼠鈕產生的事件 (雙按中的『第一次』按鈕仍會觸發 **MouseClick** 事件)。

● **MouseDown**：滑鼠左、中、右鈕被『按下』時產生的事件。

● **MouseUp**：滑鼠左、中、右鈕被『放開』時產生的事件。

前面提到有些滑鼠動作會產生多個事件, 例如在按鈕上按一下, 從按下到放開滑鼠鈕, 前前後後一共會產生 4 個事件(其中按下滑鼠按鈕時會產生第 1 個事件, 放開按鈕時會產生 2~4 事件) 順序如下：

```
MouseDown → Click (只有按滑鼠左鈕才會發生) → MouseClick → MouseUp
```

通常我們都只會處理 Click 事件 (像是按鈕的 Click 事件), 而不需去理會其它的事件。如果想根據使用者操作滑鼠的動作, 做一些特殊處理, 這時才需用到其它的滑鼠事件。

TIPS 滑鼠事件程序的第 2 個參數, 提供的資訊包括了滑鼠所在的座標、所按的是哪一個按鈕等資訊。

為讓讀者瞭解滑鼠動作所觸發的滑鼠事件, 接下來就利用滑鼠事件程序來模擬網頁超連結的動作。平常在瀏覽網頁時, 滑鼠指標指到超連結文字上, 就會變成 🖑 的圖案, 移開時又會變成平常的 ⇖ 圖案; 而按下超連結文字時則會連到所指的網站。我們將用 A Label 控制項當成超連結文字, 並透過 MouseEnter、MouseLeave、MouseClick 等事件程序處理上述動作。

要變更滑鼠的指標圖案, 可透過表單或控制項的 Cursor 屬性。在控制項的**屬性**窗格中, 可如下選取所要使用的指標圖案:

圖-15

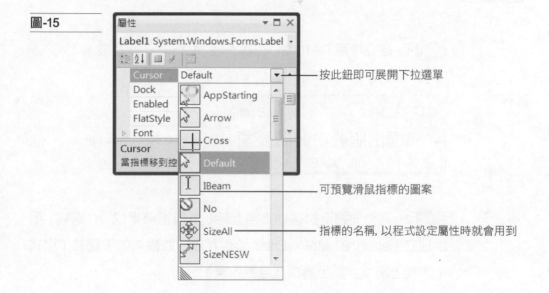

若是要在程式中設定, 則可透過內建的 Cursors 類別所提供的滑鼠指標名稱, 由其中選擇一項並設給 Cursor 屬性, 即可改變滑鼠的指標:

圖-16

箭頭指標 ⬉

十字指標 ✛

預設指標 (通常就是箭頭指標)

手指指標 🖑

I 字型指標 I

禁止指標 🚫

透過滑鼠事件,模擬超連結文字的特效及變更滑鼠指標圖案。

step 1 建立專案 Ch10-04,加入一個 [A Label] 控制項。

圖-17

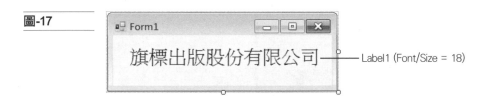

Label1 (Font/Size = 18)

step 2 我們要讓滑鼠移到文字上時,滑鼠指標變成 🖑 圖案,所以建立 Label1 的 MouseEnter 事件程序,並輸入如下程式 (程式中也加上將文字顏色換成藍色的效果):

```
01 Private Sub Label1_MouseEnter(...) Handles Label1.MouseEnter
02     Me.Cursor = Cursors.Hand      ← 變更為手指指標
03     Me.ForeColor = Color.Blue     ← 變更前景 (文字) 顏色
04 End Sub
```

step 3 滑鼠移開時,則要恢復滑鼠指標、文字顏色的狀態,所以請建立 Label1 控制項的 MouseLeave 事件程序,並輸入下列程式:

```
01 Private Sub Label1_MouseLeave(...) Handles Label1.MouseLeave
02     Me.Cursor = Cursors.Default      ← 還原為預設指標
03     Me.ForeColor = Color.Black       ← 還原為黑色
04 End Sub
```

step ④ 最後是按下超連結文字時，瀏覽網頁的動作，此處我們用 .Net Framework 的 System.Diagnostics.Process 類別，來建立代表應用程式的物件。請建立 Label1 的 MouseClick 事件程序 (按滑鼠任一個按鈕均會觸發)，並輸入如下程式：

```
01 Private Sub Label1_MouseClick(...) Handles Label1.MouseClick
02     '建立新的處理程序
03     Dim process As System.Diagnostics.Process =
04         New System.Diagnostics.Process()
05     '將要執行的路徑設為網址
06     '依 Windows 預設行為即會開啟 Internet Explorer
07     process.Start("http://www.flag.com.tw")    ←Ⓐ
08 End Sub
```

Ⓐ 建立 System.Diagnostics.Process 類別的物件後，我們就直接以網址為參數，呼叫其 Start() 方法 (若要執行的是一般應用程式，則以執行檔的檔名路徑為參數)，其效果就相當於在 Windows 中執行『**開始/執行**』命令，輸入網址並按 Enter 鍵一樣。所以使用者按一下 Label1 控制項時，事件程序就會請 Windows 作業系統開啟指定網址。

step ⑤ 按 F5 執行程式測試其效果：

圖-18

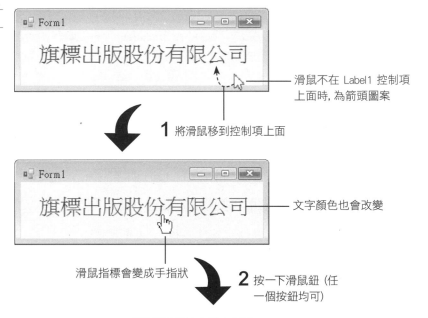

滑鼠不在 Label1 控制項
上面時, 為箭頭圖案

1 將滑鼠移到控制項上面

文字顏色也會改變

滑鼠指標會變成手指狀

2 按一下滑鼠鈕 (任
一個按鈕均可)

啟動瀏覽器連上指定網址

在此要提醒讀者, 前面說過, 不管按滑鼠左、中、右鈕, 都會觸發
MouseClick 事件。所以像以上的範例, 當滑鼠移到 Label1 控制項
上面、按下滑鼠任一個按鈕, 都會連上指定網站。我們當然可在
MouseClick 事件中限制, 只有按下滑鼠左鈕才要處理, 由事件程序
的第 2 個參數 e.Button 屬性, 即可得知使用者按的按鈕為何:

```
Private Sub Label1_MouseClick(...,
    e As System.Windows.Forms.MouseEventArgs) Handles Label.Click
    '檢查所按的是否為滑鼠左鈕
    If e.Button = Windows.Forms.MouseButtons.Left Then
        ...  ← 在此進行按左鈕的處理
    End If
End Sub
```

 在 VB 輸入程式的過程中, 即會自動列出 Windows.Forms.
MouseButtons 的 Left (左鈕)、Middle (中鈕)、Right (右鈕) 供我們選
擇, 不需特別記憶。

10-5 鍵盤事件

鍵盤事件就是使用者按下鍵盤按鍵時, 所觸發的各種事件。常見的
鍵盤事件包括:

● **KeyDown**:按鍵被按下時產生的事件。

● **KeyPress**:和前項有點類似, 但此項是按鍵被按下, 且產生輸
入字元時產生的事件。如果單純只按 Ctrl 或 Shift 這類不會輸
入字元的按鍵, 就不會發生 KeyPress 事件。

● **KeyUp**:按鍵被放開的事件。

同樣的, 當我們用鍵盤輸入時, 通常會產生多個事件, 例如在
TextBox 控制項中輸入一個『A』時, 依序會觸發下列事件:

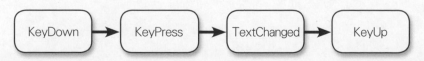

若想得知使用者按什麼按鍵、輸入什麼字元, 可從事件程序的第 2 個參數 e 取得。不過 KeyDown、KeyUp 事件程序的 e 參數, 和 KeyPress 的不同, 以下我們先說明 KeyDown、KeyUp 事件程序的參數。

KeyDown、KeyUp 事件

在 KeyDown、KeyUp 事件程序中, 第二個參數 e 的下列屬性, 提供使用者按鍵的相關資訊:

● **KeyCode**:使用者所按按鍵的代碼, 可使用 Keys 的各種按鍵名稱來表示, 例如 Keys.A 代表按 A 鍵、Keys.F1 代表 F1 鍵、Keys.D0 ～ Keys.D9 代表數字鍵 0 ～ 9 , 在編輯程式時, VB 會列出 Keys 下的按鍵名稱供我們選擇:

圖-19

● **Modifiers**:表示按下 KeyCode 所指按鍵的同時, 是否也按了 Ctrl 、 Shift 、 Alt 這 3 個特殊按鍵, 其按鍵名稱分別是 Keys. ControlKey、Keys.ShiftKey 、Keys.Alt (均不分左右鍵)。若同時按數個鍵, 則屬性值是數個按鍵名稱以 Or 組合起來, 例如:

```
'e是事件程序第二個參數
If (e.Modifiers = Key.ControlKey)  ← 判斷是否按住 Ctrl 鍵


If e.Modifiers = Keys.ShiftKey Or  ← 判斷是否同時按住 Shift 、 Alt 鍵
               Keys.Alt
```

● **Shift**：表示是否同時按下 Shift 鍵，為布林值。

● **Control**：表示是否同時按下 Ctrl 鍵，為布林值。

● **Alt**：表示是否同時按下 Alt 鍵，為布林值。

由於 Modifiers 和 Shift、Control、Alt 都是記錄有無按下特殊按鍵的狀態，所以用 Modifiers 或另 3 個屬性來判斷都可以，例如要檢查使用者按下按鍵時，是否同時按下 Shift 鍵，下列兩種寫法的效果相同：

```
If (e.Modifiers And Keys.Shift) Then  ← And 是進行位元運算，可用
                                         來檢查 e.Modifiers 中代表
或                                       Shift 的 bit 是否為 1。若是
If e.Shift = True Then                  則表示有按下 Shift 鍵。
```

為練習鍵盤事件，我們用上一章介紹的 Mid() 函式來設計一個跑馬燈，讓使用者可按 Ctrl + + 鍵將跑馬燈移動的速度加快、按 Ctrl + - 則可減速。所以我們只需在 KeyDown 事件程序中，檢查使用者是否按下上述組合鍵，並將 Timer 的時間間隔減少或增加即可。

 處理鍵盤事件，讓使用者可由按鍵控制跑馬燈速度。

step 1 建立新專案 Ch10-05，加入一個 A Label 控制項及 Timer 控制項。

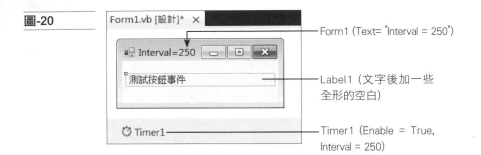

圖-20

Form1.vb [設計]* ✕

Interval=250

測試按鈕事件

⏱ Timer1

Form1 (Text= "Interval = 250")

Label1（文字後加一些全形的空白）

Timer1 (Enable = True, Interval = 250)

step❷ 建立表單的 KeyDown 事件程序，在其中用 If 敘述判斷使用者是否按了 Ctrl + + 或 Ctrl + - 按鍵組合，是就調整 Timer1 控制項的 Interval 屬性（程式中是每次加、減 25 毫秒），並將新的值顯示在表單標題欄：

```
01 Private Sub Form1_KeyDown(...) Handles Me.KeyDown
02     If e.KeyCode = Keys.Add And e.Control = True Then
03         '若Timer1.Interval 大於 25，就將其值減 25
04         If Timer1.Interval > 25 Then
05             Timer1.Interval -= 25
06             '將新的值顯示在視窗標題欄
07             Me.Text = "Interval=" & Timer1.Interval
08         End If
09     ElseIf e.KeyCode = Keys.Subtract And e.Control = True Then
10         '若Timer1.Interval 小於 500，就將其值加 25
11         If Timer1.Interval < 500 Then
12             Timer1.Interval += 25
13             '將新的值顯示在視窗標題欄
14             Me.Text = "Interval=" & Timer1.Interval
15         End If
16     End If
17 End Sub
```

檢查是否按下 + 和 Ctrl 鍵

檢查是否按下 - 和 Ctrl 鍵

step❸ 建立 ⏱ Timer1 的 Tick 事件程序，並輸入下列產生跑馬燈效果的程式：

```
01 Private Sub Timer1_Tick(...) Handles Timer1.Tick
02     Dim Str = Label1.Text     '取得Label1目前字串
03     '將目前字串的第 1 個字元, 移到字串最後面
04     Label1.Text = Mid(Str, 2) & Mid(Str, 1, 1)
05 End Sub
```

step **4** 按 F5 執行程式, 接著即可用 Ctrl + + 和 Ctrl + - 調整跑馬燈速度:

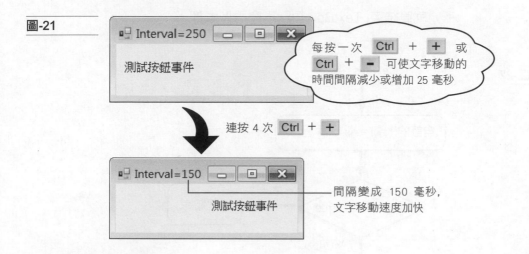

圖-21

每按一次 Ctrl + + 或 Ctrl + - 可使文字移動的時間間隔減少或增加 25 毫秒

連按 4 次 Ctrl + +

間隔變成 150 毫秒, 文字移動速度加快

KeyPress 事件

如前所述, 如果所按的按鍵不會產生字元輸入, 就不會觸發 KeyPress 事件。也因此 KeyPress 事件程序的第 2 個參數, 不會記錄詳細的按鍵資訊, 只會記錄輸入的字元值。KeyPress 事件程序的第 2 個參數 e 有以下兩個屬性:

● **KeyChar**: 代表輸入的字元, 如果使用中文、日文等輸入法, 此屬性值也會是最後輸入的中文、日文等字元, 而不會是輸入法中用到的按鍵字元 (例如用注音輸入法輸入『依』, 則 KeyChar 的值會是『依』, 而非鍵盤上代表注音字根的『一』。

● **Handled**：此屬性較特別，它不是供系統傳資料給事件程序用，而是讓事件程序告訴系統，是否要繼續處理此字元輸入事件。在正常的運作情況下，當我們替控制項 (例如 TextBox) 建立處理 KeyPress 的事件程序，在事件程序執行完畢後，相同的事件資訊會再送給 TextBox 類別內建的事件程序繼續處理。但如果我們想在自己處理完畢後，不要再讓 TextBox 類別繼續處理，就可將 Handled 設為 True，如此一來 KeyPress 事件的處理工作就算結束，TextBox 類別不會再做處理。

圖-22

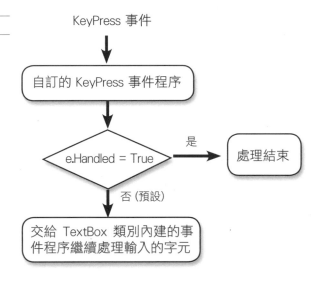

 利用 KeyPress 事件程序，設計一個當使用者輸入 0～9 的字元時，自動轉成 "零"～"九" 字元的程式。

圖-23

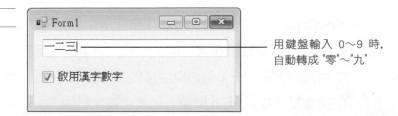

用鍵盤輸入 0～9 時，
自動轉成 "零"～"九"

step 1 建立新專案 Ch10-06, 加入 abl TextBox 、 ☑ CheckBox 控制項。

圖-24

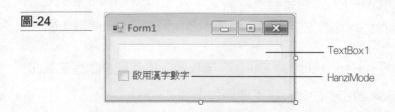

TextBox1

HanziMode

step 2 當使用者勾選 ☐ 啟用漢字數字 選項時, 程式就要將輸入的 0 ～ 9 字元, 自動換成 " 零 " ～ " 九 "。所以請建立 TextBox1 的 KeyPress 事件程序, 在使用者勾選 ☐ 啟用漢字數字 時, 進行轉換工作：

```
01 Private Sub TextBox1_KeyPress(...) Handles TextBox1.KeyPress
02      '當『啟用漢字模式』被勾選時
03      If HanziMode.Checked Then
04          Dim Hanzi = "零一二三四五六七八九"   '0-9的漢字字串      ←A
05
06          Select Case e.KeyChar
07              Case "0" To "9"    ←當輸入的字元為0-9
08                  '將0-9對應的漢字附加到文字輸入方塊中
09                  TextBox1.AppendText(Hanzi(Val(e.KeyChar)))  ←B
10                  '讓控制項本身不要再處理這次的輸入
11                  e.Handled = True                            ←C
12          End Select
13      End If
14 End Sub
```

A 此處建立對應到數字 0～9 的漢字字串 " 零一二三四五六七八九 ", 程式稍後要將數字字元轉成對應的漢字時, 即可用 Hanzi(0)、Hanzi(1)、Hanzi(2)...的方式, 取得字元 " 零 "、" 一 "、" 二 "...。

Ⓑ 當使用者輸入數字時，e.KeyChar 的值就是字元 "0"～"9"，所以此處用 Val(e.KeyChar) 將字元轉成數值 0～9，即可當成索引取得 Hanzi 字串中對應的漢字字元。取得的漢字字元則用 AppendText() 方法『附加』到 TextBox1 現有字串的最後面。

Ⓒ 此處將 e.Handled 設為 True，表示我們的事件程序處理完畢後，TextBox 類別的內建程序不要再做處理。

step ③ 按 F5 鍵執行程式，勾選 ☐ 啟用漢字數字 時，即可用數字鍵輸入 "零"～"九" 的數字。

圖-25

2 將游標移回此處   **3** 輸入 "1"、"2"、"3" 都會變成漢字 "一"、"二"、"三"

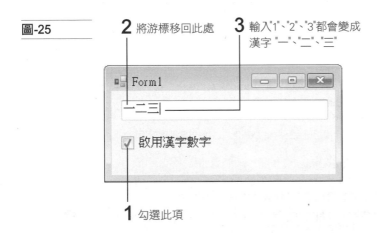

1 勾選此項

練習

上面的範例是為了示範 e.Handled 的效果，所以程式中將 e.Handled 設為 True，讓 TextBox 類別不做後續處理。但如此一來在『啟用漢字數字』時，也讓文字輸入方塊失去一些編輯功能，例如輸入游標移到字串中間時，不能在該處輸入文字、選取一段文字再輸入時，不能取代被選取的文字。請試修改 Ch10-06 專案中的程式碼，讓它仍具有『啟用漢字輸入』的功能，但也保有 TextBox 控制項原有的輸入、編輯功能。

參考解答

將 KeyPress 事件程序改成『只將 e.KeyChar 代換成漢字字元, 但
不做其它處理』即可。因為我們的事件程序結束後, 控制項本身會
再做後續處理, 所以這時它看到的 e.KeyChar 已經變成漢字字元,
就會依其內建功能, 加入該字元、或用該字元取代被選取的文字
等。

```
01 Private Sub TextBox1_KeyPress(...) Handles TextBox1.KeyPress
02     '當『啟用漢字模式』被勾選時
03     If HanziMode.Checked Then
04         Dim Hanzi = "零一二三四五六七八九"          '0-9的漢字字串
05
06         Select Case e.KeyChar
07             Case "0" To "9"   ← 當輸入的字元為0-9
08                 '將輸入的字元換成漢字
09                 e.KeyPress = Hanzi(Val(e.KeyChar))
10         End Select
11     End If
12 End Sub
```

習題

1. 是非題：

   ( ) 事件程序的傳回值為整數。

   ( ) 事件程序的第一個參數 sender 代表發生事件的來源物件。

   ( ) 每個事件程序只能處理來自單一控制項的事件。

   ( ) 在 VB 的設計視窗中，雙按表單上的控制項，就會自動建立該控制項的預設事件之事件程序。

   ( ) Windows Form 應用程式是採用事件驅動的程式設計方式。

2. 是非題：

   ( ) 雙按滑鼠時，會觸發兩個 MouseClick 事件。

   ( ) 在 TextBox 控制項輸入文字時，因為控制項會自行處理輸入，所以不會產生鍵盤事件。

   ( ) TextBox 控制項是用於字元輸入，但在上面移動滑鼠，仍會產生滑鼠事件。

   ( ) 關於表單關閉時的事件，FormClosing 事件是在 FormClosed 事件之前。

   ( ) Timer 控制項的預設事件是 Tick。

3. 很快的雙按滑鼠左鍵時，會產生多個滑鼠事件，其中最先發生的事件是？

   (1) DoubleClick

   (2) MouseClick

   (3) Click

   (4) MouseDown

4. 在移動滑鼠時, 會觸發什麼事件？

   (1) MouseRun

   (2) MouseMove

   (3) MouseFly

   (4) MouseWalk

5. RadioButton 控制項的預設事件為何？

   (1) IndexChanged

   (2) SelectedChange

   (3) CheckedChange

   (4) SelectedIndexChanged

6. ListBox 控制項的預設事件為何？

   (1) IndexChanged

   (2) SelectedChange

   (3) CheckedChange

   (4) SelectedIndexChanged

7. 從使用者按視窗右上角 ⬛ 鈕, 到視窗真的關閉之前, 會觸發什麼事件？

   (1) FormBye

   (2) FormClose

   (3) FormClosing

   (4) FormShutdown

8. 要讓事件程序可處理多個事件，需在關鍵字＿＿＿＿＿＿之後列出所要處理的事件。

9. 在滑鼠事件中，可透過第二個參數 e 的＿＿＿＿＿＿屬性，得知使用者按的是左、中、右鈕。

10. 按鍵事件程序中，會在第二個參數 e 傳入所輸入的字元值，是＿＿＿＿＿＿事件。

11. 請利用表單載入 Load 事件，讓表單在第一次顯示時，會顯示目前時間。

12. 請利用表單關閉前的 Form Closing 事件，模擬一般應用程式，在關閉前以訊息窗提示使用者要不要存檔的動作。

13. 請利用 KeyPress 事件，讓使用者輸入的英文字元，一律變成大寫。

14. 請設計一程式，當滑鼠移入表單範圍時，表單背景即變成白色、移出時則恢復灰色。

15. 修改上題，改成按 Ctrl + B 時，表單背景即變成白色、按 Ctrl + G 時則恢復灰色。

11

繪圖與多媒體

本章閱讀建議

繪圖與多媒體是電腦的重要應用之一，本章要介紹 VB 在 Windows 環境中繪圖，以及播放音效與視訊的方法。

11-1 **Windows 繪圖初步**：Windows 圖形介面的特點之一，是所有的程式共用同一個螢幕畫面，為了讓各程式的視窗畫面能正常顯示，在表單中繪圖需遵循一套特別的機制。本節先認識在表單中輸出圖形的方法，及其運作原理。

11-2 **繪製基本幾何圖形**：本節說明如何用 .NET Framework 提供的繪圖類別庫，繪製線段、矩形、圓等基本幾何圖形，以及繪圖時所需使用的畫筆 (Pen)、筆刷 (Brush) 工具的用法。

11-3　　**顯示圖片**：雖然第 4 章即用過 PictureBox 控制項顯示圖片, 但在本節要改用 .NET Framework 提供的功能, 以更具彈性的方式顯示圖片或影像。

11-4　　**音效與視訊**：本節要介紹以 VB 內建的方法來播放音效、以及使用 Windows Media Player 來播放音樂與視訊。

11-1 Windows 繪圖初步

首先我們來認識繪圖用的 Graphics 物件, 以及表單 (及控制項) 的繪圖事件。

Graphics 物件與 Paint 繪圖事件

在 Windows 作業系統中, 每個應用程式都要自行負責繪製其視窗的內容, 在必要時 (包括第一次顯示視窗、及往後切換視窗時的顯示), 作業系統會觸發『繪圖事件』 (Paint 事件), 請應用程式『重畫』其視窗的內容。例如當小畫家視窗被縮到最小再恢復原狀時, 就會觸發其的繪圖事件, 所以小畫家就會『重畫』視窗內容, 也就是重新顯示我們編輯中的圖案。

應用程式可繪圖的區域, 限於自己的視窗 (表單) 範圍中。為方便處理, .NET Framework 用 Graphics 物件來代表可繪製的區域及其相關屬性。Graphics 物件提供了許多繪圖及影像處理方法, 讓我們可用程式畫出各式各樣的圖形或顯示圖檔。

在 Paint 事件程序的 e 參數就附有一個 Graphics 屬性, 代表產生該事件的表單 (或控制項) 之 Graphics 物件, 以下我們就先來體驗如何在表單的繪圖事件中繪製矩形。

 使用 Paint 繪圖事件, 在表單中繪製矩形。

step 1 建立新的 **Windows Form 應用程式**專案 Ch11-01, 不需加入任何控制項。

step 2 如圖在**屬性**窗格中雙按建立 Paint 事件處理程序。

圖-1

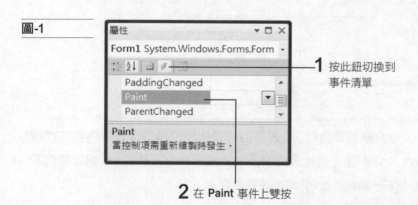

1 按此鈕切換到事件清單

2 在 **Paint** 事件上雙按

step 3 在 Paint 事件處理程序中輸入如下程式片段:

```
01 Private Sub Form1_Paint(...) Handles MyBase.Paint
02     '以黑色畫筆在 (10,10) 的位置畫出寬 60, 高 30 的矩形
03     e.Graphics.DrawRectangle(Pens.Black, 15, 15, 60, 30)
04
05     '以藍色畫筆在 (30,30) 的位置畫出寬 75, 高 150 的矩形
06     e.Graphics.DrawRectangle(Pens.Blue, 30, 30, 75, 150)
07 End Sub
```

此處呼叫的 DrawRectangle() 是 Graphics 物件用來繪製矩形的方法。其中第 1 個參數為畫出圖案的畫筆 (Pen) 物件, 此處直接取用預先定義在 Pens 類別下的黑色畫筆 (Pens.Black) 及藍色畫筆 (Pens.Blue), DrawRectangle() 後面 4 個參數依序是矩形左上角的座標 (例如 (10,10))、以及矩形的寬與高。

step④ 按 F5 執行程式, 就會看到如下的輸出結果:

圖-2

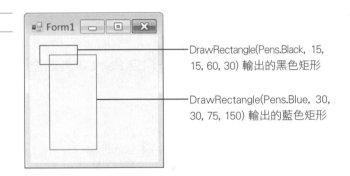

DrawRectangle(Pens.Black, 15, 15, 60, 30) 輸出的黑色矩形

DrawRectangle(Pens.Blue, 30, 30, 75, 150) 輸出的藍色矩形

 TIPS　第 4 章介紹表單時提過, 表單的座標系統預設是以表單內部工作區 (Client Area) 左上角為原點 (0,0);X 軸座標向右為正、Y 軸座標向下為正。下一節會再說明, 幫助讀者複習。

表單的 Paint 事件會在表單需要『重畫』時被觸發, 例如:

● 表單第 1 次顯示時。

● 表單縮小到**工作列**再重新顯示時。

● 表單改變大小時。

● 表單被其它視窗遮住, 再重新顯示時。

因此我們在 Paint 事件程序中繪製的 2 個矩形, 不管將表單視窗做什麼樣的操作, 只要它顯示在螢幕上, 圖案都能正常顯示。

圖-3

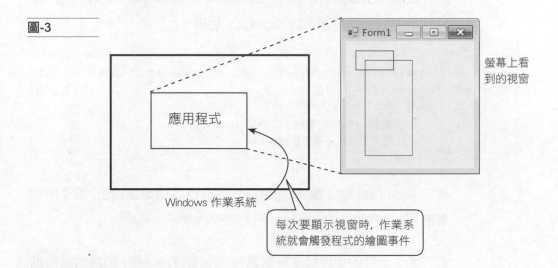

螢幕上看到的視窗

Windows 作業系統

每次要顯示視窗時, 作業系統就會觸發程式的繪圖事件

在其它事件程序繪圖

如果想在 Paint 以外的事件程序繪圖, 例如想讓按鈕被按下時繪圖, 則因為其它事件程序的 e 參數中並沒有代表表單的 Graphics 屬性, 所以我們必須先『建立』Graphics 物件。

Graphics 物件和我們先前使用過的其它物件有一點不同, 亦即不能用 **New** 的方式來建立, 而必須呼叫表單或控制項的 CreateGraphics() 方法來建立物件, 例如:

```
Private Sub Button1_Click(...) Handles Button1.Click
    Dim g = Me.CreateGraphics()       '建立表單的 Graphics 物件
    g.DrawRectangle(Pens.Black, 10, 10, 60, 30)     '繪製矩形
    g.Dispose()          '釋放 Graphics 物件
End Sub
```

上例是在表單程式中用 Me 物件呼叫 CreateGraphics() 取得 Graphics 物件, 因此該物件就是『表單』的 Graphics 物件。如果想在控制項上畫圖, 則可用控制項呼叫 CreateGraphics() 方法, 此時取得的就是該控制項的 Graphics 物件:

```
Dim g = PictureBox1.CreateGraphics()    '建立 PictureBox1 的 Graphics 物件
g.DrawRectangle(Pens.Black, 10, 10, 60, 30)

                    原點 (0,0) 是在 PictureBox1
                    的左上角, 不是表單的左上角
```

建立 Graphics 物件後, 就可用該物件進行各項繪圖輸出, 而使用完畢時, 必須呼叫其 Dispose() 方法釋放物件。

在 Paint 以外的事件程序繪圖還有一點要特別注意, 因為繪圖的動作不是在 Paint 事件程序中, 所以表單發生『重繪』的動作時 (例如被其它視窗蓋住再顯示), 圖形將會『消失』。

 在按鈕事件繪圖, 並測試無法自動重繪的情形。

step **1** 建立新的 **Windows Form 應用程式**專案 Ch11-02, 並加入一個按鈕控制項。

圖-4

step **2** 雙按按鈕建立其 Click 事件程序, 並輸入如下程式:

```
01 Private Sub Button1_Click(...) Handles Button1.Click
02     Dim g = Me.CreateGraphics() '取得表單 Graphics 物件
03
04     '在 (25,10) 的位置畫出寬 150, 高 100 的紅色矩形
05     g.DrawRectangle(Pens.Red, 25, 10, 150, 100)
06
07     g.Dispose()        '釋放 Graphics 物件
08 End Sub
```

step③ 按 F5 鍵執行程式, 並按下按鈕觸發其事件程序畫出矩形:

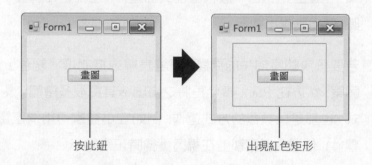

按此鈕　　　　　　　　　　出現紅色矩形

step④ 用 VB 視窗 (或其它應用程式視窗) 遮住表單中圖案的一部份或全部:

圖-5

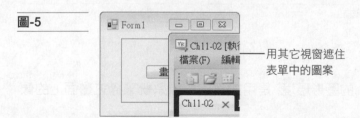

用其它視窗遮住
表單中的圖案

step⑤ 將 VB 視窗移開, 即會發現剛才圖案被遮住的部份, 都『消失』了。

11-7

圖-6

如圖所示, 當圖案被其它視窗蓋住再重新顯示時, 該部份的圖案就會不見; 同理, 若將表單縮到最小, 再從**工作列**上開啟, 也會發現矩形圖案消失。當然我們可再按一次 「畫圖」 按鈕讓程式畫出圖案, 但這並不符合一般視窗程式的運作, 也就是在觸發 Paint 事件時, 就自動畫出圖案。

若要解決圖案消失的問題, 可讓表單或控制項『記住』已畫過的圖案, 然後在 Paint 事件再將之畫出。其實很多繪圖、影像處理程式, 也都是以類似的方式運作, 例如在**小畫家**可用滑鼠畫圖 (滑鼠事件), 但這些圖案都能在視窗重繪時正常顯示。

11-2 繪製基本幾何圖形

表單的繪圖座標

在 Windows 的圖形環境, 是用如下的座標系統來描述畫面上的像素 (Pixel):

圖-7

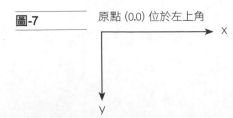

原點 (0.0) 位於左上角

對表單而言, 座標原點 (0,0) 就是視窗**工作區 (Client Area)**的左
上角。工作區就是我們可以用程式輸出圖形的區域, 預設是指視窗
內部, 不含視窗標題欄、邊框的區域 :

圖-8

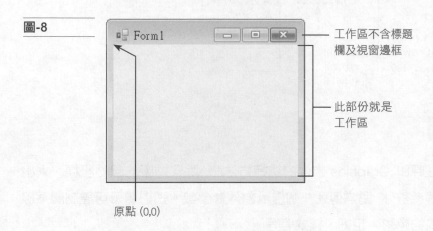

工作區不含標題
欄及視窗邊框

此部份就是
工作區

原點 (0,0)

因此用『g.DrawRectangle(Pens.Black, 10, 10, 60, 30)』畫的矩
形, 其輸出位置及寬高的算法就是 :

圖-9

原點 (0,0)

座標 (10,10)

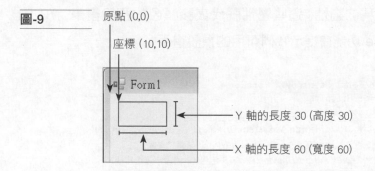

Y 軸的長度 30 (高度 30)

X 軸的長度 60 (寬度 60)

讀者或許會問可否指定負的座標值?答案是『可以』, 但超出工作
區的圖案**不會出現**。Windows 作業系統為了保護各應用程式的視窗
畫面, 所以就算程式在工作區外畫圖, 作業系統也不會輸出該部份的
圖案 (否則在**小畫家**中可以將圖畫到**記事本**就很奇怪了)。例如 :

圖-10

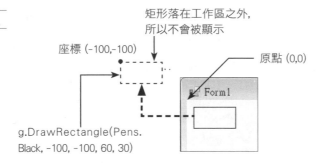

矩形落在工作區之外,
所以不會被顯示

座標 (-100,-100)

原點 (0,0)

Form1

g.DrawRectangle(Pens.
Black, -100, -100, 60, 30)

使用畫筆

在呼叫 Graphics 物件的繪圖方法時, 除了繪圖的起點座標、大小
等參數外, 還需傳遞一個畫筆物件為參數。透過畫筆可控制圖案線
條的色彩、粗細、樣式等等。

為了方便我們在程式中繪圖, 在 Pens 類別下定義了一組粗細
為 1 個像素的預設畫筆, 可直接取用。Pens 類別有多個以英文
顏色為名稱的屬性, 這些屬性就代表該顏色的預設畫筆, VB 的
Intellisense 功能會提示我們可用的預設畫筆:

圖-11

```
Private Sub Form1_Paint(ByVal sender As System.Object, ByVal
    Dim g = e.Graphics
    g.DrawLine(
End
```

▲ 1 / 4 ▼ DrawLine(pen As System.Drawing.Pen, pt1 As System.Draw

繪製連接兩個 System.Drawing.Point 結構的直線。

pen: System.Drawing.Pen, 決定直線的色彩、寬度和樣式。

| Pens.AliceBlue |
| Pens.AntiqueWhite |
| Pens.Aqua |
| Pens.Aquamarine |
| Pens.Azure |
| Pens.Beige |
| Pens.Bisque |
| Pens.Black |
| Pens.BlanchedAlmond |

目前是在需輸入畫筆物
件的位置, 所以 VB 會提
示可使用的預設畫筆

顏色名稱就表示
該畫筆的顏色

預設畫筆的筆寬都是 1, 若想用較寬 (粗) 的畫筆, 則需自行建立畫筆物件, 建立的方式如下:

```
Dim MyPen = New Pen(顏色, 畫筆寬度)
```

第 1 個參數『顏色』可使用第 4 章介紹過的 Color 類別所提供的顏色名稱; 第 2 個參數則是以整數指定畫筆的寬度 (單位為像素), 若省略此參數, 則畫筆寬度為 1。例如:

```
Dim PenOne = New Pen(Color.Red, 3)   ◄── 紅色畫筆, 寬度為 3
Dim PenTwo = New Pen(Color.Blue)     ◄── 藍色, 寬度為 1
```

 自行建立畫筆物件, 用以畫出不同粗細、顏色的矩形。

step 1 建立新專案 Ch11-03, 為方便看清楚圖形, 將表單的 **BackColor** 屬性 (背景顏色) 設為 White (白色)。

step 2 建立表單的 Paint 事件程序, 並輸入如下程式:

```
01 Private Sub Form1_Paint(...) Handles MyBase.Paint
02     Dim g = e.Graphics   ◄── 使用系統傳來的繪圖物件
03
04     '用預設深藍色畫筆畫矩形
05     g.DrawRectangle(Pens.DarkBlue, 10, 10, 40, 60)
06
07     Dim BigPen = New Pen(Color.Brown, 3)   ◄── 建立寬度為 3 的棕色畫筆
08     g.DrawRectangle(BigPen, 60, 10, 40, 60)
09
10     Dim BiggerPen = New Pen(Color.Gold, 9) ◄── 建立寬度為 9 的金色畫筆
11     g.DrawRectangle(BiggerPen, 110, 10, 40, 60)
12 End Sub
```

圖-12

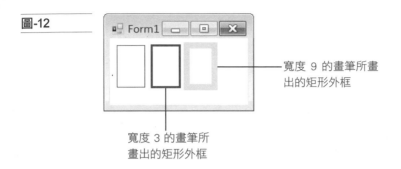

寬度 9 的畫筆所畫
出的矩形外框

寬度 3 的畫筆所
畫出的矩形外框

稍後示範圖形繪製時，為簡明起見，原則上均使用預設畫筆，讀者
自行撰寫程式時，可視需要另建畫筆物件以畫出不同樣式的圖案。

線段

畫線是最基本的畫圖方式，在數學課我們學到：給定兩點座標，就
能畫出一個線段。在表單中畫線也是如此，Graphics 物件的畫線
方法為 DrawLine()，除了第 1 個參數是畫筆物件外，後面 4 個參數
分別是起點和終點的 (x, y) 座標：

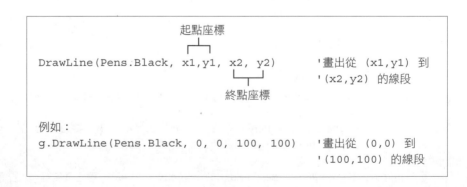

起點座標

```
DrawLine(Pens.Black, x1,y1, x2, y2)        '畫出從 (x1,y1) 到
                                           '(x2,y2) 的線段

                  終點座標

例如：
g.DrawLine(Pens.Black, 0, 0, 100, 100)     '畫出從 (0,0) 到
                                           '(100,100) 的線段
```

在括號中列出一排座標參數, 有時會令人看得眼花繚亂, 因此 .NET Framework 提供了一個 Point 類別, 它可用來建立座標點物件, 例如:

```
Dim p1 = New Point(10,20)  ←── 建立代表座標 (10,20) 的物件
Dim p2 = New Point(30,40)  ←── 建立代表座標 (30,40) 的物件
```

建立 Point 物件後, 就可用它當成 DrawLine() 的起點座標和終點座標參數, 如此就只需列出 3 個參數即可:

```
Dim p1 = New Point(10, 20) ┐
Dim p2 = New Point(30, 40) ┘ ── 先建立兩個座標點物件

'用座標點物件當參數
g.DrawLine(Pens.Black, p1, p2) ←── 畫出從 (10, 20) 到
                                    (30, 40) 的線段
'也可以直接在參數列中建立點物件
g.DrawLine(Pens.Black,
           New Point(10, 20), New Point(30, 40) )
```

雖然建立座標點物件來當參數, 要多打一些字, 但閱讀上較能一目瞭然, 因此可視情況使用 Point 物件來繪製圖形。

 用 DrawLine() 方法畫出線條。

step **1** 建立新的 **Windows Form 應用程式**專案 Ch11-04, 不需加入任何控制項。

step **2** 建立表單 Paint 事件處理程序, 並輸入如下程式片段:

```
01 Private Sub Form1_Paint(...) Handles MyBase.Paint
02     Dim LineLength = Me.ClientSize.Width          ←Ⓐ
03     Dim PenWidth = 100   '設定畫筆寬度
04     Dim g = e.Graphics
05
06     '建立粗細為工作區 1/3 的畫筆物件，並用它來畫線
07     g.DrawLine(New Pen(Color.Red, PenWidth),      ←Ⓑ
08              0, 50, LineLength, 50)             ←Ⓒ
09     g.DrawLine(New Pen(Color.Green, PenWidth),
10              New Point(0, 150), New Point(LineLength, 150)) ←Ⓓ
11     g.DrawLine(New Pen(Color.Blue, PenWidth),
12              New Point(0, 250), New Point(LineLength, 250))
13 End Sub
```

Ⓐ 表單物件的 ClientSize 屬性代表表單工作區的大小，其 Width 屬性為工作區寬度、Height 屬性即是工作區高度。此處取得工作區寬度，稍後將用它來設定畫線時的長度。

Ⓑ 此處建立紅色畫筆，並以先前設定 PenWidth (其值為 100) 當成畫筆寬度。

Ⓒ 當畫筆寬度大於 1 時，DrawLine() 的畫線方式是將畫筆的中央對齊起點座標 (參見下圖)，所以如果想讓畫筆恰好沿著表單工作區的上緣 (Y 軸座標 0) 畫出線段，就必須讓 Y 軸起點座標為寬度的一半 (100/2 = 50)。

DrawLine(New Pen(Color.Red, 100), x1, y1, x2, y2)

(x1, y1)   畫筆寬度 100   (x2, y2)

D 此處練習以 New Point() 的方式建立起點及終點座標, 再呼叫 DrawLine() 方法。

step 3 按 F5 執行程式, 就會看到如下的輸出結果:

圖-13

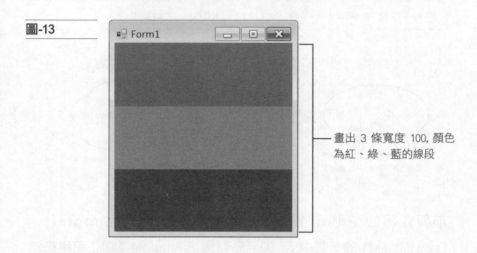

畫出 3 條寬度 100, 顏色為紅、綠、藍的線段

矩形與橢圓

本章開頭已用過 DrawRectangle() 方法來畫矩形, 其語法如下:

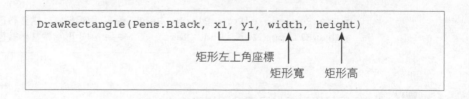

```
DrawRectangle(Pens.Black, x1, y1, width, height)
```

矩形左上角座標　　矩形寬　矩形高

圖-14

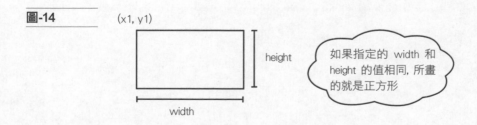

(x1, y1)

height

width

如果指定的 width 和 height 的值相同, 所畫的就是正方形

和畫矩形類似的是畫橢圓形的方法 DrawEllipse()，用此方法畫橢圓
時，提供的參數和 DrawRectangle() 相同，但畫出的是矩形的『內
接橢圓形』：

```
DrawEllipse(Pens.Black, x1, y1, width, height)
```

圖-15

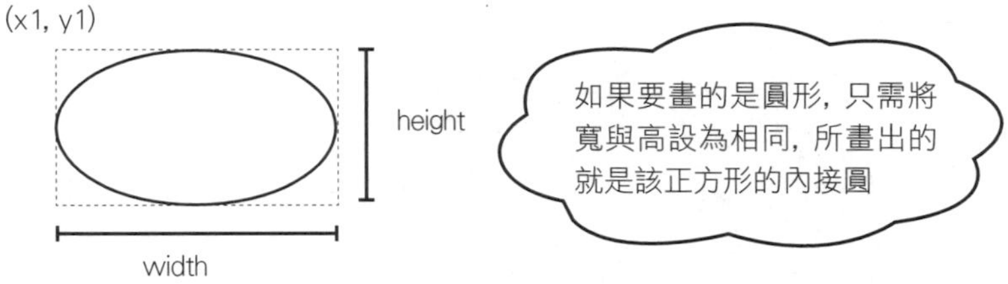

(x1, y1)

如果要畫的是圓形，只需將
寬與高設為相同，所畫出的
就是該正方形的內接圓

height

width

前面介紹的 Point 類別並不能用於 DrawRectangle()、
DrawEllipse() 的參數中，不過另外有個 Rectangle 類別，可用來建
立代表矩形區域的物件，並當成 DrawRectangle()、DrawEllipse()
的參數，例如：

```
Dim Rect = New Rectangle(1, 1, 100, 100)  ← 建立矩形物件

g.DrawRectangle(Pens.Black, Rect) ← 用矩形物件當參數畫矩形
g.DrawEllipse(Pens.Red, Rect)     ← 用矩形物件當參數畫橢圓
```

 上機　練習使用畫矩形及畫橢圓的方法。

step **1** 建立新專案 Ch11-05,為方便看清楚圖形,將表單的
BackColor 屬性設為 White。

step **2** 建立表單的 Paint 事件程序,並輸入如下程式:

```
01 Private Sub Form1_Paint(...) Handles MyBase.Paint
02     Dim g = e.Graphics    ←── 使用系統傳來的繪圖物件
03
04     g.DrawRectangle(Pens.Black, 1, 1, 200, 100) ←── 畫長方形
05     g.DrawEllipse(Pens.Red, 1, 1, 200, 100)     ←── 畫內切橢圓形
06
07     '建立正方形的 Rectangle 物件
08     Dim Rect = New Rectangle(1, 120, 100, 100)
09
10     g.DrawRectangle(Pens.Black, Rect) ←── 用 Rect 物件畫正方形
11     g.DrawEllipse(Pens.Red, Rect)     ←── 用 Rect 物件畫內切圓
12 End Sub
```

step **3** 按 F5 鍵就會看到程式所畫出的矩形、橢圓形圖案:

圖-16

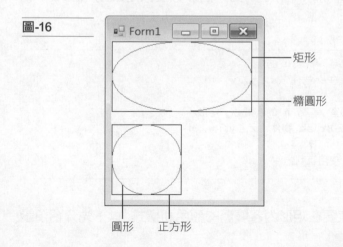

矩形

橢圓形

圓形　　正方形

使用筆刷

在前面繪圖的範例中, 我們畫的都是『空心』的矩形和橢圓, 亦即
只是用線條畫出圖形的外框, 而圖形的內容則留空, 維持原來的背
景顏色 (例如白色)。

如果要畫『實心』的圖案, 例如畫一個內部都是紅色的矩形 (而非
僅有外框線是紅色), 就要利用與 DrawXXX() 方法對應的 FillXXX()
方法 :

畫空心圖案	畫實心圖案
DrawRectangle() □	FillRectangle() ■
DrawEllipse() ○	FillEllipse() ●

這組 FillXXX() 方法的用法和對應的 DrawXXX() 方法都類似, 主要
的差別在於呼叫 FillXXX() 時, 第一個參數要改用筆刷 (Brush) 物
件 :

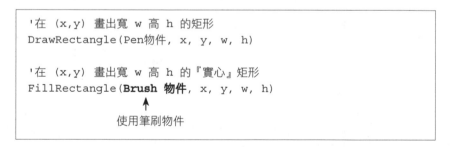

```
'在 (x,y) 畫出寬 w 高 h 的矩形
DrawRectangle(Pen物件, x, y, w, h)

'在 (x,y) 畫出寬 w 高 h 的『實心』矩形
FillRectangle(Brush 物件, x, y, w, h)
                    ↑
              使用筆刷物件
```

筆刷物件就代表要在矩形內容填滿的顏色和樣式, 以下先介紹預設
筆刷的用法。

使用預設筆刷

和使用 Pens 類別的系統預設的畫筆一樣,我們也可由 Brushes 類別直接取用系統預設筆刷,其用法也是在 Brushes 後加上顏色名稱:

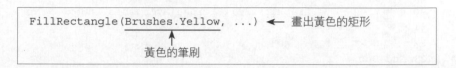

```
FillRectangle(Brushes.Yellow, ...)  ◄─  畫出黃色的矩形
                 ↑
              黃色的筆刷
```

 使用預設筆刷畫出不同顏色、大小的圓形 (利用亂數函式 Rnd())。

step **1** 建立新專案 Ch11-06。

step **2** 我們要讓表單佈滿不同大小、顏色的圓形,就連圓形的位置也非固定。為做到此效果,我們可將表單工作區平均分割成 100 格 (10x10),在每一格中畫出一個圓形,畫圓的筆刷顏色、以及圓的大小則用第 9 章介紹的函式 Rnd() 以亂數決定之。請建立表單的 Paint 事件程序,並輸入下列內容:

```
01 Private Sub Form1_Paint(...) Handles Me.Paint
02     Dim CircleWidth = Me.ClientSize.Width / 10 ┐
                                                  ├─Ⓐ 分別取得表單寬、
03     Dim CircleHeight = Me.ClientSize.Height / 10 ┘    高的十分之一
04
05     '宣告包含 8 種顏色筆刷的陣列
06     Dim MyBrushes() = {Brushes.Red, Brushes.Orange,  ◄─ Ⓑ
07                        Brushes.Yellow, Brushes.Green,
08                        Brushes.Blue, Brushes.Indigo,
09                        Brushes.Purple, Brushes.White}
10
11     Randomize()        '設定亂數種子
12
```

```
13      For i = 0 To 9         '變更 X 座標的迴圈
14          For j = 0 To 9     '變更 Y 座標的迴圈
15              Dim Index = Fix(Rnd() * 8)   ◄── 第一個亂數決定顏色及位置
16              Dim Size = Fix(Rnd() * CircleWidth) + 1 ◄── 第二個亂數決定
                                                              圖形大小
17              Dim rect = New Rectangle(i * CircleWidth + Index,  ◄─C
18                                        j * CircleHeight + Index,
19                                              Size, Size)
20              e.Graphics.FillEllipse(MyBrushes(Index), rect)
21          Next
22      Next
23 End Sub
```

Ⓐ 表單物件的 ClientSize 代表表單工作區的大小, 其 Width 屬性
為工作區寬度、 Height 屬性即是工作區高度。

Ⓑ 由於亂數函式 Rnd() 只能產生亂數, 不能產生隨機筆刷, 所以此
處建立一個含 {紅、橙、黃、綠、藍、靛、紫、白} 八色的筆刷
陣列, 並於第 20 行用亂數為索引值 (Index), 取得所要使用的筆
刷物件。

Ⓒ 為了讓圖形排列看起來不太規則, 所以此處在設定矩形座標時,
也加上第 15 行產生的亂數索引值, 如此可讓圖形看起來更炫麗。

step 3 在 Paint() 事件中是依據工作區大小來切割區域、繪製
圓形, 但是當表單大小改變時, Windows 只會請表單重繪『因放
大而多出來的區域』。因此我們要建立表單大小改變時所觸發的
SizeChanged 事件程序, 並在其中呼叫『Me.Invalidate()』, 讓表
單『全部重畫』:

```
01 Private Sub Form1_SizeChanged(...) Handles Me.SizeChanged
02     Me.Invalidate()  ◄── 當表單大小改變時, 就請表單重畫
03 End Sub
```

step④ 按 F5 鍵執行程式,就會看到用非固定的圓形所畫出的圖案,而且縮放表單時,圖形也會改變:

圖-17

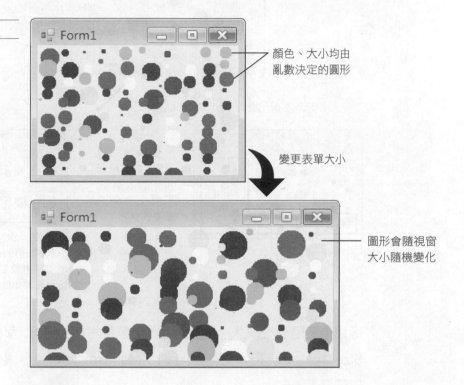

顏色、大小均由
亂數決定的圓形

變更表單大小

圖形會隨視窗
大小隨機變化

程式說明

在上面步驟 3 於 SizeChanged 事件程序呼叫『Me.Invalidate()』,讓表單全部重畫,如此才能讓 Paint 事件程序,重新畫出符合新的表單大小的圖案。這是因為當某個視窗需重畫時,Windows 為提高繪圖的效率,只會讓程式重畫『有必要重畫的部份』。例如將表單放大,Windows 就只會讓程式重畫『因放大而多出來的區域』,表單中原有的內容則保持不變。在此情況下,當我們放大範例程式的表單時,將會很明顯看到『因放大而多出來的區域』中,所畫出的圖案,與表單原有的內容不太搭配:

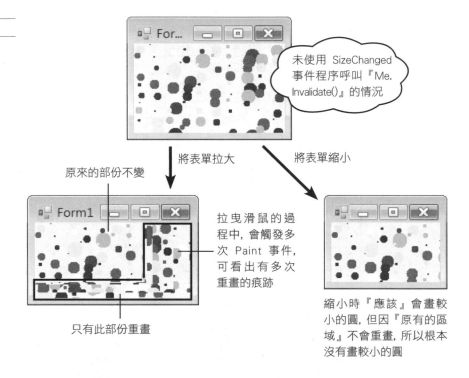

圖-18

未使用 SizeChanged 事件程序呼叫『Me. Invalidate()』的情況

將表單拉大　　將表單縮小

原來的部份不變

拉曳滑鼠的過程中, 會觸發多次 Paint 事件, 可看出有多次重畫的痕跡

只有此部份重畫

縮小時『應該』會畫較小的圓, 但因『原有的區域』不會重畫, 所以根本沒有畫較小的圓

像這種會隨著表單大小變化, 而調整圖案內容的情況, 都必須利用 SizeChanged 事件程序, 來呼叫『Me.Invalidate()』, 讓表單『全部重畫』。

自訂條紋筆刷

透過 Brushes 取得的預設筆刷, 其樣式是將一種顏色塗滿指定的區域, 稱之為 SolidColorBrush, 除此之外我們也可建立以特定的條紋樣式填入指定區域的**條紋筆刷**HatchBrush。

要建立條紋筆刷可使用如下語法：

```
New Drawing2D.HatchBrush(hatchstyle, foreColor)
New Drawing2D.HatchBrush(hatchstyle, foreColor, backColor)
```

條紋樣式　前景顏色　背景顏色

兩者的差異是第 1 種用法不需指定背景顏色 (預設為黑色)。至於
條紋樣式參數, 則是已事先定義在 HatchBrushStyle 類別中, 在 VB
中輸入時就會提示可選用的樣式名稱:

圖-19

各樣式名稱所對應的樣式如下圖所示:

圖-20

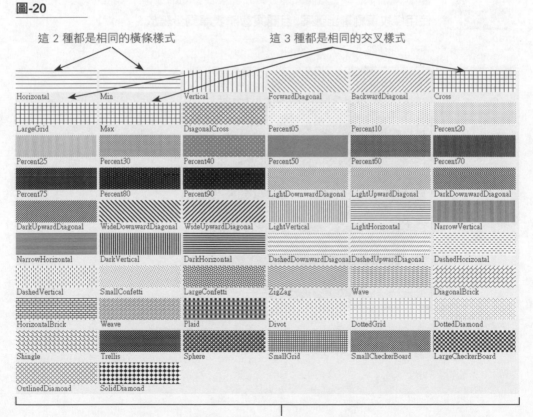

舉例來說, 想畫出以水平線 (Horizontal 樣式) 填滿的矩形, 可使用如下程式:

```
'先建立筆刷
Dim hb = New Drawing2D.HatchBrush(
            HatchBrush.Horizontal,
            Color.Black,        ← 前景顏色
            Color.White)        ← 背景顏色

g.FillRectangle(hb, 0, 0, 150, 60)  →
```

線條的顏色是用前景顏色 (此例為 Color.Black)

線條樣式 (本例為水平線)

 使用條紋筆刷畫出圖案, 且圖案會隨表單同步縮放。

圖-21

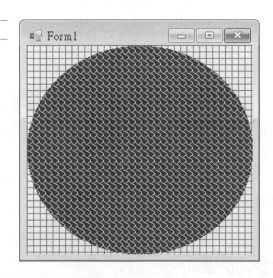

step 1 建立新專案 Ch11-07。

step 2 我們要畫出使用不同筆刷的矩形和橢圓，此處以使用 Cross 和 Shingle 兩種樣式來示範，請建立 Paint 事件程序，並輸入如下程式：

```
01 Private Sub Form1_Paint(...) Handles Me.Paint
02     '建立十字交錯圖案組成的條紋筆刷
03     Dim CrossBrush = New Drawing2D.HatchBrush(
04                      Drawing2D.HatchStyle.Cross,
05                      Color.Red, Color.Yellow)    ← 以紅色為前景、黃色為背景
06     '用筆刷塗滿工作區
07     e.Graphics.FillRectangle(CrossBrush, Me.ClientRectangle) ← Ⓐ
08
09     '建立使用瓦片圖案的條紋筆刷
10     Dim ShingleBrush = New Drawing2D.HatchBrush(
11                        Drawing2D.HatchStyle.Shingle,    ← 以粉紅色為前景、藍色為背景
12                        Color.Pink, Color.Blue)
13     '用筆刷塗滿工作區內接橢圓
14     e.Graphics.FillEllipse(ShingleBrush, Me.ClientRectangle) ← Ⓐ
15 End Sub
```

Ⓐ 我們要畫出和工作區一樣大的矩形，以及工作區的內接橢圓，可直接取用表單物件的 ClientRectangle 屬性，此屬性就是代表整個表單工作區範圍的 Rectangle 物件。所以用它為參數呼叫繪圖的方法時，即可畫出佈滿整個工作區的圖案。

step 3 和前一個範例類似，由於表單縮放時，只會重畫『有必要重畫的部份』。因此縮小表單時，符合新大小的橢圓不會被畫出；放大表單時，則較大的新橢圓只會被顯示一部份。所以同樣需建立 SizeChanged 事件程序，並在其中讓表單全部重畫：

```
01 Private Sub Form1_SizeChanged(...) Handles Me.SizeChanged
02     Me.Invalidate()   ← 當表單大小改變時，就請表單重畫
03 End Sub
```

step **4** 按 F5 鍵執行程式, 就會看到如下的效果。

使用 Cross 樣式的筆刷

圖-22

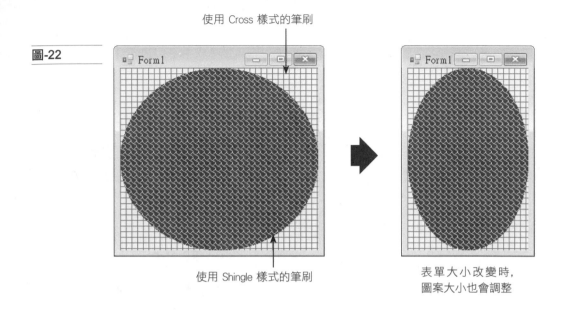

使用 Shingle 樣式的筆刷

表單大小改變時,
圖案大小也會調整

11-3 顯示圖片

在第 4 章就介紹過使用 PictureBox 控制項顯示圖片 (只需將控制項加到表單中, 再設定其 Image 屬性即可), 但如果想在顯示圖片時加上做更多的效果及控制, 就要使用 Graphics 物件的 DrawImage() 方法。

載入圖檔

要用 DrawImage() 方法顯示圖片時, 需先載入圖檔建立 Image 物件。最簡單的建立方式, 就是使用 Image 類別的 FromFile() 方法, 也就是從磁碟中的圖檔建立物件:

```
Dim img = Image.FromFile("圖檔路徑")
```

例如要載入 "C:\VB2010\Ch11\Sample.jpg" 這個檔案就可寫成：

```
Dim img = Image.FromFile("C:\VB2010\Ch11\Sample.jpg")
```

但像讀取檔案這類操作，在程式執行時，可能會發生檔案找不到 (例如路徑打錯、檔案不小心被刪除了...) 的狀況，此時我們就需用 Try/Catch 敘述來處理此種例外狀況。

使用 Try/Catch 敘述處理例外狀況

VB 雖然會替我們檢查程式的語法錯誤，但它無法預測可能發生的 **執行時期錯誤 (Runtime Error)**。執行時期錯誤是指程式執行時 遇到的意外狀況，例如可用記憶體不足、要讀取的檔案不存在等 等，在 VB 中，將這些非預期的狀況稱為**例外 (Exception)**，當程式 執行時發生例外，程式將會立即中止執行。

為了讓程式在例外發生時，仍能順利執行，或至少能告訴使用者， 程式遇到什麼問題，讓使用者不會覺得程式怎麼莫名其妙地結束， VB 提供 Try、Catch 這一組稱為**例外處理**的敘述。其用法如下 (必 須一起使用)：

```
Try
    '此處放置『可能引發例外』的敘述，例如讀取檔案
    ...
Catch ex AS Exception       ←── 此處亦可使用其它例外名稱
    '發生例外時要執行的敘述
    ...
End Try
```

其結構有點類似於 If/Else 敘述：

圖-23

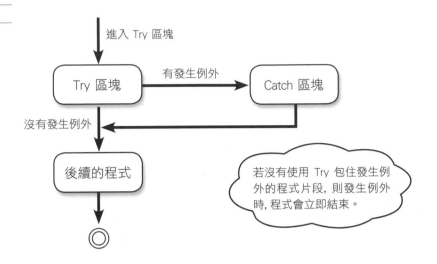

進入 Try 區塊

Try 區塊 ──有發生例外──> Catch 區塊

沒有發生例外

後續的程式

若沒有使用 Try 包住發生例外的程式片段, 則發生例外時, 程式會立即結束。

舉例來說, 用 Image.FromFile() 讀取圖檔, 如果檔案被搬移/刪除、或參數路徑打錯, 則程式執行時就會發生『找不到檔案』的例外。在 VB 中會看到如下的畫面:

圖-24

按 F5 執行程式時, VB 會進入偵錯模式 (參見附錄 C)

由於路徑檔名打錯, 使得 Image. FromFile() 找不到檔案, 系統會拋出 FileNotFoundException 例外

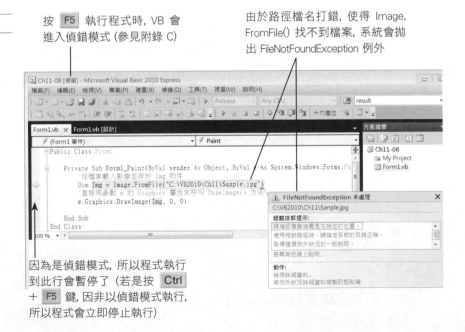

因為是偵錯模式, 所以程式執行到此行會暫停了 (若是按 Ctrl + F5 鍵, 因非以偵錯模式執行, 所以程式會立即停止執行)

但如果像下面用 Try 區塊包住讀取檔案的敘述, 在 Catch 區塊包住顯示訊息的區塊, 發生如上例外時, 程式就不會突然中止, 且能顯示訊息, 讓使用者瞭解發生什麼狀況:

```
Try
    Dim Img = Image.FromFile("C:\VB2010\Ch11\Sample.jpg")
    '讀到檔案後即可顯示圖片
Catch ex AS IO.FileNotFoundException
    MsgBox("找不到檔案"& vbCrLf & ex.Message)
End Try
```

若找不到檔案, 就會跳到 Catch 區塊

若有讀到檔案, 則會跳過 Catch 區塊的程式

『MsgBox(ex.Message)』 中的 ex 是在 Catch 敘述後的參數, 它是程式發生例外時, VB 將例外的相關資訊包裝成的物件, 其 Message 屬性內含簡單的例外訊息, 所以我們用 MsgBox() 函式將此訊息顯示出來。

圖-25

Ch11-08

找不到檔案
C:\VB2010\Ch11\Sanple.jpg

確定

FileNotFoundException 例外物件的 Message 屬性, 就是『找不到的』檔案路徑

顯示圖片

載入圖片後, 就可用 Graphics 物件的 DrawImage() 在表單中顯示圖片了, 其語法如下:

```
DrawImage(Image 物件, x, y)
DrawImage(Image 物件, Point 物件)
```

其中的參數座標, 就是用來表示圖片的左上角, 要放在表單中的位置 :

圖-26

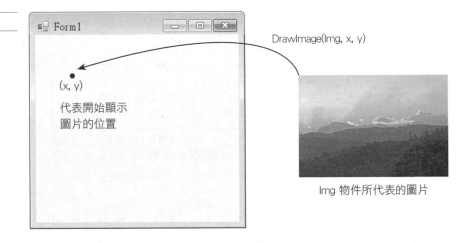

DrawImage(Img, x, y)

Img 物件所代表的圖片

例如以下程式片段就是將圖片從表單最左上角開始顯示 :

```
'由於有存取檔案的動作, 所以將載入圖檔的敘述放在 Try/Catch 中
Try
  Dim Img = Image.FromFile("C:\VB2010\Ch11\Sample.jpg")
  g.DrawImage(Img, 0, 0)  ← 從工作區左上角開始顯示圖片
Catch ex AS IO.FileNotFoundException
...
```

 用 DrawImage() 方法在表單中顯示圖檔。

step 1 建立新專案 Ch11-08。

step 2 建立表單的 Paint 事件程序 , 並輸入如下程式。

```
01 Private Sub Form1_Paint(...) Handles Me.Paint
02    Try
03       '從檔案載入影像並存於 Img 物件
04       Dim Img = Image.FromFile("C:\VB2010\Ch11\Sample.jpg")
05
06       '直接用參數 e 的 Graphics 屬性來呼叫 DrawImage() 方法
07       e.Graphics.DrawImage(Img, 0, 0)
08    Catch ex AS IO.FileNotFound Exception
09       MsgBox("找不到檔案"& vbCrLf & ex.Message)
10       End
11    End Try
12 End Sub
```

step **3** 按 F5 鍵就會看到程式將圖檔內容顯示於表單之中：

圖-27

圖片尺寸較表單預設尺
寸還大, 需拉大表單才能
看到圖片全部內容

圖片的縮放

由剛才的執行結果可以發現, 由於我們使用的圖片尺寸較表單大, 所以使用預設的表單大小時, 無法顯示整個圖片內容, 還必須手動將表單拉大, 才能看到完整的圖片。

這是因為 DrawImage() 方法預設是使用 1:1 的原始尺寸來顯示影像, 所以當圖片很大時, 必須將表單調大, 才能完整顯示; 反之, 如果圖片很小, 也只會在表單中顯示一小塊, 造成表單留白的情形。

在這種情況下, 我們就必須適度地縮放圖片, 讓它能完整顯示在表單之中。此時我們需在 DrawImage() 方法中再加兩個參數:

```
DrawImage(Image 物件, x, y, width, height)
```

參數 width 和 height 分別代表圖片被顯示出來的寬與高, 若與圖片實際的尺寸不同, DrawImage() 方法就會自動縮放圖片, 以符合參數指定的大小。

利用這個寬、高的參數控制, 我們就可將前一個範例, 修改成程式自動依表單的大小 (使用者可隨意調整), 將圖片整個顯示表單之中。

圖-28

11-32

和先前的範例類似，為了讓圖片可隨表單大小縮放，在 Paint 事件程序中，需以工作區大小為顯示圖片的範圍；在表單的 SizeChanged 事件程序，則呼叫 Me.Invalidate() 請表單重畫。

 讓程式隨表單大小自動調整圖片尺寸。

step **1** 建立新專案 Ch11-09。

step **2** 在 Paint 事件程序中用 Image.FromFile() 載入圖片後，需依『目前』的表單工作區大小，自動縮放圖片。請建立表單 Paint 事件程序，並輸入如下程式：

```
01 Private Sub Form1_Paint(...) Handles Me.Paint
02     Try
03         Dim Img = Image.FromFile("C:\VB2010\Ch11\Sample.jpg")    ←── 載入影像
04
05         e.Graphics.DrawImage(Img, 0, 0,
06                              Me.ClientSize.Width,     ←── 以工作區寬度為圖形寬度
07                              Me.ClientSize.Height)    ←── 以工作區高度為圖形高度
08     Catch ex As IO.FileNotFound Exception
09         MsgBox("找不到檔案"& vbCrLf & ex.Message)
10         End
11     End Try
12 End Sub
```

step **3** 建立表單的 SizeChanged 事件程序，並呼叫 Me.Invalidate() 方法觸發表單的 Paint 事件即可，讓上面的程式會重新縮放圖片：

```
01 Private Sub Form1_SizeChanged(...) Handles Me.SizeChanged
02     Me.Invalidate()    ←── 請表單重畫
03 End Sub
```

step④ 按 F5 執行程式, 這次圖片會剛好顯示在表單之中, 調整表單大小時, 程式也都會即時反應, 以新的大小顯示圖片。

圖-29

不管如何調整表單大小, 程式都會
讓圖片剛好符合表單工作區尺寸

TIPS 除了縮放圖片外, 若將 DrawImage() 方法的 width、height 參數設為負值, 還可產生左右相反 (width 為負值時)、上下顛倒 (height 為負值時) 效果。不過要產生此種鏡射效果, 使用下一節介紹的 RotateFlip() 方法更為方便。

旋轉與鏡射

除了改變顯示的尺寸外, 我們也可使用 Image 類別提供的 RotateFlip() 方法, 對圖片做翻轉 (Flip)、或是旋轉 (Rotate) 的處理 (亦可翻轉同時又旋轉)。

RotateFlip() 方法的參數只有一個, 就是指定旋轉、翻轉的方式, 此參數可使用內建的 RotateFlipType 列舉型別, 在 VB 編輯時, 就會列出其成員供我們使用:

圖-30

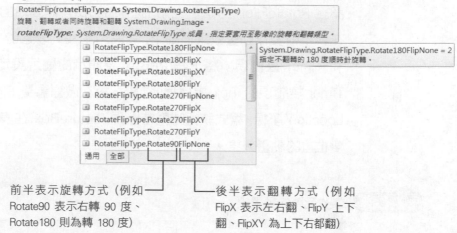

前半表示旋轉方式（例如
Rotate90 表示右轉 90 度、
Rotate180 則為轉 180 度）

後半表示翻轉方式（例如
FlipX 表示左右翻、FlipY 上下
翻、FlipXY 為上下左右都翻）

例如：

模式	說明
RotateNoneFlipNone	不旋轉也不翻轉
Rotate90FlipNone	向右旋轉 90 度、但不翻轉
Rotate90FlipX	向右旋轉 90 度、且在 X 軸 (左右) 翻轉
Rotate180FlipY	向右旋轉 180 度、且在 Y 軸 (上下) 翻轉
RotateNoneFlipXY	不旋轉、但要在 X 軸 (左右) 和 Y 軸 (上下) 都翻轉

圖-31

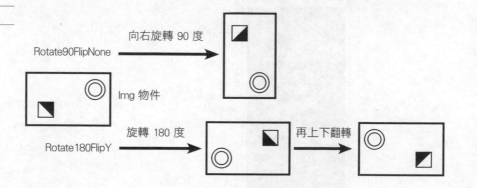

簡易動畫

認識 RotateFlip() 方法後，我們試著將它做一個簡單的動畫應用。在表單中製作動畫效果很簡單，只需用到我們學過的 PictureBox 和 Timer 控制項：將 PictureBox 要顯示的圖片設定好後，利用 Timer 控制項的 Tick 事件程序，讓它每次微幅調整 PictureBox 的 Location 座標，程式執行時就會出現 PictureBox 在表單中不斷改變位置的動畫效果。

 製作簡單的動畫。

step ① 建立新的 **Windows Form 應用程式**專案 Ch11-10，加入 PictureBox 和 Timer 控制項：

	屬性名稱	屬性值
PictureBox1	Size	175,85
Timer1	Enable	True
	Interval	100

圖-32

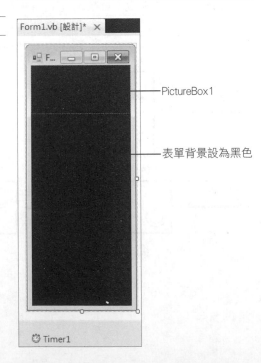

PictureBox1

表單背景設為黑色

step **2** 建立表單 Load 事件處理程序，並輸入如下程式片段：

```
01 Public Class Form1
02     Dim Img As Image      '儲存羽毛影像的物件          ←Ⓐ
03     Dim Offset = 20       '羽毛每次落下的距離
04
05     Private Sub Form1_Load(...) Handles Me.Load
06         Try '載入圖檔
07             Img = Image.FromFile("C:\VB2010\Ch11\feather.gif")  ←Ⓐ
08         Catch ex As IO.FileNotFoundException
09             MsgBox("找不到檔案" & vbCrLf & ex.Message)
10             End        '結束程式
11         End Try
12     End Sub
13 End Class
```

Ⓐ 雖然我們如同第 3、4 章，直接在 PictureBox1 **屬性**窗格設定其 Image 屬性來載入圖片。不過由於程式中還要對圖片做處理 (參加下一步)，我們還是先建立一個名為 Img 的 Image 物件，並用程式將圖檔載入到物件中。

step **3** 在 VB 設計頁面，雙按已加入的 Timer1 控制項，建立其 Tick 事件程序，並輸入如下程式：

```
01 Private Sub Timer1_Tick(...) Handles Timer1.Tick
02     If PictureBox1.Location.Y + PictureBox1.Size.Height < ←Ⓐ
03     Me.ClientSize.Height - Offset Then
04     PictureBox1.Location =
05         New Size(PictureBox1.Location.X,
06                 PictureBox1.Location.Y + Offset)    ←Ⓑ
07     Else
```

```
08          PictureBox1.Location =
09            New Size(PictureBox1.Location.X,
10                  Me.ClientSize.Height -
11                  PictureBox1.Size.Height)              ←─Ⓒ
12          Timer1.Stop()                                 ←─Ⓓ
13      End If
14      Img.RotateFlip(RotateFlipType.RotateNoneFlipY)    ←─Ⓔ
15      PictureBox1.Image = Img
16 End Sub
```

Ⓐ 如本前開頭所述, 只要持續變動 PictureBox1 在表單中的位置,
即可產生動畫的效果。程式是將 PictureBox1 的 Y 軸每次下移
Offset 的距離, 所以此處先檢查 PictureBox1 的下緣是否會超出
表單工作區範圍。

Ⓑ 若 Ⓐ 檢查 PictureBox1 不會超出表單工作區範圍, 就將
PictureBox1 左上角的 Y 軸座標加上 Offset 的值 (預設為 20)。

Ⓒ 若 Ⓐ 檢查 PictureBox1 將會超出表單工作區範圍, 就直接將
PictureBox1 移到工作區最底端。

Ⓓ 因為工作區已移到底端了, 就一併將 Timer1 控制項停止, 也就
是不再產生動畫效果了。

Ⓔ 此處我們使用前一小節介紹的 RotateFlip() 方法, 將圖片於 Y 軸
翻轉。之後再將圖片設定給 PictureBox1 的 Image 屬性, 讓圖
片顯示在 PictureBox1 之中。

step **4** 建立 PictureBox1 的滑鼠事件 Click 事件程序，並輸入如下程式，讓使用者在圖片上按一下時，可以重啟動畫效果：

```
01 Private Sub PictureBox1_Click(...) Handles PictureBox1.Click
02     Timer1.Start()   '啟動 Timer1
03     PictureBox1.Location = New Size(PictureBox1.Location.X, 0)
04 End Sub
```

step **5** 按 F5 執行程式，就會看到羽毛圖案由表單頂端掉到底部的動畫效果：

圖-33

羽毛會漸漸落下，且過程中會持續翻轉

以上示範基本的動畫控制方式，您可試著調整 Timer 控制項的 Interval、PictureBox 每次移動的距離、圖片翻轉的方式等參數，以及換用其它的圖檔，看看可否營造出不同的效果。甚至可搭配滑鼠、鍵盤事件程序，即可設計出簡易的遊戲。

11-4 音效與視訊

介紹完繪圖後, 接著要介紹如何用 VB 程式播放視訊與音效, 其實播放視訊與音效主要是借助系統本身、或外部播放程式 (Media Player) 提供的功能來進行, 我們只要呼叫相關的方法、或使用控制項即可。

播放音效

在 Visual Basic 程式中, 播放音效最簡便的方法, 就是透過 My.Computer.Audio 物件呼叫 Play() 方法來播放 .wav 格式的聲音檔案, 其語法如下:

```
My.Computer.Audio.Play(location)
My.Computer.Audio.Play(location ,playMode)
```
                              ↑   ↑
                        WAV 檔之路徑   播放模式
                        檔名字串

playMode 參數可以是下列 3 種值:

AudioPlayMode.WaitToComplete	播放時程式會暫停執行, 播放完畢才執行下一行敘述
AudioPlayMode.Background	在背景播放, 程式不會暫停執行
AudioPlayMode.BackgroundLoop	同上一項, 但播完後會自動『重播』

若以 Background、BackgroundLoop 的方式在背景播放, 程式可隨時呼叫 My.Computer.Audio.Stop() 方法停止播放音效。

我們用一個簡單的範例來瞭解上述方法的差異。

設計一個簡單的播放程式, 以測試 3 種播放模式。

step 1 建立新專案 Ch11-11, 並在表單中加入下列控制項:

圖-34

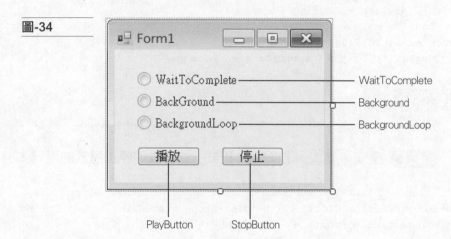

step 2 建立 播放 按鈕事件程序, 輸入如下判斷目前選取模式, 並以對應方式播放音效的程式:

```
01 Private Sub PlayButton_Click(...) Handles PlayButton.Click
02     '先宣告音效檔的路徑檔名
03     Dim TestWave = "C:\VB2010\Ch11\Test.wav"
04
05     Try
06         '以下依各 RadioButton 的狀態來決定播放方式
07         If WaitToComplete.Checked Then
08             Me.Text = "開始播放"     '先設定表單標題欄文字
09
10             '播放音效, 並暫時停止執行程式
11             My.Computer.Audio.Play(TestWave,
12                                  AudioPlayMode.WaitToComplete)
13             Me.Text = "播放完畢"     '播放音效完畢再次修改表單標題欄文字
14
15         ElseIf Background.Checked Then
16             '在背景播放音效, 不會影響程式執行
17             My.Computer.Audio.Play(TestWave,
18                                  AudioPlayMode.Background)
```

```
19                '播放音效的同時，亦可修改表單標題欄文字
20                Me.Text = "播放中"
21          Else
22                '在背景連續播放音效，不會影響程式執行
23                My.Computer.Audio.Play(TestWave,
24                                    AudioPlayMode.BackgroundLoop)
25                '播放音效的同時，亦可修改表單標題欄文字
26                Me.Text = "連續播放中"
27          End If
28      Catch ex As IO.FileNotFoundException
29          MsgBox("找不到檔案" & vbCrLf & ex.Message)
30          End
31      End Try
32 End Sub
```

step ③ 建立 [停止] 按鈕事件程式，並輸入可停止播放的程式：

```
01 Private Sub StopButton_Click(...) Handles StopButton.Click
02      My.Computer.Audio.Stop()  ←── 停止播放
03 End Sub
```

step ④ 按 F5 鍵 執 行 程 式，並 按 [播放] 鈕 以 預 設 的 "WaitToComplete" 模式播放音效，由於程式會等待 "Test.wav" 播 完才繼續執行，所以可看到程式變更標題欄文字的動作會停頓約 3 秒：

2 播放完畢後 (約 3 秒)，此處文字才
會由 "開始播放" 變成 "播放完畢"

圖-35

1 按此鈕以預設的
"WaitToComplete"
模式播放

若選 "WaitToComplete"
以外的模式，可隨時按
此鈕停止播放

補充說明　　　　　**播放系統音效**

除了 Play() 外, My.Computer.Audio 下還有一個 PlaySystemSound() 方法, 可用以播放系統音效：

```
My.Computer.Audio.PlaySystemSound(systemSound)
```

系統音效名稱

系統音效參數可使用下列值：

```
SystemSounds.Asterisk       '系統音效中的星號
SystemSounds.Beep           '系統音效中的預設嗶聲
SystemSounds.Exclamation    '系統音效中的驚嘆聲
SystemSounds.Hand           '系統音效中的緊急停止
SystemSounds.Question       '系統音效中的問題 (預設無音效)
```

上列這 5 個項目分別對應到系統音效中的 5 個**程式事件**, 例如 SystemSounds. Asterisk 這一項就是系統音效中的**星號**音效、 SystemSounds.Beep 則相當於**預設嗶聲**的音效：

圖-36

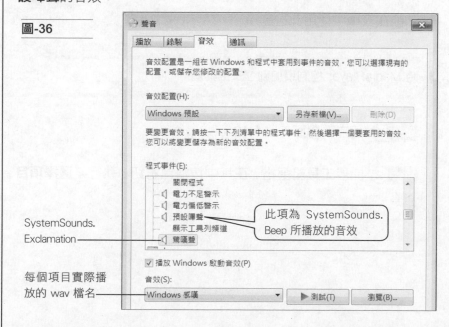

SystemSounds. Exclamation

每個項目實際播放的 wav 檔名

(接下頁)

要特別注意，如果在系統音效中的**程式事件**，其音效被設為**無**，則用 PlaySystemSound() 播放對應的項目時也不會有音效出現。舉例來說，**程式事件**中的『問題』，其預設音效就是**無**，所以呼叫 "PlaySystemSound(SystemSound. Question)" 不會播放任何音效。

使用 MediaPlayer 控制項

Play()函式只能播放 WAV 格式的檔案，若想播放 MP3、WMA 等格式的音樂檔，或甚至播放 WMV 等視訊檔案，則可利用現有的 MediaPlayer 控制項。

MediaPlayer 控制項是 Windows Media Player 所提供的元件，我們可以想成是以控制項的形式，使用 Windows Media Player 的功能。但此控制項預設未列在 VB 的**工具箱**中，因此我們要先加入它，才能在表單中使用此控制項。

 將 MediaPlayer 控制項加到 VB **工具箱**

step **1** 建立新專案 Ch11-12。

step **2** 開啟**工具箱**窗格，在其中按滑鼠右鈕，執行『**選擇項目**』命令：

圖-37

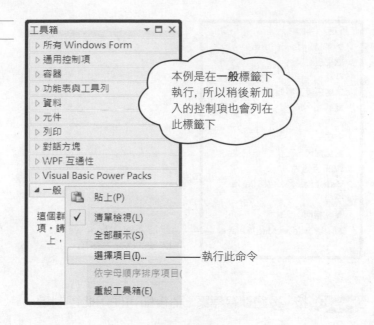

本例是在**一般**標籤下執行,所以稍後新加入的控制項也會列在此標籤下

執行此命令

step **3** 此時會出現**選擇工具箱項目**交談窗,請切換到 COM 元件
頁次,並選擇 Windows Media Player 這一項。

圖-38

1 切換到此頁次

2 向下捲動

3 勾選**Windows Media Player**

4 按此鈕

圖-39

新加入的 Windows
Media Player 控制項

step 4 按 鈕儲存專案，稍後即可使用此控制項

Windows Media Player 控制項的屬性

此控制項加入 VB 的名稱雖仍然是 Windows Media Player, 但其類別名稱為 AxWindowsMediaPlayer, 它有幾個重要屬性：

● uimode：此屬性可設定是否顯示控制面板。預設值為 "full", 此時控項項就彷彿一個迷你的 Windows Media Player, 但我們也可將此屬性設為 "none", 讓控制項只呈現播放區：

圖-40

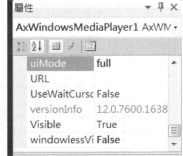

uimode = "full" 時會出現完整控制面板 (預設值)

圖-41

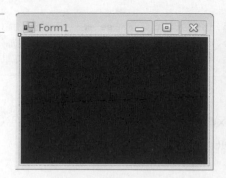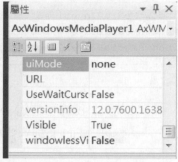

uimode = "none" 時沒有控制面板,
只會顯示播放的影音內容

● URL：指向要播放的影音內容之路徑。此屬性除了可設為各種
影音檔路徑外, 亦可設為播放清單檔的路徑。

● settings：settings 屬性其實是一組有關 AxWindowsMedia
Player 控制項設定的集合：

○ autoStart：是否讓控制項『自動播放』, 預設值為 True, 表
示只要已設妥 URL 屬性, 就會開始播放。

○ balance：設定左右聲道平衡, 預設值 0 表示兩邊相同。設
為負值表示增強左聲道, -100 表示只有左聲道有聲音；正
值表示增強右聲道, 100 表示只有右聲道有聲音。

○ rate：播放速率, 預設 1 表示正常速率, 設較大的值表示快
速播放, 例如設為 2 表示以兩倍速播放；設為小於 1 的值
則是慢速播放。

○ volume：音量, 可為 0 (無聲) 到 100。預設值為**前一次**開啟
Media Player 時所用的音量。

```
AxWindowsMediaPlayer1.settings.autoStart = False  ←── 不要自動播放
AxWindowsMediaPlayer1.settings.rate = 1.2         ←── 播放速度加快 20%
AxWindowsMediaPlayer1.settings.volume = 30        ←── 播放音量調到 30
```

此外, 我們可透過 AxWindowsMediaPlayer 控制項的 Ctlcontrols 屬性, 呼叫下列方法做播放控制:

```
Ctlcontrols.next()        '播放下一首 (使用播放清單時)
Ctlcontrols.pause()       '暫停播放
Ctlcontrols.play()        '播放或繼續播放
Ctlcontrols.previous()    '播放前一首 (使用播放清單時)
Ctlcontrols.stop()        '停止播放
```

雖然 AxWindowsMediaPlayer 最偷懶的用法, 是直接將它拉曳到表單中, 只要設好 URL 屬性, 一切就交由使用者自行操作 (因為預設會顯示控制面板)。但以下我們還是練習自行以程式控制 AxWindowsMediaPlayer 控制項。

 以程式控制 AxWindowsMediaPlayer 控制項, 建立簡易播放程式。

step **1** 開啟剛才的空白專案 Ch11-12。

step **2** 將 AxWindowsMediaPlayer 拉曳到表單中, 此外也加入 3 個按鈕。

圖-42

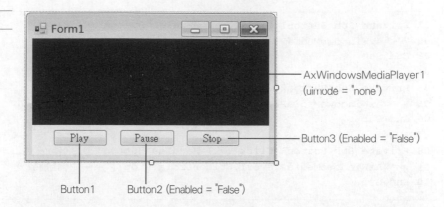

AxWindowsMediaPlayer1
(uimode = "none")

Button3 (Enabled = "False")

Button1   Button2 (Enabled = "False")

step **3** 我們想讓 AxWindowsMediaPlayer 控制項不會自動播放，但其 Settings 屬性下的各設定值無法由**屬性**窗格設定，所以需在程式中設定，請建立表單的 Load 事件程序，並輸入下列程式：

```
01 Private Sub Form1_Load(...) Handles Me.Load
02     '不使用自動播放功能
03     AxWindowsMediaPlayer1.settings.autoStart = False
04     '指定音樂檔路徑
05     AxWindowsMediaPlayer1.URL =
06         "C:\Users\Public\Music\Sample Music\Kalimba.mp3" ← A
07 End Sub
```

A 此處設定使用 Windows 所附的範例音樂，您可設為其它音樂檔路徑。

step **4** 三個按鈕的 Click 事件程序中，都只要呼叫 Ctlcontrols 屬性的方法即可。請建立三個按鈕的 Click 事件程序，並輸入如下的程式：

```
01 Private Sub Button1_Click(...) Handles Button1.Click
02     AxWindowsMediaPlayer1.Ctlcontrols.play()   ← 開始播放
03 End Sub
04
05 Private Sub Button2_Click(...) Handles Button2.Click
06     AxWindowsMediaPlayer1.Ctlcontrols.pause()  ← 暫停播放
06 End Sub
07
08 Private Sub Button3_Click(...) Handles Button3.Click
09     AxWindowsMediaPlayer1.Ctlcontrols.stop()   ← 停止播放
10 End Sub
```

step 5 前面加入 Pause 、 Stop 鈕時,都將其 Enabled 屬性設為 False,因為我們希望只有正在播放影音時,這兩個按鈕才能使用。這兩個按鈕的狀態,可在 AxWindowsMediaPlayer 的 StatusChange 事件程序中設定,此事件會在控制項的狀態改變 (開始播放、被暫停、被停止等) 時被觸發,而我們則可由控制項的 playState 屬性來得知目前的狀態,並據以設定按鈕可否使用:

```
01 Private Sub AxWindowsMediaPlayer1_StatusChange(...) _
02               Handles AxWindowsMediaPlayer1.StatusChange
03     Select Case AxWindowsMediaPlayer1.playState
04     Case WMPLib.WMPPlayState.wmppsStopped   ← 若被停止播放
05         Button2.Enabled = False       ← 停用 Pause 鈕
06         Button3.Enabled = False       ← 停用 Stop 鈕
07     Case WMPLib.WMPPlayState.wmppsPlaying   ← 若正在播放
08         Button2.Enabled = True        ← 啟用 Pause 鈕
09         Button3.Enabled = True        ← 啟用 Stop 鈕
10     Case WMPLib.WMPPlayState.wmppsPaused    ← 若被暫停播放
11         Button2.Enabled = False       ← 停用 Pause 鈕
12     End Select
13 End Sub
```

step 6 按 F5 鍵會出現如下畫面,再按 Play 鈕即可播放預設的音樂內容。

圖-43

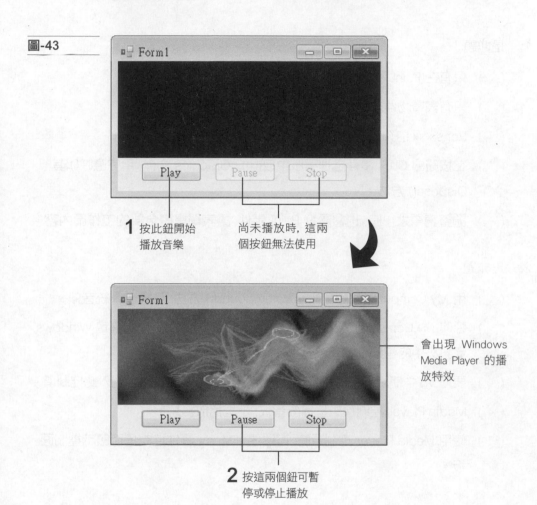

1 按此鈕開始
播放音樂

尚未播放時, 這兩
個按鈕無法使用

會出現 Windows
Media Player 的播
放特效

2 按這兩個鈕可暫
停或停止播放

習題

1. 是非題：

    ( ) 只有在 Paint 事件中才能使用 Graphics 物件。

    ( ) 只有表單物件才有提供 Graphics 物件。

    ( ) Pens.xxx 的預設畫筆, 其寬度都是 1 個像素。

    ( ) 在按鈕的 Click 事件處理程序中取得的 Graphics 物件, 用完應呼叫其
        Dispose() 方法。

    ( ) 調整表單大小時, 也會觸發 Paint 事件, 讓表單重畫全部的工作區內容。

2. 是非題：

    ( ) 用 My.Computer.Audio.PlaySystemSound() 方法, 可播放系統音效。

    ( ) 呼叫 My.Computer.Audio.PlaySystemSound() 方法時, 需指定 Windows
        資料夾中的音效檔名為參數。

    ( ) 要在 VB 中使用 Media Player 控制項, 需先自行在**工具箱**中加入此控制項。

    ( ) Media Player 控制項只能播放音效, 不能播放影片。

    ( ) 使用 Media Player 控制項時, 可透過 uiMode 屬性控制是否顯示控制面
        板。

3. 關於 DrawLine() 方法, 以下描述何者錯誤？

    (1) 第一個參數是畫筆物件

    (2) 可使用 Point 物件為參數

    (3) 可使用 Rectangle 物件為參數

    (4) 此方法會畫出兩個參數座標點間的線段

4. 關於 Image 的 RotateFlip() 方法, 若想將影像內容先向右旋轉 90 度, 再於 X 軸 (左右) 翻轉, 應使用什麼參數？

   (1) Rotate90FlipX

   (2) RotateRight90FlipHorizontal

   (3) RotateLeft270FlipX

   (4) Rotate90FlipHorizontal

5. My.Computer.Audio.Play() 方法支援的音效檔格式為？

   (1) mp3

   (2) wav

   (3) wma

   (4) mid

6. 要讓 My.Computer.Audio.Play() 方法播放的音效在背景持續播放, 第二個參數 需設為？

   (1) AudioPlayMode.WaitToComplete

   (2) AudioPlayMode.Background

   (3) AudioPlayMode.Continue

   (4) AudioPlayMode.BackgroundLoop

7. 使用 AxWindowsMediaPlayer 控制項時, 若不要顯示操作面板, 可將什麼屬性 設為 "none"？

   (1) UserInterface

   (2) ControlPanel

   (3) panelMode

   (4) uiMode

8. 要用 DrawLine() 方法畫線段時, 可先用＿＿＿＿＿＿類別建立代表線段端點的物件, 再用該物件為參數。

9. 要建立寬度 3 的紅色畫筆, 可用敘述『Dim MyPen As New Pen(＿＿＿, ＿＿＿)』。

10. 假設 g 是 Graphics 物件, 要用它畫出內部塗滿綠色、高度為 100 像素的正方形, 可呼叫『g.FillRectangle(＿＿＿＿, 0, 0, ＿＿＿, ＿＿＿)』。

11. 請試設計一個程式, 會畫出一個外框是黑色、內部是白色的矩形。

12. 請試設計一個程式, 使用者可輸入圓的半徑大小 (以像素為單位), 程式即畫出指定大小的圓形。

13. 擴充上題功能, 提供幾種顏色, 讓使用者可選擇並用以塗滿圓形。

14. Image 的 FromFile() 方法可由檔案載入圖形, 它也有一個『Save("檔名路徑")』方法可將目前圖片存入參數指定的檔案中, 請修改範例專案 Ch11-10, 將程式改成翻轉後會用 Save() 方法將圖片存檔。

15. 請修改範例專案 Ch11-11, 讓程式提供以 2 倍速快轉的功能。

12

視窗介面之功能表、工具列、狀態列

本章閱讀建議

本章將介紹功能表、工具列、狀態列等控制項，這些控制項都可提供更豐富的圖形使用者介面。

12-1 **功能表設計基礎**：我們先從如何建立功能表開始，一步步說明如何建立能執行特定功能的功能表命令。

12-2 **功能表的視覺效果**：學會設計功能表後，本節進一步介紹一些功能表效果的使用及處理方法。

12-3 **快顯功能表**：快顯功能表的用法基本上承襲自一般的功能表，看過前兩節後，再看本節應是輕鬆愉快。

12-4 **工具列**：工具列雖和功能表長得不太一樣，但其實它們的用法非常相似。

12-5 **狀態列**：看過功能表和工具列後，我們再介紹也是常見於一般應用程式的狀態列，讓讀者認識如何將要傳達給使用者的資訊，顯示在狀態列中。

12-1 功能表設計基礎

功能表算是 Windows 應用程式的基本介面之一，雖然大家用得都很習慣了，但可能仍不瞭解功能表的組成。以下我們先由程式設計的觀點，好好認識一下功能表。

我們可將功能表內容分成**主功能表**、**子功能表**、**功能表命令**等三種：

圖-1

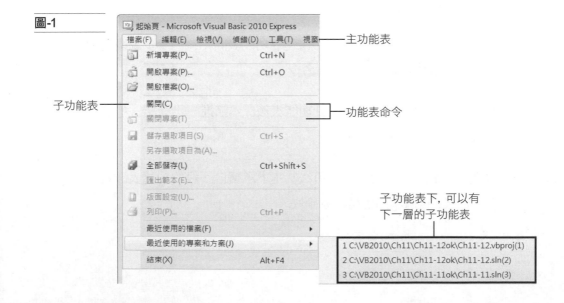

例如上面圖中的主功能表，就有**檔案**、**編輯**、**檢視**...等子功能表，
而**檔案**子功能表下則有**最近使用的專案和方案**、**新增專案**子功能
表或功能表命令；而**最近使用的專案和方案**子功能表則有以專案
或方案為名的功能表命令。

要在表單中加入主功能表，需使用 MenuStrip 控制項，以下我們
就來練習建立如下的功能表內容：

圖-2

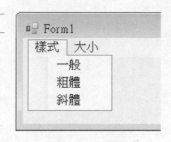

 上機 在表單中建立功能表。

step ① 建立新專案 Ch12-01，加入一個 MenuStrip 控制項，也
加入一個 A Label 控制項，如下圖：

圖-3

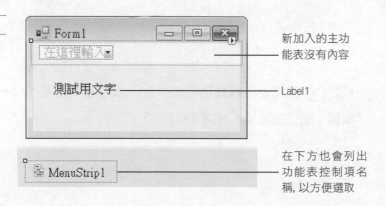

新加入的主功
能表沒有內容

Label1

在下方也會列出
功能表控制項名
稱，以方便選取

step ② 用滑鼠在功能表中的 在這裡輸入 按一下，即可輸入第 1 個子功能表，請輸入『樣式』：

圖-4

1 用滑鼠在此按一下

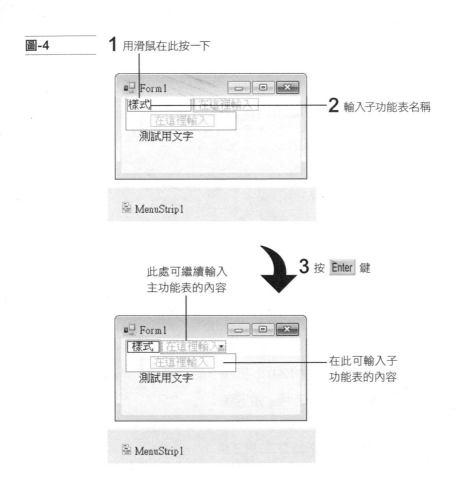

2 輸入子功能表名稱

此處可繼續輸入
主功能表的內容

3 按 Enter 鍵

在此可輸入子
功能表的內容

step ③ 我們要在**樣式**功能表中加入 3 個功能表命令：**一般**、**粗體**、**斜體**，建立的方式和剛才類似：

圖-5

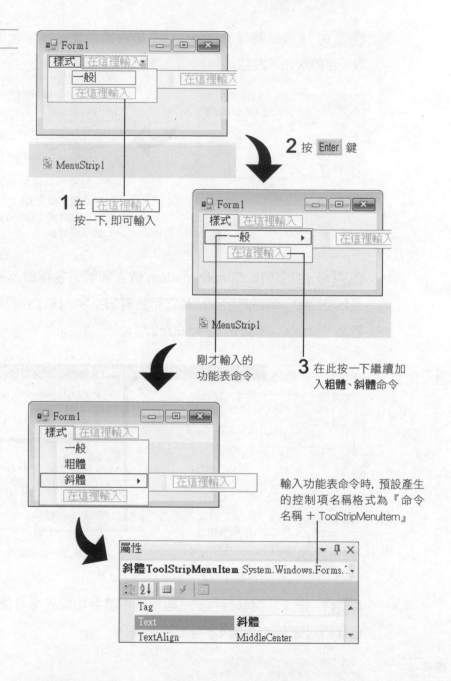

2 按 Enter 鍵

1 在 在這裡輸入 按一下,即可輸入

剛才輸入的 功能表命令

3 在此按一下繼續加 入**粗體**、**斜體**命令

輸入功能表命令時,預設產生 的控制項名稱格式為『命令 名稱 + ToolStripMenuItem』

step**4** 接著按 ![save icon] 將專案存檔(因根據測試,輸入數字功能表命 令時,偶爾會使 VB 意外終止,故建議先存檔再進行下一步驟)。

step 5 接著以同樣的方法，在**主功能表**建立另一個**大小**子功能表，並輸入如下內容：

圖-6

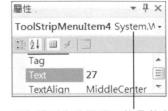

因為識別字的開頭不能是數字，所以『數字命令』的控制項名稱，其格式會變成『ToolStripMenuItem ＋ 數字編號』

step 6 由於『ToolStripMenuItem 數字編號』名稱較不易辨識它是什麼命令，最好將它改成其它有意義的文字，在此我們就將之更名為『Size9』、『Size18』、『Size27』：

圖-7

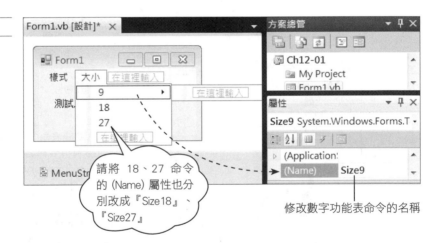

請將 18、27 命令的 (Name) 屬性也分別改成『Size18』、『Size27』

修改數字功能表命令的名稱

step 7 按 F5 鍵執行程式，雖然尚未替各功能表命令撰寫程式，但我們可先測試功能表本身是否可運作：

圖-8

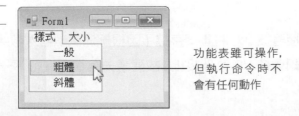

功能表雖可操作，但執行命令時不會有任何動作

處理功能表命令

在剛才建立功能表的過程可發現, 子功能表和功能表命令也都是控制項, 它們是使用 ToolStripMenuItem 控制項建立的, 但此控制項未列在**工具箱**中。當使用者在功能表中選擇了某個命令時, 會觸發該控制項的 Click 事件, 因此我們只需在程式中加入各命令控制項的 Click 事件程序, 就能讓命令發揮功效。

以剛才建立的功能表為例, 我們想做的是由功能表改變 Label 控制項的文字樣式和大小。此時可利用如下方式建立新的字型物件, 並指定給控制項的 Font 屬性 :

第一個 Font() 方法已在第 6 章介紹過, 至於第 2 個只有 2 個參數的版本, 其參數是**字型物件**和新的**字型樣式**, 因此第 2 個方法適用於修改現有字型樣式的場合, 例如 :

我們就在功能表命令事件程序中, 利用上列兩種方式來建新字型, 並設定給控制項的 Font 屬性, 即可達到『執行功能表命令, 即變更控制項字型』的效果。

建立功能表命令的 Click 事件程序, 並在程序中變更控制項字型樣式或
大小。

step 1 開啟剛才建立的專案 Ch12-01。

step 2 在表單設計畫面中, 雙按功能表中的命令, 即可建立其
Click 事件程序:

圖-9

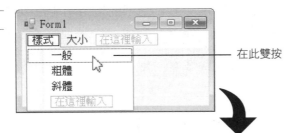

在此雙按

新建的事件程序

step 3 在新建的事件程序中輸入如下程式:

```
01 Private Sub 一般ToolStripMenuItem_Click(...)
            Handles 一般ToolStripMenuItem.Click
02      '將 Label1 的字型樣式設為一般字體
03      Label1.Font = New Font(Label1.Font, FontStyle.Regular)
04 End Sub
```

step④ 以同樣方式建立 | 粗體 | 、 | 斜體 | 功能表命令的 Click 事件程序，並輸入如下程式：

```
01 Private Sub 粗體ToolStripMenuItem_Click(...)
            Handles 粗體ToolStripMenuItem.Click
02     '將 Label1 的字型樣式加上粗體樣式
03     Label1.Font = New Font(Label1.Font,
04              Label1.Font.Style Or FontStyle.Bold)
05 End Sub
06
07 Private Sub 斜體ToolStripMenuItem_Click(...)
            Handles 斜體ToolStripMenuItem.Click
08     '將 Label1 的字型樣式加上斜體樣式
09     Label1.Font = New Font(Label1.Font,
10              Label1.Font.Style Or FontStyle.Italic)
11 End Sub
```

用 Or 『加上』
粗體樣式

用 Or 『加上』
斜體樣式

step⑤ 至於 | 大小 | 功能表中調整字型大小的命令，則是使用含 3 個參數的 Font() 方法建立指定大小的字型，並設定給 Label1 控制項。請分別建立 3 個字型尺寸命令的 Click 事件處理程序，並輸入如下的程式碼：

```
01 Private Sub Size9_Click(...) Handles Size9.Click
02     '將 Label1 的字型大小設為 9 個像素
03     Label1.Font = New Font(Label1.Font.Name, 9,
04              Label1.Font.Style)
05 End Sub
06
07 Private Sub Size18_Click(...) Handles Size18.Click
08     '將 Label1 的字型大小設為 18 個像素
09     Label1.Font = New Font(Label1.Font.Name, 18,
10              Label1.Font.Style)
11 End Sub
12
13 Private Sub Size27_Click(...) Handles Size27.Click
14     '將 Label1 的字型大小設為 27 個像素
15     Label1.Font = New Font(Label1.Font.Name, 27,
16              Label1.Font.Style)
17 End Sub
```

step 6 按 F5 鍵執行程式，即可利用功能表中的命令，改變字型的樣式或大小：

圖-10

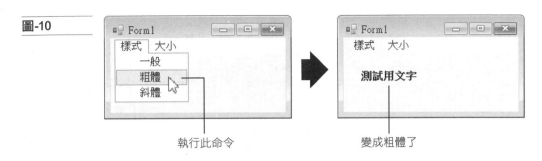

執行此命令　　　　　　　　　　變成粗體了

 請替剛才的範例專案加入可讓標籤文字加上底線的命令。

圖-11

加入可讓文字
加底線的命令

參考解答

step 1 在**樣式**功能表中新增一個**加底線**命令。

step 2 建立其 Click 事件程序，並輸入如下程式碼：

```
01 Private Sub 加底線ToolStripMenuItem_Click(...)
02          Handles 加底線ToolStripMenuItem.Click
03
04    Label1.Font = New Font(Label1.Font,
05             Label1.Font.Style Or FontStyle.UnderLine)
06 End Sub
```

加上底線樣式

12-2 功能表視覺效果

除了單純列出功能表命令外，功能表也可呈現不同的風貌，例如在 VB 中就會看到如下的功能表內容：

主功能表的便捷鍵需搭配 Alt 鍵

圖-12

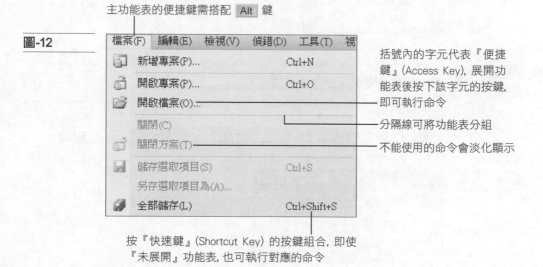

括號內的字元代表『便捷鍵』(Access Key)，展開功能表後按下該字元的按鍵，即可執行命令

分隔線可將功能表分組

不能使用的命令會淡化顯示

按『快速鍵』(Shortcut Key) 的按鍵組合，即使『未展開』功能表，也可執行對應的命令

本節將一一說明如何製作如上圖看到的效果，以及與 CheckBox 控制項類似的『勾選』狀態特效。

分隔線與便捷鍵

分隔線與便捷鍵都是在輸入表單命令時，即可直接輸入產生：

● **分隔線**：在 在這裡輸入 中輸入功能表命令名稱時，若只輸入一個 '-' 符號，該項目就會變成分隔線。附帶說明，分隔線也是一個 ToolStripMenuItem 控制項。

● **便捷鍵**：在輸入功能表命令時，加入 "&" 符號及按鍵字元，該字元就會自動變成可搭配 Alt 鍵使用的便捷鍵。

以下我們就用一個可由功能表命令將表單放大或縮小的簡單程式,
來練習在功能表中加入分隔線與便捷鍵。

圖-13

上機 實作具有分隔線與便捷鍵的命令。

step 1 建立新專案 Ch12-02, 並加入一個 MenuStrip 控制項。

圖-14

step 2 在 在這裡輸入 上按一下, 輸入如下命令:

圖-15

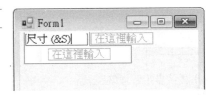

1 輸入 "尺寸 (&S)"

2 按 Enter 鍵

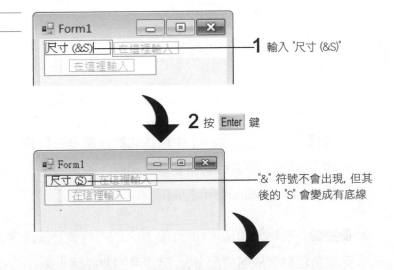

"&" 符號不會出現, 但其
後的 "S" 會變成有底線

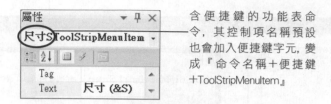

含便捷鍵的功能表命令, 其控制項名稱預設也會加入便捷鍵字元, 變成『命令名稱＋便捷鍵＋ToolStripMenuItem』

step **3** 依同樣方式繼續輸入如下命令：

圖-16

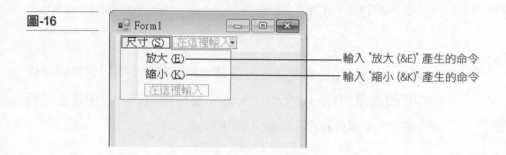

輸入 "放大 (&E)" 產生的命令
輸入 "縮小 (&K)" 產生的命令

step **4** 接著我們要建立分隔線, 只要輸入一個 "-" 符號就可以了：

圖-17

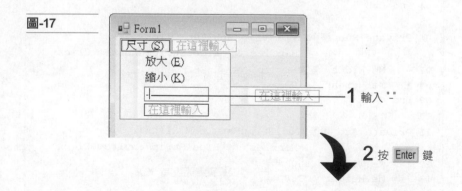

1 輸入 "-"

2 按 Enter 鍵

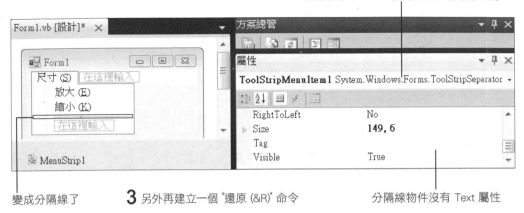

分隔線是用 ToolStripSeparator 類別建立的

變成分隔線了　　**3** 另外再建立一個 "還原 (&R)" 命令　　分隔線物件沒有 Text 屬性

step⑤ 我們要用功能表命令將表單放大或縮小，只需在其事件程序中修改表單物件的 Width、Height 屬性即可，請分別建立三個命令的 Click 事件程序，並輸入如下程式：

```
01 Private Sub 放大EToolStripMenuItem_Click(...) _
                    Handles 放大EToolStripMenuItem.Click
02      Me.Width *= 1.2 ┐ 將表單寬、高均增加 20%
03      Me.Height *= 1.2 ┘
04 End Sub
05
06 Private Sub 縮小KToolStripMenuItem_Click(...) _
                    Handles 縮小KToolStripMenuItem.Click
07      Me.Width *= 0.8 ┐ 將表單寬、高均減少 20%
08      Me.Height *= 0.8 ┘
09 End Sub
10
11 Private Sub 還原RToolStripMenuItem_Click(...) _
                    Handles 還原RToolStripMenuItem.Click
12      Me.Width = 300 ┐ 將表單寬、高設為 300
13      Me.Height = 300 ┘
14 End Sub
```

step ⑧ 按 `F5` 執行程式，即可測試功能表的便捷鍵：

圖-18

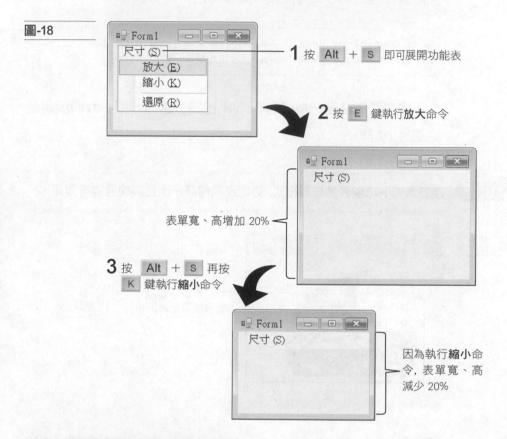

1 按 `Alt` + `S` 即可展開功能表

2 按 `E` 鍵執行**放大**命令

表單寬、高增加 20%

3 按 `Alt` + `S` 再按
`K` 鍵執行**縮小**命令

因為執行**縮小**命令，表單寬、高減少 20%

勾選、淡化與快速鍵

前面設定分隔線、便捷鍵時，都是直接輸入命令內容即可。但像功能表命令的勾選、淡化效果，以及快速鍵功能，則都是透過 ToolStripMenuItem 的屬性來設定：

● **Checked 屬性**：此屬性為 True 時，命令前面就會出現打勾符號 ☑ ；預設值為 False，亦即沒有打勾符號。

● **Enabled 屬性**：預設值為 True，表示功能表可使用；設為 False 即為淡化且無法選取。

● **ShortcutKeys 屬性**：此屬性需使用上一章介紹過的 Keys
類別來指定執行命令的按鍵或按鍵組合, 例如：

```
Keys.Control Or Keys.S  ➝  表示快速鍵為  Ctrl  +  S
Keys.Shift Or Keys.A    ➝  表示快速鍵為  Shift  +  A
```

不過我們不必硬記按鍵名稱, VB 已提供選擇介面供我們設定此
屬性 (後詳)。

 建立含如下功能表的畫圓程式, 功能表具勾選、淡化與快速鍵等效果。

圖-19

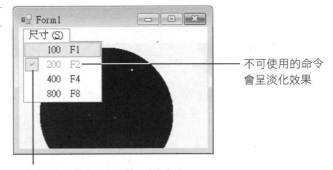

不可使用的命令
會呈淡化效果

勾選的命令表示目前圓形的寬度

step 1 建立新專案 Ch12-03, 並加入 Meun Strip 控制項並如下設
定功能表。

圖-20

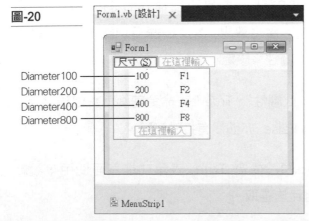

Diameter100
Diameter200
Diameter400
Diameter800

step 2 接著我們要透過 **ShortcutKeys** 屬性來設定功能表命令的快速鍵，請先在 ⌐ 100 ▸⌐ 命令上按一下，然後再按**屬性**窗格中 **ShortcutKeys** 屬性旁的 ▾ 鈕，就會出現如下設定畫面：

圖-21

1 選此項

2 按此鈕

出現快捷鍵的設定面板

step 3 在**屬性**窗格中出現的面板可設定快速鍵的按鍵組合，上半部的 ☐ Ctrl 、 ☐ Alt 、 ☐ Shift 是快速鍵按鍵組合中需同時按下的按鍵，下半的下拉式選單則是要搭配的按鍵名稱。例如勾選 ☐ Ctrl 再於下拉式選單中選 ⌐ A ▾⌐，表示快速鍵為 Ctrl + A 。在此為方便對照，我們就將 ⌐ 100 ▸⌐ 命令的快速鍵設為 F1 ：

圖-22

2 在旁邊按一下，即可關閉面板

按此鈕可清除設定

1 選此項

出現按鍵名稱

step ④ 依同樣方式將 [200] 的快速鍵設為 F2 、
[400] 的快速鍵設為 F4 、[800] 的快
速鍵設為 F8 。

step ⑤ 接著開始做程式的處理。我們要讓程式畫出圓形的圖案，
所以請先建立表單的 Paint 事件程序，並在程序外宣告一個記錄圓
形直徑（即外接矩形的寬度）的表單變數 Diameter，以便在功能表
命令的事件程序中，也能修改圓形的直徑大小，達到將圓形變大變
小的效果。

```
01 Public Class Form1
02
03    Dim Diameter As Integer = 100   ← '直徑預設為 100
04
05    Private Sub Form1_Paint(...) Handles Me.Paint
06        '清除先前畫的內容
07        e.Graphics.Clear(BackColor)              ←Ⓐ
08
09        '畫出指定大小的圓
10        e.Graphics.FillEllipse(Brushes.Black, 30, 30,   ←Ⓑ
11                             Diameter, Diameter)
12    End Sub
13 End Class
```

Ⓐ 程式的功能是依使用者選擇, 畫出不同大小的圓, 因此在畫圓之前, 必須先『清除』前一次所畫的內容, 以免在圓的大小改變時, 表單中同時出現兩個圓的圖案。『清除』的方式是呼叫 Graphics 物件的 Clear() 方法, 此方法會用參數所指的顏色塗滿繪圖區域, 此處我們使用表單的背景顏色 (BackColor 屬性), 效果相當於清除先前所畫的內容。

Ⓑ 由於在表單工作區最上方, 已有我們加入的功能表, 所以如果讓畫圓的位置從 Y 軸 0 的位置開始, 將會使部份圖案被功能表蓋住 (因為功能表控制項是疊在表單工作區『之上』), 所以此處將圓從 (30, 30) 的位置開始畫。

step 6 在各命令的 Click 事件程序中, 所要做的就是更改圓形的直徑, 並請表單重繪, 因此請建立 `100 ▶`、 `200`、 `400`、 `800` 的事件程序, 並分別輸入如下的程式碼:

```
01 Private Sub Diameter100_Click(...) Handles Diameter100.Click
02     Diameter = 100    ← 將圓形的直徑設為100    100 ▶
03     Me.Invalidate()   ← 立即重畫
04 End Sub
05
06 Private Sub Diameter200_Click(...) Handles Diameter200.Click
07     Diameter = 200    ← 將圓形的直徑設為200    200
08     Me.Invalidate()   ← 立即重畫
09 End Sub
10
11 Private Sub Diameter400_Click(...) Handles Diameter400.Click
12     Diameter = 400    ← 將圓形的直徑設為400    400
13     Me.Invalidate()   ← 立即重畫
14 End Sub
15
16 Private Sub Diameter800_Click(...) Handles Diameter800.Click
17     Diameter = 800    ← 將圓形的直徑設為800    800
18     Me.Invalidate()   ← 立即重畫
19 End Sub
```

step 7 最後要利用程式來處理命令的打勾及淡化效果，這些工作可放在功能表的 DropDownOpening 事件程序。此事件會在功能表被開啟時觸發，所以只要在其事件程序中將該打勾的命令打勾、該淡化的淡化，使用者就會看到相關效果。請由**屬性**窗格建立**尺寸 ToolStripMenuItem** 控制項的 DropDownOpening 事件程序：

圖-23

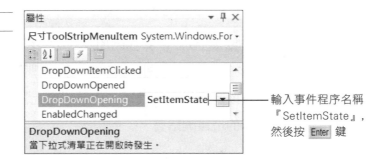

—— 輸入事件程序名稱『SetItemState』，然後按 Enter 鍵

step 8 在剛剛建立的事件程序中輸入如下程式：

```
01 Private Sub SetItemState(...)
       Handles 尺寸ToolStripMenuItem.DropDownOpening
02     '若目前直徑為 100, 就將『100』命令打勾及淡化
03     '否則就取消打勾及不淡化
04     Diameter100.Checked =
05         If(Diameter = 100, True, False) ←A
06     Diameter100.Enabled =
07         If(Diameter = 100, False, True)
08
09     '以下『200』、『400』、『800』命令的處理方式同上
10     Diameter200.Checked =
11         If(Diameter = 200, True, False)
12     Diameter200.Enabled =
13         If(Diameter = 200, False, True)
14
15     Diameter400.Checked =
16         If(Diameter = 400, True, False)
17     Diameter400.Enabled =
18         If(Diameter = 400, False, True)
19
```

```
20     Diameter800.Checked =
21         If(Diameter = 800, True, False)
22     Diameter800.Enabled =
23         If(Diameter = 800, False, True)
24 End Sub
```

Ⓐ 此處我們用 If() 函式檢查直徑是否為 100, 若是 100 則傳回 True 設定給 Checked 屬性, 使功能表命令被打勾;若非 100 則傳回 False 取消打勾。淡化的設定原理相同, 但改為直徑 100 時傳回 False (淡化)、非 100 時傳回 True (不淡化)。後續各命令也都用同樣的方式進行設定。

TIPS 一般應用程式較少讓某個功能表命令同時被打勾及淡化, 此處為了練習及示範, 所以讓功能表命令同時被打勾及淡化。

step 9 按 F5 鈕執行程式, 可用快速鍵或用滑鼠選取功能表命令, 即可看到勾選及淡化效果:

圖-24

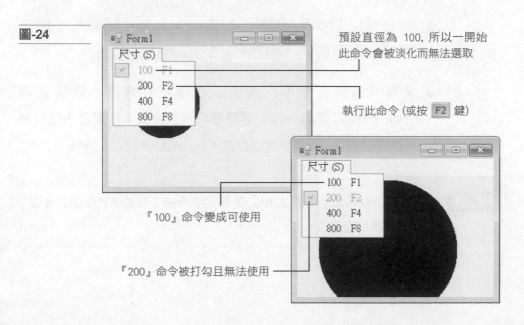

預設直徑為 100, 所以一開始此命令會被淡化而無法選取

執行此命令 (或按 F2 鍵)

『100』命令變成可使用

『200』命令被打勾且無法使用

12-3 快顯功能表

快顯功能表 (Context Menu) 就是指按下滑鼠右鈕時所出現的功能表：

圖-25

按滑鼠右鈕所顯示
的快顯功能表

其建立方式和前兩節介紹的一般功能表大同小異, 使用的技巧也差不多, 主要的差異有以下兩點：

● 建立快顯功能表時, 是使用 ContextMenuStrip 控制項, 而非一般功能表所用的 MenuStrip 控制項。

● 要讓表單或控制項『擁有』快顯示功能表, 需設定其 ContextMenu 屬性。例如要讓使用者於表單中按滑鼠右鈕時顯示快顯功能表, 就需設定表單的 ContextMenuStrip 屬性。

 建立含如下快顯功能表的應用程式, 使用者可由快顯功能表中的命令變更表單內顯示的顏色。

圖-26

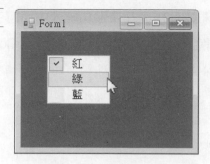

step 1 建立新專案 Ch12-04, 並加入一個 ⊞ ContextMenuStrip 控制項。

圖-27

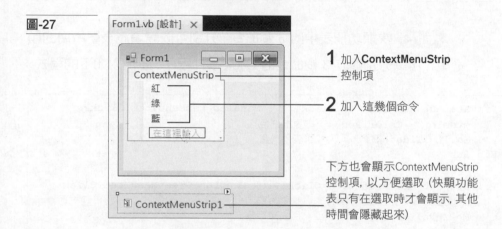

1 加入**ContextMenuStrip** 控制項

2 加入這幾個命令

下方也會顯示ContextMenuStrip 控制項, 以方便選取 (快顯功能 表只有在選取時才會顯示, 其他 時間會隱藏起來)

step 2 選取表單, 並將 **ContextMenuStrip** 屬性設為剛才建立的 ContextMenuStrip1 控制項。

1 選擇表單物件

圖-28

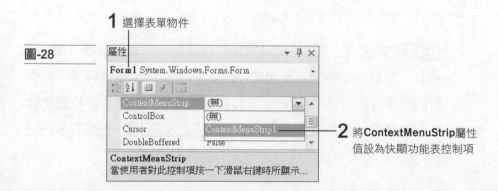

2 將**ContextMenuStrip**屬性 值設為快顯功能表控制項

step **3** 程式要做的是根據使用者在快顯功能表中所選的顏色，塗滿表單工作區，所以請定義一個記錄所選顏色的 myColor 表單變數，並建立如下的 Paint 事件程序：

```
01 Public Class Form1
02     '記錄所選顏色, 預設為紅色
03     Dim myColor = Color.Red
04
05     Private Sub Form1_Paint(...) Handles Me.Paint
06         e.Graphics.Clear(myColor)      ← 用所選顏色填滿表單
07     End Sub
08 End Class
```

step **4** 快顯功能表中的 3 個命令，分別可改變填滿表單所用的顏色，所以分別建立 3 個命令的 Click 事件程序，並加入如下的程式：

```
01 Private Sub RedMenuItem_Click(...) Handles RedMenuItem.Click
02     myColor = Color.Red      '變更為紅色
03     Me.Invalidate()          '請表單重畫
04 End Sub
05
06 Private Sub GreenMenuItem_Click(...) Handles GreenMenuItem.Click
07     myColor = Color.Green    '變更為綠色
08     Me.Invalidate()          '請表單重畫
09 End Sub
10
11 Private Sub BlueMenuItem_Click(...) Handles BlueMenuItem.Click
12     myColor = Color.Blue     '變更為藍色
13     Me.Invalidate()          '請表單重畫
14 End Sub
```

step **5** 快顯功能表中的命令同樣可有淡化、勾選等各種效果，不過上一節對一般功能表是用 DropDownOpening 事件程序，對快顯功能表則要改用 Opening 事件程序 (Opening 事件是快顯功能表正要被顯示時所觸發的事件)。請建立快顯功能表的 Opening 事件程序，並輸入如下程式來設定勾選的效果：

```
01 Private Sub ContextMenuStrip1_Opening(...)
            Handles ContextMenuStrip1.Opening
02      '依目前所選的顏色，將對應的功能表項目打勾
03      RedMenuItem.Checked = If(myColor = Color.Red,
04                              True, False)
05      GreenMenuItem.Checked = If(myColor = Color.Green,
06                                 True, False)
07      BlueMenuItem.Checked = If(myColor = Color.Blue,
08                                True, False)
09 End Sub
```

step **6** 按 F5 鍵執行程式，在表單中按滑鼠右鈕即可開啟快顯功
能表，並選擇顏色：

圖-29

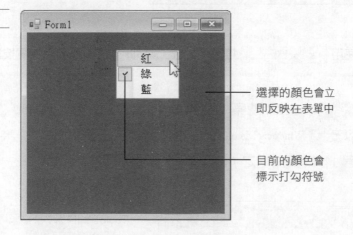

選擇的顏色會立
即反映在表單中

目前的顏色會
標示打勾符號

12-4 工具列

在一般應用程式中，工具列通常是位於主功能表之下，內含按鈕
或其它控制項，提供使用者另一種便利的操作介面。工具列是用
ToolStrip 控制項建立，之後則可加入工具按鈕，作法類似於在
功能表加入功能表命令。

我們先將前一章以 Windows Media Player 控制項建立的媒體播放
程式, 改成使用工具列的按鈕來控制, 讓讀者熟悉工具列的基本用
法:

圖-30

可透過工具列上的按鈕
播放音樂或停止播放

工具列

 使用 ToolStrip 控制項建立工具列, 並在工具列上佈置按鈕。

step 1 建立新專案 Ch12-05, 並加入一個 ToolStrip 控制項,
以及 Windows Media Player 控制項 (若**工具箱**沒有此控制項, 請參
考 11-44 頁新增之) :

圖-31

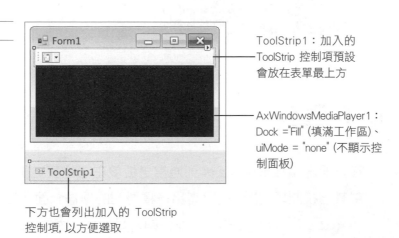

ToolStrip1:加入的
ToolStrip 控制項預設
會放在表單最上方

AxWindowsMediaPlayer1:
Dock ="Fill" (填滿工作區)、
uiMode = "none" (不顯示控
制面板)

下方也會列出加入的 ToolStrip
控制項, 以方便選取

step **2** 工具列預設沒有任何按鈕,可採如下的步驟新增工具鈕:

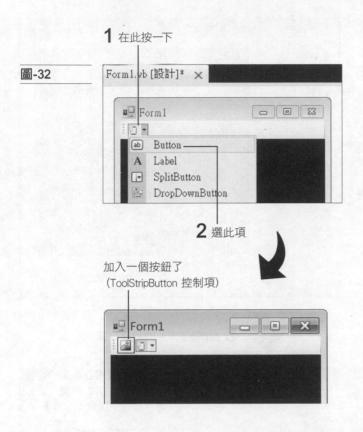

1 在此按一下

圖-32

2 選此項

加入一個按鈕了
(ToolStripButton 控制項)

step **3** 工具列按鈕預設使用的圖案為 🖼 ,我們必須自行提供圖
案更換:

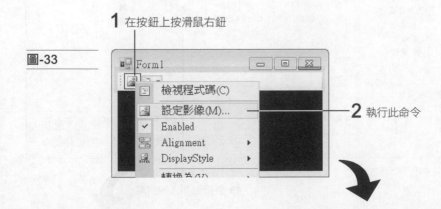

1 在按鈕上按滑鼠右鈕

圖-33

2 執行此命令

3 選此項　　**4** 按此鈕

5 選擇圖案所在路徑

此圖檔可在本書
範例 Ch12 子資
料夾中找到

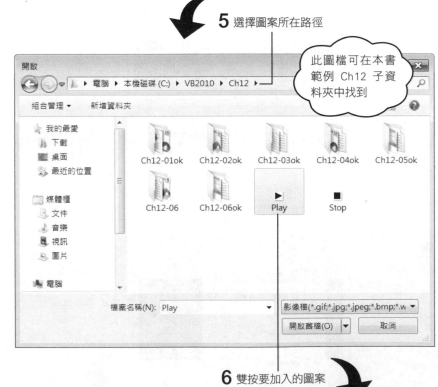

6 雙按要加入的圖案

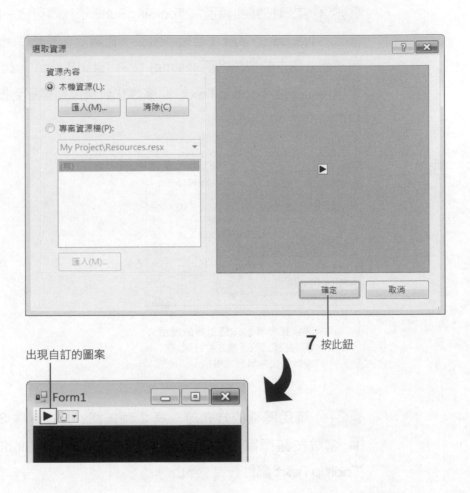

出現自訂的圖案

7 按此鈕

工具列按鈕的圖案設定儲存於 Image 屬性,所以我們也可由**屬性**窗格設定之。

step**④** 工具按鈕的類別為 ToolStripButton, 我們可像一般控制項修改其 **Name**、**Text**（但文字預設不會顯示）等屬性。例如我們可將剛才建立的按鈕名稱 (Name) 設為 "StartButton"。此外還有一項實用的屬性 **TooltipText**, 此屬性代表滑鼠指標移到按鈕上時, 自動顯示的『提示文字』:

圖-34

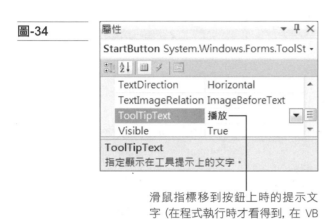

滑鼠指標移到按鈕上時的提示文字 (在程式執行時才看得到, 在 VB 設計畫面中無此效果)

step**⑤** 請用同樣的方式加入第 2 個按鈕, 並以圖檔 Stop.bmp ■ 當成按鈕圖案, 同時將其 (Name) 屬性設為 "StopButton"、**TooltipText** 屬性設為 " 停止 ":

加入第 2 個按鈕

圖-35

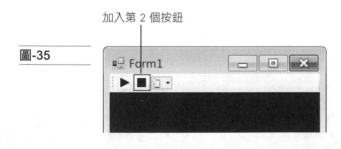

step❻ 工具按鈕被按下時也是觸發 Click 事件，我們只要在 VB 中，於按鈕上雙按，就會建立其 Click 事件程序。請建立 ▶ 的 Click 事件程序，並輸入如下程式：

```
01 Private Sub StartButton_Click(...) Handles StartButton.Click
02     '若 AxWindowsMediaPlayer1 現在不是在播放中，就開始播放
03     If AxWindowsMediaPlayer1.playState <>        ← playState 屬性說明
04         WMPLib.WMPPlayState.wmppsPlaying Then     可參見 11-50 頁
05
06         AxWindowsMediaPlayer1.URL =              ← 設定媒體 (音樂檔) 路徑
07             "C:\Users\Public\Music\Sample Music\Kalimba.mp3" ←Ⓐ
08         AxWindowsMediaPlayer1.Ctlcontrols.play() ← 開始播放
09     End If
10 End Sub
```

Ⓐ 此處是用 Windows 7 所附的範例音樂檔來做測試，使用 Windows XP 者，可改用 "C:\Documents and Settings\All Users\ Documents\My Music\範例音樂" 資料夾下的範例音樂檔。

step❼ 接著建立 ■ 的 Click 事件程序，並輸入如下程式：

```
01 Private Sub StopButton_Click(...) Handles StopButton.Click
02     AxWindowsMediaPlayer1.Ctlcontrols.stop()    ← 停止播放
03 End Sub
```

step❽ 按 F5 執行程式，接著即可用工具列上的按鈕播放音樂，或停止播放了。

圖-36

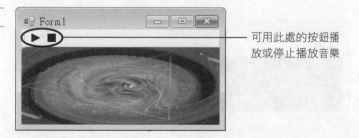

可用此處的按鈕播放或停止播放音樂

請替剛才建立的工具列加入一個暫停播放的按鈕, 讓使用者可暫停播放
音樂。

参考解答

1. 在工具列上新增一個按鈕, 並將其 (Name) 屬性設為
   "PauseButton"。

2. 建立 PauseButton 的 Click 事件程序, 並輸入如下程式碼:

```
01 Private Sub PauseButton_Click(...) Handles PauseButton.Click
02     AxWindowsMediaPlayer1.Ctlcontrols.pause()     '暫停播放
03 End Sub
```

12-5 狀態列

狀態列 (Status Bar) 也是許多應用程式會用到的使用者介面, 一般
都會用狀態列來顯示應用程式的相關資訊、提示訊息等等。

在 VB 中, 要建立狀態列需使用 [StatusStrip] 控制項, 其用法
和主功能表、工具列相似, 加入表單後只是一個空的狀態列, 我們
必須加入附屬的控制項, 才能在狀態列中顯示資訊。

 在播放程式中加入狀態列, 顯示目前播放進度 (時間) 以及檔案名稱。

圖-37

step ① 請開啟範例專案 Ch12-06 來練習，專案中已放好如下控制項：

圖-38

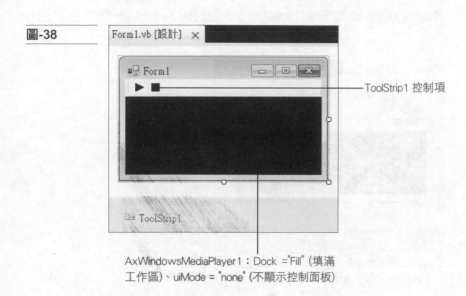

AxWindowsMediaPlayer1：Dock ="Fill"(填滿工作區)、uiMode = "none"(不顯示控制面板)

step ② 雙按工具箱中的 StatusStrip 將狀態列加到表單中，此控制項的 Dock 屬性預設值為 Bottom，因此會自動列在表單最下方：

圖-39

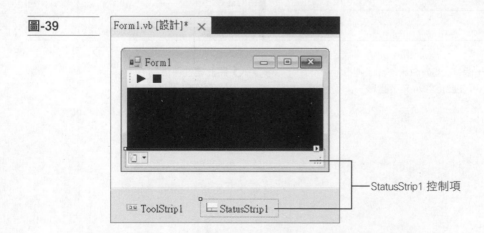

step 3 狀態列中最常見的應用就是顯示文字訊息,所以請依如下方式在狀態列加入一個 ToolStripStatusLabel 控制項,並將其 (Name) 屬性設為 "FileName"、Text 屬性設為 " " (一個空白字元):

圖-40

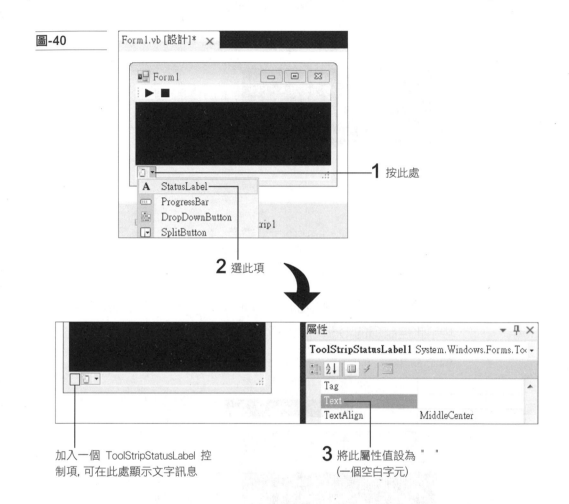

1 按此處

2 選此項

加入一個 ToolStripStatusLabel 控制項, 可在此處顯示文字訊息

3 將此屬性值設為 " "
(一個空白字元)

step④ 由於我們要顯示播放進度和檔案名稱,所以再建立另一個 ToolStripStatusLabel 控制項,並將 (Name) 屬性改為 "PlayingTime"、Text 屬性設為 " "(一個空白字元):

-41

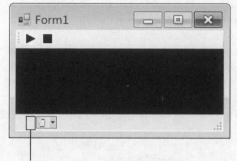

在狀態列上加入第 2 個 ToolStripStatusLabel 控
制項, 並將 Text 屬性設為 " "(一個空白字元)

step⑤ 要顯示播放進度,必須隨著播放的狀況,定時更新狀態列上的進度文字,所以請再加入一個 🕐 Timer 控制項:

圖-42

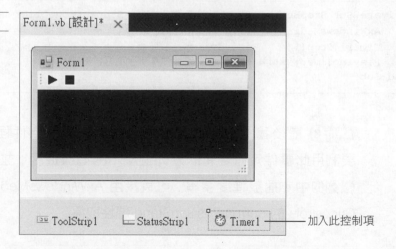

加入此控制項

step **6** 雙按 ▶ 進入其 Click 事件程序，這次要加入啟動計時器的相關程式，以及在狀態列顯示檔名的程式碼：

```
01 Private Sub StartButton_Click(...) Handles StartButton.Click
02      '若 AxWindowsMediaPlayer1 現在不是在播放中，就開始播放
03      If AxWindowsMediaPlayer1.playState <>
04          WMPLib.WMPPlayState.wmppsPlaying Then
05          AxWindowsMediaPlayer1.URL =              '設定媒體 (音樂檔) 路徑
06              "C:\Users\Public\Music\Sample Music\Amanda.wma"
07          FileName.Text =                 ← 將檔名顯示在狀態例
08              AxWindowsMediaPlayer1.currentMedia.name & "   "
09          AxWindowsMediaPlayer1.Ctlcontrols.play()   ← 開始播放
10
11          Timer1.Interval = 1000  ← 將計時器時間間隔設為 1 秒
12          Timer1.Start()          ← 啟動計時器
13      End If
14 End Sub
```

step **7** 在 ■ 鈕的 Click 事件程序，也同樣要有停止計時器的相關程式：

```
01 Private Sub StopButton_Click(...) Handles StopButton.Click
02      AxWindowsMediaPlayer1.Ctlcontrols.stop() ← 停止播放
03      Timer1.Stop()              ← 停止計時器
04      PlayingTime.Text = ""      ← 清除狀態列上的播放時間
05 End Sub
```

step **8** 最後我們要建立計時器 Timer1 的 Tick 事件程序，我們要利用此事件定時更新狀態列上顯示的播放進度，並顯示在狀態列的中。播放進度字串，可直接由 AxWindowsMediaPlayer1. Ctlcontrols 的 currentPositionString 屬性取得：

```
01 Private Sub Timer1_Tick(...) Handles Timer1.Tick
02      PlayingTime.Text =         ← 在狀態列顯示播放進度
03          AxWindowsMediaPlayer1.Ctlcontrols.currentPositionString
04 End Sub
```

step **9** 按 `F5` 鍵執行程式,按 ▶ 鈕開始播放,在狀態列上就會
顯示播放的進度了。

圖-43

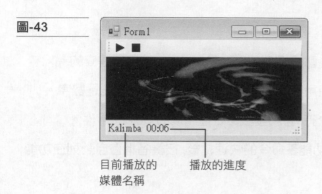

目前播放的　　　　播放的進度
媒體名稱

習題

1.是非題：

( ) 子功能表和功能表命令都是用 ToolStripMenuItem 控制項建立的。

( ) 因為識別字開頭不能使用數字，所以功能表命令首字也不能是數字。

( ) 使用者選擇功能表命令時，會觸發該命令控制項的 Select 事件。

( ) 用 ShortcutKeys 設定功能表命令的快速鍵後，按鍵名稱會自動列在功能表上。

( ) 要讓功能表命令前出現打勾符號，需將其 Enabled 屬性設為 True。

2.是非題：

( ) 要讓 TextBox 控制項具有快顯功能表，需設定其 ContextMenuStrip 屬性。

( ) 工具列中的按鈕為 ToolStripButton 控制項。

( ) 在快顯功能表中不能加入分隔線。

( ) 要在狀態列中顯示文字，可在狀態列加入 ToolStripStatusLabel 控制項。

( ) 狀態列中可加入多個 ToolStripStatusLabel 控制項以顯示多組文字。

3. 要在表單中建立主功能表，可使用哪一個控制項？

(1) MainMenu

(2) MainMenuItem

(3) MenuStrip

(4) MenuStripItem

4. 要為功能表命令設定便捷鍵 (搭配 Alt 鍵使用的按鍵), 需在代表按鍵字母的字元前加上什麼符號？

   (1) ！

   (2) #

   (3) %

   (4) &

5. 要設定功能表命令的快速鍵按鍵組合, 可由下列何屬性設定？

   (1) AccessKey

   (2) FastKey

   (3) ShortcutKey

   (4) SpeedKey

6. 當使用者展開快顯功能表時, 會觸發快顯功能表控制項的什麼事件？

   (1) ContextMenuOpening

   (2) DorpDownMenuOpening

   (3) ContextOpening

   (4) Opening

7. 當使用者選擇某個功能表命令時, 會觸發該控制項的什麼事件？

   (1) Select

   (2) Click

   (3) MenuSelect

   (4) Run

8. 要讓功能表項目前面出現打勾符號, 需將其_____屬性設為 True。

9. 變更工具列按鈕的圖案時, 相當於是在設定其_____屬性; 要使滑鼠移到按鈕上, 會自動出現提示文字, 則需設定_____屬性。

10. 想將工具列設定顯示在表單最上方, 需將其 Dock 屬性設為____; 而要將狀態列顯示在表單底端, 則可將 Dock 屬性設為_____。

11. 請設計一個單位換算程式, 使用者可從功能表命令選擇要做『公尺/英尺』、『公斤/英磅』等不同的換算功能。

12. 請設計一個表單應用程式, 內含一功能表, 使用者可由功能表選擇文字的顏色。

13. 修改上題, 去除功能表, 改使用工具列, 使用者可由工具列按鈕選擇文字的顏色。

14. 擴充上題功能, 在表單中加入快顯功能表, 讓使用者可選擇字型大小。

15. 承上題, 在表單中加入狀態列, 在狀態列會顯示目前的字型大小資訊。

13

檔案存取

本章閱讀建議

當程式需要將資料保存起來時, 不是存於檔案就是需存於資料庫中。本章先介紹如何存取檔案, 後面 3 章將會介紹如何使用資料庫。

13-1 **存取檔案**：存取檔案最簡單的就是讀寫文字檔, 本節先從文字檔的讀寫開始, 讓讀者認識用 VB 讀寫文字檔的技巧。

13-2 **使用檔案交談窗**：一般應用程式都會用 Windows 作業系統提供的檔案交談窗 (開啟檔案、儲存檔案), 讓使用者選擇要讀寫的對象, 本節介紹 VB 中的交談窗控制項, 並與前一節的讀寫檔案功能結合。

13-3 **以『行』為單位讀寫文字檔**：在讀檔的應用中，有時程式需對每一行內容，做個別的處理，此時以『行』為單位來讀取檔案會比較方便。

13-4 **讀取特定格式文字檔**：有些應用程式會以一定的格式來儲存文字資料。本節將透過一個應用實例，介紹如何利用文字檔來存放格式化的資料。

13-1 存取檔案

要讀寫純文字格式的檔案，可使用 My.Computer.FileSystem 物件所提供的 2 個方法：

● **My.Computer.FileSystem.ReadAllText()**：以要讀取的檔案名稱及路徑為參數，即可讀取該檔案，傳回值就是包含檔案內容的字串。例如：

```
Try
  '讀取檔案 C:\Test.txt，並將內容存於字串變數 Str
  Dim Str = My.Computer.FileSystem.ReadAllText("C:\Test.txt")
Catch ex AS Exeption
  MsgBox(ex.Message)   '以訊息窗顯示例外訊息
End Try
```

 由於讀取檔案時，可能會發生找不到檔案 (例如檔名或路徑打錯)、檔案已被其它程式鎖住而無法開啟、使用者的權限不足等執行時期錯誤，因此最好用 Try/Catch 敘述包住讀取檔案的相關敘述，Try/Catch 敘述的用法可參見第 11-3 節的介紹。

● **My.Computer.FileSystem.WriteAllText()**：可將字串寫入或**附加** (Append) 到檔案原有內容的後面,此方法有 3 個參數:

```
My.Computer.FileSystem.WriteAllText(path, str, append)
```

路徑字串　　寫入檔案的字串　　是否以附加的方式寫入

其中 append 預設值為 False,表示寫入的資料會覆蓋掉檔案原有的內容;若設為 True,則表示用附加的方式寫到檔案原有內容之後。

 建立可讀寫文字檔的程式。

step **1** 建立專案 Ch13-01。

step **2** 在表單中加入如下控制項。

圖-1

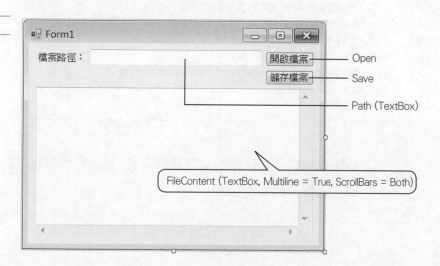

step 3 雙按 開啟檔案 按鈕，建立其 Click 事件程序，並輸入如下程式：

```
01 Private Sub Open_Click(...) Handles Open.Click
02    Try
03        '讀取指定的檔案，並將檔案內容顯示於 TextBox 控制項中
04        FileContent.Text =
05            My.Computer.FileSystem.ReadAllText(Path.Text)
06    Catch ex AS Exception
07        MsgBox(ex.Message)    '以訊息窗顯示例外訊息
08    End Try
09 End Sub
```

step 4 接著再建立 儲存檔案 按鈕的 Click 事件程序，並輸入如下程式：

```
01 Private Sub Save_Click(...) Handles Save.Click
02    Try
03        '將 TextBox 控制項中的文字內容寫入指定的檔案中
04        My.Computer.FileSystem.WriteAllText(Path.Text,
05                FileContent.Text,
06                False)    ← 第 3 個參數 False, 表示覆蓋檔案原有內容
07        '存檔後，將控制項的文字內容清空
08        Path.Text = ""            '清除路徑
09        FileContent.Text = ""     '清除輸入的內容
10    Catch ex AS Exeption
11        MsgBox(ex.Message)    '以訊息窗顯示例外訊息
12    End Try
13 End Sub
```

以上就完成一個簡單的文字編輯程式，按 F5 執行程式即可用它建立、編輯普通文字檔案：

圖-2

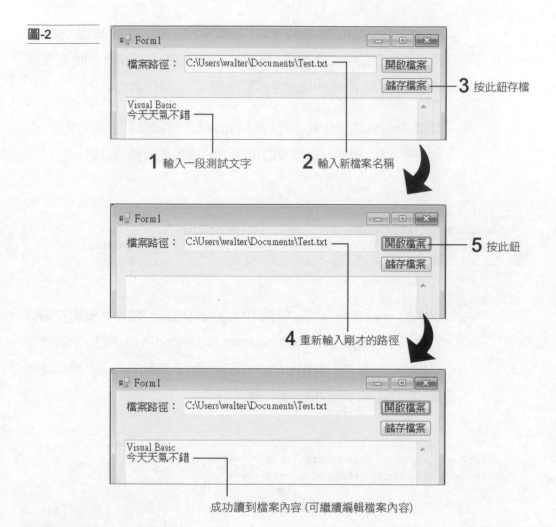

1 輸入一段測試文字　　**2** 輸入新檔案名稱

3 按此鈕存檔

5 按此鈕

4 重新輸入剛才的路徑

成功讀到檔案內容 (可繼續編輯檔案內容)

設定文字編碼

前面我們利用 ReadAllText() 和 WriteAllText() 方法, 配合 TextBox 控制項, 即完成一個簡單的文字編輯程式。但用此編輯程式開啟一些現有的中文文字檔時, 若檔案是以 Big5 編碼儲存, 而非使用 UTF-8 等 Unicode 編碼, 則程式顯示的檔案內容, 就會變成亂碼。因此我們必須改良讀寫檔案的方式, 讓程式可正確讀寫 Big5 編碼的檔案。

ReadAllText() 和 WriteAllText() 方法預設採用 UTF-8 編碼, 然而我們平時儲存的中文文字檔, 許多都是使用 Big5 編碼。因此在預設的情況下, 用 ReadAllText() 讀取並顯示, 就會變成亂碼。

要讓 ReadAllText() 和 WriteAllText() 能正確讀寫其它編碼文字, 必須在呼叫時, 於原有參數後面再加上一個代表編碼的參數:

```
                                                          編碼方式
My.Computer.FileSystem.ReadAllText(path, encoding)
My.Computer.FileSystem.WriteAllText(path, str, append, encoding)
```

其中的 encoding 參數, 需使用代表編碼方式的物件。要建立編碼物件可呼叫 System.Text.Encoding.GetEncoding() 方法, 呼叫時需以編碼的名稱, 或是 Windows 中的字碼頁 (Code Page) 編號當參數, 才可取得代表該編碼的物件:

```
System.Text.Encoding.GetEncoding("Big5")          兩種呼叫方式都是傳回
System.Text.Encoding.GetEncoding(950)             代表 Big5 編碼的物件

          950 是繁體中文的字碼頁編號
```

 TIPS 各語系的名稱及字碼頁編號, 可參考 VB 線上說明中 **Encoding** 類別的說明。

將上列方法呼叫的傳回值, 當成 ReadAllText() 或 WriteAllText() 的編碼參數, 程式即能正確以 Big5 編碼讀寫檔案了。

| 補充說明 | 什麼是編碼？ |

電腦僅能處理數字, 所以電腦中的字元資料, 其實也是用數字表示。而『編碼』指的就是如何用數字表示字元的規則, 例如 Big5 編碼, 是用 0xA440 (16 進位數字, 佔兩個位元組的空間) 來表示『一』這個字。因此當使用 Big5 編碼的系統, 要顯示某個『字元』, 發現它儲存的資料是 0xA440, 就會顯示『一』。

但不同編碼, 會用不同的數字來表示相同的字元；或者說同一個數字, 在不同編碼代表不同的字元。例如含括全世界各種文字的 Unicode 編碼, 是用 0x4E00 來表示『一』, 而 0xA440 則是代表彝文中的字母 ᴇ。

因此用電腦讀取文字資料時, 若選用的編碼方式不正確, 即無法正常顯示其內容 (例如瀏覽網頁時選錯編碼, 即無法正確顯示網頁文字)。

而 UTF-8、UTF-16 則是指 Unicode 編碼的格式, UTF-8 表示是以『8 位元』為單位 (1 位元組), 來表示字碼；而 UTF-16 則是以『16 位元』(2 位元組) 為單位來表示字碼。例如 "A" 的 Unicode 是 0041, 使用 UTF-8 儲存時, 就只會記錄 41 這個數字 (00 省略), 因此只佔用 1 個位元組的空間；使用 UTF-16 時, 則會用 2 個位元組記錄完整的 0041 編碼。因此對英文字母、數字等 ASCII 字元, 使用 UTF-8 可節省一半空間, 但對其它中日韓等字元, 使用 UTF-8 也是需使用兩個位元組來儲存其字碼。

 用程式讀寫使用 Big5 編碼的檔案。

step **1** 請開啟範例專案 Ch13-02。

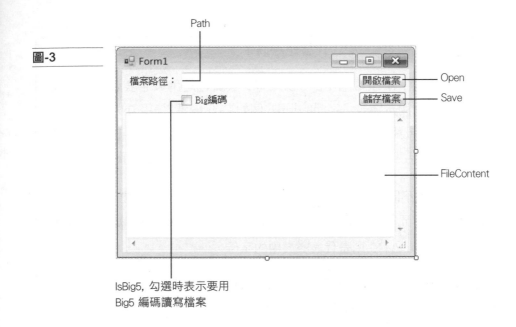

圖-3

Path

IsBig5, 勾選時表示要用
Big5 編碼讀寫檔案

step 2 雙按 開啟檔案 按鈕，建立其 Click 事件程序，並輸入如下程式：

```
01 Private Sub Open_Click(...) Handles Open.Click
02     Try
03         If IsBig5.Checked = True Then        '若使用者勾選了 IsBig5
04             FileContent.Text =
05                 My.Computer.FileSystem.ReadAllText(Path.Text,
06                 System.Text.Encoding.GetEncoding(950))    以 Big5 編碼讀取檔案
07         Else
08             '若『未』勾選 IsBig5
09             FileContent.Text =
10                 My.Computer.FileSystem.ReadAllText(Path.Text)    以預設的方式讀取檔案
11         End If
12     Catch ex AS Exeption
13         MsgBox(ex.Message)    '以訊息窗顯示例外訊息
14     End Try
15 End Sub
```

step **3** 接著再建立 儲存檔案 按鈕的 Click 事件程序，並輸入如
下程式：

```
01 Private Sub Save_Click(...) Handles Save.Click
02    Try
03        If IsBig5.Checked = True Then    '若使用者勾選了 IsBig5
04            My.Computer.FileSystem.WriteAllText(Path.Text,
05                FileContent.Text, False,
06                System.Text.Encoding.GetEncoding(950))
07        Else            '若使用者『未』勾選 IsBig5
08            My.Computer.FileSystem.ReadAllText(Path.Text,
09                                        FileContent.Text)
10        End If
11
12        '存檔後，將控制項的文字內容清空
13        Path.Text = ""            '清除路徑
14        FileContent.Text = ""     '清除輸入的內容
15    Catch ex AS Exeption
16        MsgBox(ex.Message)    '以訊息窗顯示例外訊息
17    End Try
18 End Sub
```

第 06 行標註：以 Big5 編碼寫入檔案

第 08-09 行標註：以預設方式寫入檔案

如果讀者沒有現成的 Big5 中文文字檔，可先用**記事本**先建立一個
測試檔案 Big5.txt：

圖-4

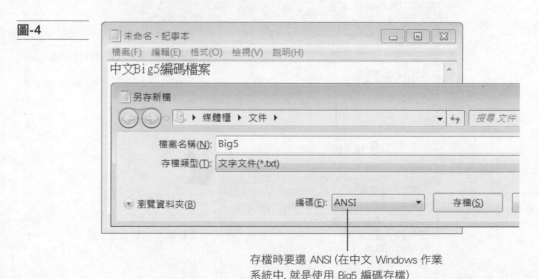

存檔時要選 ANSI (在中文 Windows 作業
系統中，就是使用 Big5 編碼存檔)

回到 VB 按 F5 執行程式, 即可測試讀寫 Big5 編碼檔案的情形:

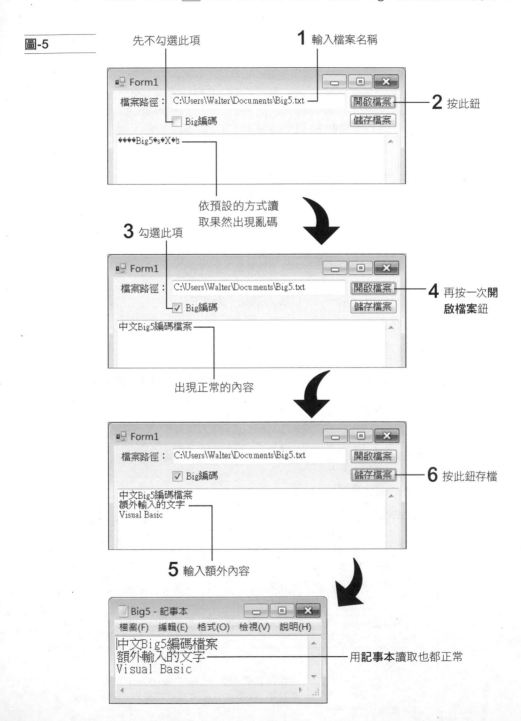

圖-5

先不勾選此項

1 輸入檔案名稱

2 按此鈕

依預設的方式讀
取果然出現亂碼

3 勾選此項

4 再按一次**開
啟檔案**鈕

出現正常的內容

6 按此鈕存檔

5 輸入額外內容

用**記事本**讀取也都正常

13-2 使用檔案交談窗

在前兩個範例中, 我們都是輸入完整的檔案路徑, 再按**開啟**、**儲存**鈕來讀寫檔案。但平常在 Windows 中使用應用程式時, 都會有制式的**開啟檔案**、**另存新檔**之類的交談窗 (在 Windows 中稱為**通用交談窗 - Common Dialog Box**), 讓我們可選擇檔案路徑, 不需要自己輸入一串路徑字串。其實只要在程式中加入 OpenFileDialog、SaveFileDialog 這兩個控制項, 我們的程式也可以具有**開啟檔案**、**另存新檔**交談窗的功能。

如其名稱所示, OpenFileDialog、SaveFileDialog 這兩個控制項, 分別提供了 Windows 開檔、存檔的通用交談窗功能。兩者的基本用法相同 :

1. 在需要顯示交談窗時, 呼叫控制項的 ShowDialog() 方法。

2. 使用者在交談窗中按**開啟舊檔(存檔)**或**取消**等按鈕關閉交談窗, 程式即可由 ShowDialog() 傳回值判斷使用者的動作。

傳回值	意義
Windows.Forms.DialogResult.Cancel	使用者按了取消鈕
Windows.Forms.DialogResult.OK	使用者按了開啟舊檔、存檔鈕

3. 若使用者是按**開啟舊檔(存檔)**鈕, 可由控制項的 FileName 屬性, 取得使用者所選檔案的路徑字串。

以文字檔而言, 即可利用 ReadAllText() 讀取 FileName 屬性指定的檔案、或用 WriteAllText() 寫入該檔案。例如 :

```
'假設已在表單加入 OpenFileDialog1 控制項
If OpenFileDialog1.ShowDialog() = _        ← 顯示交談窗
    Windows.Forms.DialogResult.OK          ← 檢查傳回值
    Dim Str = My.Computer.FileSystem
            .ReadAllText(OpenFileDialog1.FileName) ← 取得檔案路徑
    ...
```

 TIPS 另外還有一個 **SafeFileName** 屬性, 但只含使用者所選檔案的檔案名稱, 不包括檔案路徑。

通用交談窗控制項的屬性

除了用 FileName 屬性來取得使用者所選的檔案路徑字串, 也可視需要設定下列幾個屬性:

● **Title**:設定交談窗的標題文字, 例如若希望 OpenFileDialog 顯示的交談窗標題文字是**開新檔案**, 就需在呼叫 ShowDialog() 方法前, 將其 Title 屬性值設為 "開新檔案"。

● **Filter**:在檔案交談窗下方, 會有個可選擇檔案類型 (副檔名) 的 ComboBox。有些應用程式會讓此 ComboBox 只列出該程式支援的檔案類型, 例如在**記事本**可看到它支援純文字檔 (*.txt), 而不會列出 *.doc 檔。此屬性就是設定要列出的檔案類型, 指定檔案類型的格式如下:

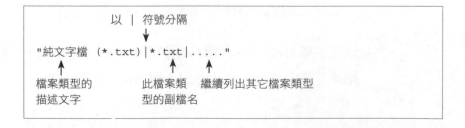

例如設定成 "純文字檔 (*.txt)|*.txt|所有檔案 (*.*)|*.*" 時, 會有如下圖的效果:

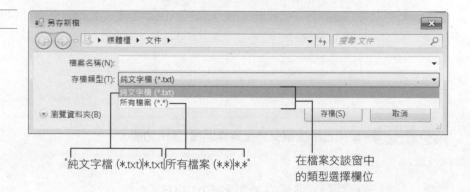

圖-6

"純文字檔 (*.txt)|*.txt|所有檔案 (*.*)|*.*"　　在檔案交談窗中的類型選擇欄位

- **FilterIndex**: 當設定了 Filter 屬性後, 可進一步設定此屬性, 以指定預設使用的檔案類型。以上面設定的檔案類型為例, 將 Filter 屬性設為 1, 表示交談窗預設會列出『純文字檔 (*.txt)』; 若設為 2 表示預設列出『所有檔案 (*.*)』。而在關閉交談窗後, 亦可由此屬性取得使用者所選的檔案類型。

- **DefaultExt**: 設定預設的副檔名, 例如若將此屬性設為 "txt", 則在**檔案名稱**欄中未指定副檔名時, 控制項將會自動加上 ".txt" 的副檔名。

應用實例

以下我們就來練習使用**通用交談窗**設計一個類似於**記事本**的簡單編輯器:

圖-7

標題欄顯示檔案名稱或**未命名**,
若內容有修改則加上 '*' 符號

Hello, This is a test.|

編輯區

 使用通用檔案交談窗實作開檔/存檔功能。

step **1** 請建立新專案 Ch13-03。

step **2** 在表單中加入 TextBox 控制項 (命名為 Editor) 及功能表,
並在功能表中加入如下命令項目:

圖-8

Form1 (Text = "未命名")

Form1.vb [設計]* ×

未命名

檔案 在這裡輸入

開啟舊檔
儲存檔案
關閉檔案
在這裡輸入

Editor (Dock = "Fill",
Multiline=True)

MenuStrip1

加入功能表, 並設定 3 個命令

step 3 雙按**工具箱 / 對話方塊**中的 OpenFileDialog、SaveFile Dialog, 將這兩個控制項加入表單。雖然在表單上『看不到』這兩個控制項, 但等一下我們就能用它們來顯示交談窗了。

圖-9

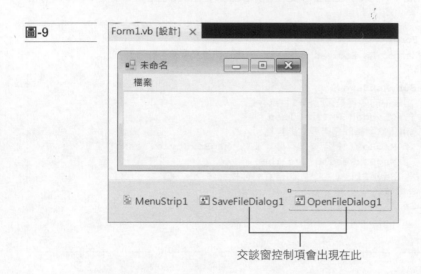

交談窗控制項會出現在此

step 4 用**屬性**窗格設定交談窗將共用交談窗的 Filter 屬性設為 " 純文字檔 (*.txt)|*.txt| 所有檔案 (*.*)|*.*" :

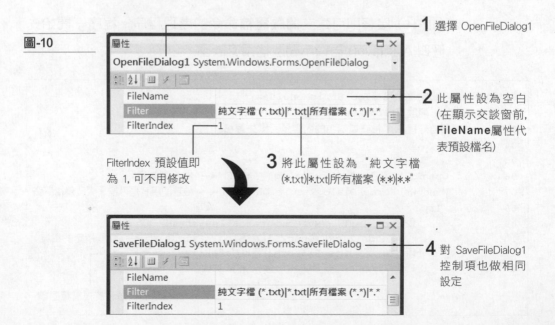

1 選擇 OpenFileDialog1

圖-10

2 此屬性設為空白 (在顯示交談窗前, **FileName**屬性代表預設檔名)

FilterIndex 預設值即為 1, 可不用修改

3 將此屬性設為 " 純文字檔 (*.txt)|*.txt|所有檔案 (*.*)|*.*"

4 對 SaveFileDialog1 控制項也做相同設定

step 5 由於我們要記錄檔案內容是否已被修改 (以便在被修改時在標題欄顯示 '*' 符號、必要時提醒使用者存檔), 所以請切換到表單程式畫面, 為表單加上一個變數 FileChanged 以記錄此狀態, 並輸入如下用訊息窗詢問使用者是否要存檔的自訂程序 AskSave() :

```
01 Public Class Form1
02     Dim FileChanged As Boolean = False    '用以記錄文字是否被修改
03
04     Private Sub AskSave()
05         '檢查編輯中的內容是否已修改且未存檔
06         If FileChanged = True Then
07             '用訊息窗詢問是否要立即存檔
08             If MsgBox("是否要儲存檔案？", MsgBoxStyle.YesNo) =
09                 MsgBoxResult.Yes Then
10                 SaveFile()    '呼叫自訂的存檔程序   ◀─Ⓐ
11             End If
12         End If
13     End Sub
14 End Class
```

Ⓐ 此處呼叫另一個自訂程序 SaveFile(), 該程序會用 WriteAllText() 將編輯中的文字寫入檔案, 細節請參見 step 8。

step 6 接著即可建立**開啟舊檔**命令的處理程序。程序一開始先呼叫 AskSave() 再顯示開啟檔案交談窗 :

```
01 Private Sub 開啟舊檔ToolStripMenuItem_Click(...) _
02   Handles 開啟舊檔ToolStripMenuItem.Click
03     '呼叫自訂程序, 檢查編輯中的內容是否需先存檔
04     AskSave()
05
06     If OpenFileDialog1.ShowDialog() =      ◀─ 顯示交談窗
07         Windows.Forms.DialogResult.OK Then ◀─ 檢查使用者是否按『開啟舊檔』鈕
08         Try
09             Editor.Text = My.Computer.FileSystem. _
10                 ReadAllText(OpenFileDialog1.FileName)◀─ 讀取指定的檔案
11             Me.Text = OpenFileDialog1.SafeFileName
12             FileChanged = False  ◀─ 將修改狀態設為『未修改』
```

將檔案名稱顯示於視窗標題欄

```
13          Catch ex As Exception
14              MsgBox(ex.Message)
15          End Try
16      End If
17 End Sub
```

step **7** 接著可再加入**儲存檔案**命令的處理程序，由於實際的存檔動作是由自訂的 SaveFile() 程序進行 (參見下一步)，所以我們只需在此呼叫 SaveFile() 程序，及修改 FileChanged 變數和視窗標題欄等善後處理：

```
01 Private Sub 儲存檔案ToolStripMenuItem_Click(...) _
     Handles 儲存檔案ToolStripMenuItem.Click
02      SaveFile()                    '呼叫自訂的存檔函式
03      If SaveFileDialog1.FileName <> "" Then  '若有存檔        ←─Ⓐ
04          FileChanged = False '將檔案狀態設為『未修改』
05          '在視窗標題欄顯示檔案名稱
06          Me.Text = Mid(SaveFileDialog1.FileName,              ←─Ⓑ
07                      SaveFileDialog1.FileName.LastIndexOf("\") + 2)
08      End If
09 End Sub
```

Ⓐ 此處檢查 SaveFileDialog1.FileName 是否為空字串，以此來判斷使用者是否有存檔、或是在存檔交談窗中按了取消鈕。使用者按取消鈕時，因為沒有存檔，所以 FileName 屬性會是空字串。

Ⓑ 由於 SaveFileDialog 並沒有像 SaveFileName 這樣的屬性，所以我們只好用 Mid() 函式由 SaveFileDialog1.FileName 完整路徑中取出只含檔案名稱的子字串。此處利用字串物件本身的 LastIndexOf() 方法，找出字串中最後一個 "\" 字元出現的位置，然後由該字元之後開始取子字串。但要注意 LastIndexOf() 方法傳回的子串位置是由 0 起算；而 Mid() 函式參數所指的位置是由 1 起算，所以此處需將 LastIndexOf() 方法傳回值加 2，才能正確取得檔名子字串。

step 8 建立一個自訂程序 SaveFile(), 程序內的主要工作就是顯示儲存檔案交談窗, 並用使用者所選的檔名路徑為參數, 呼叫 WriteAllText() 存檔。

```
01 Private Sub SaveFile()
02
03     If SaveFileDialog1.ShowDialog() =          ← 顯示交談窗
04        Windows.Forms.DialogResult.OK Then      ← 檢查使用者是否按
05      Try                                            『儲存檔案』鈕
06          My.Computer.FileSystem.
07          WriteAllText(SaveFileDialog1.FileName,  ← 寫入使用者
08                  Editor.Text, False)                指定的檔案
09      Catch ex As Exception           ↑
10          MsgBox(ex.Message)      以『覆蓋』方式寫入
11      End Try
12     End If
13 End Sub
```

step 9 我們用 FileChanged 變數來記錄文字是否被修改, 自然必須在使用者修改了文字時, 將其值設為 True。因此請建立 Editor 控制項的 TextChanged 事件程序, 當使用者更動編輯區中的文字時, 就會觸發此事件, 程式就有機會設定 FileChanged 變數值, 並在視窗標題欄加上 '*' 符號提示使用者:

```
01 Private Sub Editor_TextChanged(...) Handles Editor.TextChanged
02     If (FileChanged = False) Then    '若尚未記錄修改狀態
03         FileChanged = True           '記下文字已被修改的狀態
04         Me.Text &= "*"               '在視窗標題欄加上一個 * 符號
05     End If
06 End Sub
```

step 10 接著要加入**關閉檔案**命令的事件程序, 同樣的, 在關閉檔案前需檢查目前編輯中的內容是否需存檔, 接著則是將編輯區的文字清空、視窗標題設回**未命名**:

```
01 Private Sub 關閉檔案ToolStripMenuItem_Click(...) _
02          Handles 關閉檔案ToolStripMenuItem.Click
03     AskSave()    '呼叫自訂程序, 檢查編輯中的內容是否需先存檔
04
05     Me.Text = "未命名"   '變更視窗標題欄
06     Editor.Text = ""     '清空 Editor 控制項的內容 ┐
07     FileChanged = False '將檔案修改狀態設為『未修改』┘  ◄─ A
08 End Sub
```

Ⓐ 此處將編輯區清空的動作, 也會觸發 Editor 的 TextChanged 事件, 所以我們先清空編輯區, 再將檔案狀態回復成『未修改』的狀態。

step**11** 使用者也可能未存檔即關閉程式 (表單), 所以請建立表單的關閉事件 (FormClosing) 處理程序, 此處同樣是呼叫自訂的 AskSave() 程序即可 :

```
01 Private Sub Form1_FormClosing(...) Handles Me.FormClosing
02     AskSave()    '呼叫自訂程序, 檢查編輯中的內容是否需先存檔
03 End Sub
```

如此即完成一個簡單的文字編輯程式, 不管在開啟或儲存檔案時, 都會顯示通用交談窗讓我們選擇檔案路徑。請按 F5 執行程式 :

圖-11

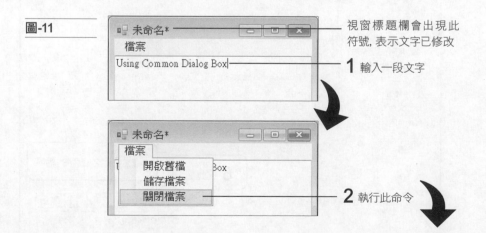

視窗標題欄會出現此符號, 表示文字已修改

1 輸入一段文字

2 執行此命令

13-19

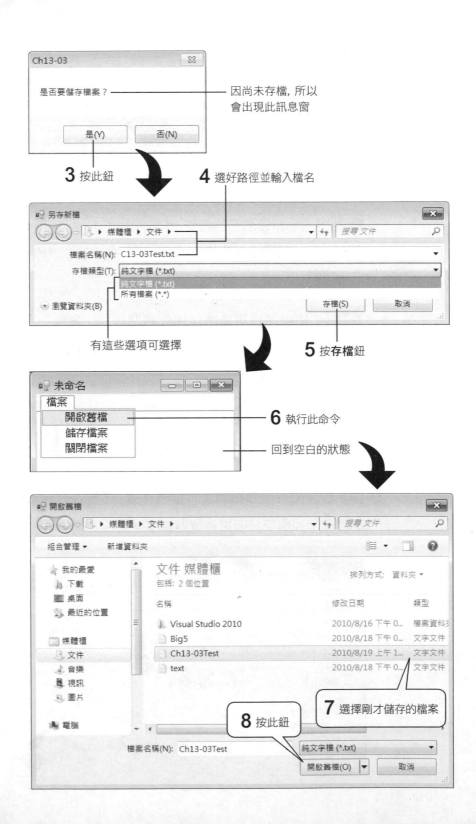

Ch13-03

是否要儲存檔案？ ——— 因尚未存檔, 所以
會出現此訊息窗

是(Y)   否(N)

3 按此鈕

4 選好路徑並輸入檔名

另存新檔

媒體櫃 ▶ 文件 ▶   搜尋 文件

檔案名稱(N): C13-03Test.txt

存檔類型(T): 純文字檔 (*.txt)

純文字檔 (*.txt)
所有檔案 (*.*)

瀏覽資料夾(B)   存檔(S)   取消

有這些選項可選擇   **5** 按**存檔**鈕

未命名

檔案
開啟舊檔 ——————— **6** 執行此命令
儲存檔案
關閉檔案 ——————— 回到空白的狀態

開啟舊檔

媒體櫃 ▶ 文件 ▶   搜尋 文件

組合管理 ▾   新增資料夾

我的最愛   文件 媒體櫃   排列方式: 資料夾 ▾
下載   包括: 2 個位置
桌面
最近的位置   名稱   修改日期   類型

媒體櫃   Visual Studio 2010   2010/8/16 下午 0... 檔案資料夾
文件   Big5   2010/8/18 下午 0... 文字文件
音樂   Ch13-03Test   2010/8/19 上午 1... 文字文件
視訊   text   2010/8/18 下午 0... 文字文件
圖片

電腦   **7** 選擇剛才儲存的檔案

                        8 按此鈕

檔案名稱(N): Ch13-03Test   純文字檔 (*.txt)

                        開啟舊檔(O) ▾   取消

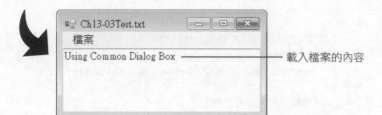

載入檔案的內容

 請利用 OpenFileDialog 控制項的 Filter 屬性建立代表以 Big5 開啟檔案的檔案類型, 讓使用者可選擇用預設方式、或 Big5 編碼來讀取檔案。

參考解答

在顯示交談窗前, 即需設定好屬性, 以前面的範例 Ch13-03 為例, 可將**開啟舊檔**的事件程序改成:

```
01 Private Sub 開啟舊檔ToolStripMenuItem_Click(...) _
02   Handles 開啟舊檔ToolStripMenuItem.Click
03     '呼叫自訂函式, 檢查編輯中的內容是否需先存檔
04     AskSave()
05
06     '設定要使用的檔案類型
07     OpenFileDialog1.Filter = "純文字檔 (*.txt)|*.txt|" & _
08                              "Big5文字檔 (*.txt)|*.txt|" & _
09                              "所有檔案 (*.*)|*.*"
10
11     '顯示交談窗並檢查使用者是否按確定鈕
12     If OpenFileDialog1.ShowDialog() = _
13        Windows.Forms.DialogResult.OK Then
14        Try
15           '若選擇第 2 種檔案類型 (Big5文字檔)
16           If OpenFileDialog1.FilterIndex = 2 Then
17              '讀取檔案並顯示於控制項中
18              Editor.Text = My.Computer.FileSystem. _
19                 ReadAllText(OpenFileDialog1.FileName, _
20                 System.Text.Encoding.GetEncoding(950))
```

亦可在屬性
窗格設定

```
21              Else
22                  '以預設方式讀取檔案並顯示於控制項中
23                  Editor.Text = My.Computer.FileSystem. _
24                      ReadAllText(OpenFileDialog1.FileName)
25              End If
26              '將檔案名稱顯示於視窗標題欄
27              Me.Text = OpenFileDialog1.SafeFileName
28              FileChanged = False
29          Catch ex As Exception
30              MsgBox(ex.Message)
31          End Try
32      End If
33 End Sub
```

儲存檔案時的 SaveFileDialog 控制項和 WriteAllTxt(), 也可用類以的方式加上檔案類型、並依使用者的選擇, 決定寫入檔案時的編碼方式。

13-3 以『行』為單位讀寫文字檔

除了一次將整個檔案載入字串中, My.Computer.FileSystem 還提供其它方法, 可讓我們以『行』為單位來讀寫檔案。

在進一步介紹用法前, 先說明以行為單位對檔案進行讀寫時的基本步驟:

step 1 建立讀寫物件: 我們要先呼叫 My.Computer.FileSystem 提供的方法, 建立讀檔或寫檔物件, 此動作也可稱為『開啟檔案』。

step **2** **逐行讀取或逐行寫入**：建好讀檔物件後，即可一次讀取一行的內容、若是寫檔物件，則可一次寫入一行。通常會用迴圈進行讀寫，直到讀到檔案結尾、或寫完全部內容。

step **3** **關閉檔案**：讀寫完成後，一定要用讀檔或寫檔物件呼叫 Close() 方法關閉檔案。

建立讀檔物件及讀取檔案

要以『行』為單位來讀取檔案，需使用 My.Computer.FileSystem. OpenTextFileReader() 方法開啟檔案，並取得傳回的讀檔物件，語法如下：

```
Dim reader = My.Computer.FileSystem.OpenTextFileReader(檔名路徑, 編碼)
```

和 ReadAllText() 一樣，其中的編碼參數為選用參數。只要指定的檔案存在，OpenTextFileReader() 就會傳回 **StreamReader** 類別的讀檔物件。

取得 StreamReader 物件後，可使用下列幾個方法：

● ReadLine()：如名稱所示，此方法會讀取『一行字串』並傳回。

● Close()：關閉檔案，在讀完檔案後，一定要呼叫此方法。

以 ReadLine 讀取檔案時，可使用 StreamReader 所提供的 EndOfStream 屬性判斷是否已讀到檔案結尾：False 表示還未到檔案結尾、True 則表示已讀到檔案結尾。所以我們可利用如下的迴圈讀取檔案內容：

```
'建立讀檔物件 (開啟檔案)
Dim reader = My.Computer
               .FileSystem.OpenTextFileReader("c:\test.txt")
While reader.EndOfStream = False       ← 還沒到檔案結尾
   Dim oneLine = reader.ReadLine()     ← 讀入一行
   '處理此行的資料...
End While
reader.Close(  )    ← 關閉檔案
```

 上機　用 OpenTextFileReader() 傳回的物件讀取檔案，並為每一行加上行
號。

step 1 建立新專案 Ch13-04，並加入如下的控制項：

圖-12

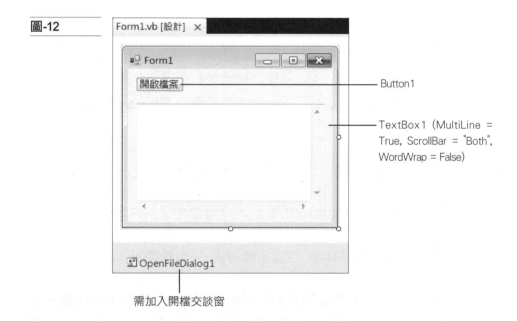

Button1

TextBox1 (MultiLine =
True, ScrollBar = "Both",
WordWrap = False)

需加入開檔交談窗

13-24

step **2** 程式的邏輯不難, 使用者按下 開啟檔案 鈕, 程式就顯示
開啟檔案交談窗, 並用 OpenTextFileReader() 開啟使用者所選的
檔案。接著即是用 ReadLine() 讀入每一行, 並在每行前面加上行
號, 再顯示到表單中。請建立 開啟檔案 的 Click 事件程序, 並輸入
如下內容:

```
01 Private Sub Button1_Click(...) Handles Button1.Click
02      '顯示開檔交談窗並檢查傳回值
03      If OpenFileDialog1.ShowDialog() =
04          Windows.Forms.DialogResult.OK Then
05          TextBox1.Text = ""     '清空 TextBox1 的內容
06          Dim LineNum As Integer = 1   '用於累計行號
07          Try
08              '建立讀檔物件
09              Dim reader = My.Computer.FileSystem.
10                  OpenTextFileReader(OpenFileDialog1.FileName)
11
12              '還沒到檔案結尾就繼續迴圈
13              While reader.EndOfStream = False
14                  Dim SingleLine = reader.ReadLine()   '讀取一行
15                  '將行號、該行文字、換行字元附加到 TextBox1 中
16                  TextBox1.Text &= LineNum.ToString("D3") &  ←A
17                                  " " &
18                                  SingleLine &
19                                  vbCrLf               ←B
20                  LineNum += 1     '將行號加 1
21              End While
22              reader.Close()   '讀取完畢要關閉檔案
23          Catch ex As Exception
24              MsgBox(ex.Message)
25          End Try
26      End If
27 End Sub
```

A 此處呼叫整數的 ToString() 方法將 LineNum 的數值轉成字串,
指定的參數 ("D3") 表示轉換格式為『三位數字』, 不足補 "0",
所以會輸出如 001、002 、003...的行號 (您也可改用 Format
(LineNum, "000") 來轉換字串), 若想使用『四位數字』則參數
需設為 "D4", 其它依此類推。

B 此處將換行字元附加在每行文字最後。因為用 ReadLine() 讀入
的字串, 並不包括行尾的換行字元, 所以要自行補上換行字元。

step 3 按 F5 鍵執行程式, 並載入一文字檔, 即可看到加行號的
效果 :

圖-13

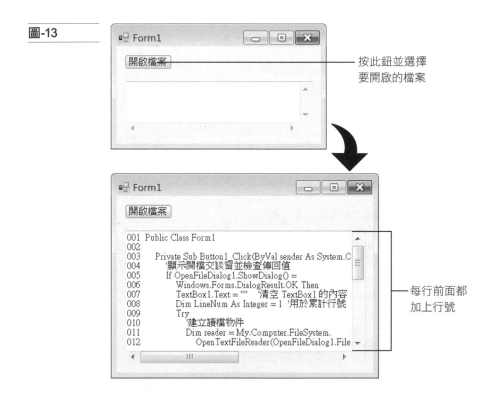

按此鈕並選擇
要開啟的檔案

每行前面都
加上行號

建立寫檔物件及寫入檔案

和 OpenTextFileReader() 相對的是 OpenTextFile**Writer**(), 此方法
會傳回寫檔物件, 用法如下 :

```
Dim writer = My.Computer.FileSystem.
    OpenTextFileWriter(檔名路徑, 是否附加在最後面, 編碼)
                                              ↑
                                           選用參數
```

第 2 個參數代表當指定的檔案已存在時的寫入方式：設為 True 表示要將寫入的內容『附加』到原內容最後面；設為 False 則會『覆蓋』原有內容。OpenTextFileWriter() 會傳回代表檔案的寫檔物件 (屬於 StreamWriter 類別), 之後可用此傳回物件呼叫下列方法：

● WriteLine()：以要寫入的字串當參數, 呼叫此方法即可將參數字串寫入檔案, WriteLine() 會自動在字串結尾加上換行字元。

● Flush()：寫檔物件在寫入檔案時, 基本上是將資料先存到記憶體中的緩衝區, 待緩衝區滿了、或要關閉檔案時, 寫檔物件會自動將緩衝區內容寫入檔案中 (此運作方式是為了提高寫入效率)。但如果想要立即儲存, 可呼叫 Flush() 方法『強迫』將緩衝區內容寫入檔案中。

● Close()：寫入完畢後需呼叫此方法關閉檔案。

例如要將一個字串陣列的元素逐行寫入檔案中, 即可寫成：

```
Dim StringArray() = {"Hello", "World", "Visual Basic"}
Dim writer = My.Computer.FileSystem.
    OpenTextFileWriter("c:\test.txt", False) 'False 表示『覆蓋』

For i = 0 To 2   '用迴圈將 3 個陣列元素逐行寫入
   writer.WriteLine(StringArray(i))
Next
writer.Close()    '寫入完畢需關閉檔案
```

 設計可記錄使用者操作過程的文字編輯程式：利用 OpenTextFileWriter() 的『附加』模式, 以及寫檔物件的逐行寫入功能, 將使用者操作過程, 記錄於記錄檔中。

step 1 建立新專案 Ch13-05，並加入如下控制項：

圖-14

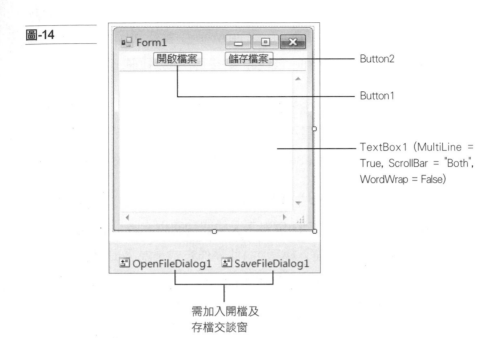

需加入開檔及
存檔交談窗

step 2 由於我們要將使用者動作寫到記錄檔，為避免在程式執行過程中重複開啟、關閉記錄檔，我們將寫檔物件定義為表單變數，請先在表單類別中宣告如下變數：

```
01 Public Class Form1
02     Dim writer As System.IO.StreamWriter '代表記錄檔的寫檔物件
03 End Class
```

step 3 我們要在表單的 Load 事件程序中開啟記錄檔，並於 FormClosing 事件程序關閉記錄檔。所以請建立這兩個事件程序，並輸入如下程式：

```
01 Private Sub Form1_Load(...) Handles Me.Load
02     Try
03         '以附加方式開啟記錄檔
04         writer = My.Computer.FileSystem.OpenTextFileWriter(
05                 "C:\VB2010\Ch13\LogFile.log", True)
06         '記錄程式啟動的時間
07         Logging("程式啟動")    ← A
08     Catch ex As Exception
09         MsgBox("無法開啟記錄檔, " & ex.Message)
10         End   '無法開啟記錄檔時即結束程式
11     End Try
12 End Sub
13
14 Private Sub Form1_FormClosing(...) Handles Me.FormClosing
15     If Not (writer Is Nothing) Then ← B
16         Logging("程式結束")    ← A
17         writer.Close()          ← 關閉檔案
18     End If
19 End Sub
```

A 此處呼叫的 Logging() 是負責將資訊寫入記錄檔的自訂程序 (見下一步), 參數為要寫入記錄檔中的文字訊息。

B 如果開啟紀錄檔失敗, 則 writer 為預設值 Nothing, 此時就不可 進行儲存, 以免產生錯誤。

step **4** 接著就來撰寫負責寫入記錄檔的 Logging() 程序, 在各個 事件程序中, 只要呼叫此自訂程序, 即可進行記錄工作。請在表單 類別中, 建立 Logging() 程序, 並輸入如下程式:

```
01 Sub Logging(ByVal Message As String)
02     '在訊息前加上目前時間並寫入記錄檔
03     writer.WriteLine(Now & ", " & Message)
04 End Sub
```

step ⑤ 最後是 開啟檔案 和 儲存檔案 兩個按鈕的事件程序, 因為此範例程式主要是練習逐行寫入檔案的應用, 按鈕事件只是為測試記錄功能所用, 所以事件程序中不做複雜的處理 (例如設定檔案所使用的編碼等), 只單純在開檔及存檔同時, 呼叫自訂程序 Logging() 進行記錄。請建立 開啟檔案 和 儲存檔案 的 Click 事件程序, 並輸入如下內容:

```
01 Private Sub Button1_Click(...) Handles Button1.Click
02     If OpenFileDialog1.ShowDialog() =          ← 顯示開檔交談窗
03         Windows.Forms.DialogResult.OK Then     ← 檢查傳回值
04         Try
05             '讀取檔案內容
06             TextBox1.Text = My.Computer.FileSystem
07                 ReadAllText(OpenFileDialog1.FileName)
08
09             Logging("讀取檔案:" & OpenFileDialog1.FileName) ←
10         Catch ex As Exception
11             MsgBox(ex.Message)                              記錄讀檔的動作
12         End Try
13     End If
14 End Sub
15
16 Private Sub Button2_Click(...) Handles Button2.Click
17     If SaveFileDialog1.ShowDialog() =          ← 顯示開檔交談窗
18         Windows.Forms.DialogResult.OK Then     ← 檢查傳回值
19         Try
20             '儲存檔案
21             My.Computer.FileSystem.WriteAllText(
22                 SaveFileDialog1.FileName, TextBox1.Text, False)
23
24             Logging("儲存檔案:" & SaveFileDialog1.FileName) ←
25         Catch ex As Exception
26             MsgBox(ex.Message)                              記錄存檔的動作
27         End Try
28     End If
29 End Sub
```

step **6** 按 F5 鍵執行程式, 試著讀取並儲存檔案:

圖-15

1 按此鈕選取並開啟檔案

2 按此存檔

step **7** 按 ❎ 鈕結束程式, 接著用**記事本**開啟程式設定的記錄檔 (C:\VB2010\Ch13\LogFile.log), 就會看到如下的記錄內容:

圖-16

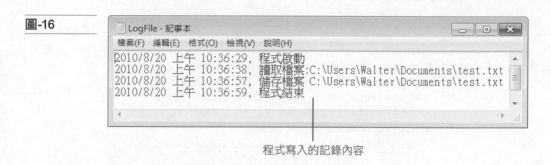

程式寫入的記錄內容

13-4 讀取特定格式文字檔

有些將資料存於文字檔的應用程式, 為了方便處理, 儲存時就必須採用一定的格式。最常見的方式, 就是用某個符號, 將不同性質的資料 (欄位) 分隔開, 像是用逗號分隔的 CSV (Comma-Separated Values) 檔儲存學生姓名、身高、體重:

```
姓名   身高  體重
↓      ↓     ↓
王日月,170,64   ← 欄位間以逗號分隔
李山水,174,77
周草木,165,58
```

要讀取此種格式的檔案, 可使用 My.Computer.FileSystem.
OpenTextFieldParser() 方法, 其參數如下 :

```
OpenTextFieldParser(檔名路徑, 分隔符號)
```

此方法會傳回 TextFieldParser 類別的物件, 取得物件後可用它呼叫 ReadFields() 方法, 此方法也是一次讀取一行字串, 但它會依先前所設的分隔符號, 將字串分割成數個欄位, 並將每個欄位的內容放在陣列中傳回。例如要讀取剛才記錄身高體重的檔案 (假設檔名為 Students.csv) :

```
'開啟檔案
Dim parser As FileIO.TextFieldParser =
   My.Computer.FileSystem.OpenTextFieldParser(
   "Students.csv", ",")        '以逗號為分隔符號

While Not parser.EndOfData
   Dim Fields() = parser.ReadFields()
   ...                          ↑
End While              每次迴圈讀到的陣列為 :
                      第 1 次 : Fields() = {"王日月", "170", "64"}
                      第 2 次 : Fields() = {"李山水", "174", "77"}
                      第 3 次 : Fields() = {"周草木", "165", "58"}
```

如上所示, 此讀檔物件是用 EndOfData 屬性判斷是否讀到檔案結尾。此外, 當物件使用完畢後, 也要呼叫 Close() 方法關閉檔案。

透過 OpenTextFieldParser() 雖可讀取以特定符號分隔成的檔案, 不過 VB 並未提供專門寫入此種格式檔案的方法, 因此寫入時仍需用前面介紹的 OpenTextFileWriter() 及其傳回的寫檔物件, 例如要寫入如上資料 :

```
Dim Fields()={"王日月", "170", "64"}     ← 要寫入的資料已存於陣列

Dim writer = My.Computer.FileSystem.OpenTextFileWriter(     ← 開啟檔案
             "Students.csv", True)
writer.WriteLine(Fields(0) & "," &
                 Fields(1) & "," &                          ┐ 自行加上分隔的逗號
                 Fields(2) )
```

讀寫物件應用(1) - 菜單管理程式

利用上述方式, 我們就可將資料存於檔案中、或是用程式讀取資料
出來使用。舉例來說, 有家小吃店的店長, 要用程式管理其菜單資
訊, 檔案中只需記錄項目及售價, 並使用 CSV 的格式儲存:

圖-17

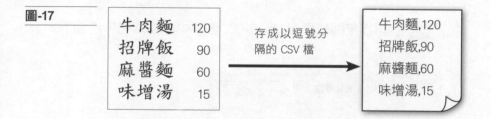

店長可以用自己專用的管理程式來編輯菜色、價格, 結果都存於
CSV 檔中。另外也可有一個客人專用的點菜程式, 同樣由此 CSV
檔讀取菜單內容, 同時可依照客人的點菜結果, 算出金額小計。

圖-18

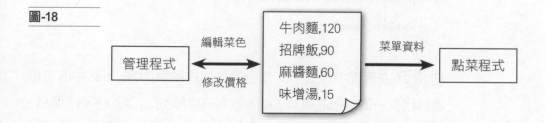

以下我們就先練習用 TextFieldParser() 和 OpenTextFileWriter() 來
撰寫菜單管理程式。程式先用 TextFieldParser() 將菜單內容一行
行讀入，並將菜名和價格存到陣列，再將此陣列存入集合物件，以
便在程式中處理菜單內容；當店長需將編修過的菜單存檔時，也是
由集合物件取得陣列資料寫入檔案。

 設計菜單管理程式，程式會用 TextFieldParser() 和 OpenTextFileWriter()
讀取及寫入如下 CSV 格式的菜單檔案。

```
牛肉麵,120
招牌飯,90
麻醬麵,60
味增湯,15
```

step **1** 請直接開啟專案 Ch13-06，表單中已加入如下控制項：

圖-19

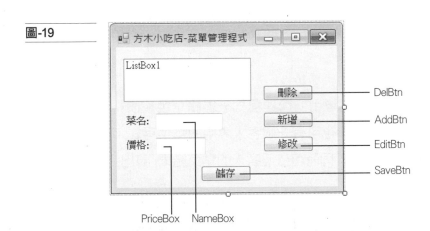

step **2** 在程式中將以 List 集合物件儲存菜單內容，List 中的每個
項目代表一道菜色的資料，其內容為一維陣列：{ 菜色名稱,價格 }。
由於在各事件程序都要用到，所以將它宣告為表單變數；此外我
們也將菜單檔的路徑設為表單變數。

```
01 Public Class Form1
02     Dim MenuFilePath = "C:\2010\Ch13\Menu.csv" '菜單檔名
03     Dim MenuItems As New List(Of String())    '儲存菜單的集合
06 End Class
```

圖-20

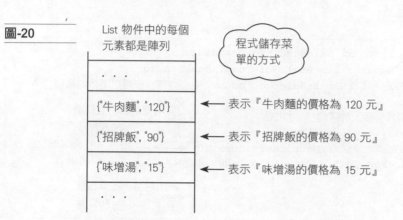

List 物件中的每個元素都是陣列

程式儲存菜單的方式

. . .

{"牛肉麵","120"} ← 表示『牛肉麵的價格為 120 元』

{"招牌飯","90"} ← 表示『招牌飯的價格為 90 元』

{"味增湯","15"} ← 表示『味增湯的價格為 15 元』

. . .

step **3** 程式需在一開始就讀取菜單檔的內容,並將菜名加到 ListBox1 控制項中列出,所以請建立表單的 Load 事件程序,並輸入如下內容:

```
01 Private Sub Form1_Load(...) Handles Me.Load     開啟以逗號
02     Try                                         分隔的檔案
03         Dim MenuReader = My.Computer.FileSystem.
04                     OpenTextFieldParser(MenuFilePath, ",") ←
05         '還未讀到檔案結尾即繼續迴圈
06         While Not MenuReader.EndOfData
07             Dim OneRow() = MenuReader.ReadFields() ← 讀取一行
08             MenuItems.Add(OneRow)    '將讀到的欄位陣列加到MenuItems陣列
09
10             '將資訊加到 ListBox1 控制項中          欄位(0)為菜色名稱
11             ListBox1.Items.Add(OneRow(0) & " - " & ←
12                         OneRow(1) & "元") ← 欄位(1)為價格
13         End While
14         MenuReader.Close()    '關閉檔案
15     Catch ex As Exception
16         MsgBox(ex.Message)
17     End Try
18 End Sub
```

step 4 當店長在 ListBox 中選擇某項菜色時，程式就將其名稱及價格顯示在 TextBox 控制項中，以便能編輯其內容。所以請建立 ListBox1 控制項的 SelectedIndexChanged 事件程序，並輸入如下程式：

```
01 Private Sub ListBox1_SelectedIndexChanged(...)
              Handles ListBox1.SelectedIndexChanged
02     Dim index = ListBox1.SelectedIndex  ← 儲存目前選定項目的索引
03
04     '若目前選擇項目大於等於 0 才處理
05     If index >= 0 Then
06         NameBox.Text = MenuItems(index)(0)
07         PriceBox.Text = MenuItems(index)(1)
08     End If
09 End Sub
```

將所選菜色的名稱顯示在 TextBox 控制項

將所選菜色的價格顯示在 TextBox 控制項

step 5 店長可以編輯現有菜色的名稱、價格。完成編輯時，程式只需用 TextBox 控制項的內容，取代 List 物件中對應項目的陣列元素即可，接著再將新資料也反應在 ListBox1 中的對應項目即可。請建立 [修改] 鈕的 Click 事件程序，並輸入如下程式：

```
01 Private Sub EditBtn_Click(...) Handles EditBtn.Click
02     Dim index = ListBox1.SelectedIndex  ← 儲存目前選定項目的索引
03
04     '若選擇項目大於等於 0 才處理
05     If index > = 0 Then
06         MenuItems(index)(0) = NameBox.Text    ← 將名稱寫回陣列
07         MenuItems(index)(1) = PriceBox.Text    ← 將價格寫回陣列
08         '也將新資料取代 ListBox1 控制項中目前選取項目
09         ListBox1.Items(index) = MenuItems(index)(0) & " - " &
10                                 MenuItems(index)(1) & "元"
11     End If
12 End Sub
```

step **6** 至於新增菜色時，則需在新增前檢查菜名是否為空白、價格是否大於 0。確認後就將新的資料由 TextBox 控制項加到 List 物件中。請建立 [新增] 鈕的 Click 事件程序，並輸入如下程式：

```
01 Private Sub AddBtn_Click(...) Handles AddBtn.Click
02     '若菜色名稱不是空字串，且價格大於 0，才進行處理
03     If PriceBox.Text <> "" And Val(PriceBox.Text) > 0 Then
04         Dim NewItem() = {NameBox.Text, PriceBox.Text} ← 將新菜色名
05         MenuItems.Add(NewItem)   '加入新菜色              稱及價格建
06         ListBox1.Items.Add(NameBox.Text & " - " &        成陣列
07                            PriceBox.Text & "元")
08     Else
09         MsgBox("輸入錯誤!")
10     End If
11 End Sub
```

step **7** 接著是刪除功能，店長可用以刪除不要的菜色，此部份是用 List 物件的『RemoveAt(索引)』方法，將指定的項目移除。請建立 [刪除] 鈕的 Click 事件程序，並輸入如下內容：

```
01 Private Sub DelBtn_Click(...) Handles DelBtn.Click
02     If ListBox1.Selected Index > 0 Then
03         '刪除所選項目
04         MenuItems.RemoveAt(ListBox1.SelectedIndex)
05         ListBox1.Items.RemoveAt(ListBox1.SelectedIndex)
06     End If
07 End Sub
```

step **8** 最後設計存檔功能。我們必須自行組合『菜色名稱,價格』的字串，再將之一行行地寫入菜單檔中，請建立 [儲存] 鈕的 Click 事件程序，並加入如下程式：

```
01 Private Sub SaveBtn_Click(...) Handles SaveBtn.Click
02     Try
03         Dim MenuWriter = My.Computer.FileSystem.
04                          OpenTextFileWriter(MenuFilePath, False)
05         '用迴圈將菜單陣列內容逐筆寫入菜單檔
06         For Each item In MenuItems
07             '寫入格式為『菜色名稱,價格』
08             MenuWriter.WriteLine(item(0) & "," & item(1))
09         Next
10         MenuWriter.Close()          ← 關閉檔案
11         MsgBox("儲存成功")
12     Catch ex As Exception
13         MsgBox(ex.Message)
14     End Try
15 End Sub
```

以『覆蓋』方式開啟菜單檔

step **9** 按 F5 鍵執行程式,即可透過程式檢視、修改菜單內容了:

圖-21

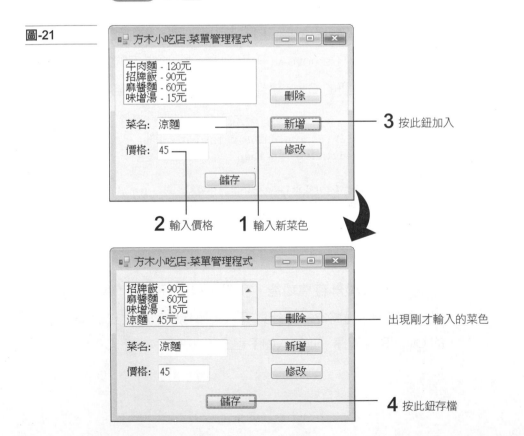

3 按此鈕加入

2 輸入價格　　1 輸入新菜色

出現剛才輸入的菜色

4 按此鈕存檔

13-38

我們可用**記事本**開啟 Menu.csv 檢視程式寫入檔案的結果：

圖-22

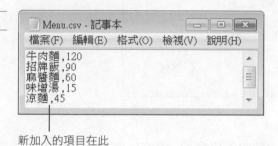

新加入的項目在此

讀寫物件應用(2) - 點菜程式

供客人使用的點菜程式, 一開始仍是應用 TextFieldParser() 來讀取菜單, 並列出供客人點菜, 此部份和菜單管理程式相似。但當客人選好菜名、輸入數量下單後, 程式需記錄這兩項資訊外, 也要算出金額小計；當客人全部點好後, 再用 OpenTextFileWriter() 將已點的所有資訊, 以 CVS 格式寫入檔案供日後處理。

 用 TextFieldParser() 和 OpenTextFileWriter() 方法設計點菜程式, 程式會將點菜資訊寫入訂單檔。

圖-23

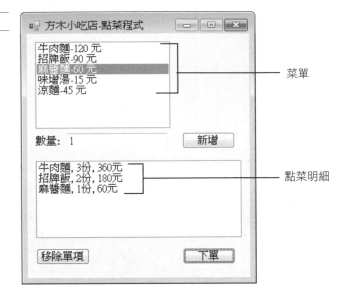

菜單

數量: 1   新增

點菜明細

移除單項   下單

step ① 請開啟範例專案 Ch13-07, 表單中已加入如下控制項：

圖-24

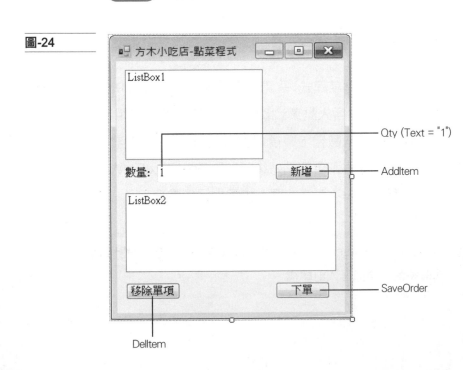

Qty (Text = "1")

AddItem

SaveOrder

DelItem

step **2** 同樣的，程式要用 List 物件儲存菜單資訊，但這次還需另一個 List 物件來儲存客人點菜的明細，此物件中的每個項目是代表客人所點每道菜的陣列：{ 菜色名稱、數量、金額小計 }。以下先將這兩個物件宣告為表單變數：

```
01 Public Class Form1
02     Dim MenuItems As New List(Of String())      '儲存菜單的集合物件
03     '儲存每個點菜明細『菜色』、『數量』、『金額小計』的集合物件
04     Dim OrderDetail As New List(Of String())
05 End Class
```

圖-25

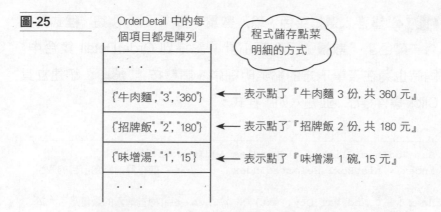

step **3** 接著要在表單載入時，讀取菜單檔以便顯示菜單供客人選取，載入方式及加到 List 物件、ListBox 的方式和前一個範例相似。請建立表單的 Load 事件並輸入如下內容：

```
01 Private Sub Form1_Load(...) Handles Me.Load
02     Try
03         Dim MenuReader = My.Computer.FileSystem.OpenTextFieldParser(
04             "C:\VB2010\Ch13\Menu.csv", ",") '開啟檔案
05
06         While Not MenuReader.EndOfData    '還未到檔尾前, 逐行讀取內容
07             Dim OneRow = MenuReader.ReadFields()      '讀取一行的欄位
```

```
08              MenuItems.Add(OneRow)        '將讀到的菜色加到菜單集合
09
10              '將菜色名稱、價格資訊顯示在 ListBox1 控制項中
11              ListBox1.Items.Add(OneRow(0) & "-" & OneRow(1) & " 元")
12          End While
13          MenuReader.Close()    '關閉檔案
14      Catch ex As Exception
15          MsgBox("執行錯誤, 請連絡店主")
16          End
17      End Try
18 End Sub
```

step ④ 當客人選好菜色、輸入數量、按 ⌈新增⌉ 鈕, 程式就要
將『菜色』、『數量』、『金額小計』記錄到 OrderDetail 集合中,
同時也列在表單下方的點菜明細中。請雙按 ⌈新增⌉ 鈕建立其
Click 事件程序, 並輸入如下程式:

```
01 Private Sub AddItem_Click(...) Handles AddItem.Click
02      Dim index = ListBox1.SelectedIndex        ← 儲存目前選定項目的索引
03
04      If index >= 0 And Val(Qty.Text) > 0 Then ← 檢查輸入的數量是否大於0
05          '將點菜資料建成{菜名,數量,金額小計}的陣列
06          Dim Entry() As String = {MenuItems(index)(0), Qty.Text, ←Ⓐ
07                      Qty.Text * MenuItems(index)(1)}
08          OrderDetail.Add(Entry)    '將上述陣列加到集合中 ←Ⓑ
09
10          '建立要顯示的字串, 並將字串加到ListBox2中
11          ListBox2.Items.Add(MenuItems(index)(0) & ", " &
12                      Qty.Text & "份, " &
13                      Val(Qty.Text) * MenuItems(index)(1) & "元")
14      Else
15          MsgBox("需選取菜色且數量大於0")
16      End If
17 End Sub
```

Ⓐ 此處將『菜色』、『數量』、『金額小計』(數量乘上價格) 三項資訊組合成陣列,以便在 Ⓑ 處將之加到 OrderDetail 中。稍後在其它處理程序存取 OrderDetail 集合物件,每次由其中取出一個項目時,該項目 (也就是一個陣列) 的三個元素即是『菜色』、『數量』、『金額小計』三項資訊。

step❺ 當客人按 移除單項 刪除點菜明細中的某一項時,除了將該項從 ListBox2 控制項移除,也要移除該項在 OrderDetail 中對應的項目。請雙按 移除單項 鈕建立其 Click 事件程序,並輸入如下程式:

```
01 Private Sub DelItem_Click(...) Handles DelItem.Click
02    Dim index = ListBox2.SelectedIndex   ← 儲存目前選定項目的索引
03
04    '所選項目的索引不小於0時才處理
05    If index >= 0 Then
06        ListBox2.Items.RemoveAt(index)    '移除所選的項目
07        OrderDetail.RemoveAt(index)       '移除訂單陣列中的對應項目
08    End If
09 End Sub
```

step❻ 客人點好後按下 下單 鈕,此時程式再將點菜明細以 CSV 格式寫入另一個訂單檔 "Orders.csv",在處理過程中也將每一筆明細的金額小計加總,最後將整個點菜明細、總金額顯示給客人看,同時清空 ListBox2 控制項的明細資料。請雙按 下單 鈕建立其 Click 事件程序,並輸入如下程式:

```
01 Private Sub SaveOrder_Click(...) Handles SaveOrder.Click
02     '若點菜項目大於0才處理
03     If ListBox2.Items.Count > 0 Then
04         Dim OrderWriter = My.Computer.FileSystem.
05             OpenTextFileWriter("C:\VB2010\Ch13\Orders.csv",
06                             True)     ← 以附加方式開啟訂單檔
07
08         Dim Msg As String = "你點了:" & vbCrLf  ← 稍後用來顯示點菜明細
09         Dim SubTotal As Integer = 0  ← 金額總計     及金額總計訊息字串
10
11         '用迴圈將所有點菜項目寫入訂單檔
12         For i = 0 To OrderDetail.Count - 1
13             '組合要寫入檔案的『點菜名細』字串
14             '最前面加上日期字串, 當成『訂單編號』
15             OrderWriter.WriteLine(Now & OrderDetail(i)(0) & ←Ⓐ
16                             "," & OrderDetail(i)(1) &
17                             "," & OrderDetail(i)(2))
18
19             '將明細中的每個項目附加到訊息字串
20             Msg &= ListBox2.Items(i) & vbCrLf  ←Ⓑ
21             SubTotal += OrderDetail(i)(2)  ← 加總金額
22         Next
23
24         OrderWriter.Close()      '關閉檔案
25         ListBox2.Items.Clear()  '清除所有點菜內容案
26         OrderDetail.Clear()  ←Ⓒ
27         MsgBox(Msg & vbCrLf & "共" & SubTotal & "元")
28     Else
29         MsgBox("你還沒點菜")
30     End If
31 End Sub
```

Ⓐ 此處建立要寫入檔案的字串格式為『下單日期與時間,菜名,數量,小計』, 之所以在最前面加上『下單日期與時間』, 主要是為了標示哪幾個明細是屬於同一筆的訂單, 如此在處理訂單檔時, 才能分辨出來。

Ⓑ 此處是將點菜明細字串附加到稍後要顯示的訊息字串中。由於在 ListBox 顯示項目、用寫檔物件逐行寫入, 它們都會自動替我們換行; 但在 MsgBox() 中顯示文字訊息則要自己換行, 所以此處在每筆明細後面, 加上 vbCrLf 換行字元。

Ⓒ 此處呼叫 Clear() 方法清除目前 List 物件中的所有元素。

step 7 按 F5 鍵執行程式即可模擬點菜的情形：

圖-26

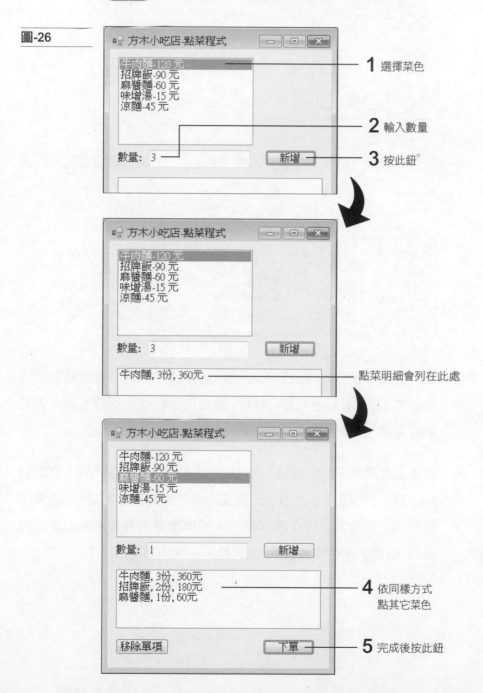

1 選擇菜色

2 輸入數量

3 按此鈕。

點菜明細會列在此處

4 依同樣方式
點其它菜色

5 完成後按此鈕

Ch13-07

你點了：
牛肉麵, 3份, 360元
招牌飯, 2份, 180元
麻醬麵, 1份, 60元

共600元

確定

我們同樣可用**記事本**檢視訂單檔 Orders.csv 來看看程式寫入的資料：

圖-27

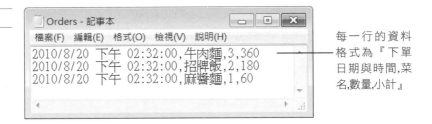

Orders - 記事本

檔案(F)　編輯(E)　格式(O)　檢視(V)　說明(H)

2010/8/20 下午 02:32:00,牛肉麵,3,360
2010/8/20 下午 02:32:00,招牌飯,2,180
2010/8/20 下午 02:32:00,麻醬麵,1,60

每一行的資料格式為『下單日期與時間,菜名,數量,小計』

如果要進一步發展，我們可以用類似的技巧，設計一個檢閱訂單檔的程式，甚至設計出相關的統計、分析工具，例如可查看某一天的銷售業績、什麼菜色賣最好等等。

但由上面的例子可以想見，要再進一步發展下去，程式的內容將變得複雜、資料更不易處理，而造成此情形的主要因素之一，即是因為我們是用檔案來儲存資料欄位。如果想要更有效率地處理這類資料，就需考慮使用資料庫，這就是下一章的重點了。

習題

1. 是非題：

    ( ) My.Computer.FileSystem 物件提供了多個讀寫檔案的方法。

    ( ) 使用 My.Computer.FileSystem.ReadAllText() 時, 一定是用 Unicode 編碼讀取。

    ( ) 使用 My.Computer.FileSystem.WriteAllText() 時, 可選擇『附加』或『覆蓋』原有檔案。

    ( ) My.Computer.FileSystem.WriteAllText() 會傳回寫入的字元數。

    ( ) 使用 My.Computer.FileSystem.ReadAllText() 後, 需呼叫 Close() 方法關閉檔案。

2. 是非題：

    ( ) 呼叫 My.Computer.FileSystem.OpenTextFileReader() 會傳回讀檔物件。

    ( ) My.Computer.FileSystem.OpenTextFileReader() 方法不能設定編碼方式。

    ( ) 使用讀檔物件或寫檔物件, 用完後要呼叫 Close() 方法關閉檔案。

    ( ) 使用 My.Computer.FileSystem.OpenTextFileWriter() 會傳回寫檔物件。

    ( ) 呼叫寫檔物件的 WriteLine() 方法寫入一行字串時, 要自行在字串後加上 vbCrLf 字元換行。

3. 關於 WriteAllText() 的描述何者正確？

    (1) 寫入的檔案其副檔名一定要是 .TXT 檔

    (2) 存檔時一律以 Unicode 編碼寫入

    (3) 存檔時一律以 Big5 編碼寫入

    (4) 寫入失敗時會拋出例外

4. 關於 SaveFileDialog 控制項, 以下描述何者錯誤?

   (1) 使用它顯示存檔交談窗時, 只能選取已存在的檔案

   (2) 可用 Title 屬性設定交談窗的標題欄文字

   (3) 可指定預設副檔名

   (4) 使用者關閉交談窗後, 可由 FileName 屬性取得使用者選的檔名、路徑

5. 使用 OpenFileDialog 控制項時, 可用何屬性設定交談窗內的檔案類型清單?

   (1) Type

   (2) Filter

   (3) Subname

   (4) FileType

6. 使用 OpenTextFileReader() 取得讀檔物件後, 可用該物件的什麼方法讀取一行字串?

   (1) ReadLine()

   (2) GetLine()

   (3) OneLine()

   (4) EndOfLine()

7. 關於 OpenTextFileWriter() 方法, 以下描述何者錯誤?

   (1) 可以加上編碼參數, 指定要寫入的編碼方式

   (2) 傳回的寫檔物件, 可用以呼叫 WriteLine() 寫入一行資料

   (3) 若要寫入像 CSV 格式的檔案, 需用寫檔物件呼叫 WriteFiled() 方法

   (4) 傳回的寫檔物件, 用完後需呼叫 Close() 關閉檔案

8. 使用 OpenFileDialog 控制項時, 要顯示開檔交談窗, 需呼叫其_____方法。

9. 使用 OpenTextFileWriter() 方法傳回的寫檔物件寫入資料時, 使用過程中可呼叫_____方法清空緩衝區內容, 使用完畢需呼叫_____方法關閉檔案。

10. 使用 OpenTextFieldParser 建立讀檔物件時, 除了檔名路徑外, 還要用_____當參數;而使用傳回的物件呼叫 ReadFields() 讀取一行資料時, 傳回的資料型別為_____。

11. 請設計一個程式會讀入文字檔的內容, 並計算它包含幾個字元、幾個非空白字元。

12. 請設計一個程式會將讀到的英文字母全部轉成大寫, 並顯示出來, 並提供寫回轉換結果的功能。

13. 請設計一個程式會將文字檔的內容依字母排序後, 顯示出來 (如下圖)。

14. 請設計一個學生成績輸入程式, 程式可用『學生姓名,英文分數,數學分數』的 CSV 格式將輸入的資料存檔, 也可載入已存檔的資料。

15. 承上題, 讓程式可計算所有學生的英文平均、數學平均。

MEMO

14 設計資料庫程式

本章閱讀建議

資料庫可以非常有效率地儲存與管理資料，是應用相當廣泛的一門
技術。小從個人的 CD/DVD 管理、學生資料管理，大到一般公司
的進銷存系統、搜尋網站的網頁資料庫、甚至是全國的戶政資料庫
系統...等，都是資料庫的應用實例。底下是本章各節的閱讀建議：

14-1　**認識資料庫與資料表**：寫資料庫程式，首先當然要對資料庫有所認
識，這一節讀起來很輕鬆，已熟悉資料庫的讀者也可以略過本節。

14-2　**VB 的『資料庫總管』**：在 VB 中就可以直接開啟資料庫來瀏覽或
修改其內容，以及做一些簡單的管理工作。讀者在本節中還可學到
許多有用的資料編輯技巧，這些技巧在大多數的資料庫程式中都是
通用的。

14-3 第一個資料庫程式：一般人都認為資料庫程式很難寫，不過看完本節後您就可以鬆一口氣了，因為 VB 的視覺化工具真的很簡單，一下子就設計好了。

14-4 資料庫元件的運作原理：用視覺化工具產生程式後，還必須對其運作有所了解，以後在實際應用時才能靈活變化。本節稍微有點難度，幾個專有名詞，例如 DataSet、DataTable、TableAdapter...等，最好能背起來，然後配合實例跟著操作，就一定能學會。

14-5 **DataGridView 的進一步設定**：再來就是好玩的部份了，DataGridView (像 Excel 一樣可以檢視、編輯資料的控制項) 可以變出許多花樣喔！

14-6 **單筆檢視表單與加入圖片**：單筆檢視就是一次只顯示一筆資料，這樣的表單也是用滑鼠拉曳一下就可產生。比較特別的是如何將圖片加入資料庫中，學會這個技巧後，您的資料庫功力又可再升一級。

14-7 **利用 ComboBox 建立『查閱欄位』**：查閱欄位可以查閱不同資料表中的資料，例如在通訊錄中有某位同學的學號資料，那麼就可用此學號到教務處去查出他的成績資料。

14-8 **建立可篩選資料的單、多筆檢視表單**：綜合前面所學的各種技巧，本節將實作出一個麻雀雖小、但五臟俱全的資料庫程式，也順便驗收一下學習成果。

14-1 認識資料庫與資料表

資料庫 (DataBase) 就是『存放資料的倉庫』, 它與一般文字檔、Excel 檔、Word 檔...最大的不同之處, 在於**資料庫**是『有系統、有組織』地儲存資料, 並且可以『非常有效率』地存取與管理資料。

資料表 (Table) 則是資料庫中的資料儲存單位, 每個資料表即是一個二維的表格, 例如以下的『客戶』資料表:

圖-1

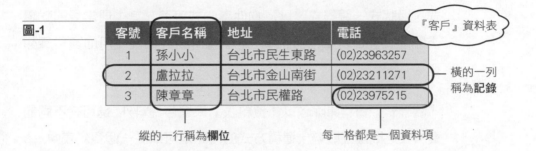

縱向的一行我們稱為**欄位**(Field) 或**資料行**(Column), 代表著一項特定意義的資料, 例如『客號』欄是用來儲存客戶編號, 『客戶名稱』欄則用來儲存客戶的名稱。

橫向的一列則稱為**記錄**(Record) 或**資料列** (Row), 每一筆記錄都儲存著一筆完整的資料, 例如『客號』為 2 的記錄, 就儲存著『盧拉拉』這個客戶的所有資料。

一般來說, 當我們要新增、修改 (更改現有的資料)、刪除、或查詢資料表中的資料時, 都是以**記錄**為單位來存取, 例如要查詢『客號』為 2 的客戶地址時, 會先讀出『客號』為 2 的記錄, 然後再讀取其中的『地址』欄位:

圖-2

客號	客戶名稱	地址	電話
1	孫小小	台北市民生東路	(02)23963257
2	盧拉拉	台北市金山南街	(02)23211271
3	陳章章	台北市民權路	(02)23975215

1 先讀出這筆記錄　　　　**2** 再讀出記錄中的這欄資料

資料表之間的關聯性

依照資料庫的儲存架構來看, 資料庫可分為許多類型, 例如階層式、網狀式、關聯式、以及物件導向式等等。其中最常見的就屬『關聯式』資料庫了, 而這也是本書所要介紹及使用的資料庫類型。

『關聯式』資料庫除了以『資料表』來儲存資料外, 還可在不同的資料表之間建立關聯。這種方式的優點是可以從一個資料表中, 透過資料表間的關聯, 而找到在另一個資料表中的相關資料, 例如:

圖-3

訂單編號	日期	客號	金額
101	2010/08/21	6	1200
102	2010/08/21	3	9800
103	2010/08/21	2	520

客號	客戶名稱	地址	電話
1	孫小小	台北市民生東路	(02)23963257
2	盧拉拉	台北市金山南街	(02)23211271
3	陳章章	台北市民權路	(02)23975215

經由**客號**欄的關聯, 可知道**訂單編號** 102 的客戶為『陳章章』

請指出以下二個資料表之間的關聯欄位。

圖-4

商品編號	商品名稱	價格	商品說明	類別編號	排序
3	Last Treasure	199	簡單的兩行...	1	3
8	Sweet Island	589	充滿花草繽...	1	3
15	Sweet Island	589	充滿花草繽...	1	3
38	骷髏電視	299	看電視是件...	5	3
43	華麗暗黑曲	699	骷髏先生來...	6	3

類別編號	類別名稱	排序
1	文字	2
2	圖騰	1
3	動物	3
4	趣味搞笑	6
5	可愛俏皮	4
6	另類	5

參考解答

類別編號欄。

14-2 VB 的『資料庫總管』

VB 提供了一個簡單的資料庫管理工具：**資料庫總管**，讓我們在 VB 中就可以建立資料庫及資料表，並進行資料的新增、修改、刪除、查詢等操作。

 資料庫總管在 VB Express 以外的版本中，是稱為**伺服器總管**，具備更多的功能。

 利用資料庫總管開啟範例資料庫『書籍資料庫.sdf』，並檢視資料庫的結構，看看有哪些資料表、欄位。

step 1 執行 VB 的『**檢視 / 資料庫總管**』命令，將**資料庫總管**顯示出來：

圖-5

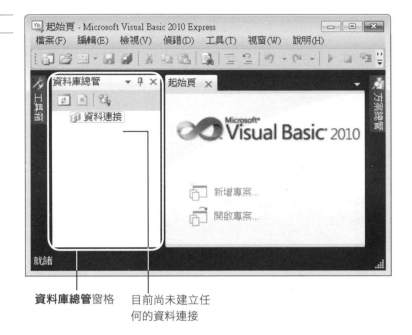

資料庫總管窗格　　目前尚未建立任
　　　　　　　　　何的資料連接

step ② 我們必須先『連接』上資料庫，然後才能管理資料庫。請
如下操作：

圖-6

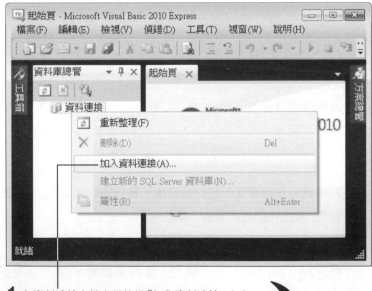

1 在**資料連接**上按右鈕執行『**加入資料連接**』命令

2 請選擇 SQL Server Compact 資料庫類型

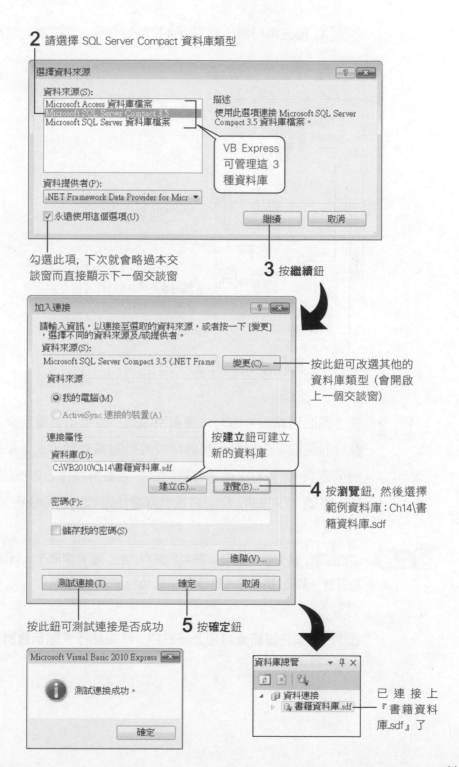

勾選此項, 下次就會略過本交
談窗而直接顯示下一個交談窗

3 按**繼續**鈕

按此鈕可改選其他的
資料庫類型 (會開啟
上一個交談窗)

按**建立**鈕可建立
新的資料庫

4 按**瀏覽**鈕, 然後選擇
範例資料庫:Ch14\書
籍資料庫.sdf

按此鈕可測試連接是否成功

5 按**確定**鈕

已連接上
『書籍資料
庫.sdf』了

step 3 按三角形圖示展開所連接的資料庫，即可看到其內容結構：

圖-7

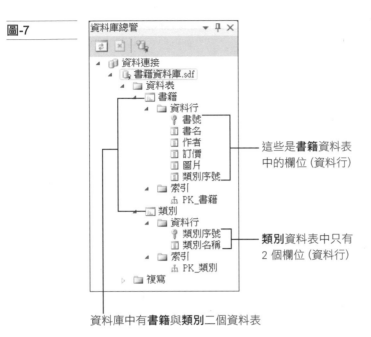

這些是**書籍**資料表中的欄位 (資料行)

類別資料表中只有 2 個欄位 (資料行)

資料庫中有**書籍**與**類別**二個資料表

在上圖的資料表中還有一個**索引**項目，索引主要是用來加快搜尋資料的速度。例如範例資料庫中有針對**書號**做索引，那麼當資料很多時 (例如有數十萬筆書籍記錄)，若要尋找特定書號的記錄 (例如：書號 =120934)，則搜尋速度就會比沒做索引時快很多。

接續前例，請瀏覽書籍資料表中的資料內容，並實際修改、新增一筆資料看看。最後，請移除『書籍資料庫.sdf』的資料連接。

step 1 請在**書籍**資料表上按右鈕，然後執行『**顯示資料表資料**』命令：

目前記錄的左側會
有三角符號標示

2 會開啟新頁次顯
示資料表內容

圖-8

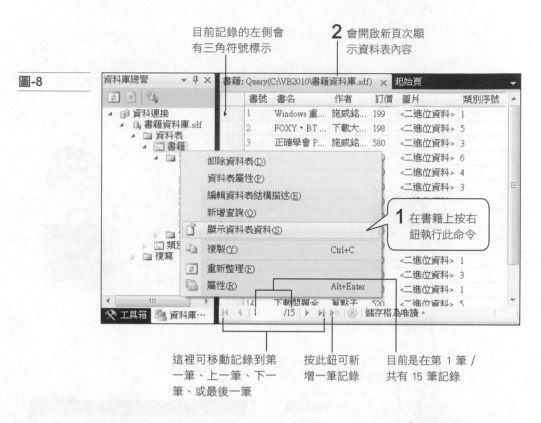

1 在書籍上按右
鈕執行此命令

這裡可移動記錄到第
一筆、上一筆、下一
筆、或最後一筆

按此鈕可新
增一筆記錄

目前是在第 1 筆 /
共有 15 筆記錄

---

step **2** 請調整欄位寬度,然後修改第 3 筆記錄的**書名**:

圖-9

資料表名稱

1 在欄位邊界上左右拉曳可調整欄寬,
若雙按則可自動依欄位內容調整欄寬

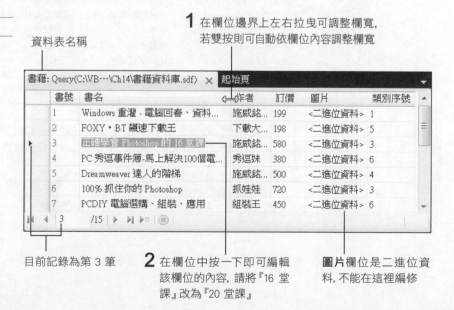

目前記錄為第 3 筆

2 在欄位中按一下即可編輯
該欄位的內容, 請將『16 堂
課』改為『20 堂課』

圖片欄位是二進位資
料,不能在這裡編修

剛移到儲存格時會選取整個文字, 此時可以直接鍵入資料 (會覆蓋掉原資料), 也可以先按 F2 鍵 (或按滑鼠) 出現插入點後, 再編輯原有的資料。

在尚未離開儲存格時, 按 Esc 鍵可以取消對該儲存格所做的修改喔!

書籍: Query(C:\V···書籍資料庫 - 複製.sdf) ✕

	書號	書名
	1	Windows 重灌 - 電腦回春、資…
	2	FOXY・BT 飆速下載王
▶	3	正確學會 Photoshop 的 16 堂課

step 3 新增一筆記錄看看:

有標『＊』的表示
其為新增的記錄

圖-10

書籍: Query(C:\V···書籍資料庫 - 複製.sdf) ✕   起始頁

	書號	書名	作者	訂價	圖片	類別序號
	10	最新 PHP + MySQL + Ajax 網…	施威銘研究室	650	<二進位資料>	2
	11	Fedora Linux 架站實務	林那斯	400	<二進位資料>	1
	12	抓住你的 PhotoImpact	施威銘研究室	490	<二進位資料>	3
	13	MacOS X 使用手冊	馬克	380	<二進位資料>	1
	14	下載問題全蒐錄	蒐點子	520	<二進位資料>	5
	15	正確學會 Dreamweaver 的 16 …	施威銘研究室	460	<二進位資料>	4
✱	*NULL*	*NULL*	*NULL*	*NULL*	*NULL*	*NULL*

◀◀ ◀ | 16 | /16 | ▶ ▶▶ ▶▣ (▣)

1 按 ▶▣ 鈕, 或直接用滑鼠點選最後一筆都是 Null 的記錄

NULL 表示欄位是空的, 沒有任何資料!

2 輸入 "新觀念 ASP.NET 網頁程式設計", 然後按 Tab 鍵移到下一個欄位

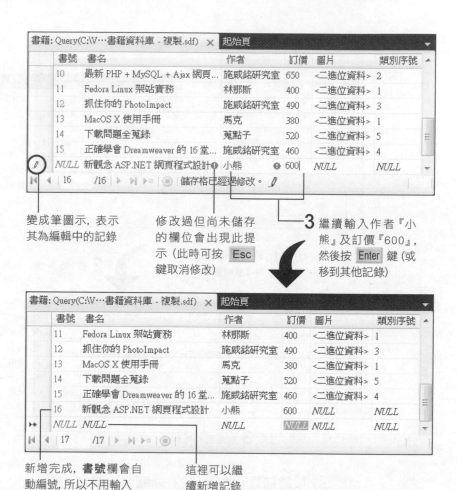

變成筆圖示, 表示
其為編輯中的記錄

修改過但尚未儲存
的欄位會出現此提
示 (此時可按 Esc
鍵取消修改)

3 繼續輸入作者『小
熊』及訂價『600』,
然後按 Enter 鍵 (或
移到其他記錄)

新增完成, **書號**欄會自
動編號, 所以不用輸入

這裡可以繼
續新增記錄

由於筆者在設計**書籍**資料表時, 已將**書號**欄的**識別碼**屬性設為
True, 所以該欄位在新增記錄時會『自動編號』, 而且不允許使用
者修改。另外請注意,『自動編號』會不斷累加並且絕不重複, 例
如目前給到 16 號, 若將 16 號記錄刪除, 則下次給號會給 17 號,
而不會給 16 號。

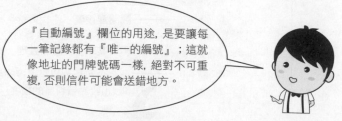

『自動編號』欄位的用途, 是要讓每
一筆記錄都有『唯一的編號』; 這就
像地址的門牌號碼一樣, 絕對不可重
複, 否則信件可能會送錯地方。

step 4 請將剛才新增的記錄刪除。

圖-11

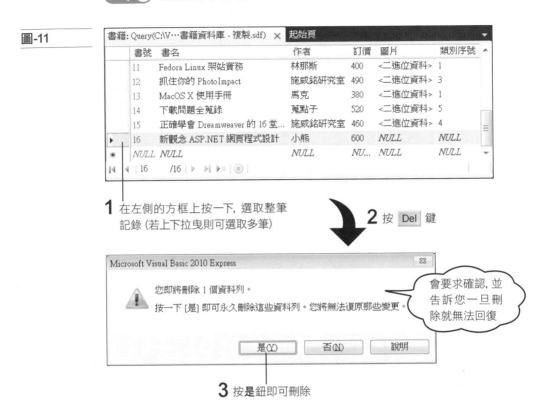

1 在左側的方框上按一下, 選取整筆記錄 (若上下拉曳則可選取多筆)

2 按 Del 鍵

會要求確認, 並告訴您一旦刪除就無法回復

3 按是鈕即可刪除

step 5 按**書籍**頁次右上角的 × 關閉該頁次, 然後如下操作來移除資料連接:

圖-12

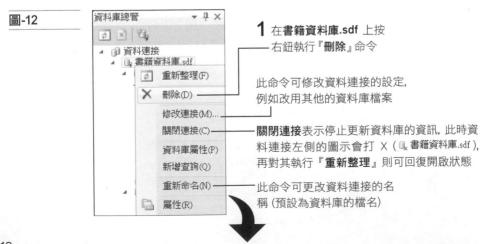

1 在**書籍資料庫.sdf** 上按右鈕執行『**刪除**』命令

此命令可修改資料連接的設定, 例如改用其他的資料庫檔案

關閉連接表示停止更新資料庫的資訊, 此時資料連接左側的圖示會打 X (書籍資料庫.sdf), 再對其執行『**重新整理**』則可回復開啟狀態

此命令可更改資料連接的名稱 (預設為資料庫的檔名)

2 按是鈕即可刪除資料
連接 (但並不會刪除
資料庫檔案喔!)

再次建立書籍資料庫.sdf的資料連接, 然後將之前修改的第 3 筆記錄,
由『20 堂課』再改回『16 堂課』。接著將之前新增的記錄刪除 (最
後一筆), 然後再任意新增一筆記錄, 看看書號欄『自動編號』會給幾
號。

參考解答

請依照前一範例的步驟來練習。如果前一次新增記錄時給的是 16
號, 則再次新增時會給 17 號。

如果想要還原書籍資料庫.sdf為原始狀態, 可先將此資料庫檔刪除, 然
後將書籍資料庫(原始).sdf複製一份, 再更名為書籍資料庫.sdf。

14-3 第一個資料庫程式

撰寫資料庫程式難不難?如果要寫出一個功能齊全的資料庫程式,
那當然不是件容易的事;但如果是小型的資料庫程式, 那麼只要使
用 VB 的視覺化設計工具, 很輕鬆就可以寫好, 這樣的程式可以開
啟既有的資料表, 並具備瀏覽、編修、排序、及篩選等功能。

聽起來好像很容易, 真的嗎?沒錯, 只要照著下面的步驟操作, 保
證兩三下就完成了!

step 1 在專案的**資料來源**窗格中建立**資料集**。

step 2 調整**資料集**中各資料表、欄位的對應控制項。

step 3 將**資料集**中的資料表拉曳到表單上，即自動產生所需的控制項。

step 4 調整控制項的位置與屬性，以增加美觀性及易用性。

step 5 完成了！

建立『資料集』

您可將**資料集** (DataSet) 想成是一個『虛擬的資料庫』，其中也可建立許多的虛擬資料表 (稱為 DataTable)，至於這些虛擬資料表中要有哪些欄位、要有多少資料，則由我們自行定義：

圖-13

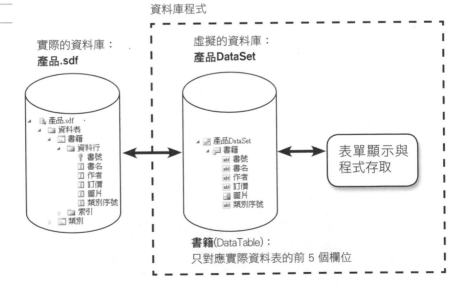

資料庫程式

實際的資料庫：
產品.sdf

虛擬的資料庫：
產品DataSet

- 產品.sdf
  - 資料表
    - 書籍
      - 資料行
        - 書號
        - 書名
        - 作者
        - 訂價
        - 圖片
        - 類別序號
    - 索引
  - 類別

- 產品DataSet
  - 書籍
    - 書號
    - 書名
    - 作者
    - 訂價
    - 圖片
    - 類別序號

表單顯示與程式存取

書籍(DataTable)：
只對應實際資料表的前 5 個欄位

建好**資料集**之後，我們便可透過它來存取實際的資料庫，或是用它來快速產生資料瀏覽與編輯的表單。

建立連接到**產品資料庫** (產品.sdf) 的資料集, 並設定為只存取書籍資料
表的前 5 個欄位。

step **1** 建立專案 Ch14-01。

step **2** 執行『**資料 / 顯示資料來源**』命令, 開啟**資料來源**窗格:

圖-14

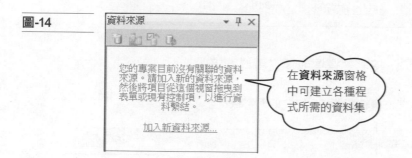

step **3** 按一下**資料來源**窗格中的**加入新資料來源**文字 (或是執行
『**資料 / 加入新資料來源**』命令), 即可開啟**資料來源組態精靈**幫我
們建立資料集。首先是選擇**資料來源類型**:

圖-15

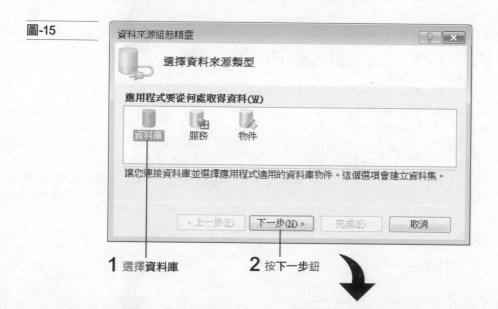

1 選擇**資料庫**　　**2** 按下一步鈕

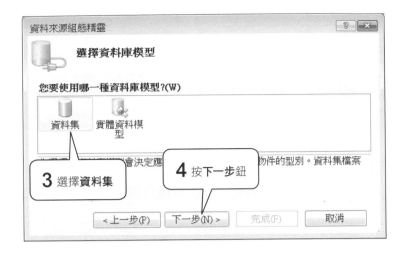

step ④ 接著要選擇或建立資料連接：

圖-16

這是之前在**資料庫總管**中所建立的資料連接

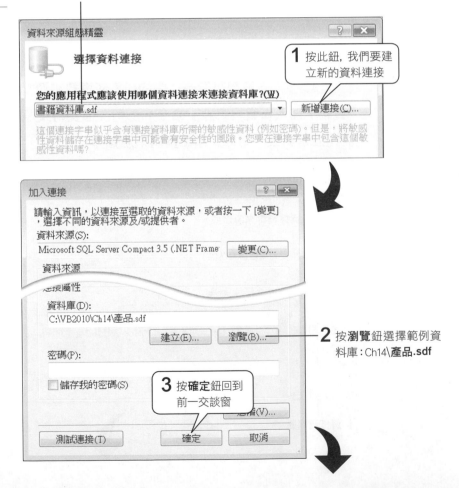

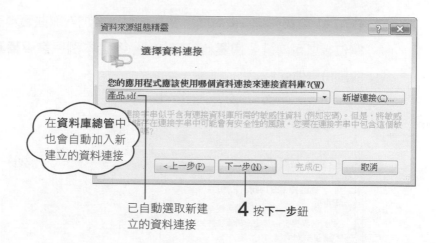

在**資料庫總管**中也會自動加入新建立的資料連接

已自動選取新建立的資料連接

4 按**下一步**鈕

step **5** 由於範例資料庫 (**產品.sdf**) 不在專案的資料夾中,所以會詢問是否要將資料庫複製到專案的資料夾內,以供專案獨自使用 (而不跟其他專案共用):

圖-17

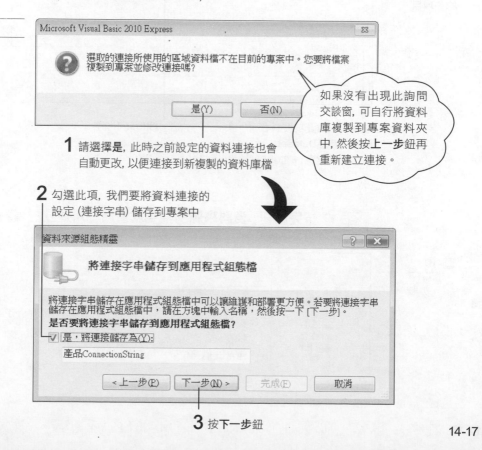

如果沒有出現此詢問交談窗,可自行將資料庫複製到專案資料夾中,然後按**上一步**鈕再重新建立連接。

1 請選擇**是**,此時之前設定的資料連接也會自動更改,以便連接到新複製的資料庫檔

2 勾選此項,我們要將資料連接的設定 (連接字串) 儲存到專案中

3 按**下一步**鈕

step 6 最後一步，會詢問您要在資料集中加入哪些資料表的哪些欄位。您可勾選多個資料表來加入，不過本例只需要**書籍**資料表的部份欄位就好：

圖-18

1 按此處展開『**產品.sdf**』的資料表結構

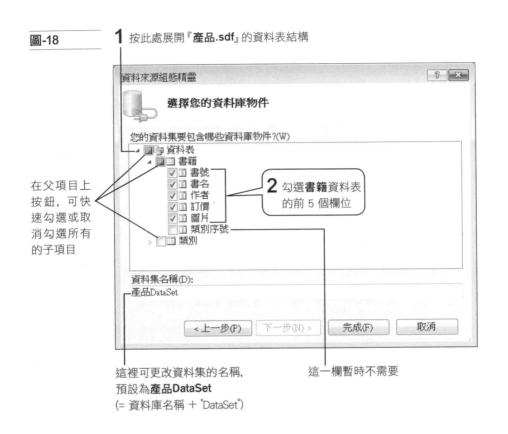

在父項目上按鈕，可快速勾選或取消勾選所有的子項目

2 勾選**書籍**資料表的前 5 個欄位

這裡可更改資料集的名稱，預設為**產品DataSet**
(= 資料庫名稱 ＋ "DataSet")

這一欄暫時不需要

step 7 按**完成**鈕，**資料來源**窗格中就會顯示新建立的資料集：

圖-19

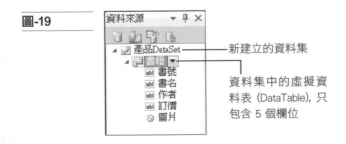

新建立的資料集

資料集中的虛擬資料表 (DataTable)，只包含 5 個欄位

14-18

建立資料集之後, 專案中會多出 3 個檔案, 請切換到**方案總管**來看看:

圖-20

儲存程式組態的檔案 (內含之前選擇要儲存的資料連接字串)

複製到專案中的資料庫檔案

這是『**產品DataSet**』的資料集設定檔

在資料集中調整對應控制項

在資料集中的資料表及欄位, 都可以直接拉曳到表單中變成控制項, 以顯示、編輯實際的資料表內容。不過在拉曳之前, 要先確認其對應控制項的種類:

圖-21

1 拉下**資料表**的列示框

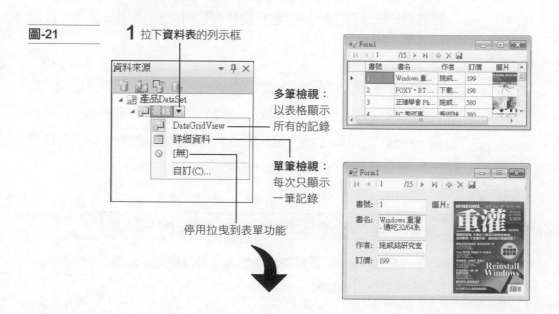

多筆檢視:
以表格顯示所有的記錄

單筆檢視:
每次只顯示一筆記錄

停用拉曳到表單功能

圖-22

由圖示可看出目前
對應的控制項種類

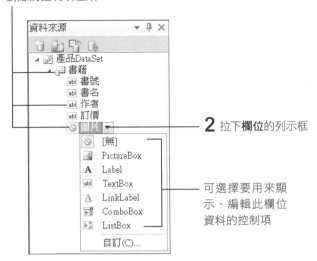

2 拉下**欄位**的列示框

可選擇要用來顯
示、編輯此欄位
資料的控制項

一般欄位預設會使用 TextBox 做為控制項, 如果某欄位只要做為檢視之用 (不允許編輯), 則也可將之改為 Label 控制項。另外, 由於**圖片**欄位是儲存著二進位的圖片資料, VB 不知如何處理, 所以預設為 ◎ [無] 。請手動將**圖片**欄位對應到 PictureBox 控制項。

不過請注意, 更改欄位所對應的控制項, 只在建立『單筆檢視』的表單時有效, 建立『多筆檢視』的表單時, 則一律使用『多筆檢視』控制項的預設對應 (**圖片**欄位會自動對應到 PictureBox 控制項)。稍後我們會先教您建立『多筆檢視』的表單。

常見錯誤提醒 **為什麼不能更改資料表及欄位的對應控制項?**

只有在開啟表單的**設計**視窗時, **資料來源**中的資料表及欄位才會顯示對應控制項的圖示, 並且允許更改對應控制項。

接下頁

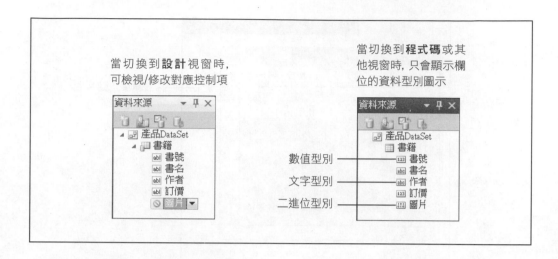

當切換到**設計**視窗時,
可檢視/修改對應控制項

當切換到**程式碼**或其
他視窗時, 只會顯示欄
位的資料型別圖示

數值型別

文字型別

二進位型別

用資料集建構資料表單

資料集準備妥當之後, 只要將其中的資料表拉曳到表單上, 資料表單的雛形就立即產生了。

接續前例 (或開啟範例專案 Ch14-01a), 用拉曳法來建立可瀏覽、編輯資料的表單。

step 1 將**產品 DataSet** 中的**書籍**資料表拉曳到表單上:

圖-23

1 確定這裡是 DataGridView 圖示

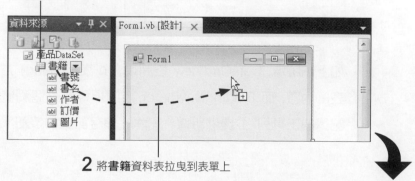

2 將**書籍**資料表拉曳到表單上

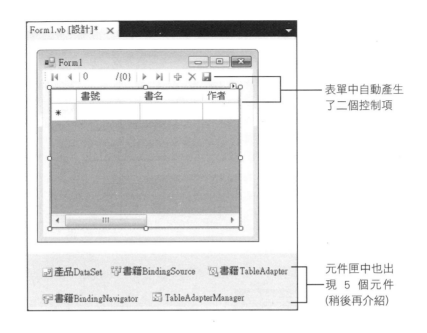

表單中自動產生了二個控制項

元件匣中也出現 5 個元件 (稍後再介紹)

step 2 請按 F5 測試成果：

圖-24

BindingNavigator 控制項 (記錄瀏覽列)

上下、左右捲動看看, 可以瀏覽、編輯**書籍**資料表中的所有記錄喔!

DataGridView 控制項 (多筆檢視的資料元件)

如上圖所示, DataGridView 控制項會以表格 (Grid) 方式列出資料表的內容, 而 BindingNavigator 控制項則為一個瀏覽 (Navigate) 記錄的工具列, 並提供新增、刪除、儲存記錄的按鈕。

加強資料表單的美觀性與易用性

自動產生的資料表單即不美觀, 也不方便瀏覽內容!接著我們就來
美容一下吧。

 上機 接續前例, 將剛才新建立的資料表單美容一下, 然後試著新增、修改、
刪除資料看看。

step 1 請先放大表單, 然後選取 DataGridView 控制項, 將其
Dock 屬性設為 **Fill** (填滿整個表單), **AutoSizeColumnMode** 屬性
設為 **AllCells** (自動依欄位內容來調整欄寬):

圖-25

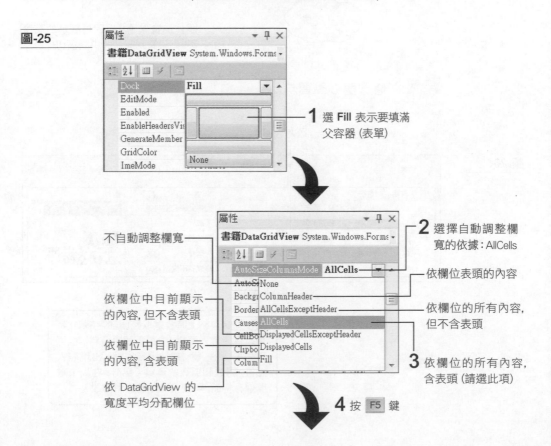

移動記錄

新增記錄

刪除目前的記錄

儲存有修改過的資料

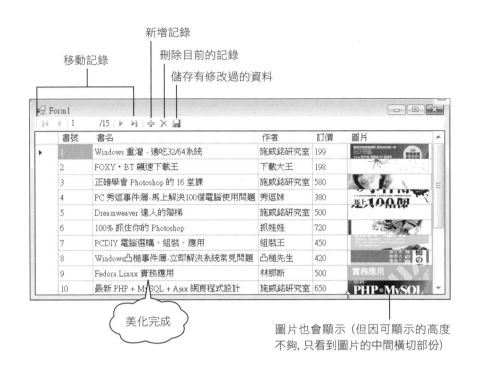

美化完成

圖片也會顯示 (但因可顯示的高度
不夠, 只看到圖片的中間橫切部份)

step **2** 修改第 3 筆資料:

改為『20』

圖-26

剛移到儲存格上時會選取整個儲存格, 此時
可以直接鍵入資料 (會覆蓋掉原資料), 也可
以先按 F2 鍵 (或按滑鼠左鈕) 出現插入
點後, 再編輯原有的資料。另外, 在尚未離
開儲存格時, 可按 Esc 鍵取消修改。

step **3** 刪除第 2 筆資料：

1 將目前記錄
移到第 2 筆　　　　**2** 按 ✕ 鈕刪除記錄

圖-27

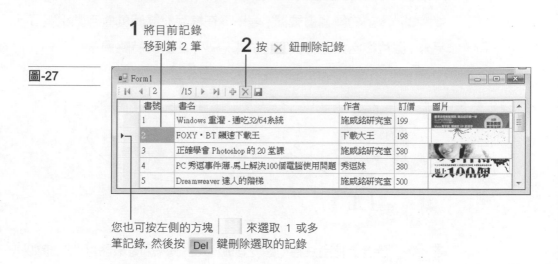

您也可按左側的方塊 ▮▮ 來選取 1 或多
筆記錄，然後按 Del 鍵刪除選取的記錄

step **4** 新增一筆記錄看看：

2 這裡會新增
一筆記錄　　　**1** 按 ⊞ 鈕

圖-28

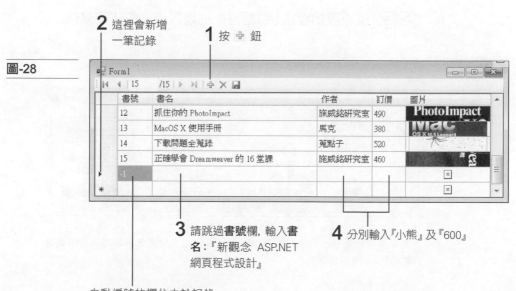

3 請跳過**書號**欄，輸入書
名：『新觀念 ASP.NET
網頁程式設計』

4 分別輸入『小熊』及『600』

自動編號的欄位由於記錄
尚未儲存，沒有正式的編
號，所以暫時用負數表示

新增的記錄由於尚未儲存，因此自動編號的**書號**欄沒有正式編號，所以會用負數做為臨時編號（由 -1 開始，如果繼續新增，則為 -2、-3...）。請勿編輯**書號**欄，等一下在儲存記錄時就會自動編號了。另外，**圖片**欄必須自行撰寫程式來修改，此處暫時略過。

您也可直接將輸入焦點移到最後一筆空白記錄上，然後輸入要新增的資料，當離開該記錄時，即會自動新增該筆資料。

step 5 最後請特別注意，您之前所做的修改都尚未儲存，此時如果直接關閉程式，那麼一切的修改都白費了。因此請趕快按工具列的 🖫 鈕，將編修的資料儲存到資料庫中，然後結束程式。

step 6 重新啟動程式，看看之前的修改是否已正確儲存：

圖-29

第 2 筆 (書號=2) 記錄已刪除

這筆是新增的記錄，自動編號為 16　　已改為 20　　此圖示表示尚未設定圖片

step 7 如果想要指定排序，可在要排序的欄位標題上按一下：

按一下就會以該欄位遞增排序 (會出現 ▲),
再按一下則改為遞減排序 (會出現 ▼)

圖-30

書號	書名	作者	訂價 ▲	圖片
1	Windows 重灌 - 通吃32/64系統	施威銘研究室	199	
4	PC 秀逗事件簿-馬上解決100個電腦使用問題	秀逗妹	380	
13	MacOS X 使用手冊	馬克	380	
11	Fedora Linux 架站實務	林那斯	400	

常見錯誤提醒   **為什麼修改的資料無法儲存？**

專案所使用的資料庫檔案, 預設是放在專案的最上層資料夾中, 不過當我們在
偵錯模式中啟動程式時, VB 會將資料庫檔案複製一份到偵錯的輸出資料夾 (專
案資料夾\bin\Debug) 中, 以供執行中的程式存取。這樣做的目的是, 無論測試
時如何修改資料, 都不會影響到原始的資料庫。

那麼, 是只有第一次執行程式時才複製資料庫, 還是每次執行時都複製呢？請
開啟**方案總管**來設定：

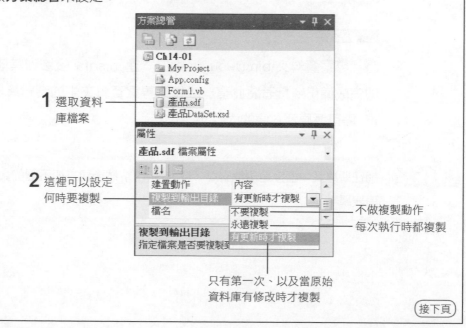

1 選取資料庫檔案

2 這裡可以設定何時要複製

不做複製動作

每次執行時都複製

只有第一次、以及當原始
資料庫有修改時才複製

接下頁

預設為**有更新時才複製**, 所以只要不更改原始的資料庫檔案, 那麼輸出資料夾中的臨時資料庫會一直保留著, 而我們在測試程式時所做的修改也會一直保留著。

但如果改為**永遠複製**, 那麼每次啟動程式時都會重新複製原始資料庫, 因此之前測試時所做的修改自然也就消失了。

TIPS 如果是以『啟動但不偵錯』的方式（例如按 Ctrl + F5 鍵）執行程式, 則會將原始資料庫複製到正式的輸出資料夾（專案資料夾\bin\Release）中, 以供執行中程式使用。

練習 請使用上面說明框介紹的技巧, 將之前修改過的資料庫檔備份起來, 然後還原成原始的資料庫檔。

参考解答

將『專案資料夾\bin\Debug』中的『產品.sdf』複製到其他地方, 即完成備份。接著將此資料庫檔以專案資料夾中的資料庫檔覆蓋掉, 即可還原資料庫的內容。

練習 請在新專案中連接範例資料庫『成衣.sdf』, 然後建立如下圖的資料集與表單:

圖-31

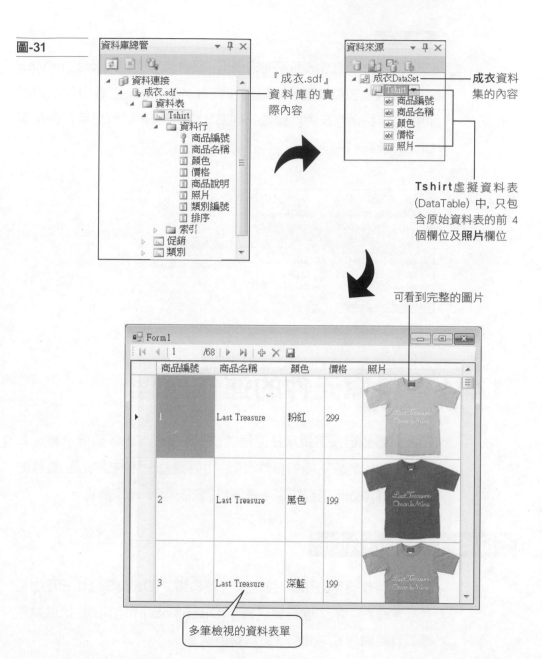

『成衣.sdf』資料庫的實際內容

成衣資料集的內容

Tshirt虛擬資料表(DataTable) 中, 只包含原始資料表的前 4 個欄位及**照片**欄位

可看到完整的圖片

多筆檢視的資料表單

參考解答

依照前面介紹的方法即可完成練習, 最後請將 TshirtDataGridView 的二個自動調整欄寬、列高屬性設為 **AllCells**, 則會自動依照所有的儲存格內容來調整欄寬、列高: (完成的效果可參考範例專案 Ch14-02ok。)

圖-32

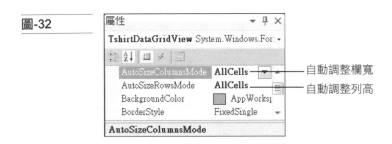

自動調整欄寬
自動調整列高

14-4 資料庫元件的運作原理

在上一節我們沒有撰寫任何程式, 就輕鬆製作出了具備瀏覽、新增、修改、刪除功能的資料表單, 相信讀者一定很想知道, 這樣的功能倒底是如何做到的呢？底下我們就一步步為您解析。

DataSet 與 DataTable

整個資料庫運作的關鍵, 就在於『資料集』(**DataSet**), 它是由暫存在記憶體中的『虛擬資料表』(**DataTable**) 所組成, 以做為實體資料庫與程式之間的『**資料轉運站**』:

圖-33

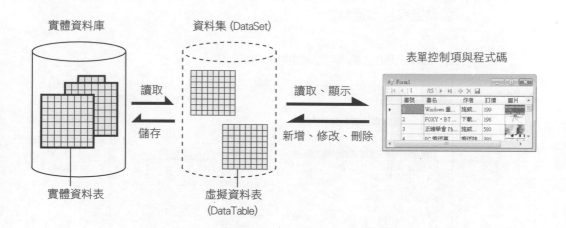

實體資料庫   資料集 (DataSet)   表單控制項與程式碼

讀取 →   讀取、顯示 →

← 儲存   新增、修改、刪除 ←

實體資料表   虛擬資料表 (DataTable)

DataSet =『實體資料庫』與『程式』之間的『資料轉運站』!

DataTable = 轉運站中的『資料分組』,用途相同的資料分在同一組。

12月16日星期二

將『產品.sdf』中的資料表全部加到專案中, 然後開啟資料集設計工具來檢視『資料集的定義』,最後將書籍 DataTable 拉曳到表單上, 看看自動產生了哪些資料元件及程式。

step 1 請建立專案 Ch14-03, 然後依之前介紹的方法將範例資料庫『Ch14\ 產品 .sdf』加入專案中。在 **資料來源組態精靈** 的最後一步請選取全部資料表：

1 勾選最上層的方框, 即可快速選取全部的資料表

圖-34

2 按 **完成** 鈕

step 2 在專案中所建立的資料集, 是屬於資料集的 **定義**, 這些定義都儲存在專案資料夾的 *.xsd 檔案中：

圖-35

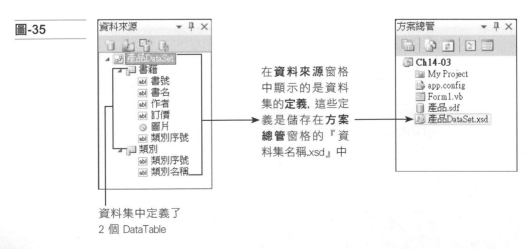

在 **資料來源** 窗格中顯示的是資料集的 **定義**, 這些定義是儲存在 **方案總管** 窗格的『資料集名稱.xsd』中

資料集中定義了
2 個 DataTable

step 3 在**資料來源**窗格的上方按**以設計工具編輯資料集**鈕開啟
資料集設計工具 (或雙按『資料集名稱 .xsd』檔也可開啟) :

圖-36

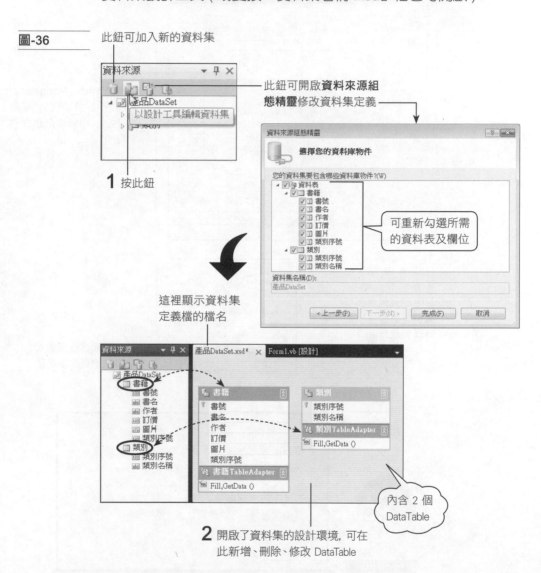

此鈕可加入新的資料集

此鈕可開啟**資料來源組
態精靈**修改資料集定義

1 按此鈕

可重新勾選所需
的資料表及欄位

這裡顯示資料集
定義檔的檔名

內含 2 個
DataTable

2 開啟了資料集的設計環境, 可在
此新增、刪除、修改 DataTable

step 4 請將**資料來源**窗格中的**書籍** DataTable 拉曳到 Form1 表
單上, 然後看看加入了哪些元件 :

圖-37

『**書籍DataGridView**』控制項

『**書籍BindingNavigator**』
控制項 (記錄瀏覽列, 是用
ToolStrip 控制項所建立的
工具列)

這 3 個元件
稍後就會介紹

在表單中加入的
『**資料集元件**』,
其名稱及內容都與
資料來源窗格中的
資料集定義相同

經由此屬性直接對應
到專案的資料集定義

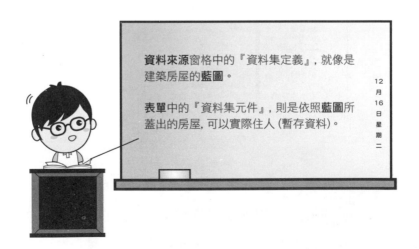

資料來源窗格中的『資料集定義』, 就像是
建築房屋的**藍圖**。

表單中的『資料集元件』, 則是依照**藍圖**所
蓋出的房屋, 可以實際住人 (暫存資料)。

step 5 請儲存專案, 但不要關閉 (等一下還要使用)。

TableAdapter 與 TableAdapterManager

前面我們說 DataSet 就是儲存在記憶體中的『資料轉運站』, 但除了轉運站之外, 還得要有『運輸工具』才能運送資料啊!

TableAdapter 就是 DataSet 的運輸工具, 而且每一個 DataTable 都有自己專屬的 TableAdapter (Adapter 就是轉接器、轉運器的意思):

圖-38

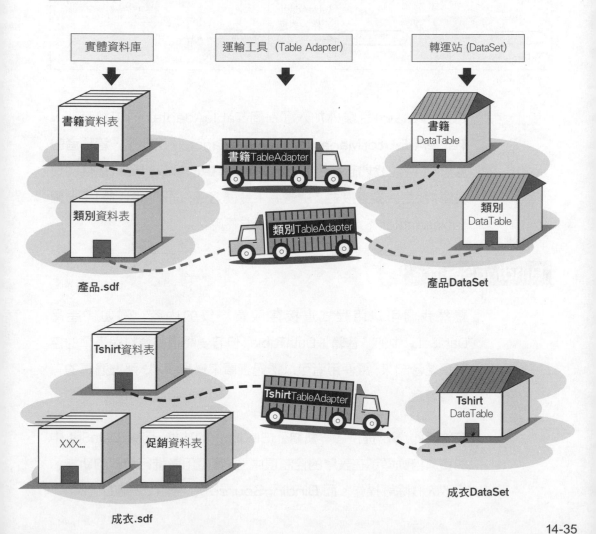

有了 TableAdapter, 無論我們要從資料庫中讀出資料, 或是要將 DataTable 的資料存回資料庫, 都只需一聲令下, TableAdapter 就會立即遵辦。底下是『表單中資料元件』與『資料集定義』的對應關係:

圖-39

DataSet 元件 (內含 DataTable) 的對應

此外, VB 另外還額外加入了一個 TableAdapter 的『總管』: **TableAdapterManager** 元件 (Manager 就是經理、管理者的意思)。例如我們想將所有 DataTable 中已修改的資料都存回資料庫, 那麼只要直接對『總管』下令就好了, 而不用分別對每一個 TableAdapter 下令, 這樣是不是很方便呢?

BindingSource

雖然我們可以用程式直接存取資料集的內容, 例如『產品 DataSet』中的『書籍』DataTable, 但若要將這些資料與表單的控制項結合起來, 讓使用者可以透過表單來操作資料, 那麼還真的有點麻煩呢!

有鑑於此, VB 提供了『繫結』(Binding) 的功能, 可讓 DataSet 中的資料自動顯示在表單的控制項中, 並讓使用者進行資料的新增、修改、刪除等操作。而 **BindingSource** 元件則為繫結的橋樑:

圖-40

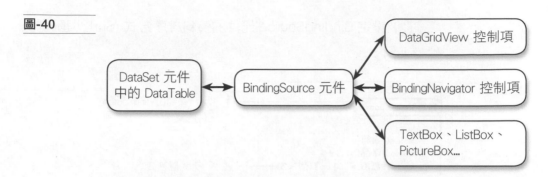

BindingSource 元件負責由 DataTable 中存取資料, 以供表單的控制項使用; 另外也提供『移到下一筆、移到上一筆』等操作, 以及『排序、篩選』等功能。

 接續前例, 看看『書籍BindingSource』元件如何與資料集、控制項繫結起來, 然後再設定資料要以作者欄遞減排序, 並只顯示訂價大於 500 或小於 200 元的書籍。

step 1 請開啟 Form1 的**設計**視窗, 然後檢視如下的屬性值:

圖-41

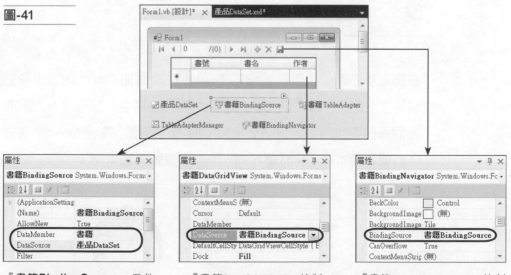

『**書籍BindingSource**』元件利用 DataSource 及 DataMember 屬性來指定要繫結的 DataSet 和 DataTable

『**書籍DataGridView**』控制項用 DataSource 屬性繫結『**書籍BindingSource**』

『**書籍BindingNavigator**』控制項用 BindingSource 屬性繫結『**書籍BindingSource**』

step 2 設定 BindingSource 元件的資料排序方式 (Sort) 與篩選條件 (Filter)：

圖-42

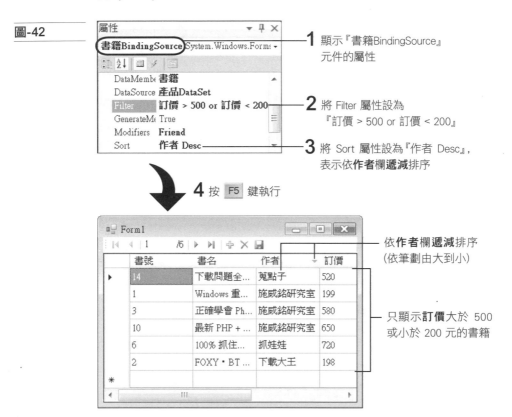

1 顯示『書籍BindingSource』元件的屬性

2 將 Filter 屬性設為『訂價 > 500 or 訂價 < 200』

3 將 Sort 屬性設為『作者 Desc』，表示依**作者**欄**遞減**排序

4 按 F5 鍵執行

依**作者**欄**遞減**排序（依筆劃由大到小）

只顯示**訂價**大於 500 或小於 200 元的書籍

在指定排序時，預設是遞增排序 (Asc)，後面加 Desc 則表示要遞減排序。另外，Asc 或 Desc 使用大寫或小寫字母都可以。如果有多個欄位要排序，則以逗號串接，例如『訂價, 書號 Desc』就會依**訂價**遞增排序，若**訂價**相同，則再依**書號**遞減排序。

Asc 是 Ascending 的縮寫，Desc 則是 Descending 的縮寫。

接續前例, 將程式改為:先依訂價遞減排序, 則再依書號遞增排序, 並
且只顯示書號大於等於 5 且小於 10 的書籍。

參考解答

將『書籍BindingSource』元件的屬性設定如下:

圖-43

 補充說明　　**如何用程式控制 BindingSource?**

如果想用程式來移到上一筆、下一筆、設定排序...等, 可使用以下的程式:

```
書籍BindingSource.MoveFirst()        ← 移到最前一筆
書籍BindingSource.MoveLast()         ← 移到最後一筆
書籍BindingSource.MovePrevious()     ← 移到上一筆
書籍BindingSource.MoveNext()         ← 移到下一筆

i = 書籍BindingSource.Position        ← 將目前為第幾筆存入 i 中 (由 0 算起)
書籍BindingSource.Position = 3        ← 移到第 4 筆 (由 0 算起)

書籍BindingSource.Sort = "訂價"                      ← 以訂價遞增排序
書籍BindingSource.Filter = "作者='施威銘研究室'"      ← 設定篩選條件
```

在篩選條件中如果要使用字
串, 則必須用『單引號』括
起來, 而不可用雙引號。

自動加入的程式碼

在介紹 VB 自動加入的程式碼之前，我們先將前面的說明做個整理：

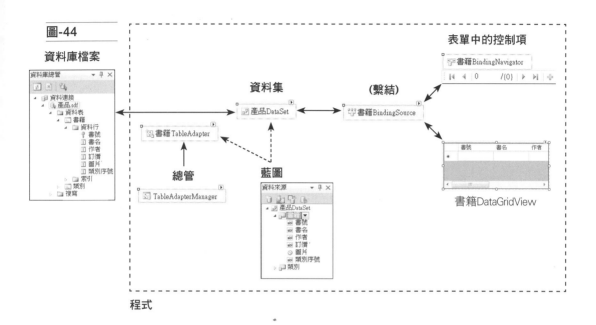

其實大部份的工作都是交由以上元件自行完成，只剩下『載入資料』與『儲存資料』二個部份留給程式處理。

 接續前例，看看 VB 自動加入了哪些程式碼。

step **1** 切換到**程式碼**視窗，自動加入的程式只處理以下兩件事件：

圖-45

使用者按下記
錄瀏覽列**儲存**
鈕 🔲 的事件

表單的載入
(Load) 事件

step **2** 首先來看表單的載入事件:

```
01 Private Sub Form1_Load(...) Handles MyBase.Load
02      'TODO：這行程式碼會將資料載入 '產品DataSet.書籍' 資料表。
03                                  '您可以視需要進行移動或移除。
04      Me.書籍TableAdapter.Fill(Me.產品DataSet.書籍)
05
06 End Sub
```

『書籍TableAdapter』的 Fill() 方法, 會將書
籍資料由『產品.sdf』中讀取出來, 然後填
入『產品DataSet』的『書籍』DataTable 中

簡單來說, 以上程式就是將資料庫中的書籍資料, 載入到記憶體中
的『書籍』DataTable。載入之後, 表單中有設繫結的可見控制項
便會自動顯示出書籍資料, 並可供使用者操作。

step **3** 接著再來看使用者按 🔲 鈕的事件程序:

```
01 Private Sub 書籍BindingNavigatorSaveItem_Click(...) _
                  Handles 書籍BindingNavigatorSaveItem.Click
02      Me.Validate()                          ←Ⓐ 驗證使用者編輯的資料是否正確
03      Me.書籍BindingSource.EndEdit() ←Ⓑ 完成編輯中的資料
04      Me.TableAdapterManager.UpdateAll(Me.產品DataSet)←Ⓒ 儲存編輯過的資料
05
06 End Sub
```

Ⓐ 表單 (Me) 的 Validate() 方法會引發表單中各控制項的
『Validating 事件』, 如想果要檢查使用者輸入資料的正確性,
例如**訂價**欄不可小於 0, **書名**欄不可空白...等, 就可在控制項的
『Validating 事件』中加入程式碼來檢查。 不過目前我們並未
使用這項功能, 所以這行程式可有可無。

Ⓑ 為了防止儲存資料時使用者正在編輯資料, 所以必須執行
BindingSource 的 EndEdit() 方法來完成編輯中的資料, 此時若
有編輯到一半的資料, 會強制變成輸入完成的狀態。

Ⓒ 最後執行 TableAdapterManager (總管) 的 UpdateAll() 方法,
將『產品DataSet』資料集中所有修改過的資料, 都一一呼叫對
應的 TableAdapter 來存回資料庫中。 不過, 由於目前表單中只
有一個 TableAdapter, 所以底下二行程式的效果相同:

```
'執行 TableAdapter 的總管, 運作對象為整個資料集
Me.TableAdapterManager.UpdateAll(Me.產品DataSet)

                    UpdateAll() 的參數為要儲存的『資料集』


'執行 TableAdapter, 運作對象為資料集中的資料表
Me.書籍TableAdapter.Update(Me.產品DataSet.書籍)

                    Update() 的參數為『資料集內的 DataTable』
```

想想看, 以上『載入資料』及『儲存資料』的動作, 為何不由所屬的資料元件自動完成就好了, 而要使用程式碼來進行呢?

參考解答

這是因為『載入資料』及『儲存資料』的時機, 可能每個程式都不同。例如有些程式需要按一個按鈕後才載入資料, 或是在關閉表單時才自動儲存資料, 這時就可依需要將相關程式搬到『按鈕事件』或『表單關閉』事件中。

 為了熟悉本節所介紹的原理, 底下我們就用純手工方式, 自行加入控制項及程式碼, 來建立一個最陽春的資料庫程式。

step❶ 開啟範例專案 Ch14-04, 我們已在**資料來源**窗格中加入『產品 .sdf』的**書籍**資料表前 5 個欄位:

圖-46

step❷ 接著我們直接在表單中加入 **BindingSource** 元件, 並設定其 DataSource 及 DataMember 屬性 (以繫結到特定 DataSet 中的 DataTable):

圖-47

1 展開**資料**分類

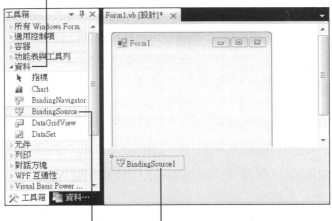

2 雙按此項加入表單　　**3** 選取新加入的 **BindingSource** 控制項

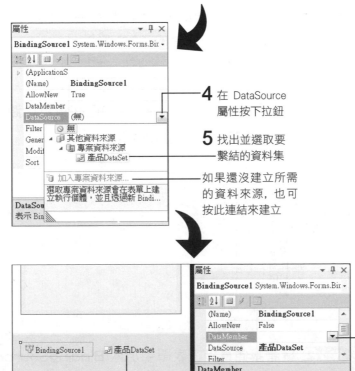

4 在 DataSource 屬性按下拉鈕

5 找出並選取要繫結的資料集

如果還沒建立所需的資料來源, 也可按此連結來建立

這裡會自動加入繫結所需的 DataSet 元件

6 在 DataMember 屬性按下拉鈕, 選**書籍** DataTable

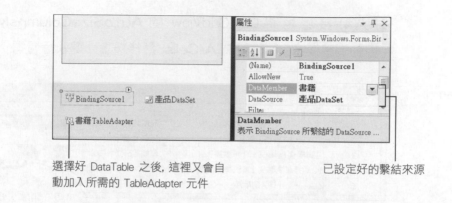

選擇好 DataTable 之後, 這裡又會自
動加入所需的 TableAdapter 元件

已設定好的繫結來源

進行到此, 我們的『資料繫結元件』 已可正常運作了,
就差一個要被繫結的控制項:

圖-48

DataGridView
或其他控制項

step**3** 加入 DataGridView 控制項並設定其資料來源:

圖-49

2 在 DataGridView 的智慧標籤中設定
DataSource 屬性為 BindingSource1

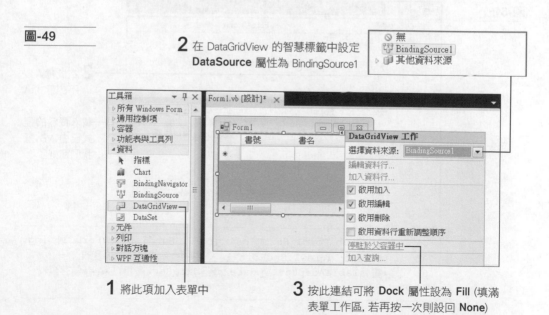

1 將此項加入表單中

3 按此連結可將 **Dock** 屬性設為 **Fill** (填滿
表單工作區, 若再按一次則設回 **None**)

step **4** 接著再將 DataGridView 的 **AutoSizeColumnsMode**
(自動調整欄寬) 屬性設為 **AllCells**, 然後按 F5 鍵執行看看:

圖-50

可以瀏覽、新增、刪除、修改資料了

step **5** 這個表單雖然可以編輯資料, 但 VB 並沒有幫我們加入儲存資料的程式 (因為不知道我們何時要儲存), 因此還得自己加入這段程式。在本例中, 最好的儲存時機就是在『關閉表單』時:

1 選擇表單的 FormClosing 事件來加入其事件程序

圖-51

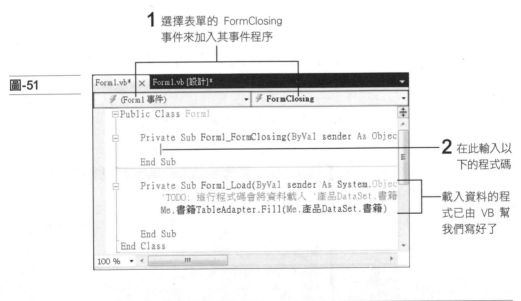

2 在此輸入以下的程式碼

載入資料的程式已由 VB 幫我們寫好了

```
01 Private Sub Form1_FormClosing(...) Handles Me.FormClosing
02     DataGridView1.EndEdit()        ← 完成編輯中的資料
03     書籍TableAdapter.Update(產品DataSet.書籍) ← 儲存資料
04 End Sub
```

step **6** 進行到此就大功告成了，您可試著修改一筆資料，然後重新啟動程式，看看是否真的有儲存到資料庫中。

 練習 請以手工方式，建立程式來瀏覽、新增、修改、刪除『成衣.sdf』資料庫中的 **Tshirt** 資料，如下圖所示：

圖-52

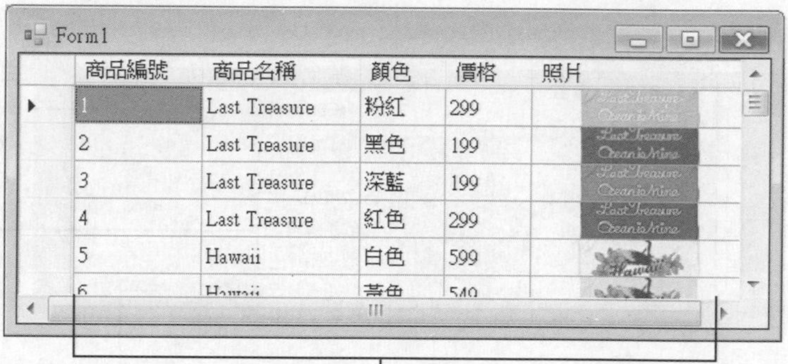

	商品編號	商品名稱	顏色	價格	照片	
▶	1	Last Treasure	粉紅	299		
	2	Last Treasure	黑色	199		
	3	Last Treasure	深藍	199		
	4	Last Treasure	紅色	299		
	5	Hawaii	白色	599		
	6	Hawaii	黃色	549		

只顯示這 5 欄就好

參考解答

只要依照前面範例的步驟：在**資料來源**中加入資料集、加入並設定 BindingSource 元件、加入並設定 DataGridView 控制項、再撰寫 FormClosing 事件程序，即可完成。完成的專案可參照範例 Ch14-05ok。

 TIPS 如果想偷懶一點，也可直接加入 DataGridView 控制項 (而不先加入 BindingSource 元件)，然後設定其資料來源 (DataSource 屬性)，此時 VB 就會自動產生所需的 BindingSource、TableAdapter、及 DataSet 元件了。

14-5 DataGridView 的進一步設定

DataGridView 是一個非常有彈性的控制項, 除了提供許多屬性可以設定外, 還可針對控制項中的每一個欄位做更精確的設定。底下我們先介紹一些常用的設定, 然後再以實例來詳細的說明:

展開智慧標籤

圖-53

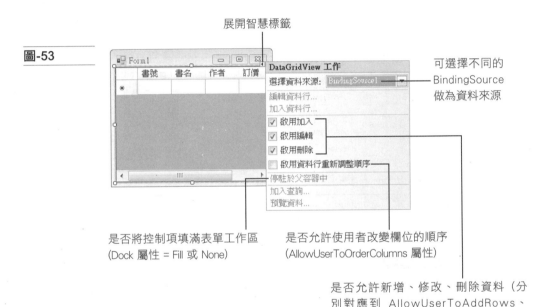

可選擇不同的 BindingSource 做為資料來源

是否將控制項填滿表單工作區 (Dock 屬性 = Fill 或 None)

是否允許使用者改變欄位的順序 (AllowUserToOrderColumns 屬性)

是否允許新增、修改、刪除資料 (分別對應到 AllowUserToAddRows、ReadOnly、AllowUserToDeleteRows 屬性)

在上圖的智慧標籤中按一下**編輯資料行**或**加入資料行**連結, 則可編輯 DataGridView 中每一個欄位 (資料行) 的屬性, 或加入新的欄位。這些操作也可以在**屬性**窗格中啟動:

圖-54

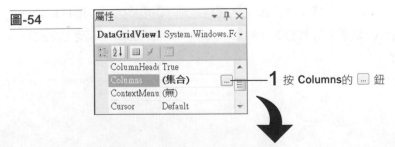

1 按 Columns的 … 鈕

2 選取要設定的欄位　　　　移動選取欄位的順序

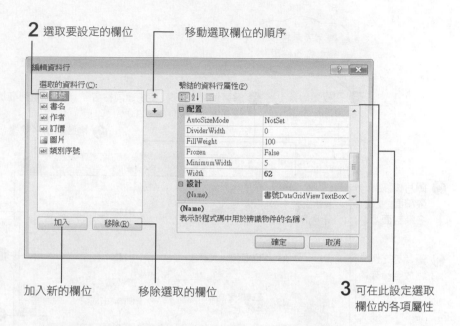

加入新的欄位　　　移除選取的欄位　　　**3** 可在此設定選取
　　　　　　　　　　　　　　　　　　　　　　　欄位的各項屬性

 上機　　將範例專案 Ch14-06 中的欄位如下調整：

圖-55

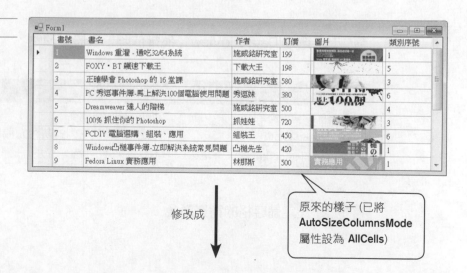

修改成　　　　　　　　　原來的樣子 (已將
　　　　　　　　　　　　　AutoSizeColumnsMode
　　　　　　　　　　　　　屬性設為 **AllCells**)

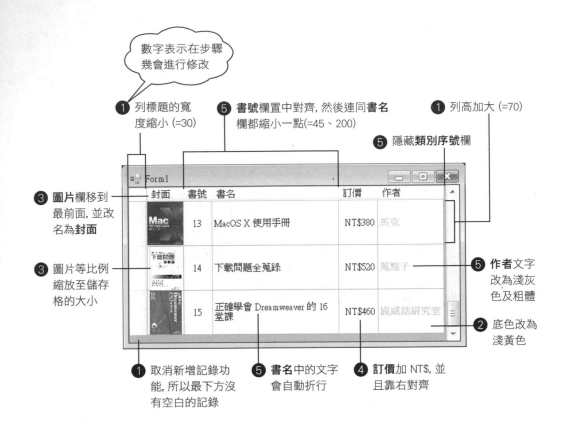

數字表示在步驟
幾會進行修改

① 列標題的寬
度縮小 (=30)

⑤ 書號欄置中對齊, 然後連同書名
欄都縮小一點(=45、200)

① 列高加大 (=70)

⑤ 隱藏類別序號欄

③ 圖片欄移到
最前面, 並改
名為封面

③ 圖片等比例
縮放至儲存
格的大小

⑤ 作者文字
改為淺灰
色及粗體

② 底色改為
淺黃色

① 取消新增記錄功
能, 所以最下方沒
有空白的記錄

⑤ 書名中的文字
會自動折行

④ 訂價加 NT$, 並
且靠右對齊

step ① 選取 DataGridView1, 然後依照下表設定屬性:

屬性	屬性值	說明
RowTemplate/Height	70	設定列高
RowHeadersWidth	30	設定列標題 (左側的灰色方塊) 的寬度
AllowUserToAddRows	False	不允許新增記錄

step ② 設定儲存格的背景顏色:

圖-56

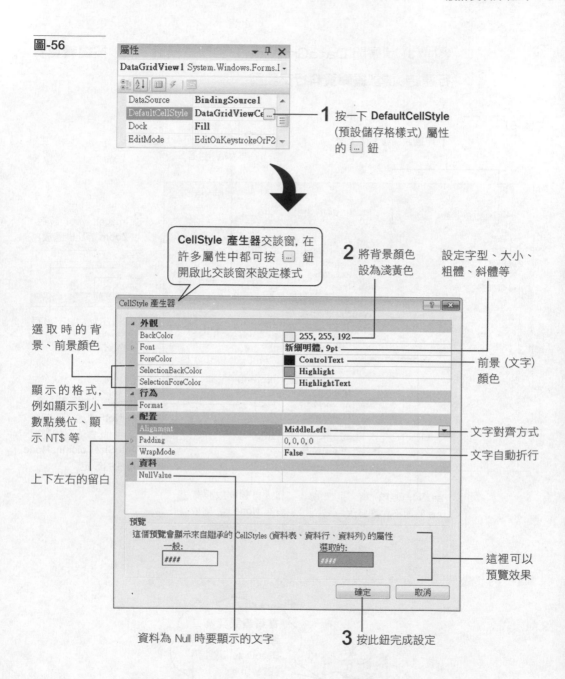

屬性

DataGridView1 System.Windows.Forms.I

DataSource	BindingSource1
DefaultCellStyle	DataGridViewCe ...
Dock	Fill
EditMode	EditOnKeystrokeOrF2

1 按一下 **DefaultCellStyle** (預設儲存格樣式) 屬性的 ⋯ 鈕

CellStyle 產生器交談窗, 在許多屬性中都可按 ⋯ 鈕開啟此交談窗來設定樣式

2 將背景顏色設為淺黃色

設定字型、大小、粗體、斜體等

CellStyle 產生器

選取時的背景、前景顏色

△ 外觀

BackColor	☐ 255, 255, 192
Font	新細明體, 9pt
ForeColor	ControlText
SelectionBackColor	Highlight
SelectionForeColor	HighlightText

前景 (文字) 顏色

顯示的格式, 例如顯示到小數點幾位、顯示 NT$ 等

△ 行為

| Format | |

△ 配置

Alignment	MiddleLeft
Padding	0, 0, 0, 0
WrapMode	False

文字對齊方式

文字自動折行

上下左右的留白

△ 資料

| NullValue | |

預覽

這個預覽會顯示來自繼承的 CellStyles (資料表、資料行、資料列) 的屬性

一般:

####

選取的:

####

這裡可以預覽效果

確定   取消

資料為 Null 時要顯示的文字

3 按此鈕完成設定

14-51

step 3 請展開 **DataGridView1** 的智慧標籤，然後按**編輯資料行**連結，開啟**編輯資料行**交談窗：

圖-57

1 將**圖片**欄移到最上面

2 將 HeaderText (欄標題) 改為『封面』

3 ImageLayout 設為 **Zoom**(等比例縮放)

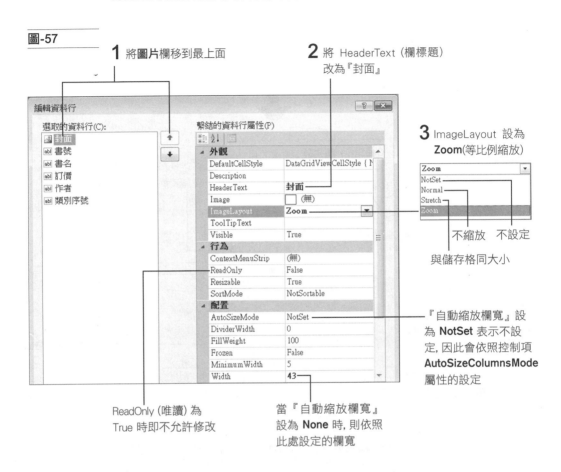

不縮放　不設定

與儲存格同大小

ReadOnly (唯讀) 為 True 時即不允許修改

當『自動縮放欄寬』設為 **None** 時, 則依照此處設定的欄寬

『自動縮放欄寬』設為 **NotSet** 表示不設定, 因此會依照控制項 **AutoSizeColumnsMode** 屬性的設定

書籍編號欄為自動編號, 所以其 ReadOnly 屬性預設為 True。

step **4** 選取**訂價**欄, 按右側最上面 DefaultCellStyle 屬性的 … 鈕, 開啟 **CellStyle 產生器**交談窗:

圖-58

1 將 Alignment 設定為 MiddleRight
(垂直置中, 水平靠右對齊)

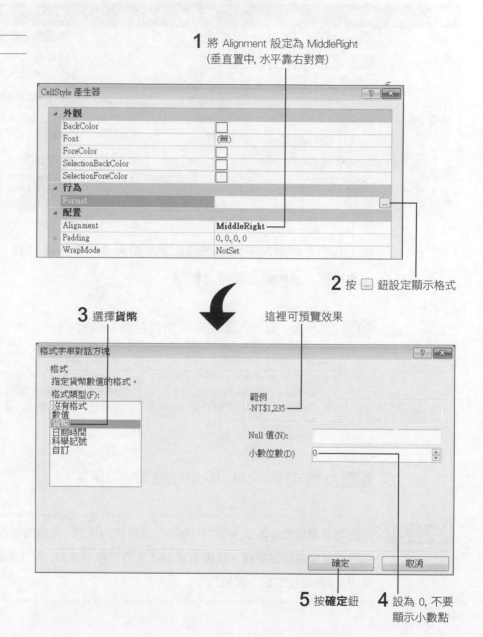

2 按 … 鈕設定顯示格式

3 選擇**貨幣**

這裡可預覽效果

5 按**確定**鈕　　**4** 設為 0, 不要
顯示小數點

step **5** 接著請依下表設定各欄位的屬性：

欄位	屬性	屬性值	說明
書號	AutoSizeMode	None	不自動調整欄寬
	Width	45	欄寬設為 45
	DefaultCellStyle/Alignment	MiddleCenter	置中對齊
書名	AutoSizeMode	None	不自動調整欄寬
	Width	200	欄寬設為 200
	DefaultCellStyle/WrapMode	True	自動折行
作者	DefaultCellStyle/ForeColor	Silver	文字顏色
	DefaultCellStyle/Font	新細明體,9pt,style=Bold	設定粗體
類別序號	Visible	False	設為隱藏

以上我們是將**類別序號**欄隱藏起來，如果未來都不會用到，那麼也可直接按 移除(R) 鈕將之移除。

step **6** 最後，請加入關閉表單時儲存資料的程式：

```
01 Private Sub Form1_FormClosing(...) Handles Me.FormClosing
02     DataGridView1.EndEdit()        ← 完成編輯中的資料
03     書籍TableAdapter.Update(產品DataSet.書籍) ← 儲存資料
04 End Sub
```

step **7** 程式寫好之後，即可按 F5 驗收成果了。

 建立可瀏覽成衣**.sdf** 資料庫中 **Tshirt** 資料表的程式，且具備修改功能，但不可新增或刪除記錄。排序方式為『先依**排序**欄遞減，再依**商品編號**遞增』，其他設定如下圖所示：

圖-59

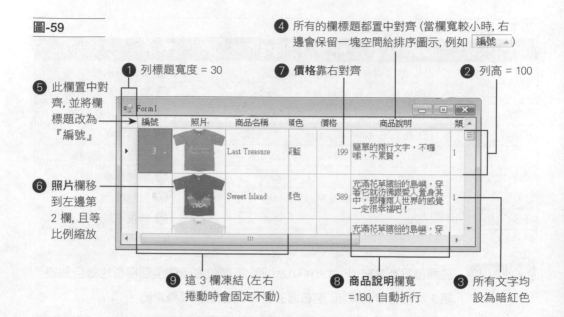

④ 所有的欄標題都置中對齊 (當欄寬較小時, 右邊會保留一塊空間給排序圖示, 例如 `編號 ▲`)

① 列標題寬度 = 30

⑦ **價格**靠右對齊

② 列高 = 100

⑤ 此欄置中對齊, 並將欄標題改為『編號』

⑥ 照片欄移到左邊第 2 欄, 且等比例縮放

⑨ 這 3 欄凍結 (左右捲動時會固定不動)

⑧ **商品說明**欄寬 =180, 自動折行

③ 所有文字均設為暗紅色

參考解答

可參照下表進行設定, 然後在表單 FormClosing 事件程序中加入儲存資料的程式碼。結果可參考範例專案 Ch14-07ok。

控制項	屬性	屬性值	說明
DataGridView1	RowHeadersWidth	30	① 設定列標題寬度
	RowTemplate/Height	100	② 設定列高
	Dock	Fill	填滿表單工作區
	AutoSizeColumnsMode	AllCells	自動調整欄寬
	AllowUserToAddRows	False	不允許新增記錄
	AllowUserToDeleteRows	False	不允許刪除記錄
	DefaultCellStyle/ForeColor	DarkRed	③ 前景顏色→深紅色
	ColumnHeadersDefaultCellStyle/Alignment	MiddleCenter	④ 欄標題→置中對齊
TshirtBindingSource	Sort	排序 Desc,商品編號	設定排序方式

以下為 DataGridView1 中的欄位設定

欄位	屬性	屬性值	說明
商品編號	HeaderText	編號	❺ 更改欄標題
	DefaultCellStyle/Alignment	MiddleCenter	❺ 置中對齊
照片	ImageLayout	Zoon	❻ 圖片等比例縮放
價格	DefaultCellStyle/Alignment	MiddleRight	❼ 靠右對齊
商品說明	AutoSizeMode	None	❽ 不自動調整欄寬
	Width	180	❽ 欄寬設為 180
	DefaultCellStyle/WrapMode	True	❽ 自動折行
商品名稱	Frozen	True	❾ 欄位凍結

TIPS 將欄位設為凍結 (Frozen=True) 時, 該欄位左邊的全部欄位也會自動凍結；反之若取消凍結, 則右邊的全部欄位也會取消凍結。

14-6 單筆檢視表單與加入圖片

DataGridView 雖然可以一次檢視多筆記錄, 但當欄位很多、或欄位內容很多、或有較大的圖片時, 那麼使用單筆檢視會比較適合：

圖-60

可用記錄瀏覽列移動記錄

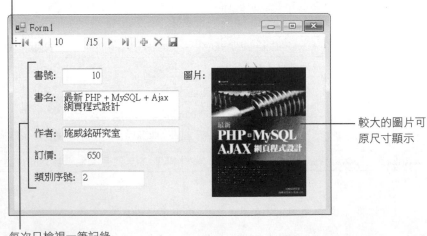

較大的圖片可原尺寸顯示

每次只檢視一筆記錄

建立書籍資料的單筆檢視表單。

step① 建立新專案 Ch14-08, 並將**產品 .sdf** 的**書籍**資料表加入**資料來源**窗格, 接著如下設定:

圖-61

1 將**書籍** DataTable 的對應控制項設為 📧 詳細資料

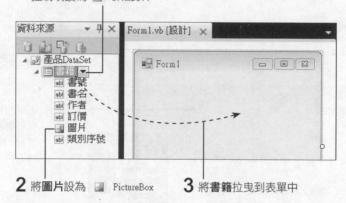

2 將**圖片**設為 🖾 PictureBox　　**3** 將**書籍**拉曳到表單中

step② 自動加入了記錄瀏覽列, 以及各欄位所對應的控制項, 請調整如下:

圖-62

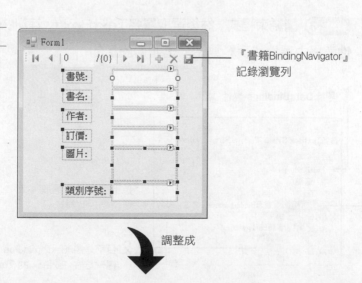

『書籍BindingNavigator』記錄瀏覽列

調整成

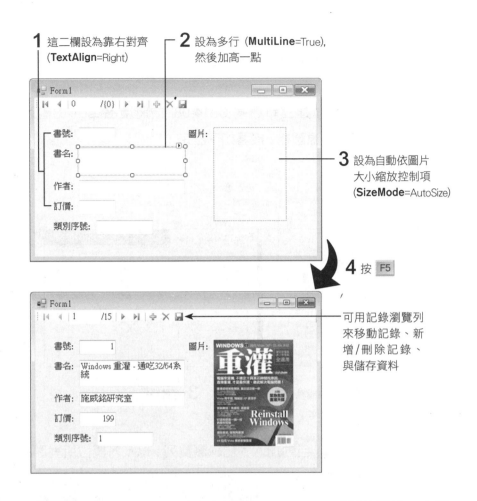

1 這二欄設為靠右對齊
(**TextAlign**=Right)

2 設為多行 (**MultiLine**=True),
然後加高一點

3 設為自動依圖片
大小縮放控制項
(**SizeMode**=AutoSize)

4 按 F5

可用記錄瀏覽列
來移動記錄、新
增 / 刪 除 記 錄 、
與儲存資料

step **3** 請結束程式, 然後選取**書名TextBox** (或其他欄位), 在**屬
性**窗格中看看『資料繫結』是如何設定的 :

圖-63

1 展開 **DataBindings** 屬性

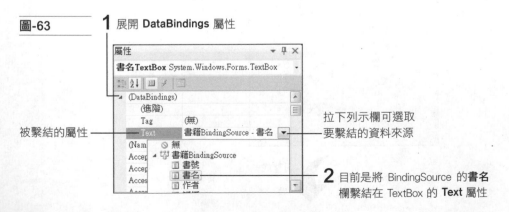

被繫結的屬性

拉下列示欄可選取
要繫結的資料來源

2 目前是將 BindingSource 的**書名**
欄繫結在 TextBox 的 **Text** 屬性

加入圖片、清除圖片

無論是單筆檢視或多筆檢視的表單，編輯文字資料都沒有問題，那麼要如何處理圖片資料呢？底下就為您介紹。

 接續前例（或開啟範例專案 Ch14-08a），在記錄瀏覽列中增加二個工具鈕，以便在目前記錄的圖片欄中『加入圖片』或『清除圖片』。

step 1 先加入一個 **對話方塊** 類別的 🖼 OpenFileDialog 控制項（稍後做為選取圖檔之用），然後再到記錄瀏覽列中加入二個工具鈕：

圖-64

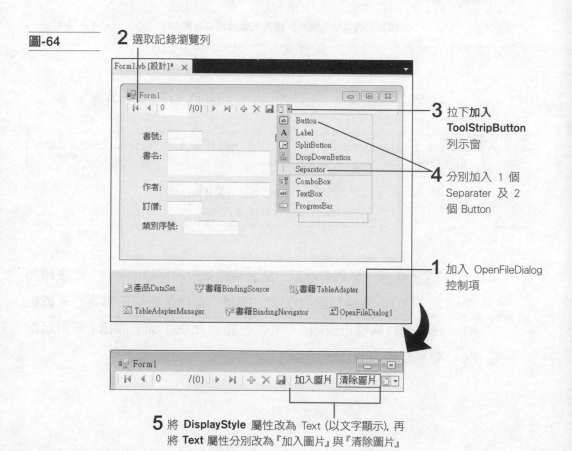

2 選取記錄瀏覽列

3 拉下加入 **ToolStripButton** 列示窗

4 分別加入 1 個 Separater 及 2 個 Button

1 加入 OpenFileDialog 控制項

5 將 **DisplayStyle** 屬性改為 Text（以文字顯示），再將 **Text** 屬性分別改為『加入圖片』與『清除圖片』

step❷ 在『加入圖片』工具鈕上雙按，建立其 Click 事件程序如下：

```
01 Private Sub ToolStripButton1_Click(...) _
          Handles ToolStripButton1.Click
02      '設定開啟舊檔交談窗中的檔案類型選單
03      OpenFileDialog1.Filter =
04          "圖檔|*.jpg;*.gif;*.jpeg;*.png;*.tif|所有檔案|*.*"
05
06      '如果在交談窗中選取了圖檔, 則將之載入到圖片欄位中
07      If OpenFileDialog1.ShowDialog() =
08              System.Windows.Forms.DialogResult.OK Then
09      圖片PictureBox.Image = New Bitmap(OpenFileDialog1.FileName)
10      End If
11 End Sub
```

由選取的圖檔載入圖片, 儲存到**圖片**欄位所繫結的 PictureBox 控制項

step❸ 繼續撰寫『清除圖片』工具鈕的 Click 事件程序：

```
01 Private Sub ToolStripButton2_Click(...) Handles ToolStripButton2.Click
02      圖片PictureBox.Image = Nothing
03 End Sub
```

清空繫結到**圖片**欄位的
PictureBox 控制項

step❹ 按 F5 啟動程式, 試著清除第一筆記錄的圖片, 然後再加入『Ch14\ 書籍封面 099.gif』圖檔, 看看是否可正常運作。最後再將圖片換回正確的『Ch14\ 書籍封面 001.gif』圖檔 (可用範例專案 Ch14-08b 進行測試)。

圖-65

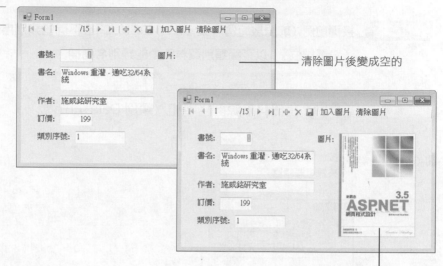

清除圖片後變成空的

載入的『書籍封面099.gif』圖檔

14-7 利用 ComboBox 建立『查閱欄位』

在前面範例表單的**類別序號**欄中會顯示類別的序號, 但光看序號很難了解其義意, 所以最好能將此序號在**類別**資料表中所對應的**類別名稱**顯示出來。

圖-66

書籍資料表

書號	書名	作者	訂價	圖片	類別序號
1	Windows 重灌 - ...	施威銘...	199	<二...	1
2	FOXY・BT 飆...	下載大王	198	<二...	5
3	正確學會 Photos...	施威銘...	580	<二...	3
4	PC 秀逗事件簿...	秀逗妹	380	<二...	6
5	Dreamweaver 達...	施威銘...	500	<二...	4

類別資料表

類別序號	類別名稱
1	作業系統
2	程式設計
3	攝影美術
4	網頁設計
5	網際網路
6	硬體玩家

此時就可利用 ComboBox 建立『查閱欄位』, 不但可以顯示出對應的類別名稱, 還可拉下列示欄來修改書籍所屬的類別。

接續前例（或開啟範例專案 Ch14-08b），將最下面的**類別序號**欄換成
『**查閱欄位**』，以查閱**類別**資料表中的**類別名稱**欄。

step **1** 在**資料來源**窗格中加入**類別** DataTable：

圖-67

1 按此鈕以開啟**資料**
來源組態精靈

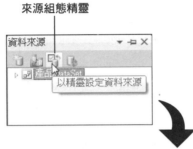

2 將**類別**資料表也勾選起來，
然後按 <u>完成(F)</u> 鈕

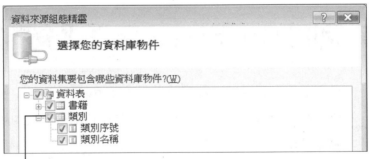

資料集中多了一
個 **類別** DataTable

step 2 將**書籍** DataTable 的**類別序號**欄對應到 ComboBox 控制項,然後加到表單中:

4 將原來的**類別序號**TexBox 刪除,再將新的**類別序號**ComboBox 移過來

圖-68

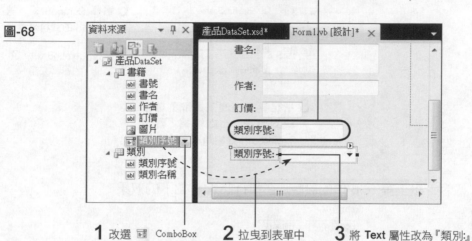

1 改選 ▦ ComboBox　　**2** 拉曳到表單中　　**3** 將 **Text** 屬性改為『**類別:**』

step 3 指定**類別序號** ComboBox 列示窗中選項的來源

圖-69

1 展開**類別序號**ComboBox 的智慧標籤

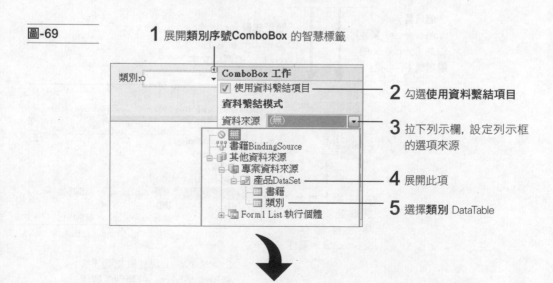

2 勾選**使用資料繫結項目**

3 拉下列示欄,設定列示框的選項來源

4 展開此項

5 選擇**類別** DataTable

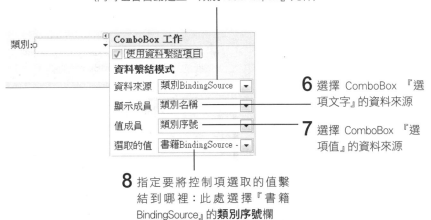

會自動建立並選取『類別BindingSource』元件
(同時也會自動建立『類別TableAdapter』元件)

6 選擇 ComboBox 『選項文字』的資料來源

7 選擇 ComboBox 『選項值』的資料來源

8 指定要將控制項選取的值繫結到哪裡：此處選擇『書籍BindingSource』的**類別序號欄**

以上第 5~8 項的設定，在執行時會有如下的效果：

圖-70

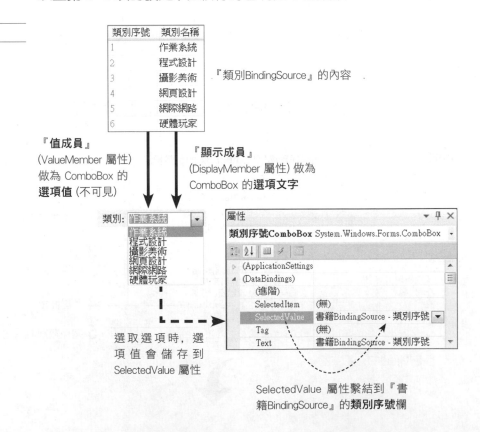

『值成員』
(ValueMember 屬性)
做為 ComboBox 的
選項值 (不可見)

『顯示成員』
(DisplayMember 屬性) 做為
ComboBox 的**選項文字**

『類別BindingSource』的內容

選取選項時，選項值會儲存到
SelectedValue 屬性

SelectedValue 屬性繫結到『書籍BindingSource』的**類別序號欄**

例如當使用者改選第 2 個選項 (**程式設計**) 時, 其『選項的值』為 2, 因此 SelectedValue 屬性會變成 2, 此時由於已建立資料繫結, 所以 2 會經由『書籍 BindingSource』元件而存入『書籍 DataSet. 書籍』DataTable 中。

step 3 請展開**類別序號** ComboBox 的 **(DataBindings)** 屬性, 看看控制項的哪些屬性有設定繫結:

圖-71

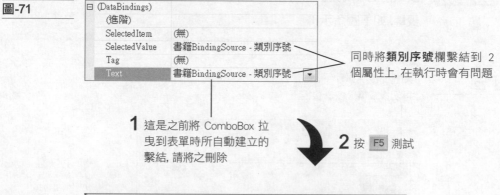

同時將**類別序號**欄繫結到 2 個屬性上, 在執行時會有問題

1 這是之前將 ComboBox 拉曳到表單時所自動建立的繫結, 請將之刪除

2 按 F5 測試

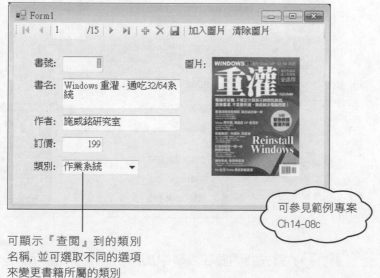

可參見範例專案 Ch14-08c

可顯示『查閱』到的類別名稱, 並可選取不同的選項來變更書籍所屬的類別

14-8 建立可篩選資料的單、多筆檢視表單

在本章的最後，我們要將前面所學的技巧加以整合，建立一個可篩選資料，以及可切換單、多筆檢視的表單。

 接續前例 (或開啟範例專案 Ch14-08c)，建立可切換單、多筆檢視的表單，如下圖所示：

圖-72

按此或按 Ctrl + Tab 鍵
可切換單筆、多筆檢視

無論移動記錄或修
改資料，單筆、多
筆檢視會同步更新

step 1 首先我們要在表單中加入一個『分頁顯示』的分頁控制項，以便將多筆、單筆檢視安排在不同的頁次中：

圖-73

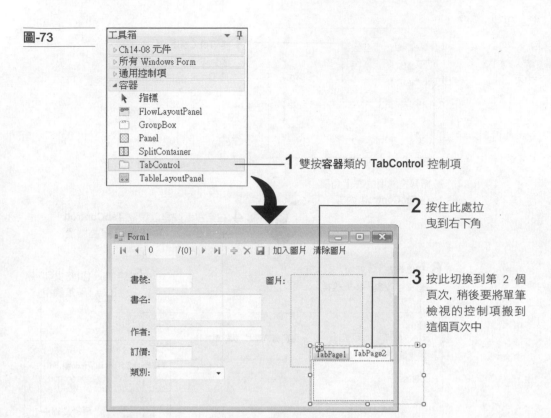

1 雙按**容器**類的 **TabControl** 控制項

2 按住此處拉曳到右下角

3 按此切換到第 2 個頁次，稍後要將單筆檢視的控制項搬到這個頁次中

step 2 將表單中原有的控制項搬到 **TabControl1** 控制項的第 2 頁次中，然後將 **TabControl1** 填滿整個表單，再修改各頁次的頁籤文字：

圖-74

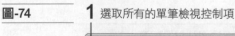

1 選取所有的單筆檢視控制項

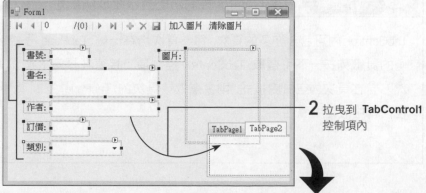

2 拉曳到 **TabControl1** 控制項內

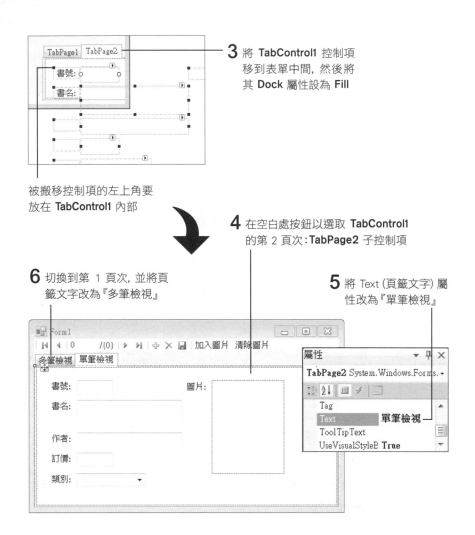

3 將 **TabControl1** 控制項移到表單中間, 然後將其 **Dock** 屬性設為 **Fill**

被搬移控制項的左上角要放在 **TabControl1** 內部

4 在空白處按鈕以選取 **TabControl1** 的第 2 頁次:**TabPage2** 子控制項

6 切換到第 1 頁次, 並將頁籤文字改為『多筆檢視』

5 將 Text (頁籤文字) 屬性改為『單筆檢視』

補充說明 **TabControl 控制項的頁次組成與設定**

TabControl 內可包含許多的頁次, 每一頁次均為一個 TabPage 子控制項。在上側的頁籤列按一下可選取 TabControl 控制項;接著在頁籤上按鈕則可切換頁次。若在頁次內空白處按鈕, 則會選取該頁次的 TabPage 控制項, 此時可在**屬性**窗格中設定其屬性。

(接下頁)

若想一次管理所有的頁次, 可以在 TabControl 控制項的 **TabPages** 屬性上按 ⋯ 鈕, 開啟如下交談窗:

1 選取要設定的 TabPage 頁次　　　可調整頁次的順序

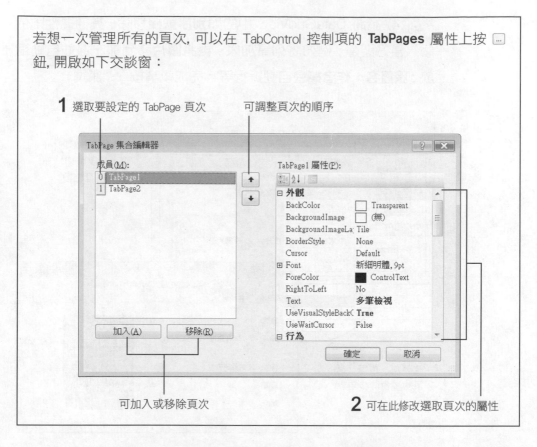

可加入或移除頁次　　　　　　**2** 可在此修改選取頁次的屬性

step 3 接著請將**資料來源**窗格中的**書籍** DataTable 對應到 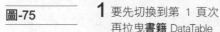 DataGridView , 然後拉曳到第 1 頁次中建立多筆檢視:

圖-75

1 要先切換到第 1 頁次
再拉曳**書籍** DataTable

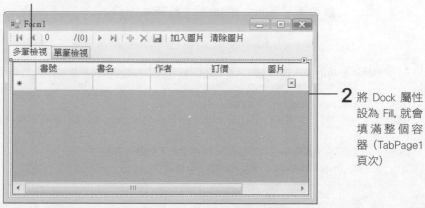

2 將 Dock 屬性
設為 Fill, 就會
填滿整個容
器 (TabPage1
頁次)

step ④ 請將 DataGridView 中的**類別序號**欄移除，其他屬性則依個人喜好調整，例如將列高加大，再將**圖片**移到最左邊並自動縮放，讓**書名**、**作者**欄會自動折行等。完成後請按 F5 測試：

圖-76

按此或按 Ctrl + Tab 鍵可切換單筆、多筆檢視

無論移動記錄或修改資料，單筆、多筆檢視會同步更新

step ⑤ 由於加入或清除圖片時，程式只會更改**單筆檢視**頁次的 PictureBox 控制項，此時如果是在**多筆檢視**頁次，則不會立即看到變更，必須等到儲存資料或離開目前記錄 (例如移到下一筆) 時才會變更。因此，請加入二行程式如下：

```
01 Private Sub ToolStripButton1_Click(...) Handles ToolStripButton1.Click
02     '設定開啟舊檔交談窗中的檔案類型選單
03     OpenFileDialog1.Filter =
04             "圖檔|*.jpg;*.gif;*.jpeg;*.png;*.tif|所有檔案|*.*"
05
06     '如果在交談窗中選取了圖檔, 則將之載入到圖片欄位中
07     If OpenFileDialog1.ShowDialog() =
```

```
08                System.Windows.Forms.DialogResult.OK Then
09          圖片PictureBox.Image = New Bitmap(OpenFileDialog1.FileName)
10          Me.書籍BindingSource.EndEdit() ◄───
11      End If
12 End Sub
13
14 Private Sub ToolStripButton2_Click(...) Handles ToolStripButton2.Click
15      圖片PictureBox.Image = Nothing
16      Me.書籍BindingSource.EndEdit() ◄───
17 End Sub
```

在更改圖片後, 立即讓『書籍BindingSource』完成
編輯中的資料, 此時就會將新的資料存入 DataSet
中, 而多筆檢視中的圖片也就自動更新了

step 6 另外，請如下在表單載入時，用程式先切換到**單筆檢視**頁次，然後再切回**多筆檢視**頁次；其目的是讓單筆檢視中的控制項能夠事先完成資料繫結的動作（初次顯示時才會進行資料繫結），以免在多筆檢視中加入圖片時，可能會因單筆檢視的 PictureBox 未完成繫結而失效。

```
01 Private Sub Form1_Load(...) Handles MyBase.Load
02      'TODO: 這行程式碼會將資料載...
03      Me.類別TableAdapter.Fill(Me.產品DataSet.類別)
04      'TODO: 這行程式碼會將資料載...
05      Me.書籍TableAdapter.Fill(Me.產品DataSet.書籍)
06
07      TabControl1.SelectedIndex = 1  ◄── 切到單筆檢視頁次
08      TabControl1.SelectedIndex = 0  ◄── 切回多筆檢視頁次
09 End Sub
```

step 7 完成後請按 F5 鍵驗收作果（可參見範例專案 Ch14-08d)。

以書籍類別來篩選資料

接著我們要利用 BindingSource 的 Filter 屬性 (在本章第 4 節介紹過) 來加入篩選功能, 讓使用者可以選取不同的**類別**來分類檢視。

 接續前例 (或開啟範例專案 Ch14-08d), 加入分類檢視的功能。

step 1 首先要加入一個用來選擇**類別**的 ComboBox, 以及一個**顯示全部**按鈕:

圖-77

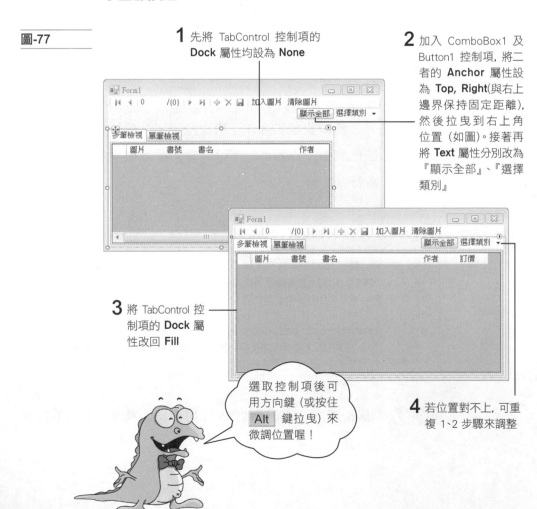

1 先將 TabControl 控制項的 **Dock** 屬性均設為 **None**

2 加入 ComboBox1 及 Button1 控制項, 將二者的 **Anchor** 屬性設為 **Top, Right**(與右上邊界保持固定距離), 然後拉曳到右上角位置 (如圖)。接著再將 **Text** 屬性分別改為『顯示全部』、『選擇類別』

3 將 TabControl 控制項的 **Dock** 屬性改回 **Fill**

選取控制項後可用方向鍵 (或按住 Alt 鍵拉曳) 來微調位置喔!

4 若位置對不上, 可重複 1、2 步驟來調整

14-72

step 2 接著要以**類別**資料表的內容做為 ComboBox1 的選項，不過為了避免影響到原有的**類別** DataTable (已被單筆檢視的**類別序號 ComboBox** 控制項所使用)，所以我們另外再建一個新的 DataTable 來使用：

圖-78

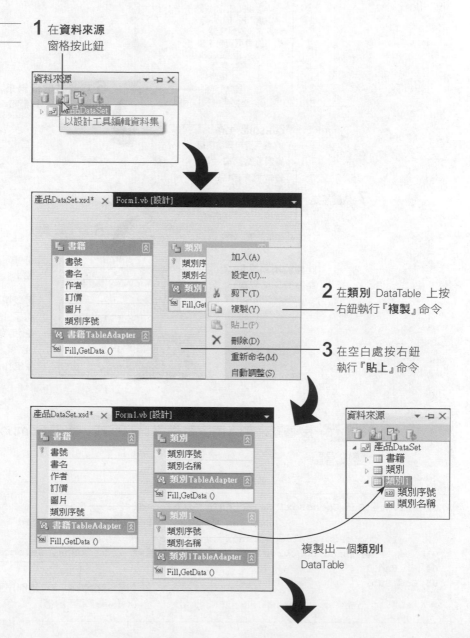

1 在**資料來源**窗格按此鈕

以設計工具編輯資料集

2 在**類別** DataTable 上按右鈕執行『**複製**』命令

3 在空白處按右鈕執行『**貼上**』命令

複製出一個**類別1** DataTable

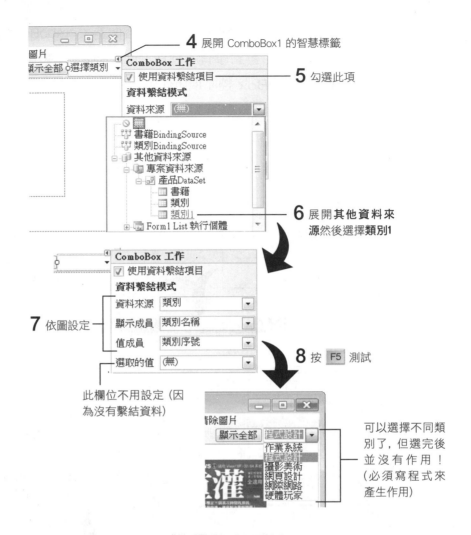

4 展開 ComboBox1 的智慧標籤

5 勾選此項

6 展開**其他資料來源**然後選擇**類別1**

7 依圖設定

此欄位不用設定 (因為沒有繫結資料)

8 按 F5 測試

可以選擇不同類別了，但選完後並 沒 有 作 用 ！ (必須寫程式來產生作用)

step 3 接著就來加入篩選書籍資料的程式，請在 ComboBox1 上雙按滑鼠：

```
01 Private Sub ComboBox1_SelectedIndexChanged(...) _
                    Handles ComboBox1.SelectedIndexChanged
02    If ComboBox1.SelectedIndex <> -1 Then      ← 如果有選擇項目
03       書籍BindingSource.Filter = "類別序號=" & ComboBox1.SelectedValue
04    End If
05 End Sub
```

設定篩選條件：『類別序號=X』
(X 為選取項目的**值**)

step 4 最後 , 再加入 Button1 (顯示全部) 的 Click 事件程序 :

```
01 Private Sub Button1_Click(...) Handles Button1.Click
02     書籍BindingSource.Filter = ""        ◄── 清除篩選條件
03     ComboBox1.Text = "選擇類別"          ◄── 讓 ComboBox1 顯示『選擇類別』
04 End Sub
```

step 5 接著將上面 03 行程式複製到表單 Load 事件程序的最後 , 讓 ComboBox1 一開始會先顯示『選擇類別』做為提示 (否則控制項預設會顯示第一個選項)。完成後請將表單的標題改成『藏經閣』, 然後按 F5 驗收成果 (可參見專案 Ch14-08ok)。

圖-79

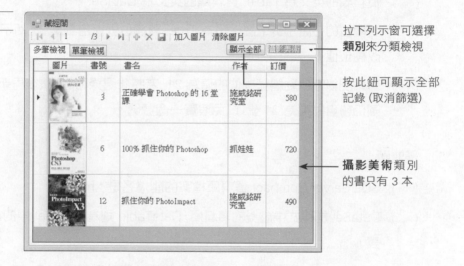

拉下列示窗可選擇**類別**來分類檢視

按此鈕可顯示全部記錄 (取消篩選)

攝影美術類別的書只有 3 本

 比照前面範例的做法, 針對『成衣.sdf』資料庫也寫一個類似的程式。

參考解答

在『成衣.sdf』中, **Tshirt** 與**類別**資料表的關係, 就和『產品.sdf』中**書籍**與**類別**資料表的關係相同, 因此讀者只要依照前述的步驟操作即可完成。當然, 若能再加上一點自己的創意就更好了。

習題

1. 是非題：

    ( ) 資料庫中的資料儲存單位是『資料集』。

    ( ) 資料表中縱向的一列稱為『欄位』或『資料行』。

    ( ) 資料表中的任一筆完整的資料稱為一筆『記錄』或『資料列』。

    ( ) 資料庫的種類有許多, 其中最常見的是『物件導向』式的資料庫。

    ( ) 關聯式資料庫最大的特色, 是可以在不同的資料表之間建立關聯。

    ( ) 資料表的英文為 Table, 資料庫的英文為 DataSet。

    ( ) 將欄位的【識別碼】屬性設為 True, 該欄位就會自動編號, 而不能任意修改欄位值。

    ( ) 新增記錄時自動編號欄位的值為 21, 若將此記錄刪除, 然後再新增一筆, 則仍會自動編為 21 號, 以免浪費一個號碼。

2. 是非題：

    ( ) SQL Server Compact 資料庫檔案的副檔名是 *.mdb。

    ( ) DataSet 是程式中虛擬的資料庫, DataTable 則為 DataSet 中的虛擬資料表。

    ( ) BindingSource 可將 DataTable 中的欄位繫結到表單的 TextBox 控制項上。

    ( ) BindingSource 可將 DataTable 繫結到表單的 DataGridView 控制項上。

    ( ) TableAdapter 是 DataSet 與表單控制項之間的溝通橋樑。

3. 在 VB 中可用來建立及管理 SQL Server Compact 資料庫檔案的是：

   (1) **資料來源**窗格。

   (2) 資料來源組態精靈。

   (3) 資料庫總管。

   (4) 在 VB 中沒有此工具，必須使用 SQL Server Compact 隨附的管理工具。

   (5) SQL Server Compact Manager。

4. 底下是資料庫程式的建立流程，請依先後順序重排。

   (1) 在**資料來源**窗格中建立資料集。

   (2) 依需要修改程式。

   (3) 建立資料連接。

   (4) 在表單中加入所需的控制項及元件。

5. 下面關於 BindingSoure 的功能，何者有誤？

   (1) 可移動目前記錄到下一筆、上一筆、最前或最後一筆。

   (2) 不能直接跳到特定的記錄 (例如第 8 筆)，而必須一筆一筆移動。

   (3) 可將 DataSet 中修改的資料存回資料庫中。

   (4) 可以設定排序的欄位，預設為遞增排序，若要遞減應加 Asc 關鍵字。

   (5) 可設定篩選條件，若條件中有字串，應使用單引號括起來而非雙引號。

6. 下面關於資料表中圖片資料的說明，何者正確？

   (1) 可利用 PictureBox 來顯示資料表中的圖片。

   (2) 可利用 PictureBox 來設定或清除資料表中的圖片。

   (3) PictureBox 的 (DataBinding)/Image 屬性可用來繫結到 DataTable 中的圖片欄位。

(4) 圖片欄位和一般文數字欄位相同, 都可利用 BindingSource 元件來與控制項繫結。

(5) PictureBox 與圖片欄位繫結後, 只要更改其 Image 屬性, 即可更改圖片欄位的內容。

(6) 要清除圖片欄位的內容, 可將 PictureBox 的 Image 屬性設為 0。

7. 下面有關『使用 ComboBox 做為查閱欄位』的說明, 何者有誤?

(1) 可依照目前 ComboBox 所繫結的欄位值, 到其他 DataTable 中查出對應的資料並顯示出來。

(2) 可將另一 DataTable 中的欄位資料做為 ComboBox 清單中的選項。

(3) 在 ComboBox 的 (DataBinding) 屬性中, SelectedValue 及 Text 子屬性必須同時與要檢視、編修的 BindingSource 繫結, 才能正常運作。

(4) ComboBox 的**資料來源** (DataSource) 屬性應與『要查閱的 BindingSource』繫結。

(5) 設定好 DataSource 屬性後, 還必須再指定該 DataSource 中的 2 個欄位, 分別做為『顯示成員』與『值成員』之用。

(6) 『顯示成員』(DisplayMember) 所對應的欄位內容, 會顯示成為 ComboBox 清單中的選項。

(7) 『顯示成員』只是做為顯示之用 (選項文字), 『值成員』(ValueMember) 才是實際的選項值 (不可見)。

(8) 當使用者選取某個選項時, 該選項文字所對應的選項值會儲存到 ComboBox 的 SelectedValue 屬性中, 並同步更改該屬性所繫結的欄位值。

8. 連連看：

資料集　　　　　　　　Row

記錄　　　　　　　　　DataBase

資料行　　　　　　　　DataSet

資料表　　　　　　　　Record

虛擬資料表　　　　　　DataTable

欄位　　　　　　　　　Table

資料庫　　　　　　　　Column

資料列　　　　　　　　Field

9. 請簡要說明資料庫和 Excel 檔之間最大的不同點, 以及在何種狀況下不適合使用 Excel 檔來儲存資料。

10. 在使用**資料來源組態精靈**設定資料來源時, VB 會詢問我們是否要將資料庫檔案複製到專案資料夾中, 請問用途為何？

11. 請畫出『實體資料庫、DataSet 定義、DataSet 元件、TableAdatper、TableAdatperManager、BindingSource、BindingNavigator、與 DataGridView』之間的關係圖。

12. 請利用範例資料庫『成衣.sdf』, 建立可編輯『促銷』活動的單筆檢視表單：

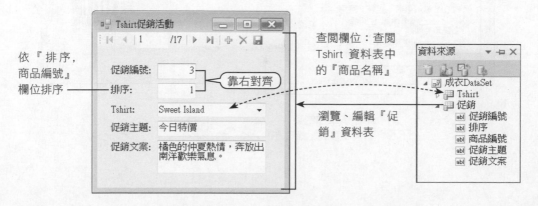

13. 接續前例,除了 Tshirt 的『商品名稱』外,還要顯示 Tshirt 的顏色、價格、圖片等資訊:

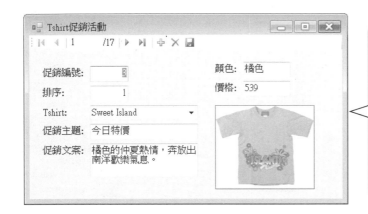

提示:只要將**資料來源**窗格中 **Tshirt** 的**顏色**、**價格**、**圖片**欄位拉曳到表單中即可。由於左側的商品編號查閱欄位 (Tshirt) 在查閱時會移動 TshirtBindingSource 的記錄,因此所有使用此 BindingSource 的欄位都會同步變更內容。

14. 請將本章最後的單、多筆分頁檢視範例,改為單、多筆顯示在一起,如下圖所示:

DataGridView 中只顯示書名

仍然具備類別的篩選功能

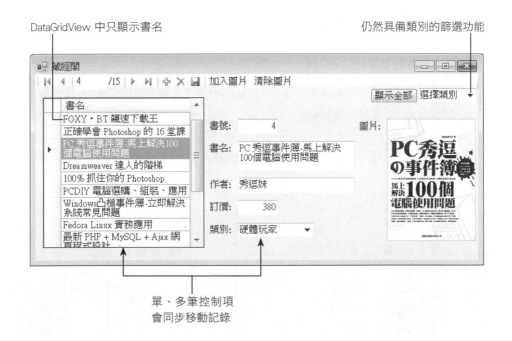

單、多筆控制項
會同步移動記錄

A 安裝 Visual Basic 2010 Express

A-1　Visual Studio 2010 的版本介紹

微軟公司所有的程式語言產品, 包括 Visual Basic、C#、C++、及 ASP.NET 等, 都已整合在名為 Visual Studio 的開發工具中。Visual Studio 2010 可分為以下幾個版本:

● Visual Studio Express: 這是微軟公司所提供的『免費』開發工具, 使用者可自行到微軟網站中下載及安裝。此版本是將 Visual Basic、C#、C++、及 ASP.NET 分成 4 個獨立的開發工具 (需個別安裝), 例如要學 Visual Basic 就可安裝的 **Visual Basic 2010 Express** 版。另外, 在 Express 版中還附有 SQL Server 2008 Express 版, 可用來開發小型的資料庫應用程式。

  雖然是『免費』的版本, 但已具備了相當完整的功能, 無論是用來學習 Visual Basic、C# 等語言, 或是用來開發小型的應用程式, 應該都不會有什麼問題。

● Visual Studio Professional: 稱為專業版, 是付費版本中的初級版本。較 Express 版增加了存取遠端資料庫、64 位元應用程式、開發行動裝置應用程式等支援, 並且可在同一開發環境中, 混合使用 Visual Basic/C#/C++/ASP.NET 來開發各類應用程式。

● Visual Studio Premium: 稱為企業版, 在操作介面及使用環境上提供了更多的功能, 並包含協同開發、生命週期、程式碼分析等多種工具, 並且提供更多方便的工具可以簡化資料庫開發。

● Visual Studio Ultimate：企業旗艦版, 除了前述所有功能以外, 還提供了中、大型專案所需的架構與模型、實驗室管理。

本書是使用 **Visual Basic 2010 Express** 做為程式開發工具, 不過您也可使用其它的版本來學習, 因為其他各版本只有功能多寡的差異, 在基本操作及功能上都是一樣的。

A-2 下載安裝程式

Visual Basic 2010 Express 是免費的 Visual Basic 開發工具, 您可以連到 http://www.microsoft.com/express/downloads/ 來進行線上安裝, 或是先下載完整的安裝程式後再離線安裝。

● **線上安裝**：如果您只要在一、兩台電腦上安裝 Visual Basic 2010 Express, 可以選用這個比較快速的安裝方式。

圖-1

1 按此連結

2 選擇語言

接著就會開始下載, 下載完成後執行該檔案進行線上安裝, 相關
步驟請參閱下一節。

● **離線安裝**：如果有好幾台電腦都要安裝, 或是還想安裝 Visual
Studio 2010 Express 的其他開發工具 (Visual C#、Visual C++、
或 Visual Web Developer 等), 則建議先下載完整的 Visual
Studio 安裝程式, 然後燒錄到 DVD 後再進行安裝。

圖-2

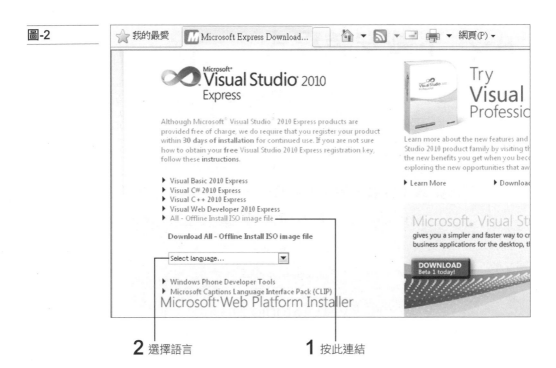

2 選擇語言   **1** 按此連結

下載回來的檔案是 DVD 光碟的 ISO 檔, 請使用燒錄軟體還原成
DVD 光碟, 然後由光碟進行安裝：

圖-3

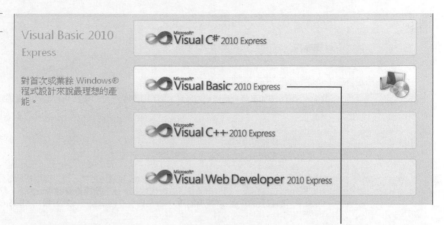

選此項, 即可依照下一節的步驟進行安裝

A-3 開始安裝

圖-4

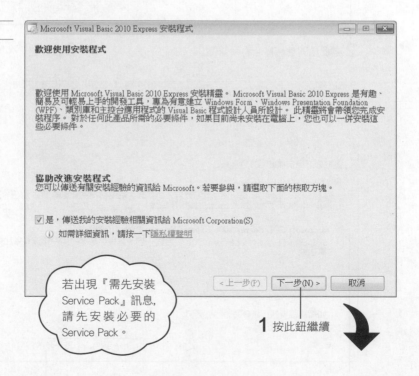

若出現『需先安裝 Service Pack』訊息, 請先安裝必要的 Service Pack。

1 按此鈕繼續

圖-5

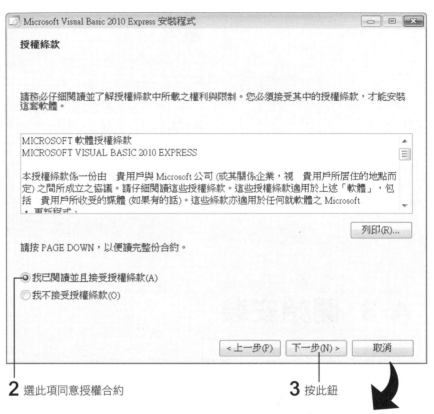

2 選此項同意授權合約　　　　　　　3 按此鈕

圖-6

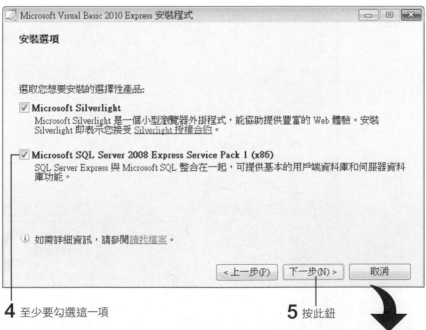

4 至少要勾選這一項　　　　　　　5 按此鈕

圖-7

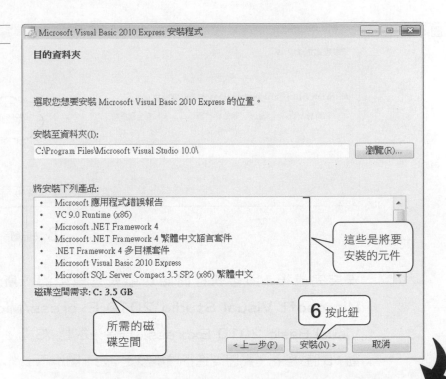

Microsoft Visual Basic 2010 Express 安裝程式

目的資料夾

選取您想要安裝 Microsoft Visual Basic 2010 Express 的位置。

安裝至資料夾(I):

C:\Program Files\Microsoft Visual Studio 10.0\ 　瀏覽(R)...

將安裝下列產品:

- Microsoft 應用程式錯誤報告
- VC 9.0 Runtime (x86)
- Microsoft .NET Framework 4
- Microsoft .NET Framework 4 繁體中文語言套件
- .NET Framework 4 多目標套件
- Microsoft Visual Basic 2010 Express
- Microsoft SQL Server Compact 3.5 SP2 (x86) 繁體中文

這些是將要安裝的元件

磁碟空間需求: C: 3.5 GB

所需的磁碟空間

6 按此鈕

< 上一步(P)　安裝(N) >　取消

圖-8

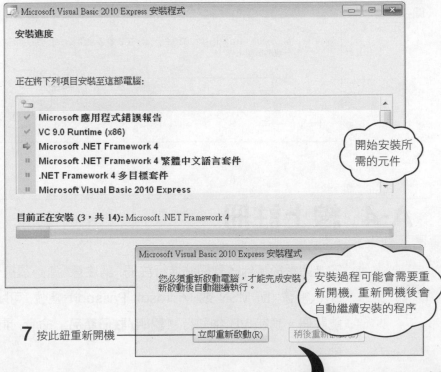

Microsoft Visual Basic 2010 Express 安裝程式

安裝進度

正在將下列項目安裝至這部電腦:

- ✓ **Microsoft 應用程式錯誤報告**
- ✓ **VC 9.0 Runtime (x86)**
- ⇨ **Microsoft .NET Framework 4**
- ‖ **Microsoft .NET Framework 4 繁體中文語言套件**
- ‖ **.NET Framework 4 多目標套件**
- ‖ **Microsoft Visual Basic 2010 Express**

開始安裝所需的元件

目前正在安裝 (3,共 14): Microsoft .NET Framework 4

Microsoft Visual Basic 2010 Express 安裝程式

您必須重新啟動電腦,才能完成安裝,重新啟動後自動繼續執行。

安裝過程可能會需要重新開機, 重新開機後會自動繼續安裝的程序

7 按此鈕重新開機 ── 立即重新啟動(R)　稍後重新啟動(S)

圖-9

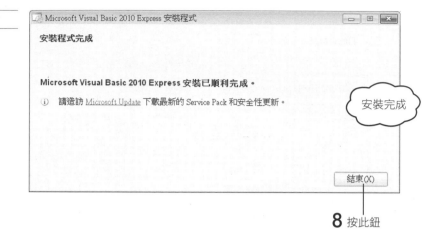

安裝完成

8 按此鈕

安裝完成後，即可執行**開始**功能表選單中的『**所有程式/
Microsoft Visual Studio 2010 Express/Microsoft
Visual Basic 2010 Express**』命令來啟動 VB 了。第一次啟
動 VB 時, 會花一點時間進行環境設定, 如下圖所示：

圖-10

稍待一會兒,
就可進入 VB
Express 了。

A-4 線上註冊

安裝完畢後請到微軟網站進行註冊, 請注意, 您必須擁有 Windows
Live 帳號 (即 MSN 或 Microsoft Passport 帳號, 可隨時申請) 才
能註冊。請在 VB 中執行『**說明/註冊產品**』命令, 開啟如下交談
窗：

圖-11

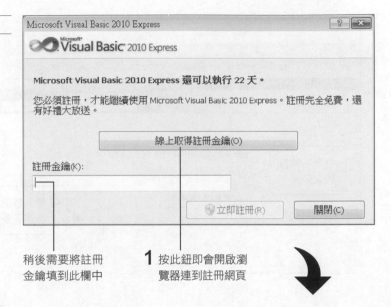

稍後需要將註冊
金鑰填到此欄中

1 按此鈕即會開啟瀏
覽器連到註冊網頁

2 在此輸入您的 Windows Live
電子郵件地址及密碼

圖-12

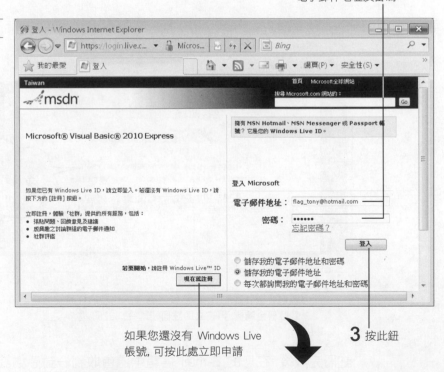

如果您還沒有 Windows Live
帳號,可按此處立即申請

3 按此鈕

圖-14

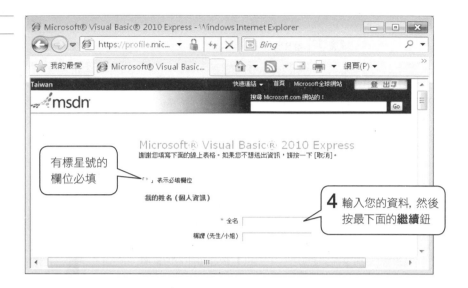

接著就會顯示註冊金鑰：

圖-15

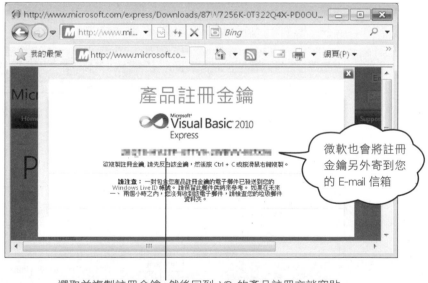

選取並複製註冊金鑰, 然後回到 VB 的產品註冊交談窗貼
到**註冊金鑰**欄, 再按**立即註冊**鈕即完成註冊

註冊完成後, 在您的 E-mail 信箱中還會收到一封感謝註冊的信函,
您可前往信中所列的網站以獲取更多有關 VB 的資源。

B

Visual Basic
的保留字

下表列出 Visual Basic 的保留字，這些字不可用來做為變數或程序的名稱。

AddHandler	AddressOf	Alias	And
AndAlso	As	Boolean	ByRef
Byte	ByVal	Call	Case
Catch	CBool	CByte	CChar
CDate	CDec	CDbl	Char
CInt	Class	CLng	CObj
Const	Continue	CSByte	CShort
CSng	CStr	CType	CUInt
CULng	CUShort	Date	Decimal
Declare	Default	Delegate	Dim
DirectCast	Do	Double	Each
Else	ElseIf	End	EndIf
Enum	Erase	Error	Event
Exit	False	Finally	For
Friend	Function	Get	GetType
GetXMLNamespace	Global	GoSub	GoTo
Handles	If	If()	Implements
Imports	In	Inherits	Integer
Interface	Is	IsNot	Let
Lib	Like	Long	Loop
Me	Mod	Module	MustInherit
MustOverride	MyBase	MyClass	Namespace
Narrowing	New	Next	Not
Nothing	NotInheritable	NotOverridable	Object
Of	On	Operator	Option
Optional	Or	OrElse	Out
Overloads	Overridable	Overrides	ParamArray
Partial	Private	Property	Protected
Public	RaiseEvent	ReadOnly	ReDim
REM	RemoveHandler	Resume	Return
SByte	Select	Set	Shadows
Shared	Short	Single	Static
Step	Stop	String	Structure
Sub	SyncLock	Then	Throw
To	True	Try	TryCast
TypeOf	Variant	Wend	UInteger
ULong	UShort	Using	When
While	Widening	With	WithEvents
WriteOnly	Xor		

C 程式的偵錯與編譯

C-1 VB 的偵錯功能

不管是初學者或有經驗的程式設計師, 在寫程式時難免都會遇到一些錯誤, 此時就必須進行『偵錯』(找出錯誤的地方), 然後才能加以修正。VB 所提供的偵錯功能, 可分為『編輯時期』與『執行時期』二個階段, 分述如下:

編輯時期:即時檢查語法錯誤

VB 具備即時語法偵錯的功能, 當我們在撰寫程式時若有語法錯誤, 則在錯誤的地方會立即出現『波浪底線』, 此時可將滑鼠指標移到該處來觀看錯誤原因:

圖-1

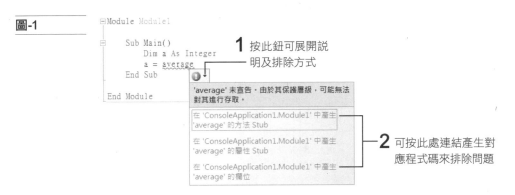

除此之外, 所有偵測到的錯誤也會明列在**錯誤清單**視窗中 (可執行『**檢視/錯誤清單**』命令開啟)。直接在**錯誤清單**視窗中的項目上雙按, 插入點就會移到發生錯誤的地方:

圖-2

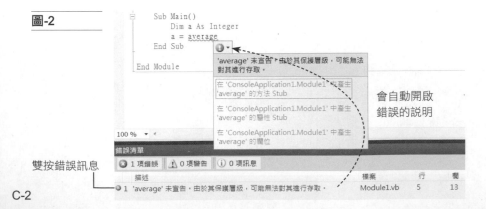

俗話說：『當局者迷』，有時對 VB 所提示的說明，對照自己寫的程式，看半天會看不出所以然，此時即可利用線上說明來幫助我們找出問題所在：

圖-3

當然 VB 沒有聰明到知道每一個程式、每一個語法錯誤的『實際』問題及其解決方式，所以不需將說明文件視為聖經，而是指引我們找出可能錯誤原因的指南。利用線上說明所提供的資訊、加上自己對 VB 的知識、對程式功能的瞭解，應能順利解決程式的語法錯誤。

執行時期：以偵錯模式執行程式

當我們按 `F5` 鍵時, 是以**偵錯**模式 (Debug Mode) 執行程式, 此時程式執行都在 VB 的掌控之下, 例如我們可以直接由 VB 來暫停或結束程式的執行。

圖-4

按此鈕可結束程式

執行中的程式

如果程式執行過程中發生例外 (Exception), VB 也會暫時停止程式執行, 並提示如下訊息：

圖-5

程式目前正執行到這一行 (暫停中)　　　例外的名稱

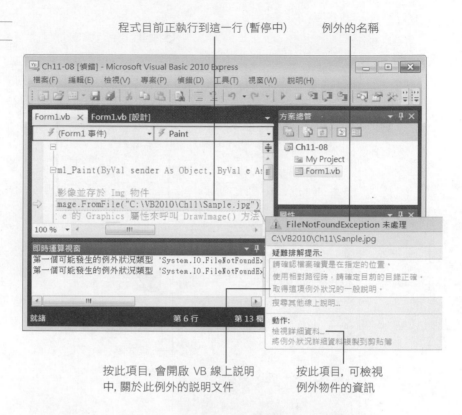

按此項目, 會開啟 VB 線上說明　　　　　按此項目, 可檢視
中, 關於此例外的說明文件　　　　　　　例外物件的資訊

若所發生的例外, 是可以透過修改程式解決, 可直接在 VB 中編修
程式:

圖-6

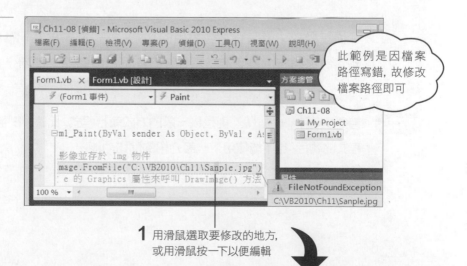

此範例是因檔案
路徑寫錯, 故修改
檔案路徑即可

1 用滑鼠選取要修改的地方,
或用滑鼠按一下以便編輯

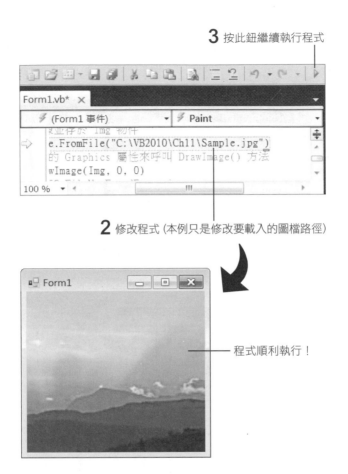

3 按此鈕繼續執行程式

2 修改程式 (本例只是修改要載入的圖檔路徑)

程式順利執行！

『偵錯模式』還有其它更實用的功能, 就是監看程式執行的狀態、監看敘述執行的結果等, 不過這都要配合**中斷點**來使用。

 若是按 Ctrl + F5 鍵, 則是以一般的方式執行程式, 此時 VB 無法控制程式的執行, 也不能使用下一節介紹的除錯功能。

C-2　使用中斷點及逐步執行輔助偵錯

在『偵錯模式』下, 我們可用 VB 的偵錯功能來監看程式執行的狀態, 不過由於程式的執行都非常快速, 因此通常需借助**中斷點**讓程式會在特定敘述暫停執行, 以便我們監看程式狀態。

設定中斷點

中斷點 (Breakpoint)是指 VB 會暫停程式的位置, 我們可在某個敘述上設定中斷點, 則 VB 執行到該行程式時, 就會暫時停止執行, 讓我們可在 VB 中檢視目前程式的狀態 (例如查看變數或屬性值等等)。

設定中斷點的方式很簡單, 只要用滑鼠在敘述左側的灰色區域按一下, 就會出現一個紅點, 表示該敘述已被設為中斷點了:

圖-7

用滑鼠在敘述左側的灰色區域按一下

假設要將這行設為中斷點

出現紅點

程式碼也被標示為紅色

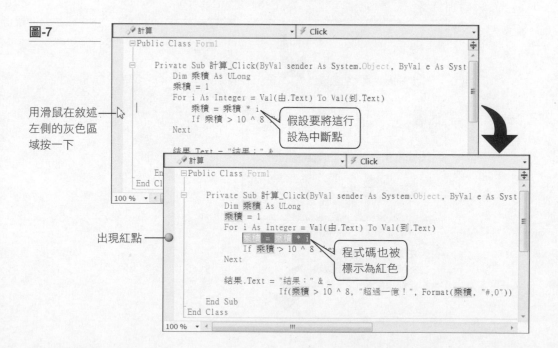

如果在紅點上按滑鼠左鈕, 則可取消中斷點設定 (紅點會消失)。

當我們在 VB 中於想要觀察的敘述位置設妥中斷點後, 即可按 F5 鍵執行程式, 只要程式執行到中斷點位置, VB 就會自動暫停程式。如果中斷點是設在事件程序之中, 就要設法觸發該事件, 讓程式會執行到中斷點的位置。我們就以範例專案 Ch07-05 來示範:

圖-8

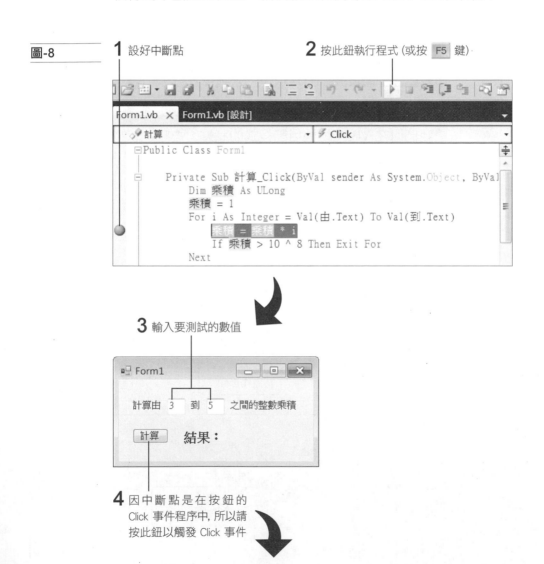

1 設好中斷點

2 按此鈕執行程式 (或按 F5 鍵)

3 輸入要測試的數值

4 因中斷點是在按鈕的 Click 事件程序中, 所以請按此鈕以觸發 Click 事件

執行到中斷點時, VB　　若要繼續執行, 可按此鈕 (但
視窗會自動移到前景　　下次再碰到中斷點, 仍會暫停)

黃色箭頭表
示目前停在
這一行 (此
行還沒執行)

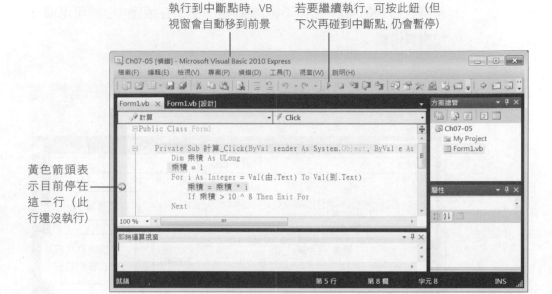

程式暫停後, 我們就可檢視各變數或物件屬性的值, 或者使用逐步
執行的功能來監看程式執行各敘述時的變化。以下我們先說明檢
視變數與屬性值的方法。

檢視變數與屬性值

當程式執行到中斷點暫停時, 我們可在 VB 中檢視變數和屬性的值,
最簡單的方法之一即是將滑鼠指到要查看的變數或屬性, 就會出現
浮動的標籤顯示其值:

圖-9

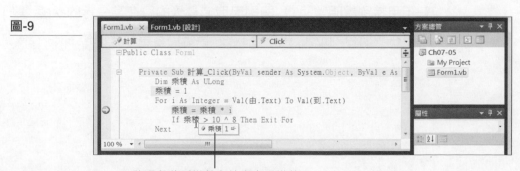

將滑鼠移到變數上就會出現變數
目前的值 (移開滑鼠就會消失)

按標籤右側的圖釘圖示，則可將標籤『釘』在視窗中，並可用滑鼠拉曳其位置：

圖-10

此圖示表示這一行　　　　釘住的標籤可用滑鼠　　　　將滑鼠移到標籤上，會
有釘住的標籤　　　　　　拉曳、移動位置　　　　　　出現這 3 個控制鈕

如圖所示，將滑鼠指到標籤時，會出現 3 個控制鈕，其中關閉標籤鈕不用特別說明；而 ⊞ 鈕則可取消標籤的釘在某一行的狀態，變成釘在視窗目前位置，捲動程式時，標籤仍會留在『原位』：

圖-11

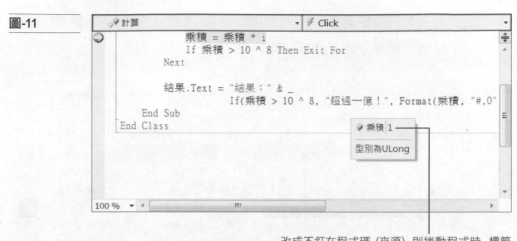

改成不釘在程式碼 (來源), 則捲動程式時, 標籤
將不會隨程式移動, 而留在視窗固定位置

按 ≫ 鈕則會在標籤中顯示如下的註解欄位, 讓我們可輸入說明文
字：

圖-12

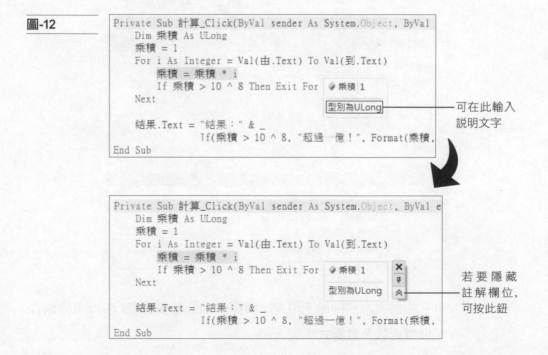

如果想看的是某個 If 敘述中的條件式判斷結果, 可用滑鼠將該條件式『標示』起來, 如下操作:

圖-13

其它的檢視方式則是使用 VB 所提供的偵錯視窗進行, 以下分別介紹**區域變數**及**監看式**視窗。

圖-14

進入此子功能表, 即可
選擇要開啟的視窗

本附錄將介
紹這 2 項最
常用的功能

區域變數

進入偵錯模式時, 預設即會開啟此視窗 (若未開啟, 亦可執行『**偵
錯/視窗/區域變數**』命令開啟之)。**區域變數**指的是在目前程序中
所宣告的變數 (包括程序的參數), 但是我們加入表單的控制項並非
程序中的變數, 所以其屬性就不會列出。例如在偵錯範例 Ch07-05
的程式中可看到:

圖-15

展開加號可檢視物
件變數的屬性值

雖然程式用到這兩個控制項屬性, 但它們
並非程序中宣告的變數, 所以不會列出

目前是在按
鈕的 Click
事件程序中

這些都是程序中
的變數 (表單物
件 Me 也會列出)

變數目前的值

變數的資料型別

在**區域變數**視窗中, 若想測試不同的變數值對程式有什麼影響, 亦可修改變數值, 再執行程式以測試結果, 例如:

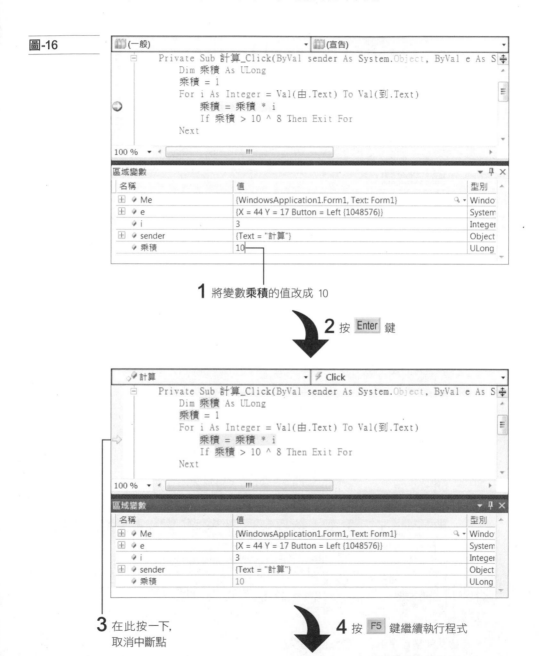

圖-16

1 將變數**乘積**的值改成 10

2 按 Enter 鍵

3 在此按一下, 取消中斷點

4 按 F5 鍵繼續執行程式

3*4*5 的乘積增加了 10 倍
(因為變成 10*3*4*5)

監看式

前面介紹過標示程式碼片段, 並使用快速監看式來檢視 If 條件式
的判斷結果, 在**快速監看式**交談窗中按**加入監看式**鈕, 則可將監看
的內容加入**監看式**視窗。或者也可執行『**偵錯/視窗/監看式**』命
令顯示**監看式**視窗, 並可如下輸入要監看的變數、屬性、或運算
式, 例如:

圖-17

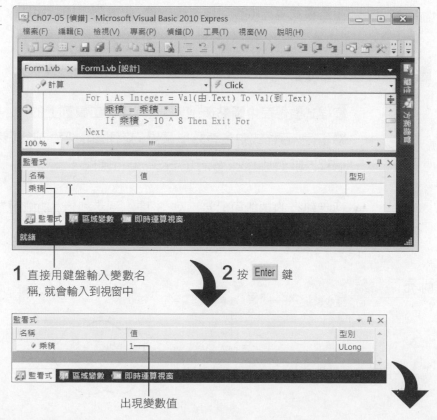

1 直接用鍵盤輸入變數名
稱, 就會輸入到視窗中

2 按 Enter 鍵

出現變數值

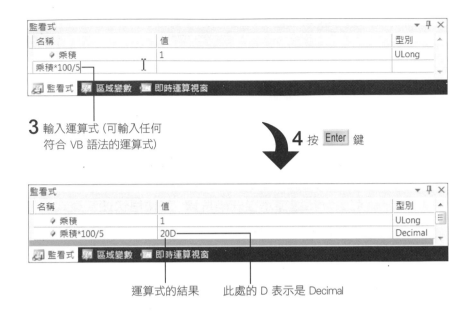

3 輸入運算式 (可輸入任何符合 VB 語法的運算式)

4 按 Enter 鍵

運算式的結果　　此處的 D 表示是 Decimal

在**監看式**視窗中也可修改變數值, 此處就不重複說明。

逐步執行程式

當程式暫停在**中斷點**後, 我們隨時可按工具列上的 ▶ 鈕讓程式繼續執行, 若程式中含有難以察覺的邏輯錯誤時, 或想觀察程式執行過程, 則可利用逐步執行的方式, 進行瞭解。

逐步執行的功能可分為下列 3 種:逐步執行 (功能鍵為 F8)、不進入函式 (Shift + F8)、跳離函式 (Ctrl + Shift + F8)。

圖-18

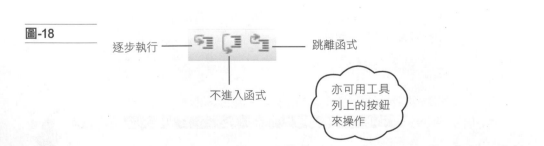

逐步執行

不進入函式

跳離函式

亦可用工具列上的按鈕來操作

逐步執行 F8

在程式暫停的情況下, 按 F8 鍵即可執行黃色箭頭所指的敘述, 每按一次就執行一行敘述, 所以稱為逐步執行。在執行過程中, 被敘述修改的變數值, 也都會立即反應在**區域變數**等視窗中, 所以利用此種執行方式, 我們就能瞭解每一行敘述的執行結果與程式狀態:

圖-19

目前程式暫停在中斷點

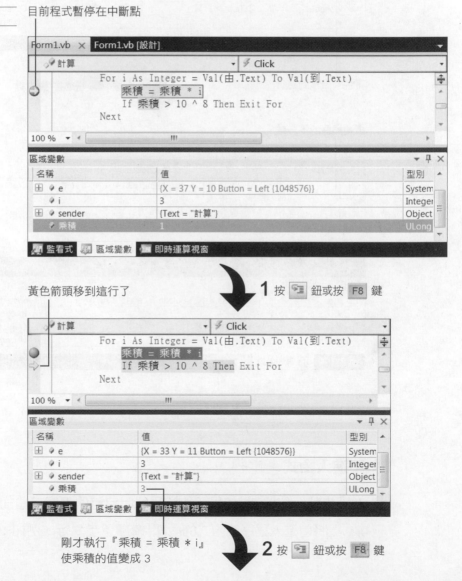

黃色箭頭移到這行了

1 按 鈕或按 F8 鍵

剛才執行『乘積 = 乘積 * i』使乘積的值變成 3

2 按 鈕或按 F8 鍵

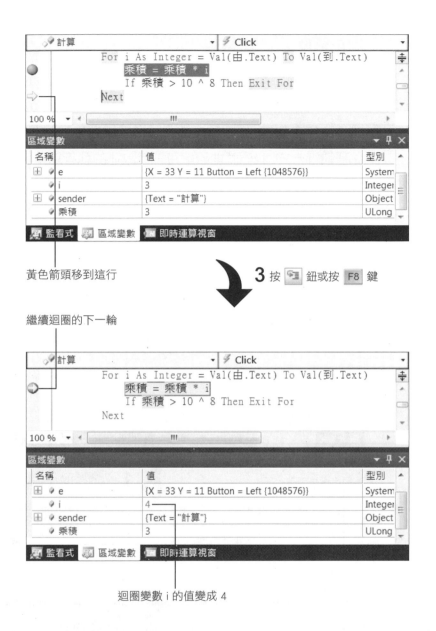

黃色箭頭移到這行

3 按 🔳 鈕或按 F8 鍵

繼續迴圈的下一輪

迴圈變數 i 的值變成 4

不進入函式 Shift + F8

在逐步執行敘述時, 如果該敘述是呼叫自訂的程序或函式, 此時按 F8 鍵將會進入程序或函式的內部, 繼續逐步執行。例如:

圖-20

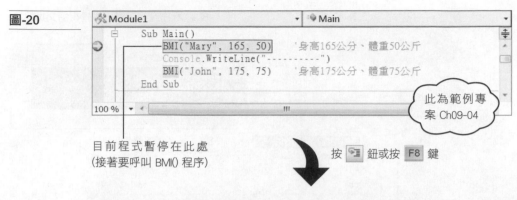

目前程式暫停在此處
(接著要呼叫 BMI() 程序)

按 鈕或按 F8 鍵

此為範例專
案 Ch09-04

跳到自訂程序內部了

如果已確定自訂程序或函式的內容沒有問題, 不想進入其中, 此時
可按 Shift + F8 鍵, VB 就會把呼叫自訂程序或函式的敘述, 當成一
般的敘述一次執行完:

圖-21

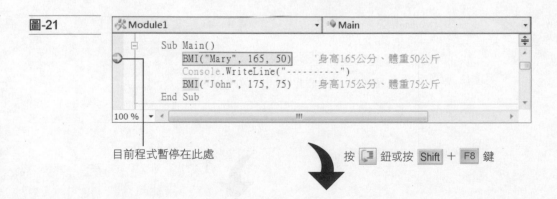

目前程式暫停在此處

按 鈕或按 Shift + F8 鍵

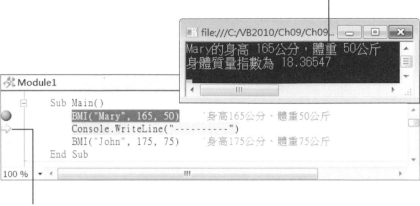

BMI() 程序在文字模式中輸出的文字訊息

直接跳到下一行敘述, 不進入 BMI() 程序中

如果在非呼叫自訂程序或函式的敘述上按 Shift + F8 鍵, 其效果和按 F8 鍵一樣, 只是做逐步執行。

跳離函式 Ctrl + Shift + F8

如果已經按 F8 進入自訂程序或函式之後, 不想在其中繼續執行, 而想回到原呼叫的敘述之下繼續, 則可按 Ctrl + Shift + F8 鍵立即完成自訂程序或函式的執行, 返回原呼叫敘述的下一個敘述:

圖-22

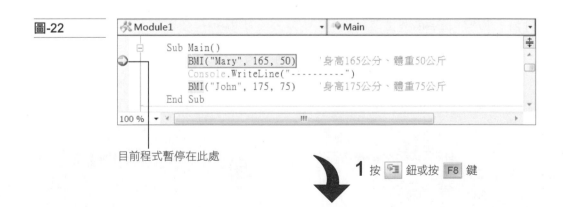

目前程式暫停在此處

1 按 鈕或按 F8 鍵

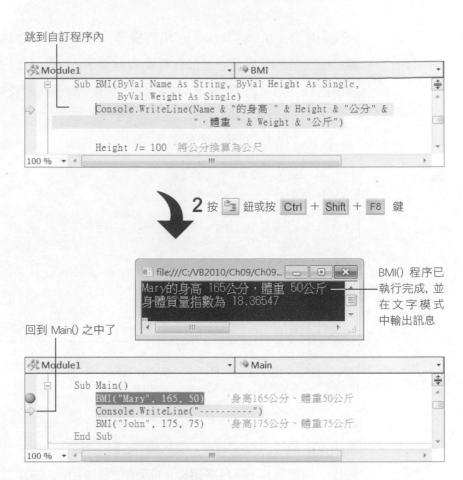

跳到自訂程序內

2 按 🗐 鈕或按 Ctrl + Shift + F8 鍵

BMI() 程序已
執行完成, 並
在文字模式
中輸出訊息

回到 Main() 之中了

再次提醒讀者, 在程式被中斷的情況下, 任何時候都可按 ▶ 鈕繼續執行程式, 除非後面又遇到中斷點才會再度被中斷。

C-3 將程式編譯為執行檔

當我們在 VB 中測試好程式的功能, 可能會將程式的執行檔拿給別人使用, 此時就需從專案資料夾中找出執行檔。但在此之前, 我們要先認識 VB 兩種編譯程式的方式。

VB 提供 Debug 和 Release 兩種編譯方式 (在 VB 中稱為**方案組態**), 編譯好的結果預設是放在專案資料夾下的 bin 資料夾, 並依所選擇的編譯方式, 分別存於 Debug 或 Release 子資料夾中:

bin 是在專案 (方案) 的資料夾下

圖-23

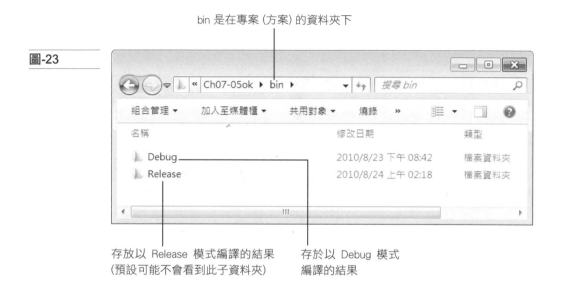

存放以 Release 模式編譯的結果
(預設可能不會看到此子資料夾)

存於以 Debug 模式
編譯的結果

不過 VB 預設是以 Debug 模式編譯, 甚至在 Express 版預設也隱藏了切換編譯模式 (**方案組態**) 的功能, 要啟用此功能, 並切換編譯模式, 可如下進行:

圖-24

1 執行此命令, 將
VB 開發環境切換
為『**專家設定**』

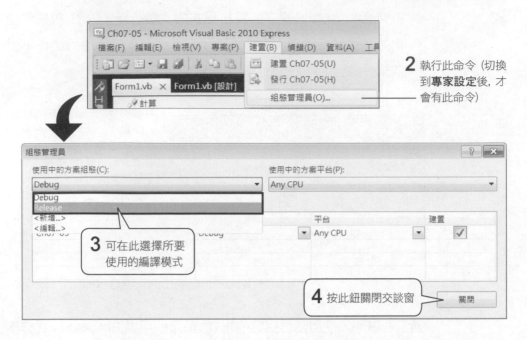

2 執行此命令 (切換
到**專家設定**後, 才
會有此命令)

3 可在此選擇所要
使用的編譯模式

4 按此鈕關閉交談窗

選好編譯模式後, 按 F5 或 Ctrl + F5 鍵, VB 就會以剛才選的模式
進行編譯, 並執行程式。如果只要編譯但不要執行程式, 則可執行
建置/建置命令。至於 2 個模式的差異分述如下:

● Debug : 如其名稱所示, 以此模式建立的是『偵錯版』的程式,
程式碼中會包含一些偵錯的資訊, 因此可配合前面介紹過的 VB
偵錯功能, 替程式進行除錯。

圖-25

執行檔 ——

偵錯資訊檔 ——

用以提升 VB 偵錯程式
時執行效率的工具程式

其它附屬檔案

● Release：此模式建立的算是程式的『發行版』，VB 會採最佳化的方式進行編譯 (即提高執行效率、減少執行檔大小)，不過依預設組態, 此模式仍會包含一些偵錯資訊：

圖-26

> 範例程式只是簡單的程式, 所以 Debug、Release 版檔案大小差距不大；若是較大的應用程式, 檔案大小差距就會很明顯。

名稱	修改日期	類型	大小
Ch07-05	2010/8/2...	ClickOnce 應用程...	2 KB
Ch07-05	2010/8/2...	應用程式	18 KB
Ch07-05.exe.manifest	2010/8/2...	MANIFEST 檔案	3 KB
Ch07-05.pdb	2010/8/2...	PDB 檔案	34 KB

執行檔會比 Debug 版小

仍是有偵錯資訊檔, 但也是比 Debug 版略小

通常要讓別人使用我們寫好的程式, 都是使用以 Release 模式編譯好的程式。所以執行『**建置/建置**』命令產生 Release 版的執行檔後, 即可到 bin\Release 資料夾中將執行檔複製給別人使用 (vshost 檔不需複製)。

補充說明　　VB 執行檔的環境需求： .NET Framework 套件

請注意, VB 編譯的程式需配合 .NET Framework 環境才能執行。若對方的電腦未安裝 .NET Framework, 必須請對方先到微軟網站下載及安裝 .NET Framework 套件, 網址為『http://go.microsoft.com/?linkid=7755937』：

1 按 Download

Home　　Overview　　Case Studies　　Download　　Resources

接下頁

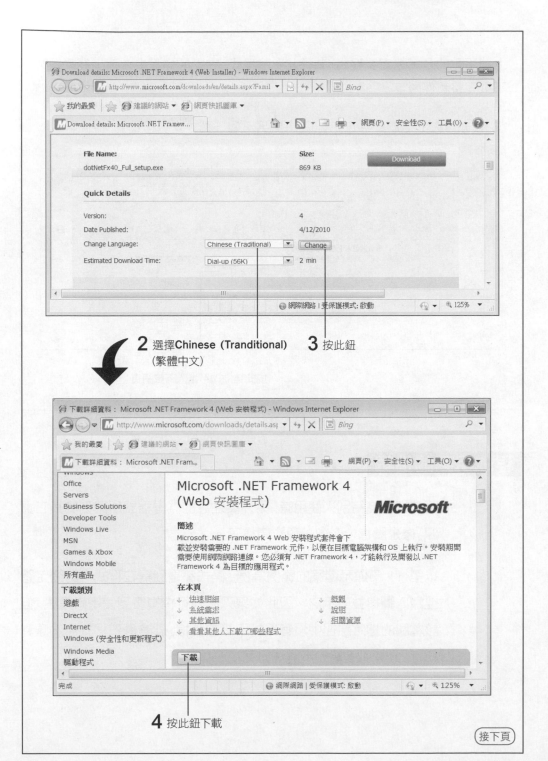

2 選擇Chinese (Tranditional)
(繁體中文)

3 按此鈕

4 按此鈕下載

(接下頁)

上圖下載的是網路安裝程式, 執行此安裝程式, 在安裝過程中會連上微軟網站下載完整套件內容。

或者, 亦可在上述網頁中的下半部, 下載另一個『獨立安裝程式』:

按此連結即可進入下載網頁

程式用到的檔案

將執行檔交給別人使用時, 另外要注意的就是程式所用到的其它資源, 像是圖檔、音效、資料庫檔等。

以第 11 章顯示圖案的範例為例, 程式都是到寫在程式中的固定路徑載入圖檔並顯示之。因此如果只將執行檔複製到使用者電腦, 但該電腦的指定路徑中沒有程式所需的圖檔, 就會導致程式無法順利執行, 此時可考慮如下解決方案:

- 在使用者電腦上建立程式讀檔的資料夾路徑, 並將程式所要用到的檔案, 複製到其中。

- 修改程式：改成只指定檔名但不指定路徑, 此時表示要讀取的檔案是在與執行檔相同的路徑中, 所以複製執行檔給別人時, 也要一併複製程式所需的圖檔等到同一資料夾。

```
Dim Img = Image.LoadFile("Sample.jpg")    ← 表示到『目前』
                                             資料夾中載入
                                             Sample.jpg
```

- 修改程式：改成用 OpenFileDialog 控制項顯示開檔交談窗, 讓使用者可自行選取要載入的檔案路徑。

相關元件的 DLL 檔

在第 11 章中, 我們也曾在 VB 的**工具箱**加入 ▶ Windows Media Player
控制項, 並將它用在程式中。由於它並非 .NET Framework 的基本元件, 所以在編譯好的程式中, 會有關於此控制項的 DLL 檔：

圖-27

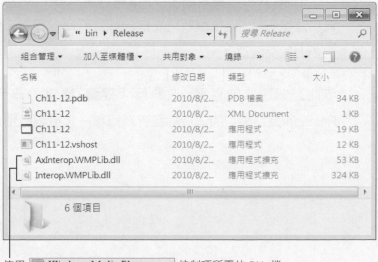

使用 ▶ Windows Media Player 控制項所需的 DLL 檔

因此在複製執行檔時, 也必須也一併複製資料夾中的 DLL 檔 (本例中有兩個 DLL 檔), 使用者才能順利執行程式。

資料庫檔

如果是資料庫檔, 則在建立資料來源時, 可在 VB 詢問是否將資料庫複製到專案資料夾時, 選擇**是** :

圖-28

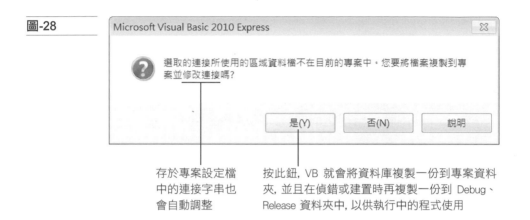

存於專案設定檔
中的連接字串也
會自動調整

按此鈕, VB 就會將資料庫複製一份到專案資料
夾, 並且在偵錯或建置時再複製一份到 Debug、
Release 資料夾中, 以供執行中的程式使用

如果建立資料來源的過程中, 未出現上述交談窗, 請先在 VB 中執行『**檢視/資料庫總管**』命令, 在**資料庫總管**中將代表該資料庫的資料連接刪除, 之後重新建立指向該資料庫的資料來源時, 就會出現如上的交談窗了。

依此方式建立的專案, 在執行『**建置/建置**』命令後, 只要將 Release 資料夾中的執行檔和資料庫檔一起複製給別人即可。

旗標事業群

好書能增進知識 提高學習效率 卓越的品質是旗標的信念與堅持

Flag Publishing

http://www.flag.com.tw